Léopold Dory

SY Calcul mécanique en usine

Léopold Dory

SY Calcul mécanique en usine

Éditions Vie

Imprint

Any brand names and product names mentioned in this book are subject to trademark, brand or patent protection and are trademarks or registered trademarks of their respective holders. The use of brand names, product names, common names, trade names, product descriptions etc. even without a particular marking in this work is in no way to be construed to mean that such names may be regarded as unrestricted in respect of trademark and brand protection legislation and could thus be used by anyone.

Cover image: www.ingimage.com

Publisher:
Éditions Vie
is a trademark of
International Book Market Service Ltd., member of OmniScriptum Publishing Group
17 Meldrum Street, Beau Bassin 71504, Mauritius

Printed at: see last page
ISBN: 978-613-9-58805-3

Cabinet DRT SAS
Léopold DORY
22200 Guingamp - FRANCE
courriel : leo.dory@wanadoo.fr

SY Création
Léopold DORY

CALCUL MECANIQUE en USINE

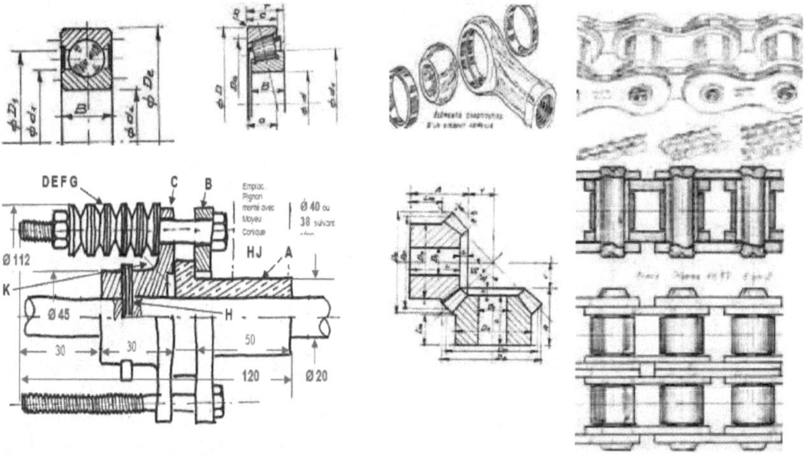

STANDARD SY 120 -1991 -révision 2018

CALCULS et DONNEES COMPOSANTS SELECTIONNES
de MECANIQUE et TRANSMISSION DE PUISSANCE

ELEMENTS ELECTRIQUES PNEUMATIQUES HYDRAULIQUES

AUTOMATISATION ELECTRIQUE et PNEUMATIQUE

COMPOSANTS PRIX 2018
pour un devis interne rapide

METHODES INDUSTRIALISATION voir doc. séparée

Etre sérieux,

Ne pas se prendre au sérieux.

Remerciements :

Que soient ici remerciés tous mes correcteurs et amis qui ont donné leur avis éclairés et m'ont assuré leur soutien indéfectible.

Que soient particulièrement remerciés Marc BERVAS et mon épouse Patricia qui ont pris une part particulièrement active dans ce contrôle et correction de l'épreuve.

Les inscriptions source figurent directement dans le texte

et tiennent lieu de bibliographie

Ce livre est essentiellement pratique, il a été construit au fur et à mesure des années.
Il a été **fait à mes besoins professionnels** à une époque où il n'y avait pas l'informatique et où la règle à calcul était de mise pour tous.

J'ai toujours refusé le **vieil adage de résistance** : « **Trop fort n'a jamais manqué ».**
Cette maxime ne m'a jamais semblé satisfaisante et lorsqu'on fait du **surdimensionné, encore faut-il savoir de combien et surtout que tout soit surdimensionné dans la même proportion.**

On en revient donc à la case « CALCUL »

A une époque où les logiciels font tout ou presque, ce livre est malgré tout utile car si l'approche « LOGICIEL » est nécessaire dans l'activité principale. Pour les domaines où vous n'avez pas le logiciel, vous n'allez pas acheter pour une opération qui ne se reproduira jamais. Vous ne serez toutefois pas obligé de travailler à la règle à calcul.

Si vous refusez d'oublier le bon sens, alors ce livre vous correspond.

L'analyse synthèse : ce qui reste quand on a tout oublié. J'ai envie de rajouter : quand on a réussi à tout oublier. Car **cette démarche peut être un avantage si on sait en tirer parti**.

C'est une rigueur intellectuelle que cette démarche concrète, pragmatique et simple.

C'est donc plus une forme de réflexion, une approche différente, une tournure d'esprit qui vous permet de prendre avec succès un domaine que vous ne connaissez pas.

J'ai un âge certain et je ne suis toujours pas pétri de certitudes. Je prends tous les matins à l'épicerie : 1 kg de **courage**, 2 kg de **rigueur,** 3 kg d'**expérience** et 1 kg de **passion**. Chaque nouvelle amélioration est une découverte grandiose, une nouvelle approche de la chose technique, et au fonctionnement, c'est toujours la première fois.

J'ai veillé à rendre attractif au plus grand nombre par des exemples simples et visibles des applications de calcul. Une formule de physique mécanique est sèche et rébarbative sauf si on voit à quoi elle peut servir en dehors du spécialiste. **C'est de la « vulgarisation active »,** vous en trouverez des **exemples simples et même j'espère amusants** :

- **Humidité, température** : Notion de confort *(§ SY 006/05)* de 19° à 22°C et surtout de 30% à 70% d'humidité relative.

Vous pourrez déterminer le % d'humidité avec un thermomètre sec et un humide.

- **Retrouver la vitesse initiale** connaissant la décélération et la longueur de freinage.
- **L'accélération possible d'un véhicule** fonction de ses Puissance, Vitesse et Masse, application à différents modèles de voiture. Approche de la notion de rendement et consommation, une voiture de course aux 24 heures du Mans en consommant 22 litres aux 100 km, consomme en fait moins que la vôtre. *(page 46)* Comparée à la vôtre, il serait normal qu'elle consomme 54 litres aux 100 km.
- Le calcul de **la force d'un choc** en fonction de l'écrasement (longueur d'amortissement). Pourquoi on sacrifie la voiture pour vous protéger : à 100 km / h, le choc est de 25 tonnes, à 50 km / h, il est de 6,5 tonnes. *(page 54)*
- Les **traitements et revêtements de surface** et leur emploi préférentiel. *(page 78)*
- **Potentiel électrolytique suivant matériaux en contact** entre eux : exemple du contact acier inoxydable et aluminium qui est une catastrophe, l'aluminium va se désagréger en très peu de temps. *(page 87)*
- **Théorie des mécanismes** ou étude des degrés de liberté d'un mécanisme. On découvre que pour l'embiellage d'un moteur thermique, on a mis 50 ans pour découvrir empiriquement qu'il fallait monter un système de type rotule sur le maneton de vilebrequin. Par la théorie de ZINOVIEV, on voit cette nécessité en 5 mn de calcul. Chaque pièce dans l'espace dispose de 6 degrés de liberté par rapport à sa voisine de contact : 3 translations et 3 rotations suivant les axes x, y, z. *(page 93)*
- **Un rappel mathématique de base** va rappeler le calcul simple des rapports trigonométriques, vous savez les Sinus et Tangente. Ces calculs peuvent être employés tous les jours de façon simple. Les calculs de longueur et volume de formes bizarres : segment de cercle, secteur circulaire, segment parabolique, pyramide, tronc de prisme, obélisque, coin, cylindre coupé oblique, onglet cylindrique, cône, tronc de cône, sphère, secteur sphérique, calotte sphérique, onglet sphérique, tore circulaire, ellipsoïde, paraboloïde. Utilisation des lois : 20/80, Gauss, Pyramide de MASLOW.
- **Les dimensions de transport**, les gabarits, semi-remorque, porte-char, container.

- **L'ergonomie** : la dimension standard d'un humain en vue d'étude de position de travail.
- Visserie et éléments de fixation : **Couple de Serrage** et Résistance en Traction.
- **Charges pratiques BOIS**, équarrissages courants.

Note de l'auteur, Avertissement

Le plus grand soin a été apporté à la rédaction de cet ouvrage. Néanmoins des erreurs typographiques ou d'autres imperfections ne peuvent être totalement exclues. L'éditeur, et au besoin toutes les personnes ayant participé à la confection du livre, dégagent leur responsabilité quant aux conséquences directes ou indirectes pouvant résulter de ou être associées à la mise en œuvre du contenu de cette publication

Les hommes de génie ont surtout été de grands laborieux,
ils persistaient là où d'autres se laissaient aller.
Le génie est une longue patience...

G.L.Leclerc, **Comte de BUFFON**
Naturaliste écrivain 1707.1788 - Académicien

Sans aller jusqu'au génie, soyons plus modeste, je crois le bon sens populaire qui dit que :

- **Un fainéant ça s'organise** vieil adage qu'on pourrait qualifier de **théorème**.

Etre fainéant est considéré par tous comme un défaut.

Etre organisé est considéré comme une qualité, alors on peut à énoncer le **corollaire** :

- **On a le devoir d'être fainéant, ça oblige à s'organiser**.

Evidemment, lorsqu'on énonce de cette façon *(humour ou provocation : c'est vous qui voyez)*, il faut admettre qu'on va au bout de sa mission et que le but est atteint.

Si on ne pense pas à la mission, alors là, on a cette fois de la vraie fainéantise.

Cet état d'esprit pourrait se résumer pour ceux qui le pensent à : **Pourquoi faire soi-même aujourd'hui ce qu'on peut faire faire demain par quelqu'un d'autre.**

La devise de certains « directeurs » pourrait aussi s'appliquer :

Tout faire faire ; **Ne rien faire ;** **Ne rien laisser faire.**

D'autres politiques ont appelé ça : **RESPONSABLE, MAIS PAS COUPABLE**.

Ce livre est simplement le contraire de ces affirmations.

Ayons l'honnêteté et la lucidité, même la modestie de dire que nous ne sommes sûrs de rien. Et pourtant et heureusement à la fin, le plus souvent, ça marche presque du premier coup, la chance sans doute quelquefois un peu, mais pas toujours. Peut être quelquefois, y a-t-il un peu plus que de la chance ? Un peu plus que le hasard ? Un peu plus que le génie usuel ?
C'est le travail bien fait avec opiniâtreté chaque jour, laborieusement avec détermination et souci du devoir accompli tous les jours. Ce n'est pas grandiose, c'est le quotidien simplement...

J'ai appris dans les sociétés américaines où j'ai travaillé :

Don't be genius, do your job everyday, be professional, only professional.

MAKE THE DECISION NOW !

Je ne suis pas toujours admiratif des américains, ils ont quand même quelque chose de grand.

Et comme dans le film culte : **« l'homme qui tua Liberty Valence »,**
Le journaliste déchire ses trois heures de notes qu'il venait de prendre, il dit comme une sentence :

« Dans l'ouest, quand la légende est plus belle que la vérité, on raconte la légende ».

J'ai pris le « RICARD » dans le NOVOTEL près de la piscine avec des « gens biens », j'ai pris le même « RICARD » dans une baraque de chantier en « bleu » avec le casque sous le bras. Il était chaud, il n'y avait pas de glaçons.

Pourtant je l'ai trouvé meilleur dans cette amitié de frères d'armes.

TABLE THEMATIQUE

SY 0.40 / 07 - DERIVEES ; PRIMITIVES ; INTEGRALES

SY 0.40 / 08 RESOLUTION EQUATION DE SECOND DEGRE

SY 0.40 / 09 VALEURS DE π

SY 0.40 / 10 RELATIONS ENTRE LIGNES TRIGO – IDENTITES REMARQUABLES

SY 0.40 / 11 CENTRES DE GRAVITE DE LIGNES ET DE SURFACES

SY 0.40 / 12 VOLUMES

SY 0.40 / 13 FONCTIONS ESSENTIELLES : Loi de Pareto ;

SY 0.40 / 14 FONCTIONS ESSENTIELLES : Courbe de GAUSS ;

SY 0.40 / 15 FONCTIONS ESSENTIELLES : Fonction hyperbolique

SY 0.40 / 16 FONCTIONS : pyramide de MASLOW ; Analyse transactionelle.

<u>Mécanique</u> **SY 50.70** Accouplement de sécurité Ø 20 x Ø 40 couple 20 m.daN

SY 50.70 / 01 - CALCUL COMPLET RESSORT de COMPRESSION

<u>Mécanismes</u> **SY 036 / 01** THEORIE des Mécanismes - Zinovieff

SY 036 / 02 CARDAN ESPACE

SY 036 / 02 VILEBREQUIN BIELLE

SY 036 / 03 Boitier coupe moissonneuse batteuse

SY 036 / 04 Train épicycloïdal

SY 036 / 05 LES MECANISMES PRATIQUES

<u>PNEUMATIQUE</u> **SY 21.10 / 01** MICROVERINS SIMPLE EFFET

SY 21.10 / 02 MICROVERINS DOUBLE EFFET

SY 21.10 / 02 Vérins CNOMO - EFFORT DEVELOPPES fonction diamètre et pression

SY 21.10 / 03 Conso air comprimé normo litres (nl) ; Débits aspiration compresseur.

SY 22.08 / 01 ETAPES DE FONCTIONNEMENT VERIN

SY 22.08 / 02 Calcul du Taux de Complexité d'un automatisme

SY 22.08 / 03 LONG EQUIVAL COMPOS CIRCUIT, DIMENSION PRATIQUE

SY 22.08 / 04 SCHEMA ALIM VERIN DOUBLE EFFET avec DISTRIBUTEUR 2/5

SY 22.09 /01 Abaque vitesse vérin FESTO PNEUMATIC

SY 22.21 / 01 COMPOSANTS PNEUMATIQUES COURANTS

SY 22.21 / 02 SCHEMA AUTO-MAINTIEN PNEUMATIQUE

SY 22.21 / 03 PRINCIPE REPERAGE TUYAUX EN AUTOMATISME PNEUMATIQUE

SY 22.21 / 04 SEQUENCEUR PNEUMATIQUE SIMPLE – méthode étude

SY 22.21 / 05 Comparaison des Prix de 2 solutions AUTOMATISME EN CASCADE

SY 22.21 / 06 Séquenceur du commerce

SY 22.21 / 06 Séquence SAUT DE PHASE

SY 22.21 / 07 SYSTEME INDEXEUR TABLE

SY 22.21 / 08 VIBRATION DEBOURRAGE

SY 22.21 / 09 VIBRATION DEBOURRAGE recul limité

SY 22.21 / 10 Ouverture porte ; sécurité corps coincé

POMPE **SY 25.00 / 01** POMPAGE ; DONNEES TECHNIQUES

SY 25.00 / 02 CHOIX DES TUYAUX

SY 25.00 / 03 Pompes multicellulaires

PRESSION **SY 033.3 /02** Pressions de contact entre pièces frottantes

SY 033.3 /03 Répartition pression au sol à 45°

SY 033.3 /04 Pressions de contact entre pièces frottantes

SY 033.3 /05 Pressions de contact entre pièces fixes

SY 033.3 /06 Pressions admissibles (règles CM 66)

SY 033.3 /07 Répartition au sol à 45°, épaisseur pour pression admissible en S2

SY 035 / 02 Pressions de contact – Théorie de HERTZ

SY 5.41 / 01 Abaque Pression (daN/cm²) fonction N (t/mn) suivant METAFRAM

SY 7.10 /04 Pression

Rendement **SY 009 / 02** Approche de la notion de rendement

Résistance **SY 030** RESIST MATERIAUX Contrainte base – Contrainte, Déformation

SY 030 / 01 EXTENSION – COMPRESSION

SY 030 / 02 CISAILLEMENT

SY 030 / 03 Particularité d'un outil de découpe

SY 030 / 04 TORSION

SY 030 / 05 Détermination rapide TORSION tous calculs faits

SY 030 / 06 Couples transmissibles Acier courant E 24

SY 033.3 /10 Notion de concentration de contraintes

SY 033.6 Résistance des MATERIAUX Calcul Béton Armé en FLEXION

SY 033.6 /01 CALCULS HYPOTHESE DEFORMATION ELASTIQUE

SY 033.6 /01 Contraintes extrêmes

SY 035 / 01 Durée et Contrainte de fatigue – Courbe de WOLHER

SY 3.62 MATERIAUX ACIERS Caractéristiques

SY 4.00 / 01 ALUMINIUM et ALLIAGES

SY 4.00 / 02 CUIVRES et ALLIAGES

SY 4.00 / 03 MATIERES PLASTIQUES

SY 4.00 / 04 ALU FAMILLE D'ALLIAGES Correspondances

SY 4.30 MATERIAUX Polyamides – Caractéristiques ERTALON

Revêtement de surface **SY 0302 /02** Traitement et revêtement de surface

SY 034.1 / 01 POTENTIEL ELECTROLYTIQUE

SY 034.1 / 02 Corrosion électrolytique

SY 034.1 / 03 Compatibilité galvanique de métaux divers

SCIAGE BOIS **SY 150** Efforts de Coupe ; sciage du bois

Tapis transport **SY 125.00 / 01** Transport VRAC ou PULVERULENT

SY 125.00 / 02 Calcul Débit, vitesse, largeur d'après norme DINE Allemande

SY 125.00 / 03 Calcul PUISSANCE NECESSAIRE

SY 125.00 / 04 Densité Inclinaison Vitesse Maxi ; Angle décollement, trajectoire

SY 125.00 / 05 Puissance en frottement blocage sur bande

SY 125.00 / 06 Calcul de l'angle de décollement et trajectoire de chute

SY 125.00 / 07 Calcul pratique du transporteur

SY 125.00 / 08 Choix de la méthode d'entraînement

SY 125.00 / 09 Choix Ø tambour d'entraînement (mm)

SY 125.00 / 10 Chaîne à axe creux pas 50 (possible existe en 100)

SY 125.00 / 11 Pignons entraînement chaîne agricole pas 50, axes creux Ø 8

SY 125.00 / 12 Calcul chaîne de manutention

SY 125.00 / 13 Calcul Ensemble TAPIS : 1 alim + 1 tapis TRI + 3 évacuateurs

SY 125.00 / 14 CALCUL COMPLET ALIMENTATEUR (le plus chargé)

SY 125.00 / 15 Les chaîne spéciales de manutention PRUD'HOMME

Transmission **SY 5.00 / 01** Roulements **SY 5.00 / 02** Coussinet autolubrifiant

SY 5.00 / 03 Rotules UNIBAL **SY 5.00 / 04** CHAÎNES

SY 5.00 / 05 COURROIE CRANTEE **SY 5.00 / 06** COURROIE TRAPEZE

SY 5.00 / 07 Calcul long primitive courroie / Lien flexible

SY 5.10 CALCUL ROULEMENTS - Durée de vie

SY 5.10 / 01 TABLEAU des C/P – durée L en millions de tours

SY 5.11 / 01 ROULEMENTS GRAISSAGE d'après SKF

SY 5.11 / 02 Couple de frottement dans les roulements

SY 5.11 / 03 Couple frottement des joints **SY 5.11 / 04** pompe à graisse SKF

SY 5.11 / 05 Exemples de roulements rotules et paliers

SY 5.11 / 06 BIELLETTE de RENVOI Ø 8 L 60/70

SY 5.11 / 07 PALIER AUTOSTABLE Ø 20

SY 5.11 / 08 RONDELLE PORTE ROULEMENT (tapis transporteur)

SY 5.41 / 03 Ajustement des bagues autolubrifiantes

SY 7.10 /01 CALCUL TRANSMISSION CHAÎNE (méthode DORY tirée engrenages)

SY 7.10 /02 Méthode approfondie CHAÎNES pression contact durée vie

SY 7.10 /05 Calcul tout fait Couple Transmissible

SY 7.10 /06 Les éléments préférentiels sélectionnés

SY 7.10 /06 - Moyeux Coniques Standards

SY 7.10 / 07 Couples transmissibles par adhérence seule, serrage conique

SY 10.13 TRANSMISSION Couple Moyeux Coniques sans clavette

SY 10.13 / 01 Documentation Moyeux VECOBLOC COLMANT CUVELIER 59 Lille

SY 10.13 / 02 Couples transmissibles sans clavette *(Médan ou m.kg)*

SY 11.10 / 01 Engrenage cylindrique droit commerce *(sans correction de denture)*

SY 11.10 / 03 Engrenage condition pression contact usure

SY 11.11 / 01 Engrenage condition pression contact usure

SY 11.12 / 01 Engrenage VERIFICATION FINALE APPROFONDIE

SY 11.12 / 03 Moyeux sans clavette type MSAA

SY 11.12 / 04 Moyeux sans clavette type MSCC

SY 20.00 Motoréducteurs

SY 27.01 / 0.1 MOTEURS ASYNCHRONES LEROY SOMER

200 / 07	Calcul complet des tuyauteries d'air comprimé
200 / 08	Calcul complet des tuyauteries de vapeur
200 / 09	Chaleur transmise tubes immergés
200 / 10	Transmission calorifique de parois isolées

<u>CATALOGUE PRIX</u> **SY PRIX composants 2018-06-A**

Prix standard pour un devis rapide actualisé juin 2018

Les règlements sont faits pour les médiocres et les indécis ;

rien de grand ne se fait sans l'imagination.

Napoléon

Un bon croquis vaut mieux

qu'un long discours.

Napoléon

TABLE DES MATIERES

Si vous ne pouvez expliquer un concept

à un enfant de six ans,

c'est que vous ne le comprenez pas complètement.

Albert Einstein

Ce n'est pas que je suis si intelligent,

c'est que je reste plus longtemps avec les problèmes.

Albert Einstein

Quatre documents complets

CALCUL (cet ouvrage)

COMPOSANTS 1

METHODE d' INDUSTRIALISATION

CALCUL Prix des composants 06/18

Intégré à cet ouvrage

SY 001 - UNITES MECANIQUES DU SYSTEME INTERNATIONAL

En Physique et dans sa branche Mécanique, il faut commencer par utiliser un système d'unités cohérent. Pour commencer : l'unité de poids employée par tout le monde est le kilogramme, c'est une grossière erreur, le kg est une unité de masse.

La masse de 1 kg est la même dans l'univers entier.

La force induite est donnée en Newtons (**N**), elle est fonction de l'accélération de la pesanteur locale dite force de gravité (**g**). Sur la terre, en France, la gravité ou accélération de la pesanteur (**g**) est de 9.81 m/s² : **g** = 9.81 mètres par seconde par seconde.

En chute libre, la vitesse en m/s accélère sa vitesse de 9.81 m/s à chaque nouvelle seconde.

La formule s'écrit : **P = m.g.** équation aux dimensions : (**N = kg . m / s²**)

COMMENTAIRE DU TABLEAU :

Vitesse : v (m / s)

Accélération : γ (Gamma) mètre / seconde / seconde m / s²

Force (N) (Newton) **F = m.γ** en linéaire **P = m.g** en vertical

La Force Motrice expliquée simplement met en mouvement la masse, l'excédent se transforme en accélération. Cette formule est la formule fondamentale de la dynamique qui est une composante de la Physique Mécanique.

Energie, Travail Quantité de Chaleur W (Work) Joule

Équation aux dimensions : **J** = N.m **J** = kg.m² / s²

Energie par seconde = Puissance 1 Watt = 1 J / s

Équation aux dimensions : **W** = N.m / s

Correspondance unités usuelles : Cheval : 1 Ch. = 736 W

Contrainte et Pression Pascal = 1 N / m² **Pa**

Équation aux dimensions : **Pa** = N / m² **Pa** = kg / m.s²

en pratique le Pascal est difficilement utilisable et n'est que peu employé.

Une contrainte est exprimée en **N / mm²** ou en **daN / mm².** (kgf / mm² à 2% près)

le **daN / mm²** parle à tout le monde et on dit **kg / mm²** en écrivant **daN / mm².**

Exemple : un acier A 33 (daN / mm² rupture) est E 24 (daN / mm² résistance élastique).

Je privilégie **daN / cm²** pour les **calculs béton** et bois et le **daN / mm²** pour **métallique**.

Exemple pour l'Acier : 24 daN / mm² = 2400 daN / cm²

PRESSION 1 Bar = 1 daN / cm^2 (= 1 kg / cm^2 à 2% près, puisque 9.81≈10)

Tableau de conversion simple pour les unités et leurs multiples et sous multiples

			km *kilomètre*	hm *hectomètre*	dam *décamètre*	**m** *mètre*	dm *décimèt*	cm *centimètre*	mm *millimètre*
	non usitées		1	0	0	0	0	0	0
t *ton*	***hkg***	***dakg***	**kg** *kilogram*	hg *hectogram*	dag *décagram*	**g** *gram*	dg *décigra*	cg *centigram*	mg *milligram*
1	0	0	0	0	0	0	0	0	0
			km^2	hm^2 *(ha)*	dam^2 *(are)*	m^2 *(ca)*	dm^2	cm^2	mm^2
			01	00	00	00	00	00	00
			km^3	hm^3	dam^3	m^3	dm^3	cm^3	mm^3
			001	000	000	000	000	000	000

Exemples : 1 km = 10 hm = 100 dam = 1000 m = 10.000 dm = 100.000 cm = 1.000.000 mm

1 t = 1.000 kg = 1.000.000 g = 1.000.000.000 mg

1 km^2 = 100 hm^2 ou hectares = 10.000 dam^2 ou ares = 1.000.000 m^2 ou centiares

1 km^3 = 1.000 hm^3 = 1.000.000.000 m^3 = 1.000.000.000.000 dm^3 = 10^{12} litres *(dm^3 = litres)*

N / mm^2	**N / cm^2**	**N / dm^2**	**N / m^2**
0 0	1 0	0 0	0 0
240	00	00	00

tableau construit à l'envers

N / mm^2	**N / cm^2**	**N / dm^2**	**N / m^2**

TABLEAU LIBRE POUR TRAVAIL

Convertir 1 bar en Pascals : 1° convertir en Newtons 1 bar = 1 daN/cm^2 = 10 N / cm^2

= 10 00 00 N/m^2 = 100 000 Pa

R Elastique Acier E 24 = 24 daN/mm^2 = 240 N/mm^2 = 24 000 N/cm^2 = 240 000 000 N/m^2 = 240 MPa (240 Millions de Pascals)

Attention, le tableau est construit à l'envers

SY 001 - UNITES MECANIQUES DU SYSTEME INTERNATIONAL

Dans le système d'unités SI (système international)

Une **masse** s'exprime en **kg** (elle est indépendante du lieu, de l'espace et de la pesanteur)

Une **force** s'exprime en **N** (Newton) : elle est dépendante des : lieu, espace et accélération de la pesanteur locale). On devrait vendre des Newtons de patates.

La masse volumique SI s'exprime en kg / m³ *(pratiquement kg / dm³)*

Unité mécaniques kg.m.s

Grandeur	Dénomination	Symbole	Equations aux unités de Force du SI (N)	Equations aux unités de Masse (kg)	Divers
Vitesse v	mètre par seconde	m/s			
Accélération γ (gamma)	mètre par seconde par seconde	m/s^2			Accélération pesanteur $9.81\ m/s^2$
Force $F = m.\gamma$ en linéaire $P = m.g$ en vertical	Newton	N	$N = kg.m / s^2$	$kg = N.s^2 / m$	1 kg = 9.81 N
Energie, Travail Chaleur W (Work)	Joule	J	J = N.m	$J = kg.m^2 / s^2$	
Energie par seconde = Puissance	Watt = 1 J / s	W	W = N.m / s	$W = kg.m^2 / s^3$	Cheval : 1 Ch = 736 W

Contrainte et Pression	Pascal = 1 N / m²	Pa	Pa = N / m²	Pa = kg / m.s²	
Viscosité dynamique	Poiseuille	Pl	Pl = N.s / m²	Pl = kg / m.s	Poise 1 Pl = 10Po
Viscosité cinématique		m² / s			

Unités dérivées 1 kg = 9.81 N 1 daN = 10 N = 1.02 kg

Force 1 Dyne = 10^5 N = 0.00001 N 1 N = 0.102 kg

Energie **1 Cal = 4.18 J 1 J = 0.24 Cal**

1 kgm = 9.81 J 1 J = 0.102 kgm

Puissance 1 Ch = 736 W ; 1 kW = 1000 W = 1.36 Ch

Pression Contrainte 1 Bar = 100.000 Pa = 1 Hpz = 1 daN / cm²

1 Bar = 0.01 daN / mm² = 0.1 N / mm²

Viscosité dynamique 1 Po = 0.1 Pl 1 Pl = 10 Po

Viscosité cinématique 1 Stoke = 10^{-4} m² / s = 0.0001 m² / s

La vie, c'est comme une bicyclette,

il faut avancer pour ne pas perdre l'équilibre.

Albert Einstein

SY 001 / 01 - UNITES UTILISEES EN PRATIQUE INDUSTRIELLE

Unités	SI	M kF S	MTS	Relations
Travail Puissance	Joule (J) Watt-heure	Cheval Cheval-heure	kiloJoule kWh	**1 ch = 75 kgm / s = 736 W** 1 kW = 1.36 ch ; 1 kWh = 3600 kJ ; 1 Wh = 3600 J 1 ch.h = 270 000 kgm
Quantité de Chaleur	kCal ou mth	kCal ou mth	Thermie ou MCal	**1 kWh = 860 kCal = 860 mth = 0.860 MCal** 1 kCal = 4185.5 J = 427 kgm : 1 chh = 633 kCal
Pression	Pascal centipièze	kgf / m² kgf / cm² mm d'eau (CE) mm Hg	Hpz bar	1 hpz = 1 bar = 1.02 kgf/cm² = 0.987 atm 1 atm = 1.033 kgf/cm² = 1.013 hpz = 760 mm Hg 1 mm CE = 1 kgf/ m² = 9.81 Pa = 0.981 cpz 1 Pa = 1 mpz ; 1 cpz = 1.02 mm CE 1 mm Hg = 13.6 mm CE = 133.4 Pa 1 Pa = 0.0075 mm Hg = 0.102 mm CE 1 hpz = 1 bar = 750 mm Hg **1 kgf / cm² = 0.91 bar = 9.81 N/cm² = 98 100 Pa**
Contrainte	Pascal N / cm² N / mm² daN / mm² daN / cm²	kgF / cm² kgF / mm²	hpz bar	1 kgF / mm² = 98.1 bar = 9.81 N / mm² 1 N / cm² = 10 000 Pa = 0.102 kgF / cm² = 0.1 bar 1 N / mm² = 100 000 Pa = 10.2 kgF / cm² = 10 bar 1 N / mm² = 1 MaPa

SY 001 / 02 - QUELQUES UNITES ANGLO-SAXONNES

Longueur 1 pouce = 25.4 mm ; 1 pied = 0.305 m ; 1 yard = 0.914 m

Surface 1 square inch = 6.45 m² ; 1 squarefoot = 0.0929 m² ; 1 square yard = 0.836 m²

Volume 1 cubic inch = 16.39 cm³ ; 1 cubic foot = 0.028 m³ ; 1 cubic yard = 0.764 m³

Masse 1 pound (lb) = 453.6 g

Masse vomumique 1 pound per cubic foot = 16.02 kg / m³

Force 1 pound weight (lb) = 4.448 N

Pression 1 pound per square inch = 6895 Pa = 0.0703 kgF / cm²

Symboles : psig pression effective ; psia pression absolue

Travail 1 foot pound (ft.lb) = 1.356 J

Quantité de chaleur 1 British Thermal Unit (BTU) = 1055 J = 778 ft.lb = 252 Cal

Puissance 1 foot pound per second (ft lb / s) = 1.356 W

1 Horse Power (HP) = 550 ft lb / s = 745.7 W

Température Echelle Farenheit (°F) **t (°C) = t (°F) – 32 / 1.8**

SY 001 / 03 Correspondance Unités de pression et contraintes entre elles Echelle logarithmique	Hectobar ou miriapièze	10^7	kgF / mm² = 98.1 bar
	Newton / mm²	10^6	
	Hectopièze ou Bar daN / cm²	10^5	Atmosphère = 1.013 bar kgF / cm² = 0.981 bar
	Newton / cm²	10^4	N / cm²
	(MTS) pièze	10^3	m CE = 9810 Pa Livre/pouce² = 6895 Pa (psia)
	Décipièze ou millibar	10^2	mm de Hg = 133 Pa
	centipièze	10	Mm CE = kgF/m² (MKPS) = 0.981 cpz = 9.81 Pa
	(SI) millipièze ou Pascal	1	N / m²
	(CGS) Barye	10^{-1}	

SY 004 – CONSTRUCTION d' UNE MACHINE

SY 004 /01 - Développement d'un produit et de la méthode de fabrication

Ces deux tableaux de réflexion / décision ne nécessitent pas de commentaire particulier.

Des variantes peuvent être à adapter à votre besoin particulier.

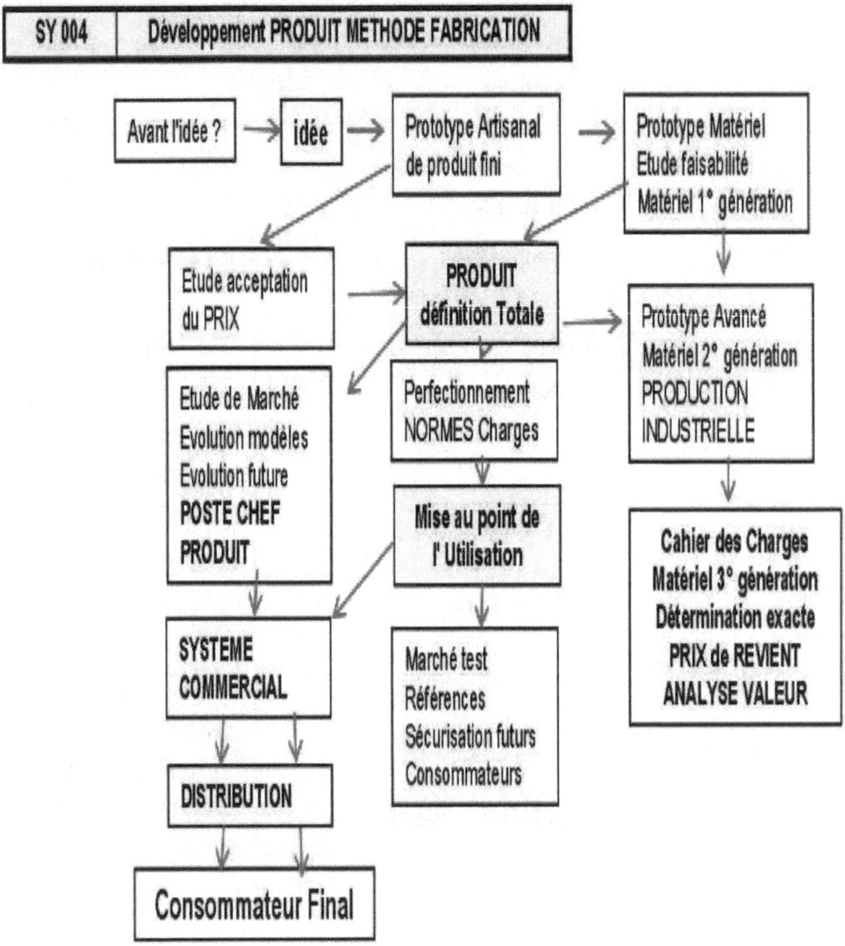

SY 004 /02- Développement de la machine

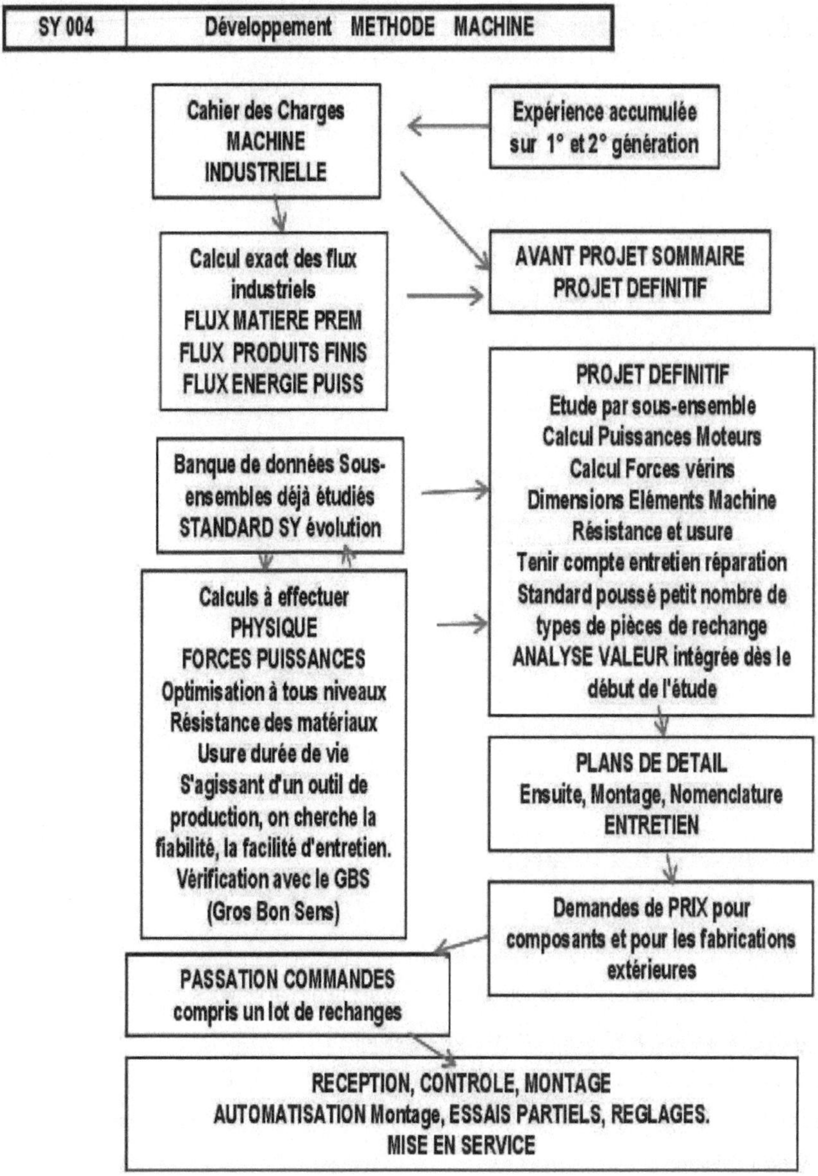

SY 006 – VAPEUR d'EAU, AIR, GAZ ; Zone Confort

SY 006 /01 - Caractéristiques de la vapeur saturée *(non surchauffée)*

Pression absolue	Température °C vaporisation	Pression absolue	Température °C vaporisation
0,02	17,20	10,5	181,16
0,04	28,64	11,0	183,20
0,06	35,82	11,5	185,17
0,08	41,16	12,0	187,08
0,10	45,45	12,5	188,92
0,15	53,60	13,0	190,71
0,20	59,67	13,5	192,45
0,25	64,56	14,0	194,13
0,30	68,68	14,5	195,77
0,35	72,24	15	197,36
0,40	75,42	16	200,43
0,45	78,27	17	203,35
0,50	80,86	18	206,14
0,60	85,45	19	208,81
0,70	89,45	20	211,38
0,80	92,99	21	213,85
0,90	96,18	22	216,23
1,00	99,09	23	219,53
1,2	104,25	24	220,75
1,4	108,74	25	222,90
1,6	112,73	26	224,99
1,8	116,33	27	227,01
2,0	119,62	28	228,98
2,5	126,79	29	230,89
3,0	132,88	30	232,76
3,5	138,19	32	236,35
4,0	142,92	34	239,77
4,5	147,20	36	243,04
5,0	151,11	38	246,17
5,5	154,71	40	249,18
6,0	158,08	42	252,07
6,5	161,21	44	254,87
7,0	164,17	46	257,56
7,5	166,96	48	260,17
8,0	169,61	50	262,70
8,5	172,12	55	268,69
9,0	174,53	60	274,29
9,5	176,83	65	279,54
10,0	179,04	70	284,48

Le réchauffage ou cuisson à la vapeur présente de nombreux avantages par rapport à d'autres moyens de chauffe : La vapeur saturée (non surchauffée) à 16 bars a une température de vaporisation de 200°C ; La vapeur saturée à 8 bars vaporise à 169°C.

Ces deux valeurs dans les process industriels de cuisson sont les plus couramment employées en vapeur saturée.

Le premier intérêt de la vapeur est d'être un gaz et de permettre des vitesses élevées en m / s. Le 2° intérêt est d'apporter une chaleur importante sous un faible volume, il n'est donc pas nécessaire d'avoir des gros débits pour obtenir une chaleur importante. La chaleur latente de vaporisation et de condensation est de 540 kCal / kg de vapeur.

1 kCal = 4185.5 Joules, 540 kCal / kg = 540 x 4185.5 = 2.260.170 Joules / kg vapeur condensée.

Tous les autres systèmes de réchauffage travaillent par différence de température entre entrée et sortie (Δt), il faut donc toujours de très gros débits des fluides concernés. Ces gros débits nécessitent de gros diamètres de tuyauteries.

La cuisson à la vapeur se fait par système à double enveloppe : 2 tubes concentriques avec dans le tube intérieur : produit à réchauffer ou cuire, et entre les 2 tubes : la vapeur.

Pour éviter les déperditions, on isole ou calorifuge le tube extérieur (ce serait dommage de réchauffer plus l'atmosphère que le produit à traiter, de plus, le calcul des besoins en vapeur ne tient pas compte de cette déperdition).

De préférence, on fait l'échange thermique à contre-courant : échange thermique moins brutal. La Vapeur refroidit et se recondense. Le Produit se réchauffe. Le différentiel de température est pratiquement constant *(en théorie au moins)*.

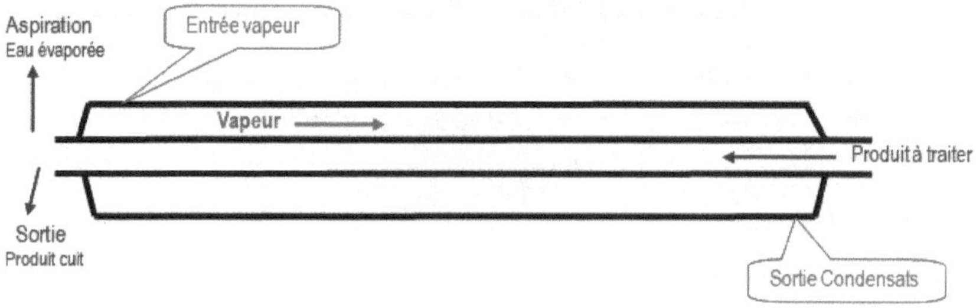

Courbe des températures :

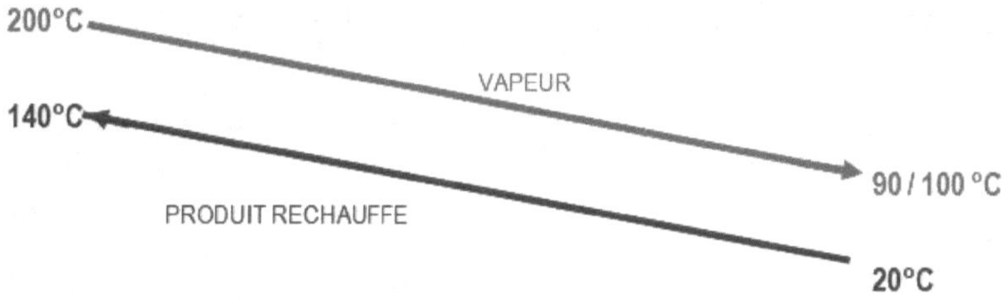

Calcul COMPLET d'une formule « CARAMEL G »

Exemple de calcul COMPLET d'une formule « CARAMEL G »	100	kg	0,50	h	140	°C
			Chaleur totale		20	°C

val arrondies	brut (kg)	Mat Sèche	Eau	Cp kCal/kg°C	Chal latente	à °C	Chal Δt °C	Chal Eau	Chal latente
Saccharose	35,00	35,00	0,00	0,30			1 260	0	
Glucose	32,00	25,00	7,00	0,53			1 590	840	
Lait écrémé	15,00	9,00	6,00	0,70			756	720	
Graisse	18,00	11,00	7,00	0,50	40,00	38°	660	840	440
Eau supplém	50,00	0,00	50,00	1,00			0	6 000	
TOTAL	**150,00**	**80,00**	**70,00**				**4 266**	**8 400**	**440**
FINI NET	100	150,00			Chaleur totale			26 212	
			Chaleur totale à l'heure (kCal)					52 424	

Chal Δt °C	Q (kCal)	(=)	masse (kg)	x	Cs	x	120
Chal latente	Q (kCal)	(=)	masse (kg)	x	40		

Par prudence on prend	540	kCal / kg de vapeur	Débit de vapeur nécessaire	97	kg de vapeur par heure
	8	Cuiseurs	Débit de vapeur nécessaire	777	kg de vapeur par heure

Un cuiseur unitaire nécessite 97 kg de vapeur par heure.

Voir page suivante le Ø conduites vapeur saturée fonction débit pression (kg / h) le graphique SERGOT donne :

Le choix du tuyau (vapeur saturée 16 bars, 200°C, 100 kg/h) est DN 15

Une batterie de 8 cuiseurs nécessite 777 kg de vapeur par heure.

Le choix du tuyau (vapeur saturée 16 bars, 200°C, 800 kg/h) est DN 25

SY 006 /02 - Ø conduites vapeur saturée fonction débit pression (kg / h)

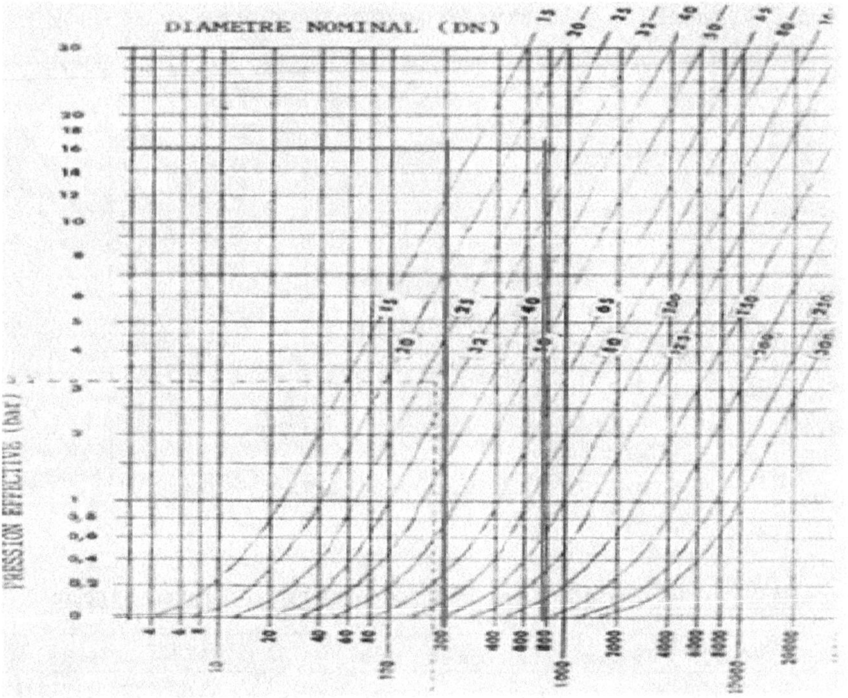

Les traits en rouge reprennent le calcul vapeur en page précédente.

Cet abaque est repris des **abaques SERGOT** (actuellement SNRI à 16 Ruffec) qui sont pratiques et très bien faits.

Au départ ces abaques étaient destinés à usage interne pour les **Ets SERGOT** qui fabriquent des vannes et accessoires de circuit pour les fluides divers et notamment la vapeur. Cette société a ensuite décidé de mettre ses documents à disposition de ses clients. Je vous engage vivement à acheter ce document complet *(existe en occasion)*.

A l'heure actuelle, ce document n'est plus édité, un forum précise :

https://forums.futura-sciences.com/lectures-scientifiques/207325-retour-formulaire-sergot.html

Le SNRI publié encore en 2006 un superbe catalogue technique qui fut la bible de générations entières d'ingénieurs et scientifiques...

Déjà cité en page précédente : Un cuiseur unitaire nécessite 97 kg de vapeur par heure.

Le choix du tuyau (vapeur saturée 16 bars, 200°C, 100 kg/h) est DN 15

SY 006 /03 - Conduites d'air et de Gaz (débit en normo m³ / h)

normo m³ / h : ramené à la pression atmosphérique (aspiration en général)

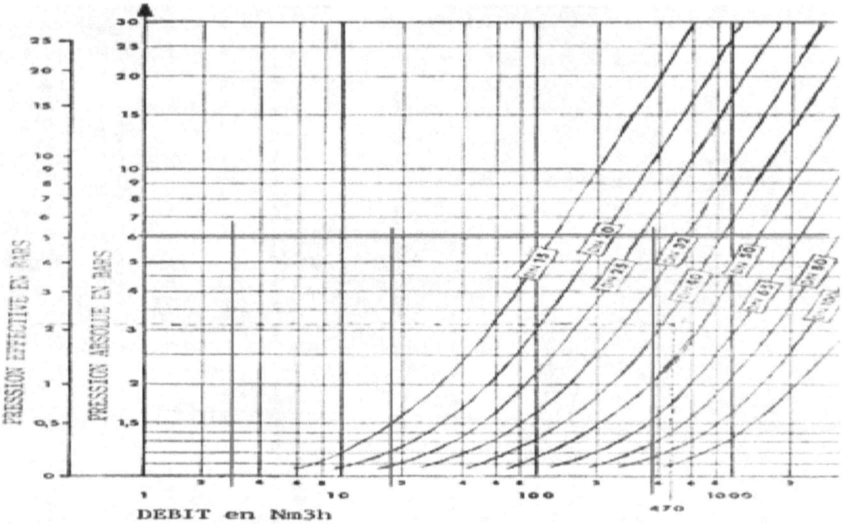

Exemple Vérin Ø 100 course 1000 à air comprimé sous 6 bars, 100 courses à l'heure

Vérin Ø 100 à air comprimé sous	6	bars (daN / cm²)						Course (mm) 1000	Nb Courses/h 100
								Nb vérins simultanés	4
	Ø cm	Section cm²	Volume cm³	Volume litres	Volume / h	V total / h	V total m³/h	F 1 vérin daN	F total vérins daN
Ø 100	10	78,50	7 850	7,85	785	3 140	3	471	1 884
Débit en normo m³ par heure (ramené à la pression atmosphérique)						18840	19		

Sur le graphique ci-dessus, on est inférieur à DN 15, on choisit tuyau Rilsan Ø 12,

Voir calcul détaillé Rubrique « pneumatique » pour vérins unitaires et tubes petit Ø en Rilsan.

Même installation 80 vérins Ø 100 x 1000 et 100 courses par heure donnera 380 nm³ / h DN 32

Voir § SY 22.08 PNEUMATIQUE, Composant, Circuit, Temps de réponse

Débits à 20 m / s – Calcul simplifié 6 bars

Ø 2,7 x 4	5.72 mm²	0,41 m³ / h =	3 normo.m³/h ;	50 normo.l/mn
Ø 5,5 x 8	23,75 mm²	1,78 m³ / h =	10,4 normo.m³/h ;	172 normo.l/mn
Ø 9 x 12	68,59 mm²	4,61 m³ / h =	27,7 normo.m³/h ;	460 normo.l/mn
Ø 20 x 25	315 mm²	22,6 m³ / h =	136 normo.m³/h ;	2261 normo.l/mn
Ø 40 x 49	1257 mm²	90,5 m³ / h =	542 normo.m³/h ;	9047 normo.l/mn

<u>SY 006 /04 - Humidité Relative et Humidité Absolue</u> Thermomètre sec et humide.

HUMIDITE RELATIVE ET ABSOLUE

Mesure de l'humidité :

La mesure de l'humidité est faite habituellement à l'aide d'un hygromètre composé de deux thermomètres précis et ventilés, l'un étant sec, l'autre humide.

L'humidité absolue, fonction de la lecture des deux thermomètres, est déterminée à partir de la figure ci-contre, qui permet également de déterminer l'humidité relative.

Il est important de fournir un débit d'air suffisant pour atteindre des lectures stables et de lire soigneusement les thermomètres afin d'éviter des erreurs excessives dans la détermination de l'humidité.

Dans les climats tempérés, l'humidité relative est comprise entre 60 et 90 %. Pour les valeurs d'ambiances particulières, se reporter au tableau de la page suivante qui fait la relation entre l'humidité relative et les niveaux d'imprégnation. ▶

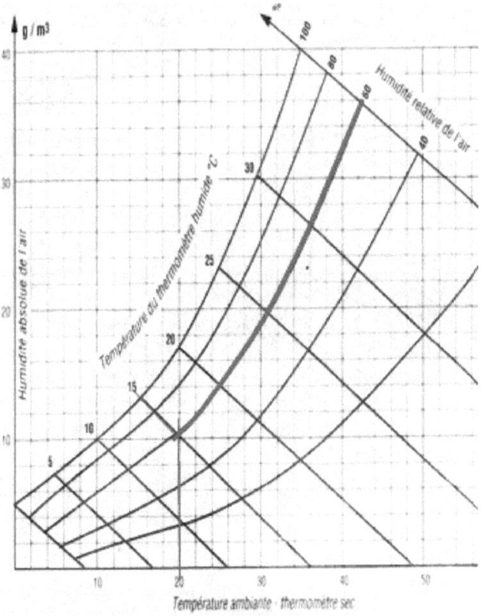

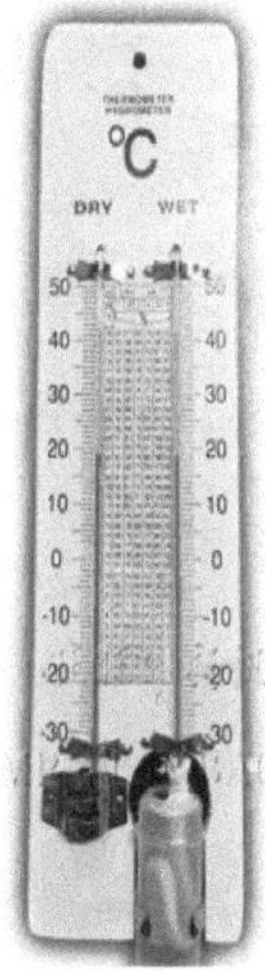

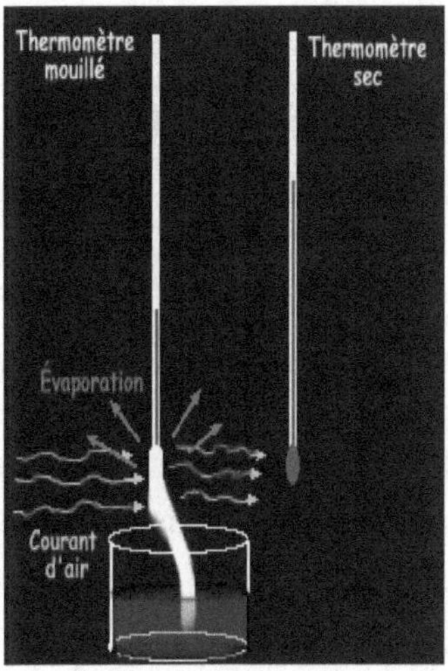

La mesure se fait suivant les figures ci-contre.

Le thermomètre humide est ventilé soit mécaniquement soit ventilé par agitation d'un « éventail » ou d'un carton.

Dans un exemple le thermomètre sec mesure 20°C et le thermomètre humide mesure 15°C.

L'abaque psychrométrique ci-dessus (traits rouges) donne une humidité relative de 60%.

SY 006 /05 - Notion de confort

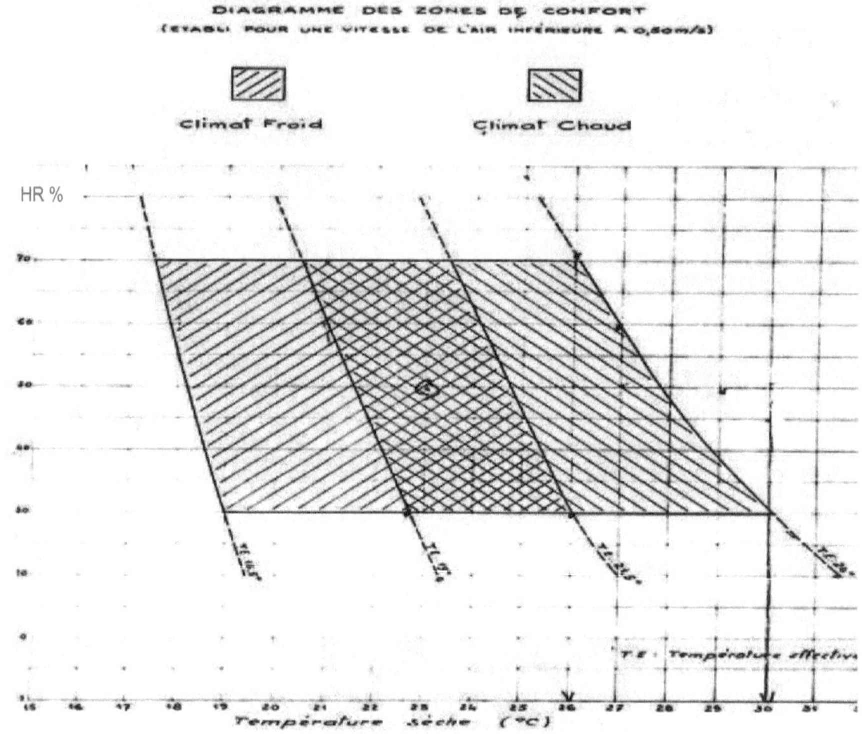

Dans la notion de confort, la température est tout à fait insuffisante pour « être bien ». L'humidité relative est largement aussi importante. De plus, il est important de se rappeler que l'évaporation produit du froid.

C'est même le principe fondamental de fonctionnement du réfrigérateur et de nombre de machines thermodynamiques telles les climatiseurs et les pompes à chaleur.

L'hiver en moyenne montagne de type « Massif Central », il fait -5°C avec 30% d'humidité relative, on n'a pas l'impression de froid. En Bretagne, au contraire, l'hiver, il fait +5°C mais cette fois avec 70% d'humidité, on a une impression de froid intense, de plus en Bretagne, le vent est presque toujours présent ce qui renforce encore cet inconfort.

Les canadiens parlent de la température éolienne. *(vous savez avec l'accent)*

Vous avez sans doute pu observer lors d'une séance de sauna que vous supportez facilement 80°C et vous décidez de verser de l'eau sur les pierres chaudes. Vous avez alors pu vous rendre compte que vous transpirez abondamment au point de dégouliner. C'est logique, vous aviez 80°C avec 0% d'humidité, vous passez alors à 80°C et 100% d'humidité.

Les conditions idéales de confort optimal sont dans le parallélogramme 19 à 22°C et 30 à70% d'humidité relative.

Dans la catégorie « observations physiques » : le matin, juste après le lever du soleil, on a plus froid. Sur le coup, on ne comprend pas, ça ne paraît pas logique, et pourtant : le soleil qui commence à darder fait évaporer l'eau sur les feuilles et la pelouse. L'évaporation produit du froid, la température chute de 2°C environ. C'est le principe du frigo ou du climatiseur.

De la même façon, on observe aussi souvent de la condensation ou du brouillard : normal aussi, l'eau en excès dans l'air (humidité relative HR% = 100%) se condense et redevient de l'eau qui ruisselle. Le brouillard quant à lui est de l'eau qui est en train de se recondenser. Vous qui conduisez, vous vous méfiez au lever du jour du brouillard.
L'hiver, cette condensation d'eau au passage d'un pont va créer du verglas local du fait de cette baisse de 2°C de la température.

CQFD. *(ce qu'il fallait démontrer)*

N'essayez pas de devenir un homme qui a du succès.

Essayez de devenir un homme qui a de la valeur.

Albert Einstein

SY 006 /06 - VAPEUR – Purge condensats tuyauterie principale, barillet alimentation

Les deux écueils de la vapeur (ou tout au moins les précautions à prendre) sont :

1 – **La séparation doit être bien faite entre vapeur et condensats** en continu,

Les pentes des tuyaux doivent être faites dans le sens de circulation de la vapeur.

Il faut calorifuger les tuyaux de vapeur ; pour les condensats, ce n'est pas nécessaire.

2 - Il faut bien **étudier les dilatations** qui sont importantes à 200°C.

Exemple : j'ai été amené à faire ce calcul suite à un incident où j'ai été appelé pour expertise :

1 tuyau vapeur 16 bars = 200 °C ; long 100 m Dilatation ACIER : 12 µ / m / °C *(12 microns par m par °C) (12 x 10^{-6} m)*

Lt = 100 (1 + (12 x 10^{-6} x 200°C)) Lt = 100,240 m **Soit dilatation de 240 mm.**

Le calcul a vérifié ce qui s'est effectivement passé, un piquage perpendiculaire à la tuyauterie principale portait une vanne fonte cassée. Cette vanne était déplacée de cette valeur. Le tuyau avait dilaté, glissé sur ses brides colliers fixes et n'avait pas rétracté après dilatation. Fort heureusement, il n'y avait personne à proximité lorsque c'est arrivé !

La contrainte de Traction ou Compression s'exprime : Contrainte Sigma $\sigma = F / S$

et déformation $\sigma = E.i$; E = module d'élasticité acier 21.000 daN/mm² et i = déformation unitaire

La contrainte entraîne une déformation, d'où la déformation entraîne une contrainte.

La déformation est dans ce cas fixée par la dilatation.

Ce principe est par ailleurs la base des systèmes précontraints.

F / S = E.i **F = S.E.i** équation aux dimensions : $\frac{\cancel{mm^2} \cdot daN\, \cancel{mm}}{\cancel{mm^2} \cdot \cancel{mm}} = daN$

Tube Ø 90 x 100 Tarif 3 9,72 kg / m S = 1241 mm² voir § SY 3.01

Construction Métallique

F = 1241 x 21000 x 0.0012 = **31.273 daN (31 tonnes)**

Il est donc logique que cet incident soit arrivé.

Le remède à cet incident a consisté à mettre des libres dilatations tous les 10 m en disposant des Z, le système de lyre de dilation en Ω est aussi couramment employé. Dans tous les cas, il faut tous les 10 m un appui point fixe bien verrouillé, les autres supports doivent être glissants (ou roulants).

La page suivante présente le système pour bien séparer rapidement la vapeur sèche des condensats.

En bas de ce système d'assèchement, on note un purgeur à bilame qui fonctionne en détection de température pour ouvrir vers l'échappement condensats. Ce type de purgeur est moins cher et est suffisant pour l'assèchement de la vapeur.

Il est à noter qu'on insère une vanne soupape en parallèle afin de pouvoir faire by-pass manuel lors de la mise en route.
La quantité de condensats à froid est telle qu'il est nécessaire qu'on puisse les évacuer rapidement.

En purgeur d'appareil de cuisson, il est nettement préférable d'utiliser un purgeur à cloche qui ferme sur le gaz (vapeur), et ouvre sur le liquide l'eau (condensats).

Les prises de vapeur doivent se faire par le haut de la tuyauterie pour ne laisser passer que la partie gazeuse.

Il est à noter qu'on pratiquera de la même façon pour les conduites d'air comprimé.

SY 006 /07 - VAPEUR – Purge condensats, barillet alimentation, Schéma de principe

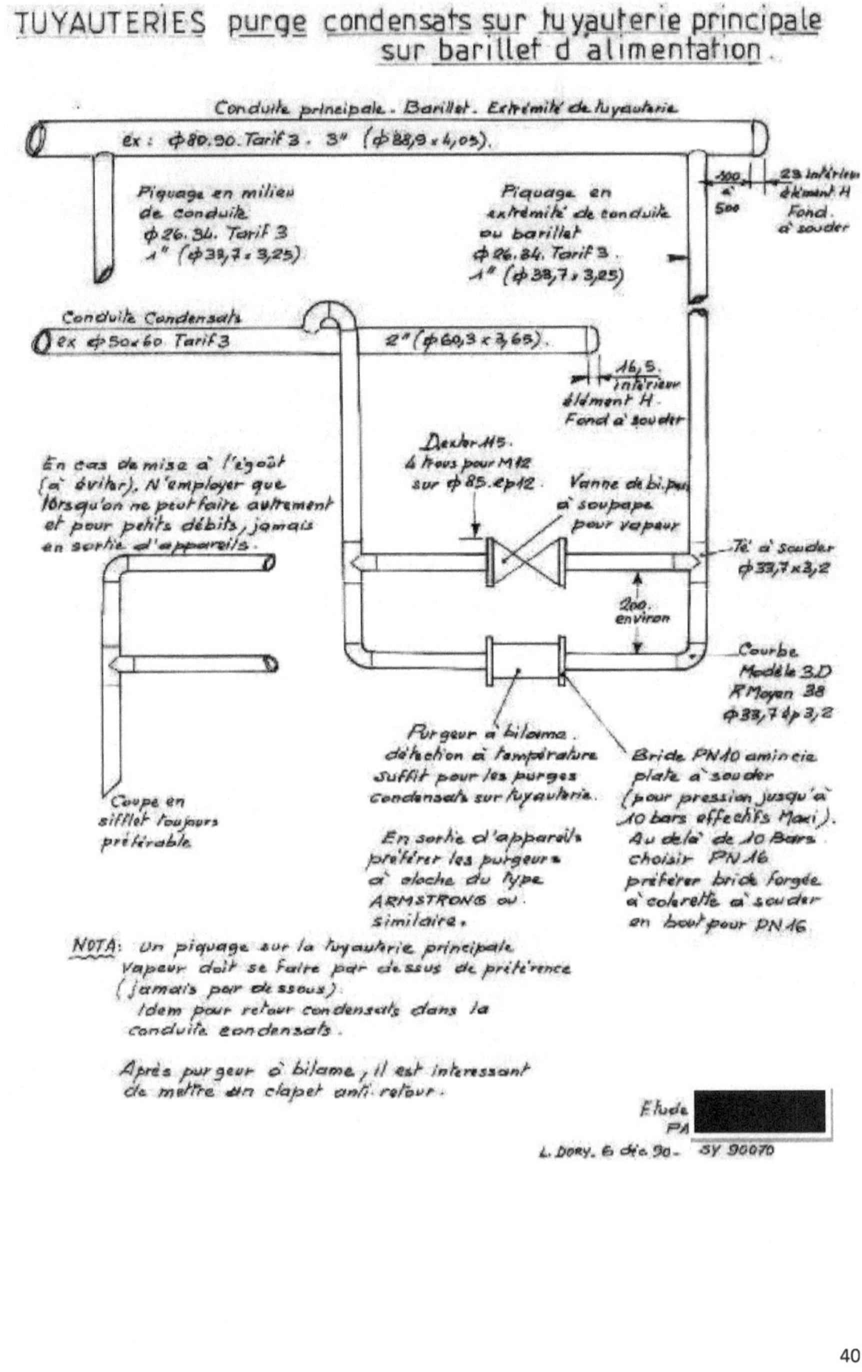

SY 006 /08 - VAPEUR – Bride à souder PN 10 et PN 16 (pression nominale en bars)

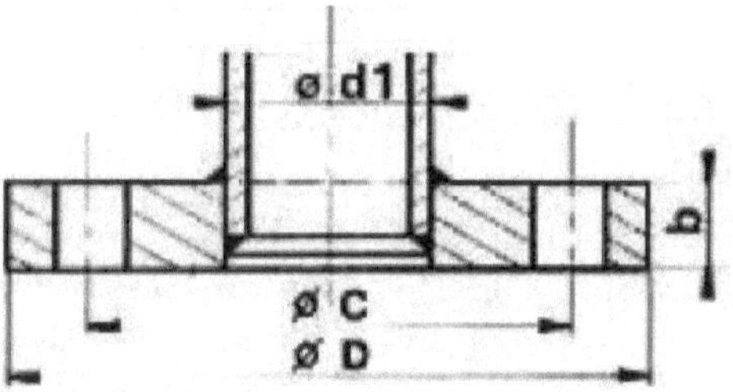

Ø Nominal	d1				Ø D	b	sur Ø C	Trous de boulons		Poids kg approximatif
	Tube		Bride (max)					Nombre	Ø trou	
(10)	14	17.2	14.5	18	90	10	60	4	14	0.430
15	20	21.3	20.5	22	95	10	65	4	14	0.500
20	25	26.9	25.5	27.5	105	12	75	4	14	0.670
25	30	33.7	30.5	34.5	115	12	85	4	14	0.990
32	38	42.4	38.5	43	140	14	100	4	18	1.455
40	44.5	48.3	45	49	150	14	110	4	18	1.620
50	57	60.3	58	61.5	165	16	125	4	18	2.155
(60)	70	70	71	71	175	16	135	4	18	2.400
65	76	76.1	77	77	185	16	145	4	18	2.690
80	89	88.9	90	90	200	18	160	4	18	3.465
(90)	102	101.6	103.5	103	210	18	170	8	18	3.500
100	101	114.3	109.5	116	220	18	180	8	18	3.540
(110)	121		122.5		230	18	190	8	18	4.000
125	133	139.7	134.5	141.5	250	20	210	8	18	5.200
150	159	168.3	161	170.5	285	20	240	8	22	6.600

SY 007 – MECANIQUE STATIQUE

SY 007 / 01 - 3 Forces sont en équilibre si concourantes – Déterminer F3 par méthode graphique *(planche à dessin)*

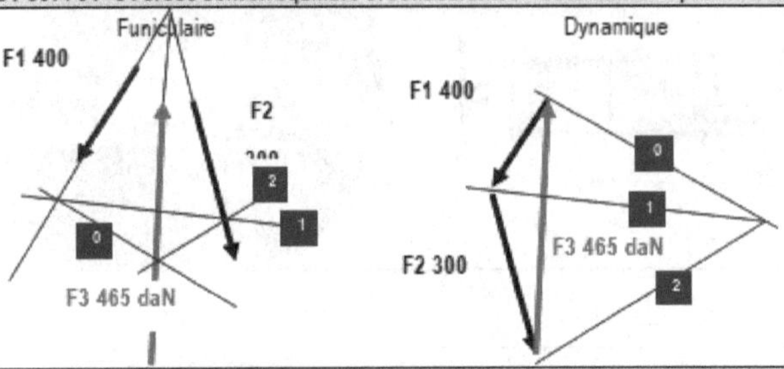

1° Dynamique Tracé F1 = 200

2° Dynamique : Point O
Tracé barre 0 Report Funiculaire

3° Barre 1 sur les 2 graphes

4° Idem F 2 barre 2 sur les 2

5° Funiculaire intersection barres 0 et 1 donne position de F3 ; la valeur de la force est mesurée sur dynamique 465 daN

SY 007 / 02 - 2 Forces concourantes, déterminer la Résultante : Force unique qui produirait le même effet

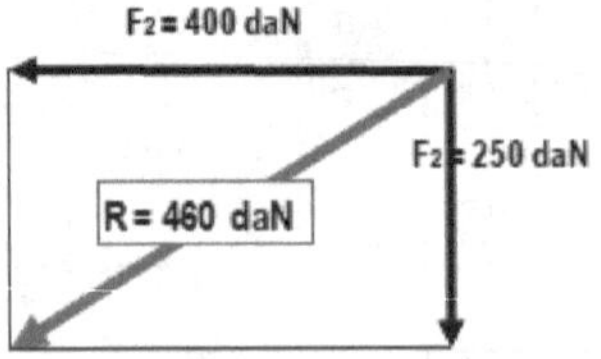

Approche graphique : on mesure R = 460 daN

Vérification calcul géométrique : triangle rectangle
Théorème de PYTHAGORE : $F1^2 + F2^2 = R^2$
$250^2 + 400^2 = R^2$ $62500 + 160000 = R^2$
$R = \sqrt{222500}$ R = 471 daN

Le calcul numérique est évidemment plus précis, mais, l'appréciation graphique est en général suffisante.

SY 007 / 03 - 3 Forces parallèles ∑ Moments = 0 ; réactions sur les paliers et roulements d'une ligne d'arbre

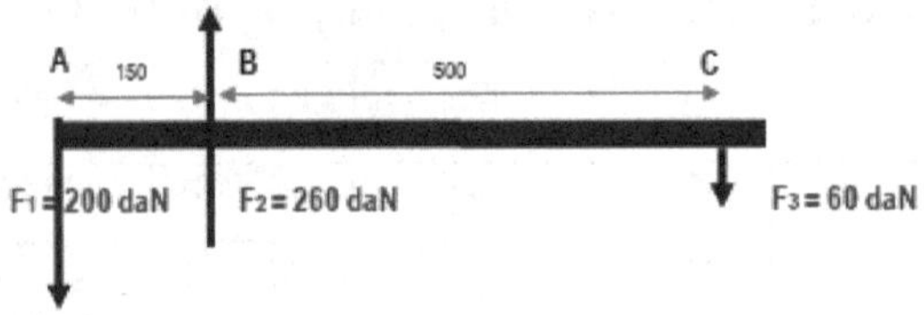

∑ Mts / C = 0
200 x 650 = F2 x 500
F2 = 260 daN

∑ Mts / B = 0
200 x 150 = F3 x 500
F3 = 60 daN

Vérification Algébrique
F1 + F3 = F2
200 + 60 = 260 OK vérifié

∑ Sigma (somme)

Les 3 cas de figure fondamentaux sont résumés ici, ce sont des cas concrets qu'un projeteur doit calculer tous les jours.

Le principe fondamental de toute la mécanique est l'équilibre :

L'équilibre peut être statique : système en équilibre, figé, c'est le cas d'une structure.

En équilibre dynamique, le système s'équilibre alors par la quantité de mouvement.

Le système est en déplacement.

Le surcroît de puissance est alors transformé en accélération.

C'est la raison des gros moteurs sur les « bagnoles »

SY 008 – MECANIQUE CINEMATIQUE

e = espace parcouru (m)

SY 008 /01 - Mouvement uniforme $\boxed{e = v.t}$

v = constante (m/s)

v = vitesse (m/s)

Equation aux dimensions m = m.s / s avec espace initial $\boxed{e = e_0 + v.t}$

SY 008 /02 - Mouvement uniformément accéléré (ou décéléré suivant le signe + / -)

$\boxed{v = \gamma.t}$ γ (gamma) = constante γ = accélération en m/s/s (m/s²)

$e = \int_{e0}^{v0} \gamma.t$ $e = \frac{1}{2}\gamma.t^2$ équation aux dimensions $m = \frac{m.\cancel{s^2}}{\cancel{s^2}}$

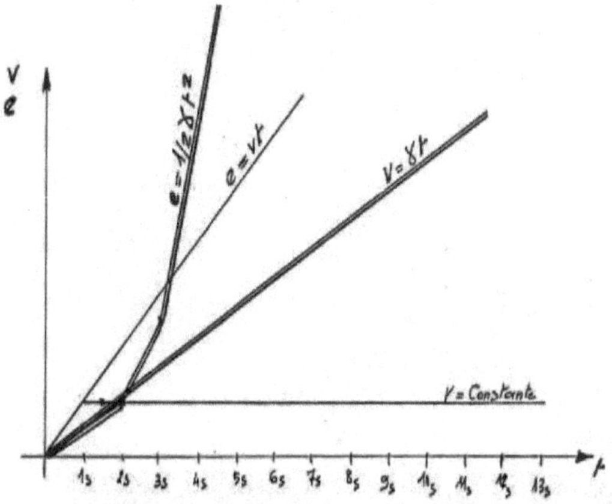

Avec vitesse initiale

$e = v_0.t + \frac{1}{2}\gamma.t^2$

Avec espace initial et vitesse initiale.

$\boxed{e = e_0 + v_0.t + \frac{1}{2}\gamma.t^2}$

équation aux dimensions

$m = m + \frac{m.\cancel{s}}{\cancel{s}} + \frac{m.\cancel{s^2}}{\cancel{s^2}}$

Comment exprimer ces équations indépendamment du temps

(1) $e = \frac{1}{2}\gamma.t^2$ | on tire v = f(e) (2) $t = v / \gamma$ par substitution (1) $e = \frac{1}{2}.\frac{\gamma.v^2}{\gamma^2} = \frac{v^2}{2\gamma}$

(2) $v = \gamma.t$

$v^2 = 2.\gamma.e$ $\boxed{v = \sqrt{2.\gamma.e}}$

On tire également : (2) $\boxed{t = \frac{v}{\gamma}}$ (1) $\boxed{t = \sqrt{\frac{2e}{\gamma}}}$

Exemple d'application pratique : Retrouver la vitesse initiale connaissant la décélération et la longueur de freinage

1 voiture a freiné sur 70 m, la décélération d'un véhicule sur le sec est d'environ 8 m / s²

Vitesse initiale = $\sqrt{2\ x\ 8\ x\ 70}$ = 33.46 m / s

soit 33.46 x 3600 = 120.456 m = 120 km/h

<u>SY 008 /03 - En rotation</u> la vitesse devient : **v = ω.R**

Équation aux dimensions $\frac{m}{s} = \frac{rd.m}{s}$ rd : radian, radian arc de cercle valeur 1 Rayon

et **ω = π.N / 30**

et si on considère en calcul rapide π / 30 = 0,1 ; alors **ω = 0,1 N**

En premier, ILS VOUS IGNORENT.
Puis, ILS RIENT DE VOUS.
Puis ILS VOUS BATTENT.
Puis, VOUS GAGNEZ.

GANDHI

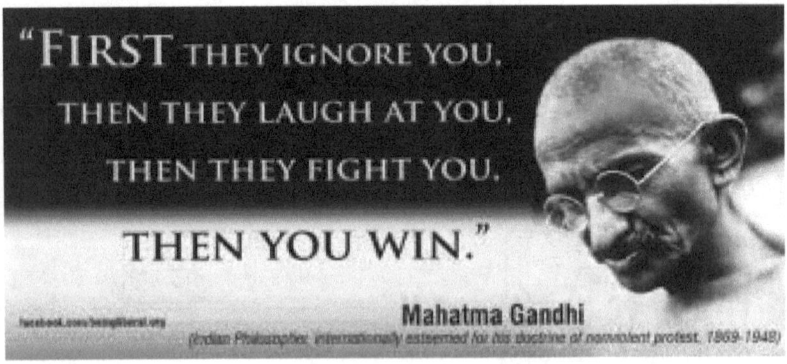

SY 009 / 01 - La formule fondamentale de la dynamique est **$F = m.\gamma$**

La force en Newtons est égale à la masse en kg que multiplie l'accélération en m / s²

Equation aux dimensions $N = kg.m/s^2$

Qu'on peu traduire en verticale de chute par **$P = m.g$**

Où **m** est la masse en kg et **g** l'accélération de la pesanteur 9.81 m/s² sur terre en France.

Cette accélération de 9.81 m/s² signifie qu'à chaque seconde, la vitesse s'accroît de 9.81 m/s (sans tenir compte de la résistance de l'air).

A la première seconde après le lâcher, la vitesse est de 9.81 m / s (35 km / h),

À la 2° seconde, la vitesse est de 19,62 m / s (71 km / h). A partir de cette vitesse, la résistance de l'air devient importante et la vitesse n'augmentera réellement plus aussi vite. Sur terre et en France, nous ne sommes pas dans le vide.

En linéaire, la variable est l'accélération : $F = m.\gamma$ d'où on tire (1) **$\gamma = F / m$**

La relation qui lie Puissance, Force et Vitesse est (2) **$P = F.v$**

Équation aux dimensions : W = N.m/s et N.m = J W = J/s (Watts ; Newton ; Joules)

Si on veut exprimer directement l'accélération en fonction des valeurs Puissance, Vitesse et Masse, on tire :

(2) $F = P / v$ et de (1) $F = m.\gamma$

En substituant F, on obtient : $P / v = m.\gamma$

$$\gamma = \frac{P}{v.m}$$

===

Afin de bien conceptualiser et faire comprendre la relation Puissance, Masse, Accélération, j'ai construit le tableau ci-dessous. Il ne reflète que partiellement les vraies valeurs puisque :

1 - la vitesse dans **P = F.v** est une variable, elle a été par simplification considérée constante.

(ce qui est une simplification osée, ce calcul ne se veut que comparatif).

2 – la résistance de l'air à l'avancement a été considérée nulle. En réalité, elle varie avec le carré de la vitesse

Et à 50 km / h représente plus de la moitié de la consommation, au-delà, bien sûr, elle augmente encore.

Accélération en fonction des valeurs Puissance, Vitesse et Masse											$\gamma = P / v.m$
	Le calcul des vitesses n'est qu'une approche avec une Force / vitesse à 20 km/h constante (sans résistance air)										
	Les valeurs calculées ne valent que comparées entre elles						Rendement utile considéré 30%				
Puissan ch	P W x 0,3	masse kg	vitesse km/h	vitesse m/s	Accélér m/s²	1° s v m/s	1°s v km/h	2° s v m/s	2°s v km/h	Ex voiture	
30	6 624	800	20	6	1	1	5	3	11	Renault 4L 1965	
70	15 456	850	20	6	3	3	7	12	24	Citroën BX 1986	
150	33 120	2 500	20	6	2	2	5	9	17	Mercédes 300 1996	
180	39 744	1 500	20	6	5	5	10	17	34	Citroën XM 2000	
400	88 320	1 500	20	6	11	11	21	38	76	Porsche GT	
600	132 480	1 500	20	6	16	16	32	57	114	Prototype LE MANS	
800	176 640	800	20	6	40	40	79	143	286	Formule 1	

SY 009 / 02 - Approche de la notion de rendement η

La consommation d'un véhicule est proportionnelle à la Force demandée

Une **voiture normale** roule en **moyenne à 70 km/h** et consomme aujourd'hui **6 litres au 100**.

Au **Mans un prototype** roule pendant 24 heures à **212 km/h de moyenne** avec pointe à 360, elle consomme **22 l / 100 km**.

La résistance à l'air s'exprime : **$F = k.\rho.S.v^2$** soit une proportionnalité avec le carré de la vitesse, comme on est 3 fois plus vite en vitesse moyenne ; la **consommation comparée à une voiture normale** serait de 3x3 = 9 fois soit **54 l / 100**.

On peut donc tirer la conclusion que le rendement est (54 - 22) / 54 x 100 = 59% supérieur.

Ce sont il est vrai des hybrides.

Les rendements mécaniques ont progressé dans tous les domaines de façon considérable.

Une MATRA des années 1970 consommait 60l / 100

et pour la MERCEDES des années 1950, c'était 100 litres / 100 km.

Une personne qui n'a jamais commis d'erreurs n'a jamais tenté d'innover.

Albert Einstein

SY 009 – ENERGIE CINETIQUE

VOLANT d'INERTIE

SY 009 /01 - Moments d'inertie particuliers

Cas	J kg.m²
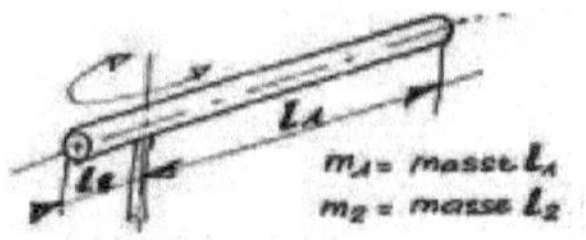	$J = m1.\frac{\ell_1^2}{3} + m2.\frac{\ell_2^2}{3}$
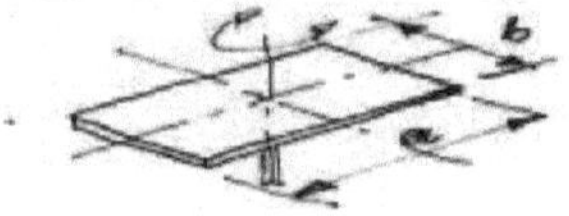	$J = m.\frac{a^2 + b^2}{12}$
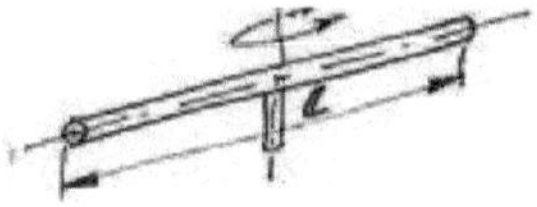	$J = m.\frac{L^2}{12}$
	$J = m.\frac{a^2}{12}$
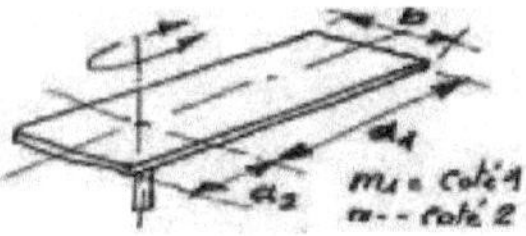	$J = m1\frac{(4a1^2)+b^2}{12} + m2\frac{(4a2^2)+b^2}{12}$

SY 009 /02 - Energie cinétique

En mouvement linéaire

$E = ½\, m.v^2$ E en Joules

En mouvement de rotation

$E = ½\, J.\omega^2$ ω en rd/s (radians)

SY 009 /03 - INERTIE RAMENEE à ARBRE TOURNANT AUTRE VITESSE

Des inerties tournent à différentes vitesses.

Il faut les ramener au même arbre

Soit à ramener en arbre 1 :

JC1 à **ω1**. **JC2** sur arbre 2 à **ω2**

$$JC1 = JC2\,(\omega_2 / \omega_1)^2$$

SY 009 /04 - INERTIE MASSE EN LINEAIRE

Une masse **m** en mouvement linéaire à vitesse **v** ramenée à l'arbre tournant à rotation **ω**

$$JC = m\,(v / \omega)^2$$

SY 009 /05 - REGIME TRANSITOIRE

$$t = J.\omega / Ma \qquad Ma = J\omega / t$$

Equation dimensions : $s = \frac{kg.m^2.rd}{N.m\ s} = \frac{N.s^2}{m}\ \frac{m^2.rd}{N.m.s} = s$

$kg = N.s^2 / m$

Ma : Moment accélération ou décélération (N.m) t (s)

SY 009 /06 - APPLICATION MOTEUR 6 démarrages par heure

Coefficient de service **KA** dépend nombre **z** démarrages / heure **JC** inertie machine ; **Jm** inertie du moteur Facteur d'inertie **Ki = JC / Jm**

Coefficient de service K_A dépend nombre **Z** démarrages / heure J_c inertie machine ; J_m inertie du moteur Facteur d'inertie $K_i = J_c / J_m$

Nb heures/jour	Z	Facteur d'inertie Ki						INERTIE et CARACTERISTIQUES Moteur Leroy Somer					
	N démar/h	0.1	0.33	1	3	5	10	Taille	P kW	Md / Mn		J	N t/mn
8 heures par jour	60	1	1.05	1.1	1.2	1.35	1.5				Idémar	10^{-3} kg.m²	en charge
	120	1	1.1	1.15	1.25	1.4	1.55	56	0.09	1.8	2.9	0.2	1375
	180	1.05	1.15	1.25	1.3	1.45	1.6	63 E	0.18	2.1	3.5	0.48	1390
	360	1.1	1.25	1.3	1.4	1.5	1.65	71 L	0.37	1.85	4.4	0.85	1400
								80 L	0.75	2.3	4.3	1.8	1400
16 heures par jour	60	1.1	1.15	1.2	1.3	1.45	1.6	90 L	1.8	2.2	5.4	3.93	1420
	120	1.1	1.2	1.25	1.35	1.5	1.65	100 L	3	3	6.1	7.45	1435
	180	1.15	1.25	1.35	1.4	1.55	1.7	112 MS	5.5	2.1	5.9	15	1435
	360	1.2	1.35	1.4	1.5	1.6	1.75	132 M	9	2.8	7	38.53	1445
								160 L	15	2.4	5.8	73	1445
24 heures par jour	60	1.25	1.3	1.35	1.45	1.55	1.7	180 L	22	2.4	5.5	122	1455
	120	1.3	1.35	1.45	1.5	1.65	1.75	200 LT	30	2.5	6.3	151	1455
	180	1.35	1.4	1.5	1.6	1.7	1.8	250 M	55	2.7	6.6	1107	1470
	360	1.4	1.5	1.55	1.65	1.75	1.85	280 M	90	3.1	7	2157	1475

SY 009 /07 - Volant d'inertie – Volant régulateur –

Mouvement de ROTATION GRANDE INERTIE

$W_{1\ tour} = J.\omega^2 / k.$ (J : Moment d'inertie) k : Coefficient de régularité

(Joules) = (kg.m².1²/s²) = N.m = Joules

exemple **k = 100 ; moteur 1500 t/mn**

Variation de vitesse : 1500 / 100 = **variation de 15 t/mn par tour**

Je sais que cette bataille est difficile pour tout le monde.
Je comprends aussi que certains d'entre nous aient peur.
C'est compréhensible, car nous devons nous battre contre un adversaire très différent de nous.
Il n'avance pas à la lumière du jour, mais se cache,
il ne se bat pas directement, mais furtivement,
il n'est pas honorable, mais sans scrupules,
il n'est pas national, mais international,
il ne croit pas au travail, mais spécule avec de l'argent ;
il n'a pas de patrie, mais estime que le monde entier lui appartient.

Victor ORBAN Hongrie

SY 009 / 08 – MECANIQUE DYNAMIQUE

Dynamique = Statique + Cinématique

Voir également page 45

La formule fondamentale de la dynamique est $F = m.\gamma$

$(Gamma)$ Accélération en m/s²

La force en Newtons est égale à la masse en kg que multiplie l'accélération en m / s²

Equation aux dimensions N = kg.m/s²

Qu'on peu traduire en verticale de chute par $P = m.g$

Où **m** est la masse en kg et **g** l'accélération de la pesanteur 9.81 m/s² sur terre en France.

En rotation la formule fondamentale de la dynamique devient :

$C = I.\omega_2$ équation aux dimensions : m.N = kg.m².rd/s avec N = kg.m / s²

I est le Moment d'inertie, c'est l'équivalent de la masse appliquée en rotation

SY 009 / 09 – Le travail W est le produit force x longueur dans sa propre direction.	Cas	J kg.m²	ρ Rö Rayon giration m
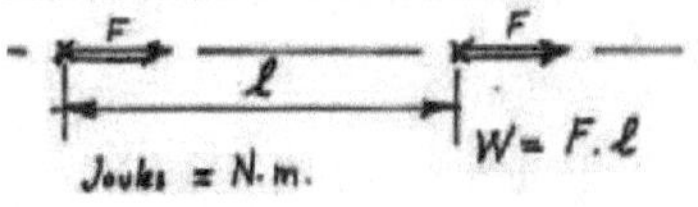		**J = m.R²**	**R**
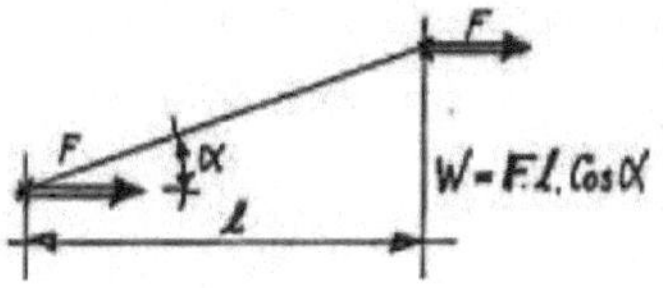		**J = ½ m.R²**	**R / √2**
SY 009 / 10 – Travail d'un Couple **W = C.ω** Equation dimensions J = m.N.rd		**J = ½ m.R²**	**R / √2**
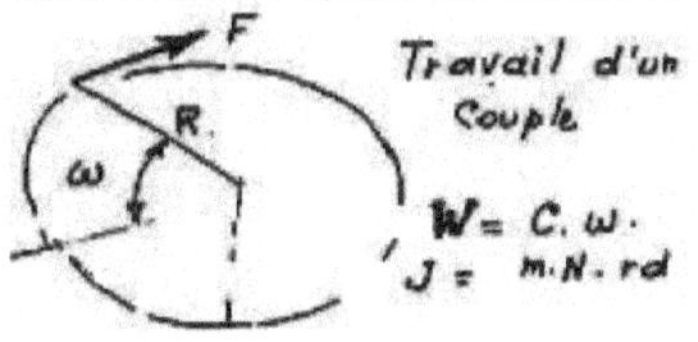		**J = ¼ m.R²**	**R / 2**
		**J = 2/5 m.R²**	**R $\sqrt{2/5}$**

ω en radians : 1 tour = 2π radians 1 radian est l'angle ω qui a pour arc 1 Rayon

ρ Ro le rayon de giration est le rayon d'une circonférence de même masse qui aurait le même Moment d'Inertie que le corps considéré : **$I = m.\rho^2$**

SY 009 / 11 – La Puissance en Watts est le travail par seconde : **P = W / t.** W = J / s

En ROTATION **P = C.ω** P (W) ; Couple (m.N) ;

ω vitesse angulaire (rd / s)

la vitesse est **v = ω.R** et **ω = π.N / 30** et si on considère en calcul rapide

π / 30 = 0,1 ; alors **ω = 0,1 N**

En LINEAIRE **P = F.v** P (W) ; Force (N) ; Vitesse (m/s)

<u>Exemple de calcul pratique</u> : Motoréducteur 0.33 ch à 60 t / mn, transmission finale à chaîne pignon Ø 52

1 ch = 736 W **<u>0.33 ch</u>** = 448 W **<u>60 t / mn</u>** = 6.3 rd / s C = 448 / 6.3 = 71 m.N

= **<u>7.1 m.daN</u>** = 7100 mm.daN

Ft Chaîne = Couple divisé par rayon pignon 7100 / 26 = **<u>273 daN</u>** *(273 kg à 2% près)*

Il est commode d'exprimer en m.daN et en daN pour être compris de tous, en effet, si vous parlez en m.kg et en kg, tout le monde se représente et comprend ces valeurs physiques.

<u>Vaut-il mieux être académique ou être compris ?</u>

En assimilant le daN et le kg, on fait une erreur de 2%,

ce qui est proprement négligeable. *(9.81 ≈ 10)*

Ce sont les idées qui mènent le monde et pas l'inverse

Philippe de Villiers

SY 010 – VITESSE CRITIQUE

Calcul simplifié

<u>Chaque balourd, chaque Moment d'Inertie J apporte sa vitesse critique.</u>

Sa fréquence propre détermine cette vitesse critique.

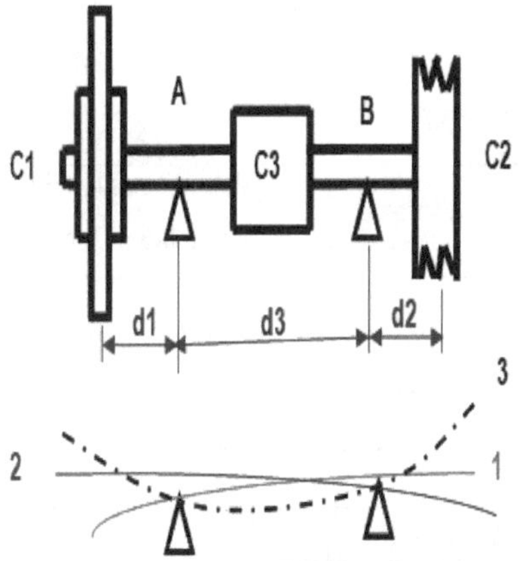

C1 = Charge C1 C2 = Charge C2 C3 = Charge C3
Palier A Palier B d1, d2, d3 distances
1 ; 2 ; 3 : flèches statiques induites par les charges
3 charges = 4 vitesses critiques

Chaque charge donne sa vitesse critique, puis l'ensemble.

Dans ce cas : 4 vitesses critiques à vide et 4 en charge.

$$\omega c^2 = g / y$$

équation aux dimensions rd^2 / s^4

$= mm/s^2 / mm$

y flèche considérée.

La vitesse critique est provoquée par la flèche. Chaque charge provoque sa flèche statique. Cette flèche décale le centre de gravité de l'arbre. Lorsqu'il y a rotation, la force centrifuge vient se rajouter sur cette excentrationpour rayon la flèche. A basse vitesse, cette flèche reste toujours dans le même sens. A moyenne vitesse, la force centrifuge augmente cette flèche qui se met à tourner en même temps que l'arbre, cette flèche augmente alors de plus en plus au fur et à mesure qu'augmente la vitesse. Cette flèche augmente jusqu'à la vitesse critique et se met alors à décroître lorsque la vitesse augmente encore. Pour chaque charge, il y a une flèche statique et une vitesse critique due à cette charge.

$\omega c^2 = g / y$, d'où l'on tire :

$$\omega_c = \sqrt{\frac{g}{y}} \quad \omega = \frac{\pi . N}{30} \text{ ; } N(t/mn) = 30\ \omega / \pi$$

ω_c en rd/s ; **g** accélér pesanteur 9810 mm/s²; **y** flèche en mm

Chaque charge apporte sa vitesse critique et il y en une dernière qui est la vitesse critique globale suivant l'équation de DUNKERLEY

Chaque balourd a sa vitesse critique propre, il y en a une supplémentaire « globale » suivant l'équation suivante :

Equation de DUNKERLEY

$$\frac{1}{\omega_c^2} = \frac{1}{\omega_{c1}^2} + \frac{1}{\omega_{c2}^2} + \frac{1}{\omega_{c3}^2}.$$

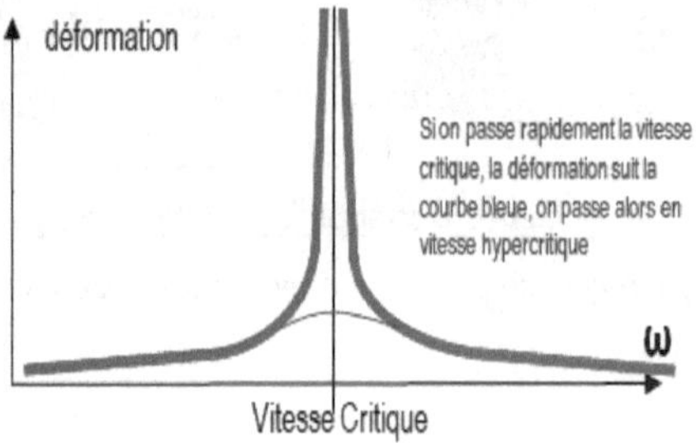

Pour un calcul facile, il est simple de faire un tableau de synthèse :

		Charge 1	Charge 2	Charge 3	Global, équation de DUNKERLEY
à vide	Charge	daN			
	Mf	mm.daN			
	flèche	mm			
	ω_c^2	$rd^2/s4$			
	ω_c	rd/s^2			
	N	t/mn			
en charge	Charge	daN			
	Mf	mm.daN			
	flèche	mm			
	ω_c^2	$rd^2/s4$			
	ω_c	Rd/s^2			
	N	t/mn			

Quiconque veut ravir la liberté d'une nation doit commencer par lui retirer le droit de s'exprimer librement."

Benjamin Franklin (1706-1790), diplomate signataire de la Déclaration d'Indépendance des Etats-Unis

SY 011 – Résistance de l'air à l'avancement
Force centrifuge

SY 011 /01 – Résistance corps mouvement dans l'air

$$F = k.\rho.S.v^2$$

Equation dimensions $N = \frac{kg.m^2.m^2}{m^3 \quad s^2} = kg.m / s^2 = N$

k : Coefficient trainée aérodynamique,

le Cx connu de tous.

ρ : Masse volumique du fluide AIR au REPOS

= 1.293 kg/m³

S : Surface frontale projetée en m²

v : Vitesse en m / s

Forme	k
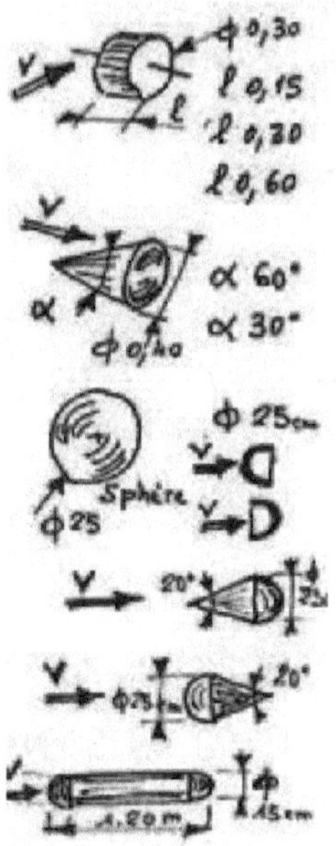	0.88 0.55 0.50 0.32 0.21 0.11 0.21 0.83 0.101 0.055 0.12

SY 011 /02 – Energie d'un corps en Mouvement

$$W = \tfrac{1}{2}\, m.v^2$$

Equation dimensions

$J = N.m = kg.m^2/s^2 = kg.m/s^2.m = N.m$

m : masse en kg

v : vitesse en m / s

L'Energie cinétique permet de calculer un choc, un amortisseur.

La Force de l'impact est fonction de la distance d'amortissement ou d'écrasement / déformation.

Travail d'amortissement : **W = F.L** L : distance d'amortissement ou d'écrasement en m

F : Force en Newtons

W : Travail Energie en Joules

SY 011 /03 – Force d'impact

1 / 2 .m.v² = F.L de cette relation, on tire : **Force d'impact (N) = m.v² / 2.L.**

Un exemple simple : une voiture roule à 100 km/h (27,8 m/s) et subit un choc frontal à pleine vitesse. Elle a une masse de 1000 kg. La voiture comme c'est prévu se déforme et s'écrase de l'avant, on considère un écrasement de 1,50 m.

$F = 1000 \times 27.8^2 / 2 \times 1.50$ = 257613 N = 25800 daN = 25 tonnes

Le même choc à 90 km/h (25 m/s) $F = 1000 \times 25^2 / 2 \times 1.50$ = 208333 N = 20800 daN =20 t

Le même choc à 80 km/h (22 m/s) $F = 1000 \times 22^2 / 2 \times 1.50$ = 161333 N = 16100 daN =16 t

Le même choc à 60 km/h (17 m/s) $F = 1000 \times 17^2 / 2 \times 1.50$ = 96333 N = 9600 daN = 9,6 t

Le même choc à 50 km/h (13,88 m/s) $F = 1000 \times 13.88^2 / 2 \times 1.50$ = 64300 N = 6430 daN = 6,5 t

Le même choc à 20 km/h (5,55 m/s) $F = 1000 \times 5.55^2 / 2 \times 1.50$ = 10288 N = 1028 daN = 1 t

---

SY 011 /04 – Force centrifuge

On peut la calculer de deux façons : 1°- en fonction de la vitesse angulaire ; 2° - en fonction de la vitesse linéaire.

$F = m.R.\omega^2$ comme $v = \omega.R$ on tire $F = m.R.v^2 / R^2$ $F = m.v^2 / R$

équation aux dimensions : $N = kg.\not{m}.rd^2 / s^2$ $N = kg.m^2 / s^2.m = kg.m / s^2$

F en Newtons ; ω vitesse angulaire en radians / s ; v vitesse circonférentielle en m / s ;

Il y a 1600 Milliards dans l'assurance vie et
400 Milliards sur les comptes bancaires de Français.
Si vous êtes intermédiaire financier, vous savez où trouver l'argent

Amélie de Montchalin Ministre MACRON

SY 020 – MECANIQUE

Coefficient de frottement

SY 020 /01– Cône de frottement, frottement au départ, frottement en marche.

Détermination expérimentale du coefficient de frottement

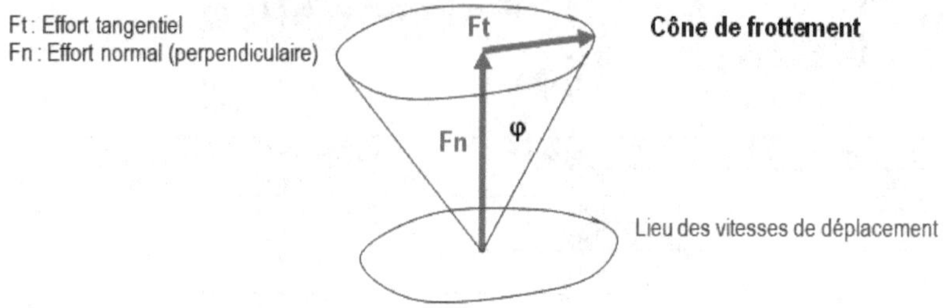

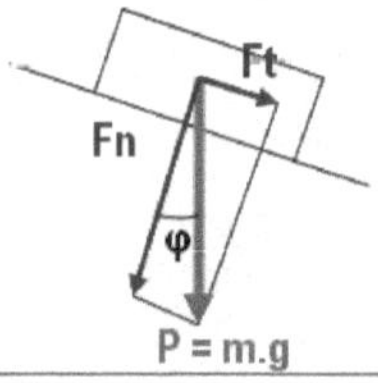

En pente : $Ft = Fn.tg\ \varphi$

$Cos\ \varphi = Fn / P$	$Fn = P.cos\ \varphi$
$Sin\ \varphi = Ft / P$	$Ft = P.sin\ \varphi$

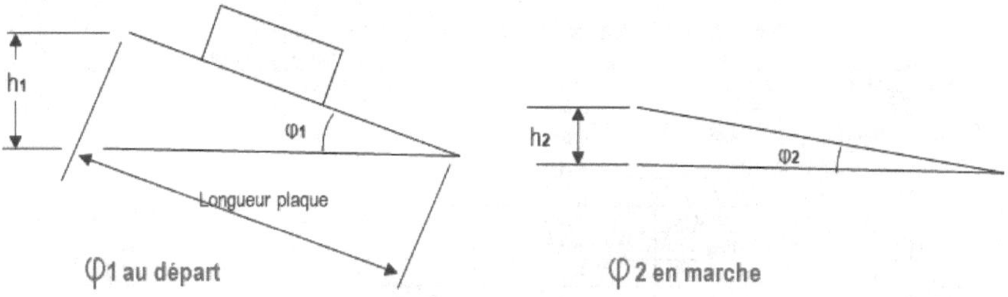

L'expérimentation porte sur deux mesures qui se font à suivre.

On relève les hauteurs **h1** au départ, et **h2** en marche, il est conseillé d'être à deux personnes.

Le relevé donne **h1** et **h2,** ce qui permettra de calculer simplement les angles **φ1** et **φ2**.

La longueur de la plaque L étant connue, on a : $\mathbf{Sin\ \varphi_1 = h1 / L}$ on tire φ_1

duquel sur calculette ou table de rapports trigonométriques on trouve $\mathbf{tg\ \varphi_1 = f}$

f est la désignation du coefficient de frottement.

On procède de la même façon pour φ_2

<u>Exemple d'expérimentation</u> : **plaque long 30 cm ;**

Pin sur Caoutchouc <u>(voir § SY 020 /02)</u>

h1 relevé = 13.8 Sin $\varphi 1$ = 13.8 / 30 = 0.46 27.3° tg $\varphi 1$ = f1 = 0.51

H2 relevé = 11.2 Sin $\varphi 2$ = 11.2 / 30 = 0.37 22 ° tg $\varphi 2$ = f2 = 0.40

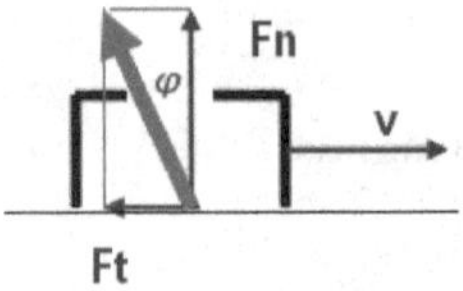

φ représente l'angle de frottement, il représente la résistance à l'avancement.

$$F_t = F_n .\ Tg\ \varphi = f.tg\ \varphi$$

tg **φ** = f est appelé le Coefficient de frottement

SY 020 /02 – Coeff frottement roulement	Coeff tg φ = f
Gaïac sur Gaïac	**0.47**
Orme sur Gaïac	**0.80**
Acier sur Acier	**0.05**
Bille acier trempé sur acier trempé	**0.01**

SY 020 /04 – Coeff frottement des presse-étoupe .serrage entre 1 et 50 bars	
Coton ou Chanvre suiffé bourrage correct	**0.06 à 0.11**
Coton ou Chanvre suiffé bourr. défectueux	**0.25**
Cuir embouti souple	**0.03 à 0.07**
Cuir embouti dur	**0.10 à 0.13**
Cuir embouti rugueux	**j/à 0.20**

SY 020 /05 – Coeff frottement des tourillons	
Fonte sur Fonte surface grasse	**0.14**
Fonte sur Fonte graissage intermittent	**0.075**
Fonte sur Fonte graissage continu	**0.054**
Fonte sur Bronze surface grasse	**0.16**
Fonte sur Bronze graissa intermittent	**0.075**
Fonte sur Bronze graissa continu	**0.05**
Acier sur Fonte ou Bronze surface grasse	**0.19**
Acier sur Fonte ou Bronze graiss Intermit	**0.07**
Acier sur Fonte ou Bronze graiss continu	**0.054**
Acier sur Gaïac sans graissage	**0.19**
Acier sur Gaïac graissage intermittent	**0.11**
Acier sur Antifriction sans graissage	**0.23**
Acier sur Antifriction graissage intermittent	**0.01**

SY 020 /03 – Surfaces frottantes	tg φ = f	
	départ	marche
Ac trempé / ac trempé graissa	0.11	**0.10**
Ac trempé / ac trempé graissa abondant	0.11	**0.07**
Ac trempé / ac trempé graissage sous pression	0.11	**0.05**
Ac trempé sur Bronze graiss moyen	0.11	**0.10**
Ac trempé sur Bronze graiss ss press	0.11	**0.05**
Bronze sur Bronze Surface Sèche	0.43	**0.20**
Bronze sur Fonte Surface Sèche	0.43	**0.21**
Caoutchouc Fonte polie à sec	0.80	**0.20**
Caoutchouc Fonte sol moyen à sec	0.80	**0.65**
Caoutchouc Fonte sol moyen humide	0.80	**0.30**
Caoutchouc Fonte sol boueux	0.80	**0.10**
Caoutchouc Fonte très mouillé	0.80	**0.25**
Chêne sur Chêne sec	0.54	**0.34**
Chêne sur Chêne savonné	0.44	**0.15**
Chêne sur Chêne humide	0.71	**0.25**
Corde sur Fonte polie à sec	0.79	**0.75**
Corde sur Chêne à sec	0.80	**0.52**
Cuir sur Fonte polie à sec	0.43	**0.10**
Cuir sur Fonte polie gras	0.43	**0.10**
Cuir sur Chêne à sec	0.43	**0.33**
Cuir sur Chêne humide	0.79	**0.29**
Fer sur Fer à sec	0.19	**0.40**
Fer sur Fer peu graissé	0.13	**0.40**
Fer sur Fonte ou Bronze à sec	0.19	**0.18**
Fer sur Fonte ou Bronze peu graissé	0.19	**0.16**
Fer sur Fonte ou Bronze bien graissé	0.19	**0.10**
Fer sur Chêne humide	0.65	**0.26**
Fer sur Chêne suiffé	0.11	**0.08**
Fer sur sol moyen à sec	0.80	**0.35**

SY 020 /06 – VALEURS EXPERIMENTALES L.DORY					
Valeurs Coeff frottement f = tg φ	**Départ**	**Marche**	Résistance au ROULEMENT		
Pin sur Polyéthylène hte densité	0.30	**0.11**	Roue VULKOLAN sur Béton	**0.25**	**N / kg**
Pin sur Acier	0.66	**0.25**	Roue Caoutchouc sur Béton	**0.40**	**N / kg**
Pin sur Caoutchouc	0.52	**0.40**	Voie Ferrée Roue Acier sur Rail	**0.15**	**N / kg**
Acier sur Polyéthylène	0.30	**0.11**	Roulement à bille sur Ø extérieur	**0.005**	**N / kg**
Caoutchouc sur Polyéthylène	0.31	**0.15**			

SY 030 – RESISTANCE DES MATERIAUX
Contraintes de base – Contrainte, Déformation

SY 030 / 01 - EXTENSION – COMPRESSION

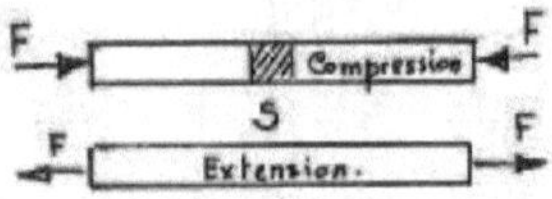

Contrainte moyenne Traction ou Compression

EXTENSION ou COMPRESSION, calcul identique.

$\sigma = F / S$ N/mm² ou daN/mm² ou daN/cm²

On emploie facilement le daN assimilable au kg

σ (Sigma) contrainte ; F effort dans la barre ;

S section résistante

σ = Rp : Résistance pratique avec Coeff sécurité.

Calcul de la déformation : $\sigma = E.i$ E est le module d'élasticité, c'est une contrainte fictive qui produirait un allongement de la longueur initiale de la barre E = 21.000 daN/mm² = 2.100.000 daN/cm² pour l'acier ; autres valeurs **voir § SY 033.3 / 09**

i est l'allongement unitaire en mm/mm ou cm/cm suivant l'unité utilisée dans le calcul.

SY 030 / 02 - CISAILLEMENT

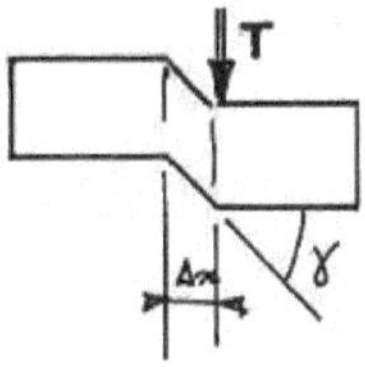

Contrainte moyenne cisaillement ou scission

$\tau = \frac{T}{S}$ N/mm² ou daN/mm² ou daN/cm²

τ (To) Contrainte de scisson ;

T Effort tranchant ; S section résistante

Rpg : Résistance Pratique au glissement, en général Rpg = ½ de Rp

Déformation : $\tau = G.\gamma$ G : Module élasticité transversal =0.4 E aciers

SY 030 / 03 - Particularité d'un outil de découpe :

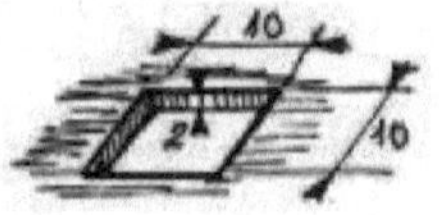

On recherche la rupture certaine. On prend donc la fourchette maxi de résistance à rupture du matériau.

Exemple Trou 10 x 10 x 2 : S = 10 x 4 x 2 = 80 mm²

Acier E 24, A 33, on prend 40 daN/mm²

F poinçon = 80 x 40 = 3200 daN = 3.2 tonnes

SY 030 / 04 - TORSION

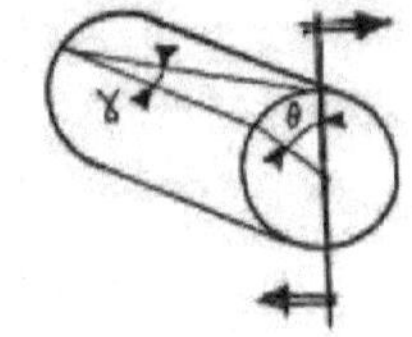

Contrainte moyenne TORSION

τ = **Mt / I0/v** daN/mm² ou daN/cm²

τ **(To)** Contrainte de scisson ; Mt Couple ou Moment de TORSION ;

I0/v : Module de Torsion, (Moment d' Inertie Polaire).

Calcul de **I0** et **I0**/v **voir § SY 033.1**

Rpg : Résistance Pratique au glissement, en général Rpg = ½ de Rp

SY 030 / 05 - Détermination rapide TORSION tous calculs faits :

E 24 τ **=12 daN/mm²**	**D (mm) =** $\sqrt[3]{420\ Mt\ (m.daN)}$
XC 48 τ **=24 daN/mm²**	**D** (mm) **=** $\sqrt[3]{208\ Mt\ (m.daN)}$

SY 030 / 06 - Couples transmissibles Acier courant E 24

Ø 20 = 19 m.daN	Acier E 24	19 kg avec un levier de 1 m
Ø 25 = 37 m.daN	Acier E 24	37 kg avec un levier de 1 m
Ø 30 = 64 m.daN	Acier E 24	64 kg avec un levier de 1 m
Ø 45 = 216 m.daN	Acier E 24	216 kg avec un levier de 1 m
Ø 60 = 514 m.daN	Acier E 24	514 kg avec un levier de 1 m

L'imagination est plus importante que la connaissance.

La connaissance est limitée alors que l'imagination englobe le monde entier, stimule le progrès, suscite l'évolution. **Albert Einstein**

SY 032 – RESISTANCE DES MATERIAUX
FLEXION – Contrainte, Déformation

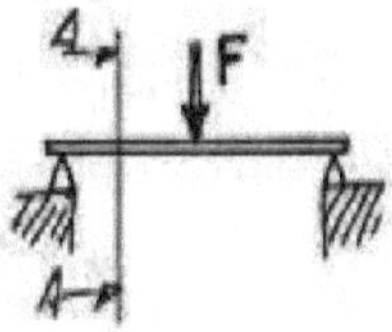

SY 032 /01 – Contrainte de Flexion : $\sigma = Mf / I/v$ σ : Contrainte de flexion (N/mm² ou daN/mm² ou daN/cm²)

Mf : Moment de flexion (mm.N ; mm.daN ; cm.daN) ;

I/v : Module de Flexion ou Module d'Inertie.

E : Module élasticité longitudinale = 21.000 daN/mm² = 2.100.000 daN/cm²

Pour la flexion daN et cm sont les unités les plus commodes.

Les tableaux donnent les

I en cm^4 et **I / v** en cm³ $f = \int_0^l Mf$

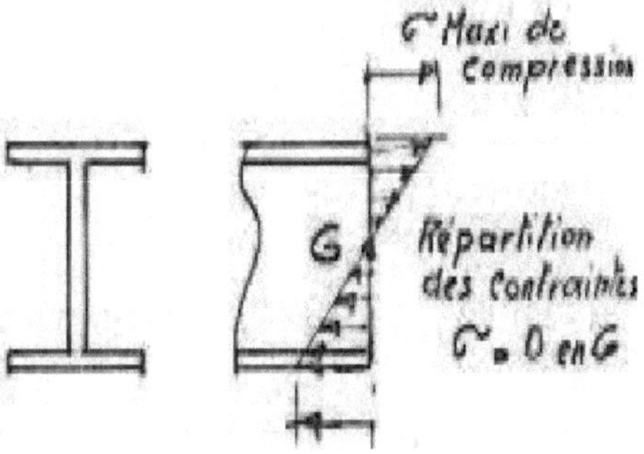

Répartition des contraintes de flexion.

Contrainte au centre de gravité G est égale à 0. La partie supérieure est en Compression, la partie inférieure en Traction. Dans les cas courants, les contraintes de traction et compression sont égales. Plus une poutre est haute, mieux elle résiste en flexion, dans le module de flexion I/v, le v est la distance de la fibre la plus éloignée.

SY 032 /02 – Cas	**Equations Mf ; f ; T**	**Cas**	**Equations Mf ; f ; T**
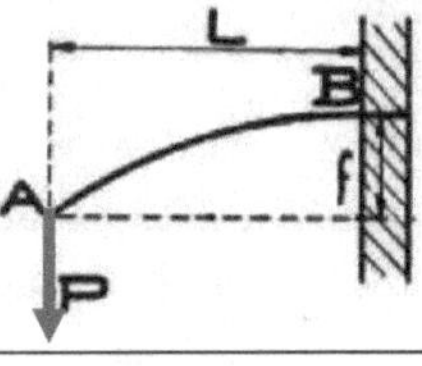	**Mf = PL** **f = PL³ / 3EI** **T = P** en B	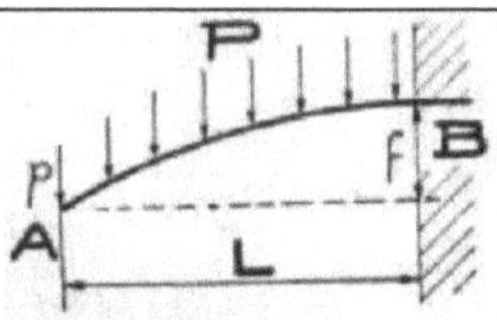	**Mf = PL/2** **f = PL³ / 8 EI** **T = P** en B

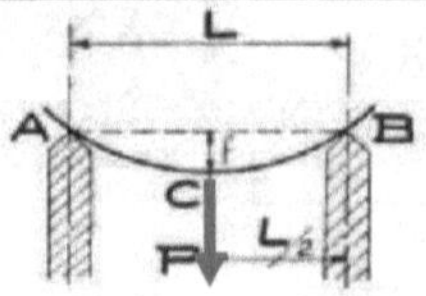	$Mf = PL / 4$ $f = PL^3 / 48\,EI$ $T = P / 2$ en C	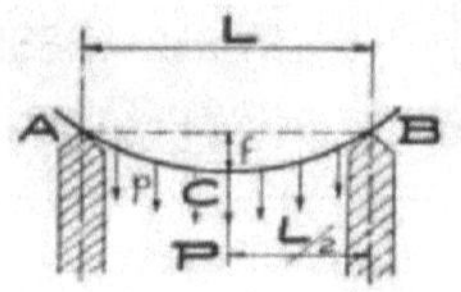	$Mf = PL / 8$ $f = 5/8 x PL^3/48EI$ $T = P / 2$ en C
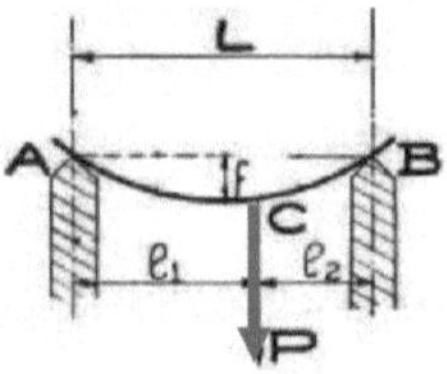	$Mf = P.\ell_1.\ell_2 / L$ $f = P.\ \ell_1^2.\ \ell_2^2 / 3EIL$ $T = P.\ell_1 / L$ en C	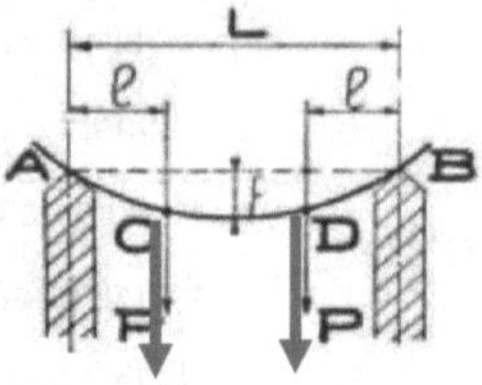	$Mf = PL$ $f = P.L / 24.EI \times$ $(3L^2 - 4.\ \ell^2)$ $T = P$ (D à B) $T = 0$ (C à D)
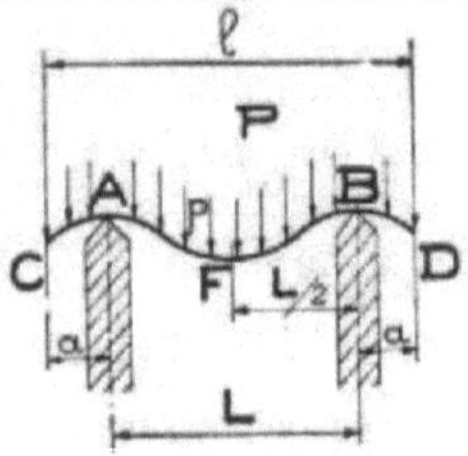	$Mf\ Maxi = Pa^2 / 2.\ell$ $T = P / 2$	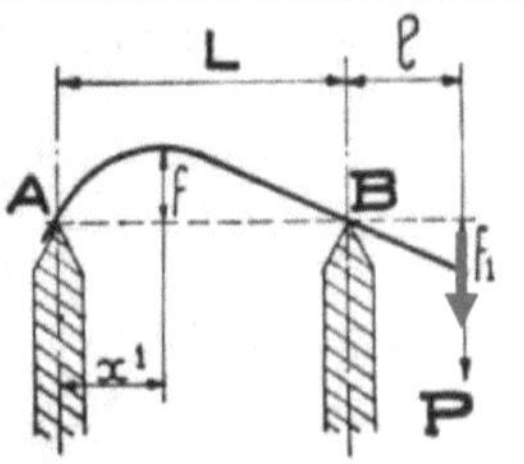	$Mf = P.\ \ell$ $f = PL^3 / 3EI \times \ell / 9\sqrt{3}$ $f1 = Pl\ \ell^2 / 3EI \times (L + \ell)$ $T = P.(\ell + L) / L$
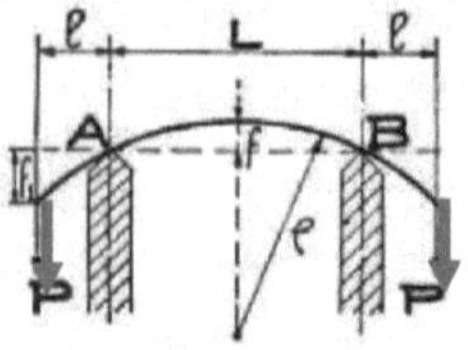	$Mf = P.L$ $f = PL^3 / 8EI \times \ell / L$ $f1 = PL^3/3EI \times (\ell + (3L/2))$ $T = P$		
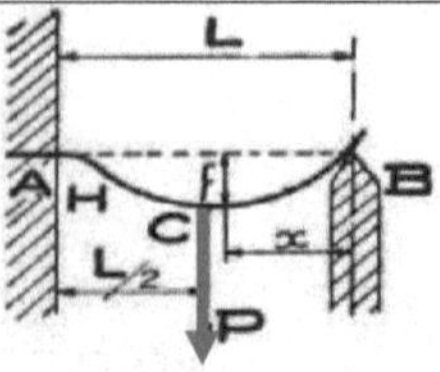	$Mf = 5/32 \times PL$ $MA = 3/16 \times PL$ $f = PL^3 / 48EI \times \sqrt{1}/5$ $T = 11/16\ P$ en A	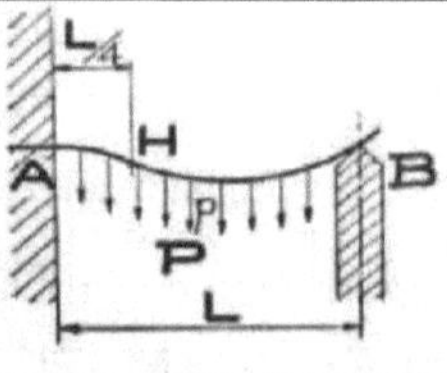	$Mf = 9/128\ PL$ $f = PL^3 / 187EI$ $T = 3/8\ P$ en B
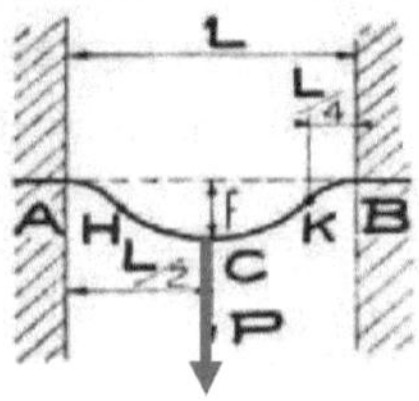	$Mf = PL / 8$ $f = PL^3 / 192EI$ $T = P / 2$	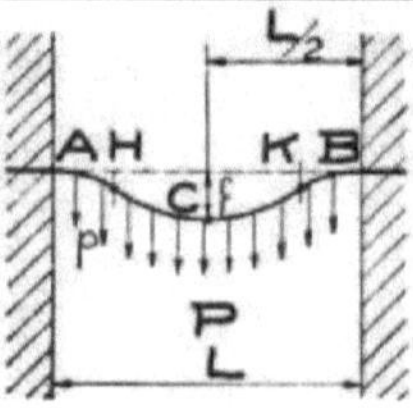	$Mf = PL / 24$ $f = PL^3 / 384EI$ $T = P/2$ en A et B

SY 033.1 – RESISTANCE DES MATERIAUX

Moments d'INERTIE – Centre de Gravité

MOMENT d'INERTIE

SY 033.1 /01 - **Moment Statique** 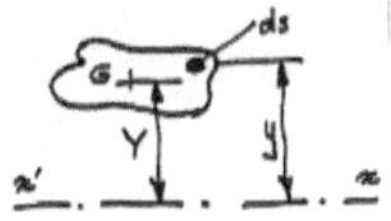 $Ax'x = \int y.dS = YS$	**SY 033.1 /02 –** **Produit Inertie** 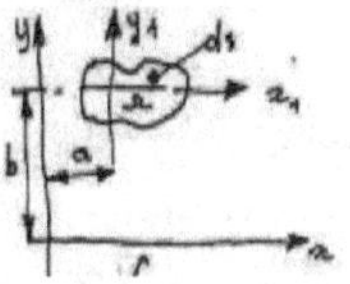 $Ixy = \int xy.dS$ $Ixy = abS + (Ix_1y_1)$
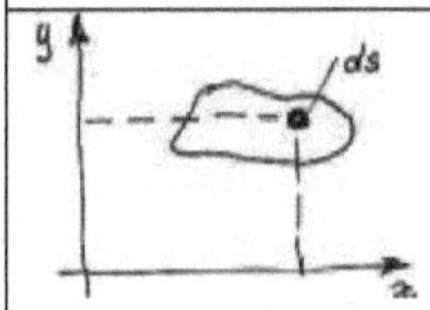 $Ix'x = \int y^2.dS$ $Iy'y = \int x^2.dS$ $I_0 = Ix'x + Iy'y$ Moment d'Inertie Polaire	Rayon de giration  $Ix'x = S.r^2$ $r = \sqrt{Ix'x} / S$
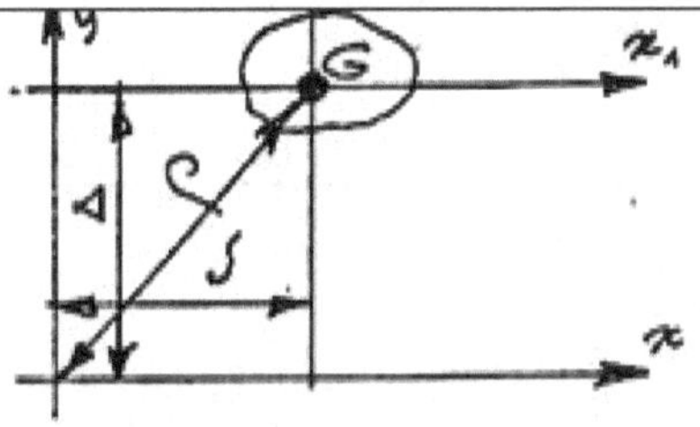	**SY 033.1 /03 - Théorème de HUYGHENS** $Ix'x = Ix'_1x_1 + \Delta^2.S$ $Iy'y = Iy'_1y_1 + \delta^2.S$ $I_0 = I_{0G} + \rho^2.S$

SY 033.1 / 04 - Moment d'Inertie de Ligne

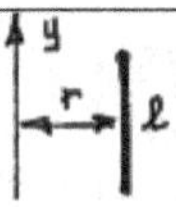	$Iy'y = r^2.\ell$	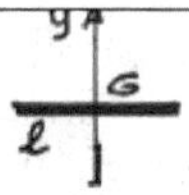	$Iy'y = \ell^3 / 12$
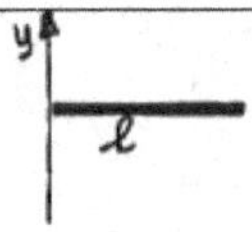	$Iy'y = \ell^3 / 3$	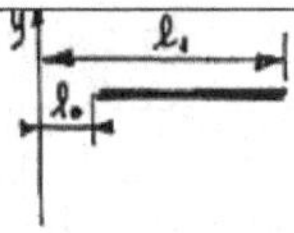	$Iy'y = (\ell_1 - \ell_0)^3 + (\ell_1 + \ell_0)^2 \times (\ell_1 - \ell_0)$
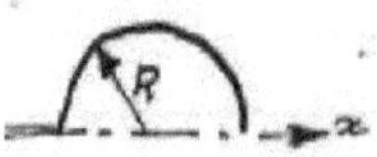	$Ix'x = \pi.R^3 / 2$	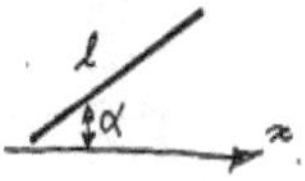	$Ix'x = \ell^3.\,Sin^2\alpha / 3$

SY 033.1 / 05 - Moment d'Inertie de Surface

	$Ix'x = ah^3 / 3$ $I / v = ah^2 / 3$		$Ix'x = ah^3 / 12$ $I / v = ah^2 / 6$
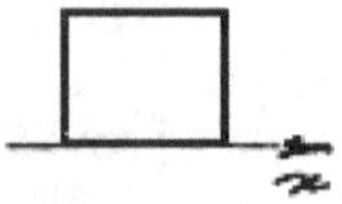	$Ix'x = c^4 / 3$ $I / v = c^3 / 3$	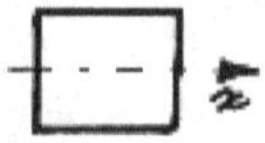	$Ix'x = c^4 / 12$ $I / v = c^3 / 6$
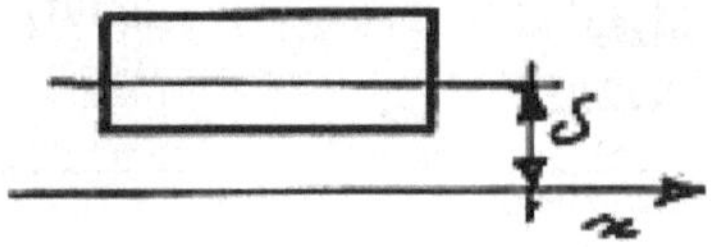		$Ix'x = ah^3\ 12 + \delta^2 S$ Théorème de HUYGHENS	
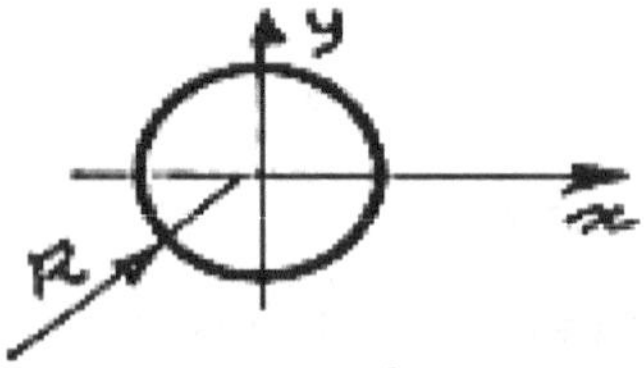		$Ix'x = \pi.D^4 / 64$ $Ix'x / v = \pi.D^3 / 32 \approx 0.1\ D^3$ $I_0 = \pi.D^4 / 32$ $I_0 / v = \pi.D^3 / 16 \approx 0.2\ D^3$	

SY 033.1 / 06 -

SY 033 - CALCUL CENTRE DE GRAVITE

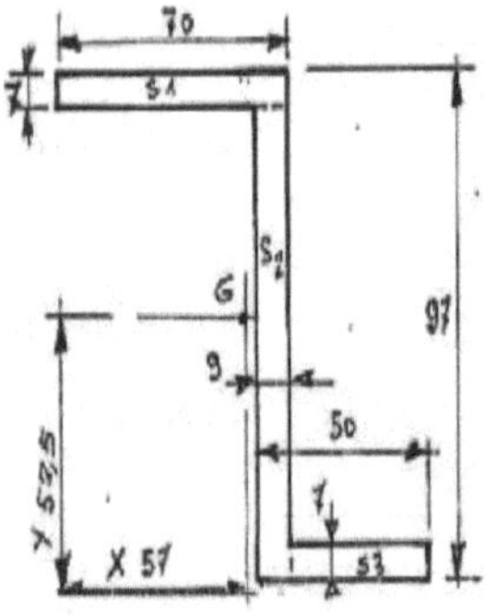

N°	S Aire cm²	x'	y'	∑Sx'	∑Sy'
S1	4,9	3,5	9,35	17,2	45,8
S2	8,1	6,55	4,5	53,1	36,5
S3	2,87	7,05	0,35	20,2	1,0
	15,87			90,4	83,3

X	(=)	90,4	/	15,87	(=)	5,70
Y	(=)	83,3	/	15,87	(=)	5,25

SY 033.1 / 07 – Moment d'Inertie, Produit d'inertie, Cercle de MOHR

SY 033.1 - CALCUL MOMENT d'INERTIE

exemple pour S1 $I_{xG} = bh^3 / 12 + y^2.S1$ $I_{xG} = I_x + \delta^2.S1$ *Théorème de HUYGHENS*

S	I	b (cm)	h (cm)	h^3 (cm^3)	I (cm4)	δ (cm)	δ^2 (cm^2)	S (cm^2)	δ^2.S (cm4)	I_G (cm4)
S1	Ix	7	0,7	0,34	**0,20**	4,11	16,89	4,9	**82,8**	**82,97**
	Iy	0,7	7	343	**20,01**	-2,2	4,84	4,9	**23,7**	**43,72**
S2	Ix	0,9	9	729	**54,68**	-0,74	0,55	8,1	**4,4**	**59,11**
	Iy	9	0,9	0,73	**0,55**	0,85	0,72	8,1	**5,9**	**6,40**
S3	Ix	4,1	0,7	0,34	**0,12**	-4,89	23,91	2,87	**68,6**	**68,74**
	Iy	0,7	4,1	69	**4,02**	3,35	11,22	2,87	**32,2**	**36,23**

Moments d'inertie par rapport à G

Ix'xG	(=)	82,97	(+)	59,11	(+)	68,74	(=)	**210,83**	**cm4**
Iy'yG	(=)	43,72	(+)	6,40	(+)	36,23	(=)	**86,35**	**cm4**

SY 033.1 - CALCUL PRODUIT d'INERTIE

$I_{xy} = x.y.S$

S	S (cm^2)	y_G (cm)	x_G (cm)	xyS (cm4)
S1	4,9	4,11	-2,2	-44,3
S2	8,1	-0,74	0,85	-5,1
S3	2,87	-4,89	3,35	-47,0

xyS	(=)	-44,3	(+)	-5,1	(+)	-47,0	(=)	**-96,42**	**cm4**

SY 033.1 / 08 - CERCLE DE MOHR et TRACE –

FLEXION GAUCHE aux axes principaux x'x et y'y

a) Porter en abscisse Ix et Iy, en ordonnée –Ixy

b) On prend le milieu de Ix et Iy : O centre du cercle

c) Points A et A' définis intersection avec –Ixy

d) Tracé du ½ cercle de rayon OA

e) L'abscisse représente les axes principaux, sur ces axes, le produit d'inertie est nul. Ixy = 0 pour y = 0 La rotation à effectuer représente 2 fois la valeur de α et est de sens inverse à la figure. (-Ixy a été représenté +)

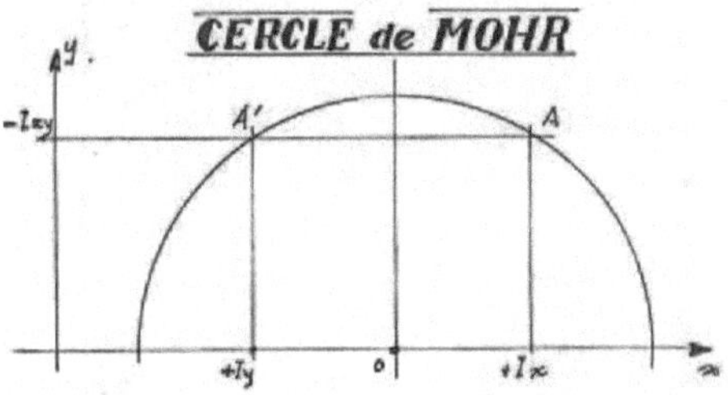

f) On lit Ix = 264.5 cm4 et Iy = 34.5 cm4, Ixy = 0 pour α = 28° 30'. Si on souhaite une plus grande précision, on calcule par la trigonométrie.

g) Les axes X et Y servent maintenant d'origine.

h) On lit ℓ 1 = ℓ 2 = 149.5 cm4 ; I12 = -113.5 cm4 pour β = 45°

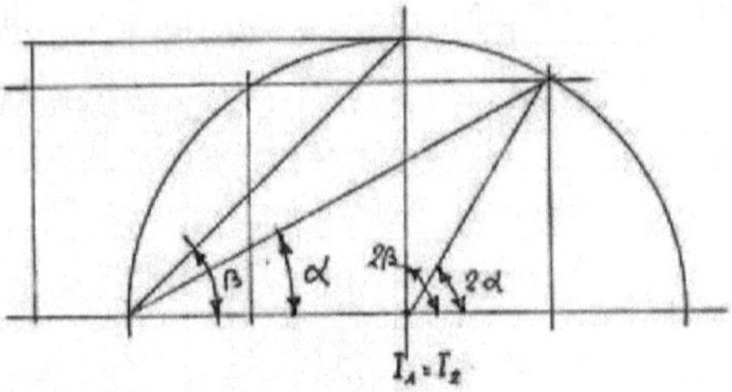

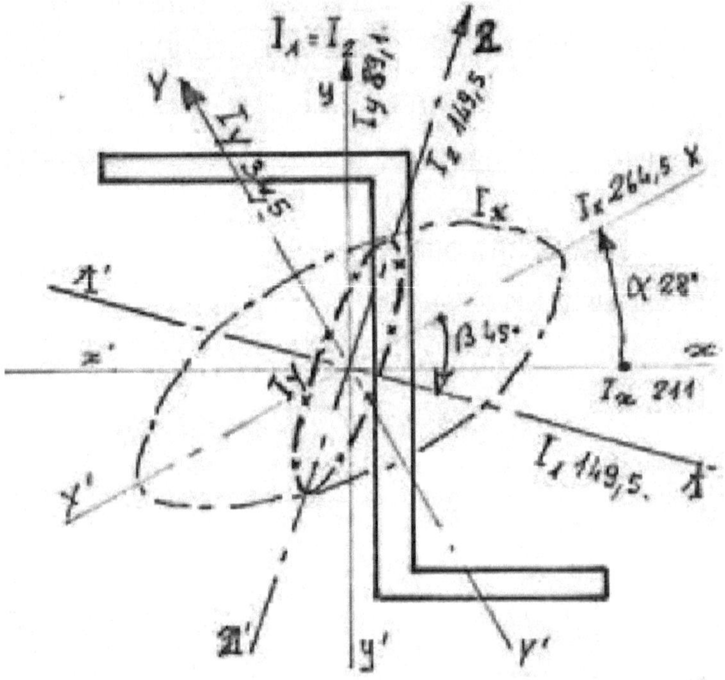

La répétition est la plus forte des figures de rhétorique. **Napoléon**

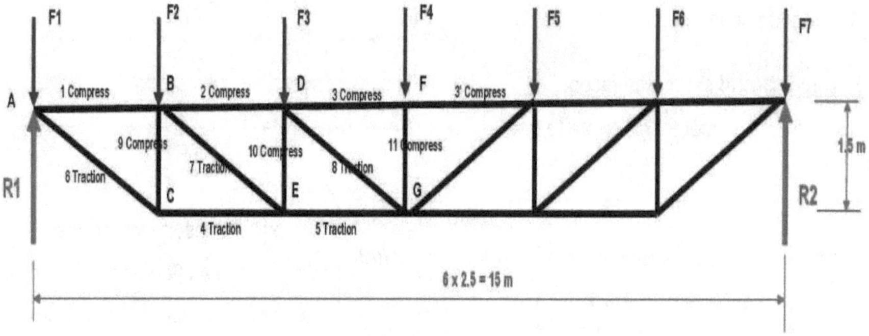

F1 = F2 = F3 = Fn = 10.000 daN $\sum$ **Fn** = 70.000 daN **R1 = R2** = - 35.000 daN (daN ≈ kg)

Nota : sur le tracé de Crémona, les flèches représentent les actions à partir des nœuds.

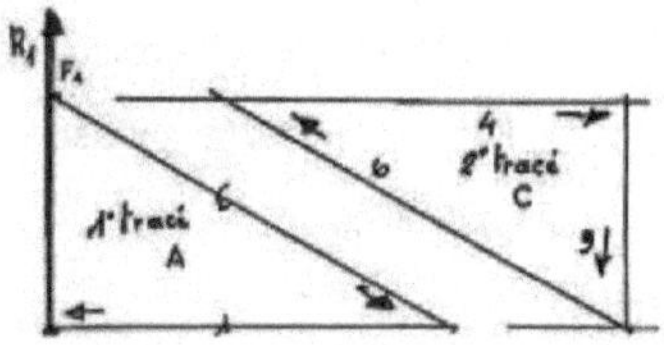

<u>1° tracé, Nœud A</u> : On trace R1 puis F1 de sens contraire, on suit le sens des flèches. Les barres 6 et 1 sont sur le nœud A, on mène les parallèles et on mesure directement les forces à l'échelle. La barre 6 tire sur le nœud A, au contraire, la barre 1 pousse sur le nœud A.

<u>2° tracé, Nœud C</u> : On connaît l'effort de la barre 6, on trace les parallèles aux barres 4 et 9 qui attaquent le nœud C.

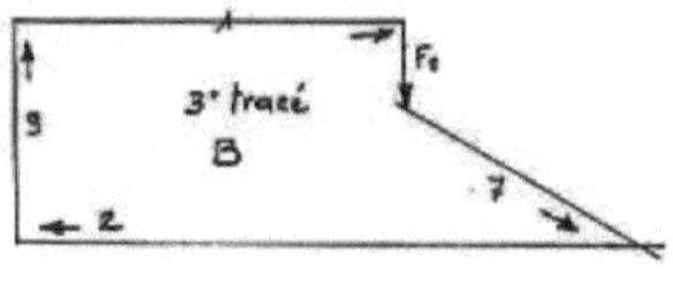

<u>3° tracé, Nœud B</u> : On connaît l'effort de la barre 9 et 1, on trace la Force F2 les parallèles aux barres 7 et 2 qui attaquent le nœud B

<u>4° tracé, Nœud E</u> : même façon.

<u>5° tracé, Nœud D</u> : même façon.

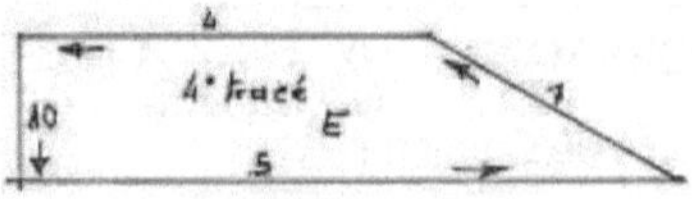

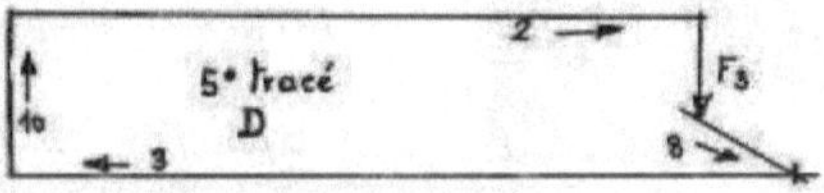

<u>6° tracé, Nœud G</u> :

On procède de la même façon.

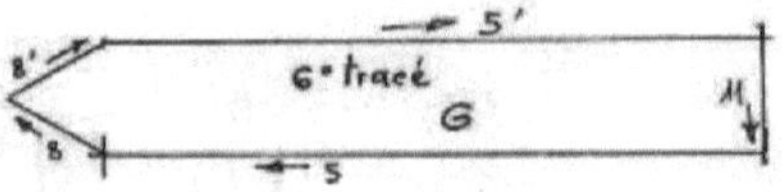

<u>7° tracé, Nœud F</u> : même façon.

Comme il y a symétrie, on arrête le tracé.

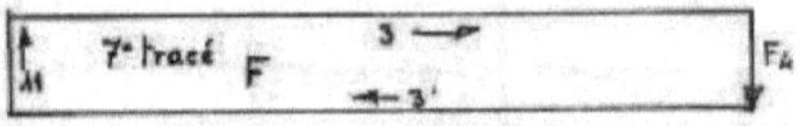

Barre	F Traction daN	F Compression daN	S mini (2400 daN/cm²)	Barres
1		44500	18.5 cm²	LL 120
2		71000	29.6 cm²	LL 120
3		80500	38.5 cm²	LL 120
4	44500		18.5 cm²	LL 100
5	71000		29.5 cm²	LL 100
6	51500		21.5 cm²	LL 80
7	31000		12.9 cm²	LL 60
8	10000		4.15 cm²	LL 35
9		25000	10.4 cm²	LL 60
10		15000	6.25 cm²	LL 50
11		10000	4.15 cm²	LL 50

On vérifiera ensuite les barres comprimées au flambage. On devra mettre une fourrure qui reliera les 2 cornières au flambage pour respecter l'hypothèse des 2 cornières simultanément au flambage.

Les goussets devront être calculés en fixation : soit rivets (avant), soit plutôt boulons ou soudures.

Les goussets seront en épaisseur 12 mm pour rester homogène avec ┐┌ 120 qui font épaisseur 12.

L'âge des nations doit prendre fin **David Rockfeller**

SY 033.3 /01 – Densités – Masses Volumiques					
Métaux	**Kg/dm³**	**Minéraux**	**Kg/dm³**	**Autres Matières**	**Kg/dm³**
Acier cémentation	7.5	Albâtre	2.7	Arsenic	5.73
Acier fondu	7.8	Ardoise	2.8	Bismuth	9.82
Acier coulé	7.4	Argile	1.93	Borax	1.72
Aluminium	2.6	Asphalte	1.33	Beurre	0.94
Antimoine	6.7	Brique	1.4/2.2	Caoutchouc pur	0.98
Argent	10.47	Béton	2.6/2.8		
Bronze	9	Calcium	1.58	Corps humain	1.07
Bronze d'alu	7.45	Coke	0.3	Cristal	3.33
Cadmium	8.69	Charbon de bois	0.25		
Chrome	5.9	Chaux	3.15	Farine	1.03
Cobalt	7.8	Corail	2.69	Glace à 0°	0.918
Cuivre fondu	8.6	Craie	1.25	Glucinium	1.85
Cuivre forgé	8.8	Diamant	3.52	Graisse	0.93
Duralumin	2.9	Feldspath	2.5	Iode	4.948
Etain	7.29	Granit	2.8	Ivoire	1.917
Fer fondu	7.20	Grès	2.35	Charme	0.76/0.90
Fer forgé	7.8	Houille compacte	1.33	Châtaignier	0.6/0.7
Fonte grise	7	Iridium fondu	21.15	Chêne blanc	0.61
Fonte blanche	7.6			Cœur chêne 60 ans	1.17
Ferro Nickel	8.4			Chêne vert	0.98
				Cyprès	0.66
				Cormier	0.82
				Ebène	1.15
		Huile de pétrole	0.9	Erable	0.6
				Frêne	0.84

Densité des gaz par rapport à l'air kg sauf indication g		**Densité des vapeurs par rapport à l'air**		Gaïac	1.34
				Hêtre	0.8
				Noyer sec	0.6
1 dm^3 d'air pèse	1 g 923	Alcool	0.794	Noyer frais	0.89
Azote	0.972	Acide Cyanhydrique	0.948	Orme	0.54/0.6
Ammoniac	0.59	Brome	5.52	Peuplier	0.39
Acide carbonique	1.53	Chlore	2.45	Pin rouge	0.66
Acide sulfureux	2.27	Chlorure méthyle	1.73	Pin du Nord	0.74
Acide sulfhydrique	1.19	Chlorhydrate d'ammoniaque	0.93	Platane	0.65
Bioxyde d'azote	1.037	Eau	0.6235	Poirier	0.7/0.84
Cyanogène	1.806	Ether	0.736	Pommier	0.73/0.8
Chlore	2.450	Iode	8.71	Sapin	0.45
Ethylène (C_2H_4)	0.98	Mercure	6.92	Teck	0.86
Gaz d'éclairage	0.399	Phosphore	4.42	Tilleul	0.6
Hydrogène	0.0692	Soufre	2.21	Liège naturel	0.24
Méthane (CH_4)	0.558			Liège aggloméré	0.275
Oxygène	1.1056			Verre	2.5
Oxyde de carbone	0.968				
Protoxyde d'azote	1.614				

Délibérer est le fait de plusieurs. Agir est le fait d'un seul. **Charles de Gaulle**

Si l'intelligence ne suffit point à l'action, il va de soi qu'elle y prend part.

Charles de Gaulle

SY 033.3 /02 – Pressions de contact entre pièces frottantes

Les pièces en contact subissent un frottement et travaillent toujours avec une certaine pression et une vitesse.

Les pièces fixes entre elles subissent aussi une pression.

Les pressions si elles sont excessives vont engendrer des désordres que ce soit en statique ou en dynamique.

En statique, ce sera du matage, les pièces s'écrasent et se déforment sous l'effet de cette pression excessive.

En dynamique, il y a usure, cette usure dépend de nombreux facteurs dont le graissage.

Cette usure à graissage égal dépend essentiellement de la pression et de la vitesse.

Si la vitesse est grande, mais que la pression est faible, l'usure sera faible. Un exemple simple est fourni par un freinage sur une voiture, si vous freinez faiblement à grande vitesse, l'usure sera limitée.

Si la pression est grande, mais la vitesse faible, l'usure sera aussi faible. C'est, toujours pour reprendre l'automobile un cas de faible usure, le freinage pour s'arrêter à un feu rouge si vous avez anticipé votre arrêt. Dans ce cas, il y aura usure infime.

Si la pression est grande et la vitesse grande, il y a alors usure rapide.

L'usure mécanique est proportionnelle au **produit PV** (pression, vitesse). Ces valeurs sont expérimentales et ne valent que comparées entre elles. On conseille de ne pas dépasser des valeurs fixées empiriquement et par observations.

Les fabricants donnent des valeurs conseillées pour leurs produits. L'exemple est donné pour les bagues coussinets autolubrifiants en bronze fritté de type METAFRAM *(voir § 5.41)*, ou les chaînes de transmission *(voir § 7.10)*.

Pour les engrenages aussi le PRODUIT USURE est bien maîtrisé *(voir § 11.12)*.

Le produit **PV** est exprimé suivant plusieurs unités qui en fait sont toujours de type :

Dimensions : N/mm^2 x m / s, ce qui donne dans ce cas : $N.m/s.mm^2 = J/s.mm^2 = W/mm^2$

Puisque Newton.mètre = Joules, par seconde = Watt, par mm^2 = Watts par mm^2.

La pression se détermine par **F / S** : Force divisé par la surface utile : N/mm^2, daN/cm^2

Le rectangle de contact : Longueur x largeur = Surface de contact

Pour une surface de frottement circulaire, on fait la projection rectangulaire de la surface utile.

On peut schématiser simplement cette théorie :

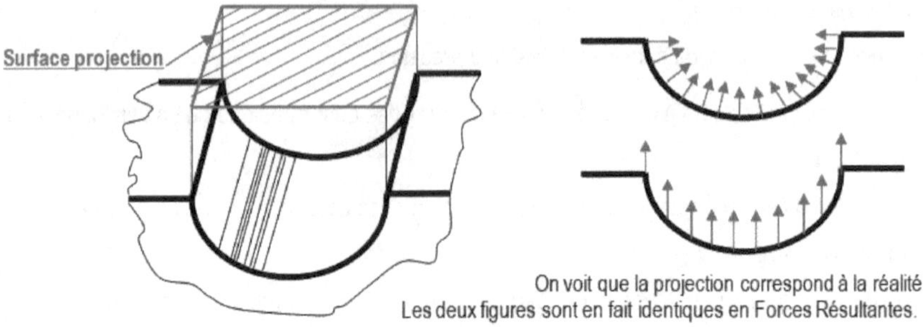

On voit que la projection correspond à la réalité

Les deux figures sont en fait identiques en Forces Résultantes.

SY 033.3 /03 – Répartition pression au sol à 45°

La platine repose sur le béton en S1 et on peut admettre une pression suivant la norme CM66

Soit 45 daN / cm^2 pour un béton dosé à 250 kg de ciment par m^3 de béton

L'épaisseur de béton doit être au minimum pour descendre en profondeur hors gel.

La moyenne française est de 50 cm, en Bretagne, c'est moins, en montagne, c'est plus.

La répartition des pressions se fait en règle générale à 45°, c'est vrai aussi en mécanique et ce calcul est valable pour les rondelles et leur épaisseur.

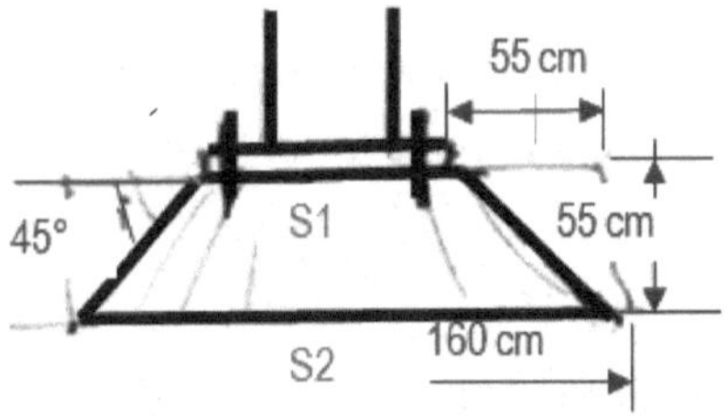

Exemple de calcul :

Poteau charge 50 tonnes = 50.000 daN, platine

S1 = 50 x 50 cm = 2500 cm^2

Pression sous S1 : 50.000 / 2500 = 20 daN / cm^2 ; béton dosé 250 kg/m^3.

Calcul S2 mini : Terre naturelle 2 daN / cm^2

S2 mini = 50.000 / 2 = 25.000 cm^2

soit carré de 160 cm de côté mini.

Hauteur béton 55 cm ; (5 cm de sécurité)

SY 033.3 /04 – Pressions de contact entre pièces frottantes

2 à 5 daN / cm²	Glisseurs plans non réglables
5 à 10 daN/ cm²	Glisseurs plans réglables, glisseurs cylindriques, paliers de transmission (avec flexion) Tourillons acier / fonte à vitesse moyenne
10 à 15 daN/ cm²	Palier à rotule pour transmission d'atelier, tourillons acier/ bronze graissage intermittent
15 à 25 daN/ **cm²**	Tourillons acier/ bronze graissage continu, butées lisses à vitesse moyenne
25 à 40 daN/ cm²	Tourillons acier trempé rectifié / bronze ou antifriction (graissage film huile sous pression)
40 à 60 daN/ cm²	Tourillons rectifiés de bielle motrice, graissage normal (place réduite, réparation facile)
60 à 90 daN/ cm²	Tourillons rectifiés de bielle motrice, graissage sous pression, pied bielle graissage normal. (faible amplitude de mouvement)
90 à 150 daN/ cm²	Pied bielle à graissage sous pression, pivots et boitards de crapaudine pour grue, axe de poulie mobile d'appareils de levage (vitesse faible)
100 à 250 daN/ cm²	Paliers, bielles moteur d'auto ou d'aviation (légèreté, durée limitée) autres pièces à mouvement de très faible amplitude (rotules de coussinets) Bagues METAFRAM BP 15 = 180 daN / cm²

SY 033.3 /05 – Pressions de contact entre pièces fixe

8 à 10 daN/ cm²	Sur Acier ou fonte : quand on veut éviter tout matage
5 daN/ cm²	Sur Acier ou fonte : pour pression sur portée cylindrique (rectangle)
20 à 25daN/ cm²	Sur Acier ou fonte : quand un léger matage n'est pas gênant

SY 033.3 /06 – Pressions admissibles (règles CM 66), sur les matériaux

30 daN/ cm²	Sur chêne k 0.8 local couvert mais largement ouvert
15 daN/ cm²	Sur résineux prendre coeff + : k 0.7 humidité ; k 0.6 milieu très humide et pluie ; k 0.5 contact eau
6 à 12 daN/ cm²	Maçonnerie moellons
12 à 20 daN/ cm²	Maçonnerie briques pleines
15 à 40 daN/ cm²	Maçonnerie pierre de taille
45 daN/ cm²	Béton suivant dosage ciment 250 kg / m³
57 daN/ cm²	Béton suivant dosage ciment 300 kg / m³
67.5 daN/ cm²	Béton suivant dosage ciment 350 kg / m³
75 daN/ cm²	Béton suivant dosage ciment 400 kg / m³

SY 033.3 /07 – Répartition au sol à 45°,

mettre épaisseur pour obtenir **p** admissible en S2.

5 à 6 daN/ cm²	Argile compacte non humide
3 à 5 daN/ cm²	Gravier non humide
2 daN/ cm²	Terre naturelle non humide
1 daN/ cm²	Terre meuble rapportée

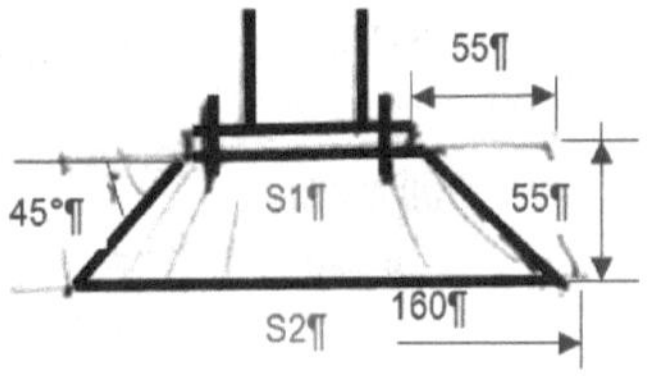

SY 033.3 /08 – Conversion duretés, résistances à la traction EURONORM 8.55

CONVERSION APPROCHEE ACIERS

Ce tableau permet de rapidement comparer les aciers en fonction de leur valeur en dureté et surtout de déterminer la valeur admissible en pression Maximum suivant la formule de Hertz.

(voir § 0.35)

L'**essai de dureté** a pour but de déterminer la dureté superficielle des métaux. Il consiste à enfoncer un pénétrateur, dont les formes et les dimensions varient en fonction du type d'essai, dans le métal à tester. La charge est constante et **on mesure la surface ou la profondeur de l'empreinte laissée dans le matériau.**

L'**essai de dureté** est relativement économique (pas d'éprouvettes à réaliser). On peut mesurer la dureté sur la pièce elle-même. Cet essai peut renseigner sur **la résistance à l'usure par frottement**, la **capacité à s'usiner**, l'**homogénéité du matériau**, l'**efficacité des traitements thermiques**.

Essai BRINELL (HB)

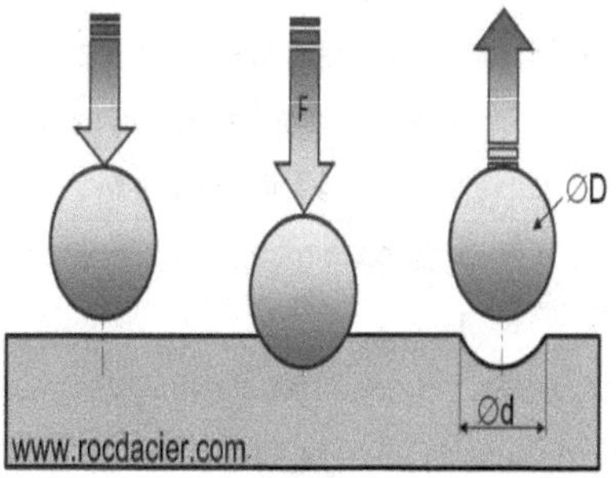

F= K x 9.81 x D² K=30 pour les aciers, K=2,5, 5, ou 10 aluminiums et ses alliages, K=5, 10, ou 30 pour le cuivre et ses alliages

- **D**= Diamètre de la bille en mm
- **F** = Charge d'essai en Newtons
- **d** = Diamètre de l'empreinte

diamètre **D** de la bille sera de 10±0,0045, la charge sera de **F** 29420 N pour l'acier. On mesurera que **d** soit compris entre 0,2 à 0,5**D**

Essai ROCKWELL (HR)

L'**essai de dureté ROCKWELL** consiste à imprimer, en deux temps, dans la couche superficielle de la pièce à essayer, un pénétrateur qui peut être **un cône ou une bille** et mesurer l'accroissement rémanent de la profondeur de pénétration. Cet essai permet une lecture directe mais ne convient pas aux pièces moulées ou à gros grains.

Il existe plusieurs **essais de dureté ROCKWELL**,

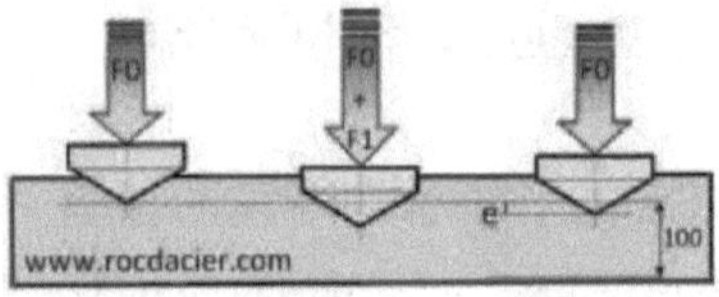

L'**essai ROCKWELL HRC** se réalise avec un cône de diamant d'angle de 120° et un arrondi de 0,2mm. La charge à appliquer est de 1373N.

Essai VICKERS (HV)

L'**essai de dureté VICKERS** consiste à imprimer sur la surface de la pièce un pénétrateur **en forme de pyramide droite à base carrée d'angle au sommet de 136°** sous une charge **F** et à mesurer la diagonale d de l'empreinte laissée après suppression de la charge.

Cet essai est le plus précis et permet de tester des pièces fines. La surface doit être rectifiée ou polie.

L'**essai de dureté sur les soudures** se pratique à température ambiante (20°C) et avec VICKERS. L' essai est réalisé sur une coupe de la soudure. Un polissage et une attaque auront été réalisés au préalable de façon à faire apparaitre clairement la morphologie du cordon (soudure, zones de liaisons, ZAT, etc).

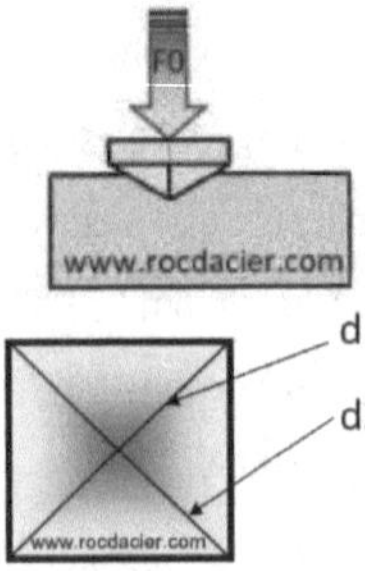

HV= (0,189 x F)/d²

avec d= (d1+d2)/2

Essai de dureté soudures à température ambiante (20°C) VICKERS. L'essai est réalisé sur une coupe de la soudure. Un polissage et une attaque auront été réalisés au préalable de façon à faire apparaître clairement la morphologie du cordon (soudure, zones de liaisons, ZAT, etc.).

Pour HV5, la charge appliquée sera de 49,2 N et pour HV10, la charge sera de 98,07 N. Charge est maintenue entre 10 et 15 secondes.

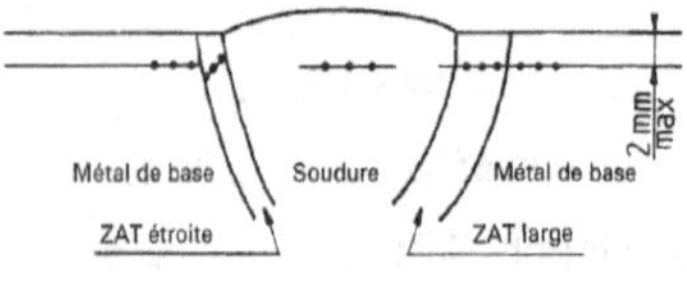

Figure 10 : Exemple type pour l'essai de dureté

ZAT : Zone affectée thermiquement

9) Valeurs HV10 maximales admissibles(selon NF EN 288-3:1992/A1:1997)

Groupes d'acier	Soudure monopasse bout à bout ou d'angle		Soudures multipasses bout à bout ou d'angle	
	Non traité thermiquement	Traité thermiquement	Non traité thermiquement	Traité thermiquement
1 (1), 2	380	320	350	320
3 (2)	450	(3)	420	(3)
4, 5	(3)	320	(3)	320
6	(3)	350	(3)	350
7 – Ni ≤ 4 % Ni > 4 %	(3) (3)	300 (3)	320 400	300 (3)

Cours de soudage, chaudronnerie, découpe, tôlerie, tuyauterie

https://www.rocdacier.com/de-durete-brinell-vickers-rockwell/

Conversion duretés, résistances traction EURONORM 8.55 **CONVERSION APPROCHEE**

Dureté BRINELL	Dureté ROCKWELL		Dureté VICKERS	R Traction	P Maxi HERTZ
HB P = 30 D**2**	HRB	HRC	HV P = 29.4 daN	daN / mm²	Admis daN / mm²
80	36.4		80	27	8 daN/mm²
90	47.4		90	31	
100	56.4		100	34	9.5 daN/mm²
110	63.4		110	38	
120	69.4		120	41	
130	**74.4**		**130**	**44**	**12 daN/mm²**
140	78.4		140	47	
145	80.4		145	49	
150	82.2		150	50	13 daN/mm²
155	83.8		155	52	
160	85.4		160	54	
165	86.8		165	55	
170	88.2		170	57	15 daN/mm² Ac Carbone
175	89.6		175	59	
180	90.8		180	61	
185	91.8		185	62	
190	93		190	64	
195	94		195	66	
200	95		200	67	17 daN/mm² 22 ac trempés 13 ac alliés
205	95.8		205	69	
210	96.6		210	71	
215	97.6		215	72	
220	98.2		220	74	14 ac alliés ; 19 ac carbone ; 23 ac trempés
225	99		225	76	
230		19.2	230	77	15 ac alliés ; 20 ac carbone ; 24 ac trempés
235		20.2	235	78	
240		21.2	240	80	
245		22.1	245	82	
250		23	250	83	16 ac alliés ; 21 ac carbone ; 25 ac trempé ; 32 ac cémentés
255		23.8	255	85	
260		24.6	260	87	
265		25.4	265	88	
270		26.2	270	90	17 ac alliés 25 ac trempé 33 ac cémenté
280		27.6	280	94	
290		29	290	97	
300		30.3	300	101	19 ac allié 28 ac trempé 37 ac cémenté
320		32.7	320	108	
340		34.9	340	115	
359		37	360	121	20 ac allié 30 ac trempé 38 ac cémenté
376		38.9	380	127	
392		40.7	400	132	
408		42.4	420	138	35 ac trempé 41 ac cémenté
423		44	440	143	
430		44.8	450	146	

SY 033.3 /09 – MATERIAUX ; CHARGES PRATIQUES ; MODULE ELASTICITE

Matériau	Charg Pratiq daN/mm²			Charg Elastiq daN/mm²			Charg Rupture daN/mm²			Module Elastiq daN/mm²	
	Traction	Compres	Cisaill	Traction	Compres	Cisaill	Traction	Compres	Cisaill	Long E	Transv G
Acier cémenté recuit	18		14	25		20	40		32	24 000	9 000
Acier trempé air	18		14	25		20	42		34		
Acier trempé eau	28		22	40		32	50		48		
Ac Fondu	42	42	33	60		45	100		65	27 500	11 000
Ac en fil	20						11			28 000	
Ac à 6% Nickel	28		22	40		32	50				
Ac à 6% trempé eau	45		36	70		56	80				
Aluminium fondu	5	5	4				20.3			6 750	2 530
Bronze	2	2.5	1.5	3		3.25	25.6			6 000	2 600
Caoutchouc en fils	0.08			0.18			0.20			0.04	
Chêne en long	2	1.4	0.1	2.7	2		11	6.6	0.79	11.70	80
Chêne en travers		0.7					0.5	3.5			
Pin en long	0.7	0.44	0.04	2.5			11.3	4.5	0.42	1 200	7
Pin en travers		0.22					0.48	2.2			
Corde chanvre	1			1.3			5				
Cuivre laminé écroui	9	9	7.5	14	14	10.5				10 700	4 012
Cuivre laminé recuit	2.5	2	1.5	3	2.75	2	21	41		10 700	4 012
Cuivre laminé en fils	8			12			42			12 000	
Duralumin état dur	9	9	7.5	45		35	50	50	40		
Duralumin état normal	7.5	7.5	6	28		22.5	43	43	35		
Duralumin état recuit	4	4	3.2	15		12	23	23	18		
Fer Forgé	10	10	7	14	14	10.5	40	35	35	20 000	7 500
Fonte	5	10	4	7.5	15	5.6	12.6	7.5	20	10 000	3 750
Laiton	3		2	4.85		3.64	12.4	7.3		6 400	2 400
Plomb	0.7			1			1.3	5		500	187
Verre	0.25						2.48			7 000	
Zinc Fondu	1.5	1.5	1	2.3			5.26			9 500	3 560

Ce tableau est le plus complet sur les caractéristiques des métaux et même les bois.

Il regroupe	Charges pratiques	daN / mm²	Traction ;	Compression ;	Cisaillement.
	Charges élastiques	daN / mm²	Traction ;	Compression ;	Cisaillement.
	Charges Rupture	daN / mm²	Traction ;	Compression ;	Cisaillement.
	Modules Elasticité	daN / mm²	Longitudinal	et	Transversal

Ce tableau est le plus complet sur les caractéristiques des métaux et même les bois.

SY 033.3 /10 – Notion concentration contraintes : **Kt** : Coef Contrainte Maxi σMaxi= Kt.σ0

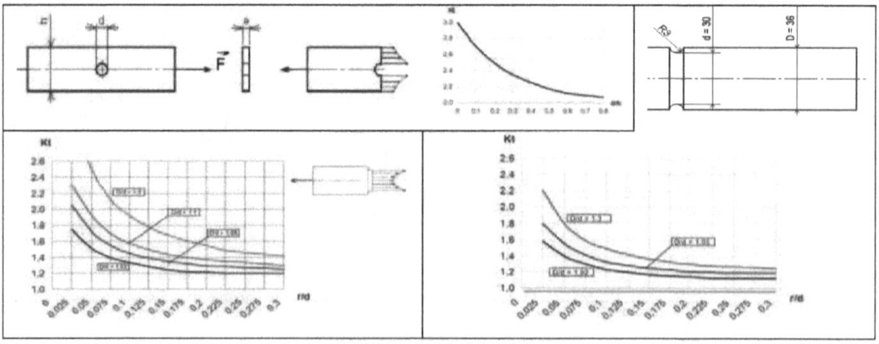

SY 0302 – Résistance des MATERIAUX

Dilatation – Traitement et revêtement de surface

SY 0302 /01 – Dilatation

Coefficient λ = tableau x 10^{-6}

(en m)

Exemple : aluminium

$L_t = L_0 (1 + \lambda t)$

Exemple : 1 tuyau vapeur 16 bars = 200 °C

Tuyauterie long 100 m

$L_t = 100 (1+(12 \times 10^{-6} \times 200))$

L_t = 100.240 m

Soit dilatation de 240 mm

Coefficient de DILATATION LINEAIRE λ			
Acier	12	Magnésium	23
Aluminium	23	Nylon	100/150
Antimoine	11	Or	15
Argent	19	Platine	9
Bronze	18	Plomb	29
Cuivre	17	Polystyrène	60/80
Etain	23	Pyrex	3
Fer	12	Rilsan	150
Fonte	11	Tungstène	4
Invar	1	Verre	9
Laiton	19	Zinc	30

Exemple de calcul de dilatation *: (déjà présenté au § SY 006/06 vapeur)*

J'ai été amené à faire ce calcul suite à un incident où j'ai été appelé pour expertise :

1 tuyau vapeur 16 bars = 200 °C ; long 100 m Dilatation ACIER : 12 µ / m / °C *(12 microns par m par °C) (12 x 10^{-6} m)*

$L_t = 100 (1 + (12 \times 10^{-6} \times 200°C))$ L_t = 100,240 m **Soit dilatation de 240 mm.**

(0.0012 mm / mm)

Tube Ø 90 x 100 Tarif 3 9,72 kg / m S = 1241 mm² *voir § SY 3.01*

Construction Métallique F = 1241 x 21000 x 0.0012 = 31.273 daN (31 tonnes)

Il est donc logique que cet incident soit arrivé.

Le remède à cet incident a consisté à mettre des libres dilatations tous les 10 m en disposant des Z, le système de lyre de dilation en Ω est aussi couramment employé. Dans tous les cas, il faut tous les 10 m un appui point fixe bien verrouillé, les autres supports doivent être glissants (ou roulants). Voir figure *§ SY 3.01*

SY 0302 /02 – Traitement et revêtement de surface

Désignation	Support	Epais	Dureté		Principales propriétés
			Vickers	Rockwell	
Anodisation	Alu & alliages	5 à 10 µ	Résistance usure et corrosion (incolore ou teinté)		
Anodisation dure	Alu & alliages	10 à 120 µ	450/850	45/65	Résistance usure ép courante 40µ
Cadmiage	Fer, Cuiv allia	2 à 30µ	25	Résistance corrosion, protection augmentée par passivation, acide chromique (jaune irisé)	
Cémentation	Ac spéciaux	0.10 à 6 mm	800	63	Résilience à cœur, dureté en surface
Chromage	Métaux ferreux. Cuivre alliages Alu alliages Zinc alliages	5 à 50 µ			Résistance Corrosion. Norme 10µ Ni + 5µ Cr
Chromage dur		50 à 500µ	1000	70	Usure Corrosion 50µ qualités frottantes
Etamage		5 à 30 µ	Pièces devant être soudées à l'étain		
Nickelage		2 à 30 µ	200/800	17/63	Résistance usure et corrosion
Nitruration	Ac spéciaux	0.1 à 0.8 mm	800	63	Résistance usure et corrosion
Peintures	Tous supports		Sous couche imperméable (minium)		
Phosphatation	Métaux ferreux	20 µ	Base accrochage, peinture et vernis		
Sulfinuzation	Métaux ferreux	0.2 mm	Résistance Usure et qualités frottantes		
Trempe superficielle	Ac trempant	0.3 à 6 mm	Fonction de l'acier		Résilience à cœur – Dureté de surface
Zingage	Métaux ferreux	5 à 30µ	Résiste corrosion. Aspect brillant ou jaune irisé (par passivation)		

Avant anodisation   Après anodisation

Anodisation dure

Cadmiage

Chromage dur

Etamage

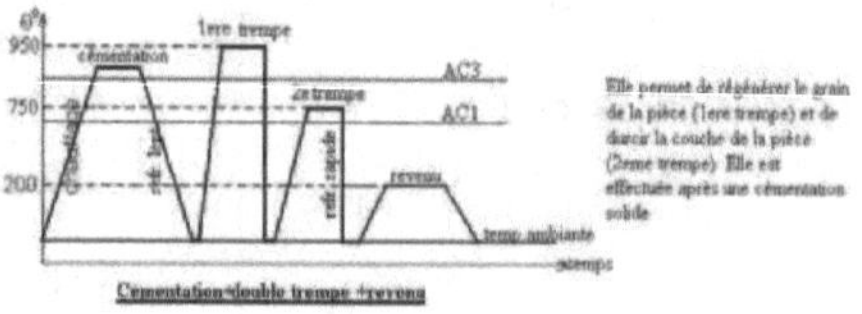

Cémentation

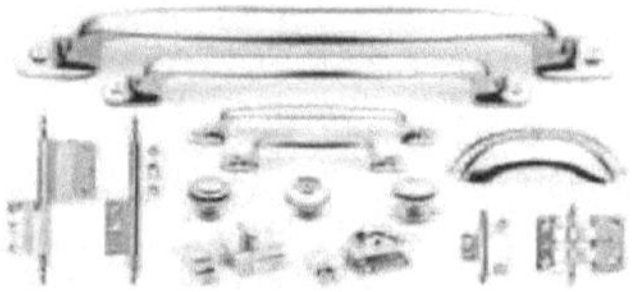

Nickelage

Phosphatation

Sulfinuzation

Le **Sulfinuz** est un traitement de surface utilisé pour résoudre certains problèmes ardus de frottement et d'usure, en particulier à chaud. enrichissement en carbone, azote soufre de la surface des pièces traitées.

Zingage

Le béton armé est un mariage de matériaux aux caractéristiques complémentaires :

1° l'**acier** pour sa capacité à résister aux **contraintes de traction** et

2° le **béton** qui a la capacité à résister à la **compression**.

Le béton est un mélange de granulats de ciment et d'eau

La pierre comme le béton ont en commun une très faible résistance à la traction et ne permettent pas de construire des poutres droites nécessaires pour le franchissement qui nécessite de la résistance aux efforts internes de traction.

Les voûtes romaines ou les arcs sont une réponse car leur forme permet de n'avoir que de la compression dans le matériau.

Ces voutes ou arcs engendrent des poussées horizontales en pied et des compressions énormes au sol.

Le bois et l'acier résistent aux efforts de compression et de traction.

Pour que le béton résiste aussi il faut l'armer ou le pré contraindre.

Le béton offre un avantage énorme par rapport à la pierre du fait qu'il est coulé en moule, et prend la forme qu'on lui assigne.

François Hennebique en 1892 devint ingénieur consultant. Il eut un succès considérable. Il créa une société de franchise en construction et bâtit des dizaines de milliers d'édifices. Il publia le magazine Béton armé en 1898 pour faire connaître ses travaux qui permirent à la charpenterie monolithe d'éliminer le ciment armé trop mince.

Edmond Coignet et Napoléon de Tedesco ont communiqué, les premiers en 1894, un mode de calcul rationnel des ouvrages en béton aggloméré et en ciment armé.

Les armatures, en fer, puis en acier, sont de formes variées : barres cylindriques lisses et aussi carrées, torsadées, crénelées, crantées...

Charles Rabut, faisait ses premiers travaux théoriques sur le béton armé à l'École des Ponts et Chaussées, l'avait intégré à son programme dès 1897. C'est le premier cours de béton armé. Il fait ainsi découvrir le béton armé à de jeunes ingénieurs, dont Eugène Freyssinet, le père du béton précontraint. On doit aussi à Eugène Freyssinet l'idée de la vibration du béton.

Pont du Sautet (Sud de Grenoble). Albert Caquot, 1928

Comme Freyssinet, Albert Caquot a été sensibilisé au béton armé. Il construit en 1920 le premier pont en bow-string (arc à tirants) à Aulnoye et lance surtout le premier pont à haubans à Pierrelatte en 1952.

Principe de ferraillage longitudinal

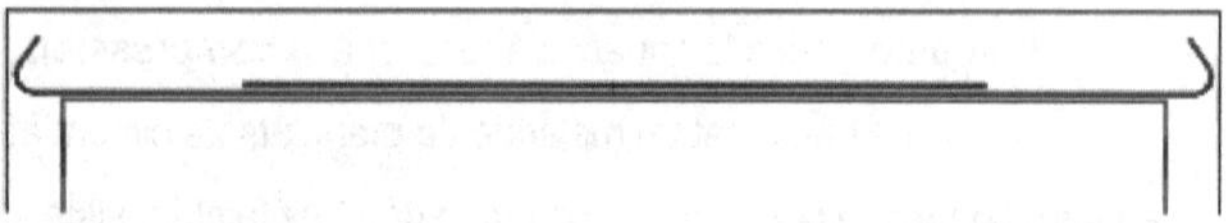

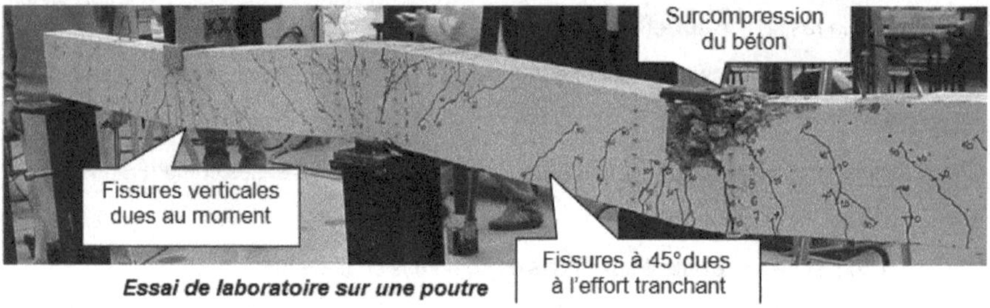

Essai de laboratoire sur une poutre

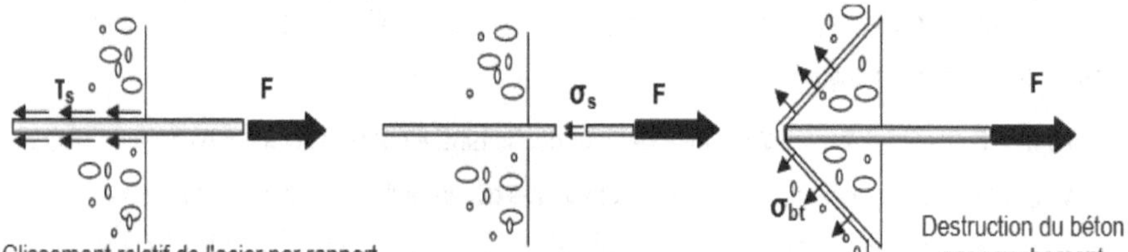

Glissement relatif de l'acier par rapport au béton (extraction de la barre dans une gaine de béton)

Rupture par traction de l'acier (scellement parfait)

Destruction du béton par arrachement d'un cône de béton

Dans son essence, la création de monnaie ex nihilo actuelle par le système bancaire est identique à la création de monnaie par des faux-monnayeurs. Concrètement elle aboutit aux mêmes résultats. La seule différence est que ceux qui en profitent sont différents.

Maurice Allais, prix Nobel d'économie

SY 033.6 /01 – CALCULS HYPOTHESE DEFORMATION ELASTIQUE

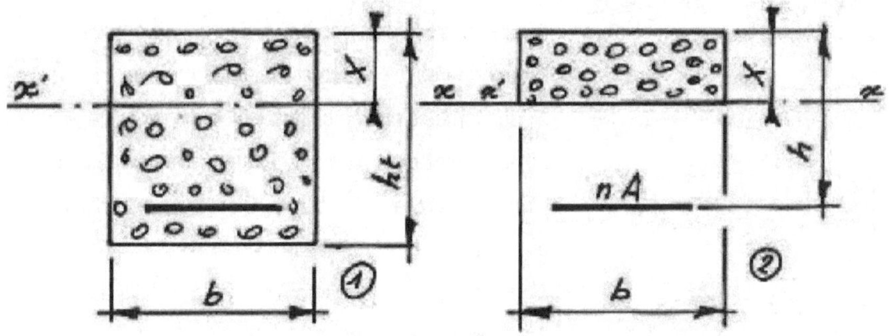

Là où l'acier et le béton existent simultanément, leur déformation est identique et égale.

$\sigma = E\,i$ $\qquad i_a = i_b$ $\qquad \sigma_a / E_a = \sigma_b / E_b$

On peut remplacer une section **A** d'acier par une section de béton

nA où **n = Ea / Eb** **n** est le coefficient d'équivalence entre le béton et l'acier.

Il suppose **Eb** défini **n = 15.**

On néglige le béton tendu 2

Calcul de X (axe neutre poutre) 1 $\frac{bX^2}{2} = nA\,(h - X)$ $\qquad \frac{bX^2}{2} + nAX - nAh = 0$

Résolution d'une équation du 2nd degré : $x = \frac{-b \pm \sqrt{b^2 - 4ac}}{2a}$

$$X = \frac{-nA \pm \sqrt{nA\,(A + 2\,bh)}}{b}$$

SY 033.6 /01 – **Contraintes extrêmes** :

$I_x = \frac{bX^3}{3} + nA\,(h - X)^2$		**Ix en cm4**
Béton	$\sigma'_b = M_f \cdot X / I_x$	**Admissible béton 200 daN/cm²**
Acier	$\sigma_a = n \cdot M_f \cdot (h - X) / I_x$	**Admissible acier 1600 daN/cm²**

Méthode de Calcul TOURANCHEAU

Eléments de construction à l'usage de l'ingénieur

SY 033.6 /02 – ANCRAGES DANS LE BETON

La force d'adhérence est directement proportionnelle à la surface extérieure des barres. Dés lors à égalité de section droite, la force d'adhérence augmente avec le nombre de barres.

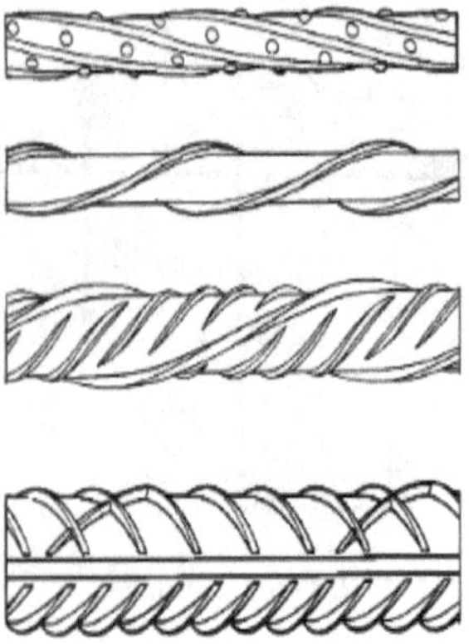

L'adhérence : forces de liaison s'opposant au glissement des armatures par rapport au béton qui les enrobe.

Cette adhérence est due à 3 facteurs principaux:

1° des forces d'origine chimique comme un "collage".

2° des forces de frottement dues aux irrégularités de surface naturelles de la barre. C'est le principal mode d'adhésion des barres lisses.

3° des forces d'engrènement mécanique dues aux saillies et aspérités des barres dites à haute adhérence HA (voir ci-contre). Ces forces mettent en jeu la résistance du béton en compression et au cisaillement à proximité de la barre.

Par approches expérimentales, on a pu déterminer que la contrainte d'adhérence augmente:

- si Ø de la barre diminue - si la longueur d'adhérence diminue - si la densité d'armatures transversales augmente

Le dimensionnement se fera en 2 calculs :

1° Calcul du Ø des barres en traction pour résister à l'effort demandé

2° Calcul longueur d'adhérence des barres

$F_{adhér} = \eta.\pi.d.l_b$ d'où $l_b = F_{adhér} / \eta.\pi.d$

Equation aux dimensions : $\frac{daN}{cm^2}.cm.cm = daN$ $\frac{daN . cm^2}{daN . cm} = cm$

Méthode de Calcul TOURANCHEAU : η coefficient d'adhérence :

1 pour l'acier lisse ; 1.6 pour acier crénelé ou torsadé.

Certains fers spéciaux ont une valeur d'adhérence beaucoup plus élevées. Dans un calcul simplifié comme ici, on restera là.

	Ac doux Lg scellement équivalente		Ac HR Lg scellement équivalente		
	r	L équival	r	L équival	
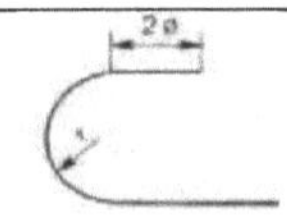	3 Ø	26.3 Ø	5.5 Ø	42.3 Ø	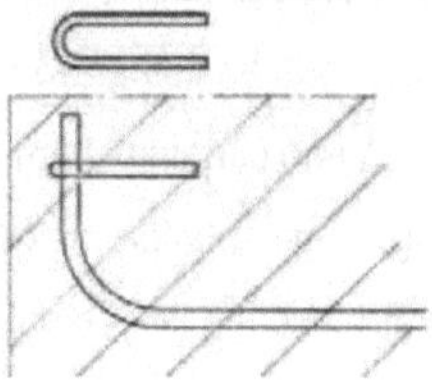
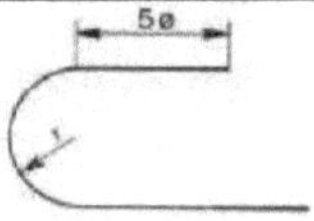	3 Ø	36.9 Ø	5.5 Ø	53 Ø	
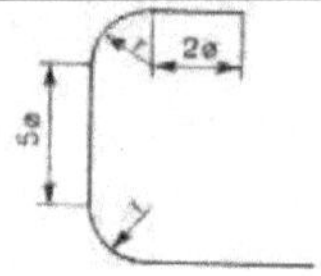	3 Ø	35.7 Ø	5.5 Ø	51.5 Ø	Précaution pour empêcher les poussées au vide des armatures
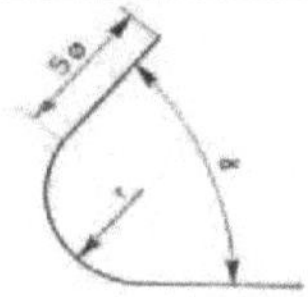	3 Ø	$\alpha = 45°$ 27.1 Ø $\alpha = 60°$ 23.9 Ø	5.5 Ø	$\alpha = 45°$ 36.9 Ø > $\alpha = 60°$ 32.1 Ø	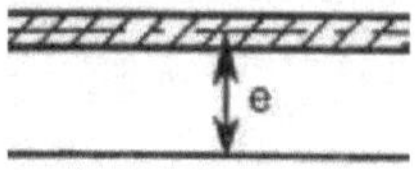 Pour éviter la corrosion des armatures, il faut respecter une distance de sécurité entre la surface extérieure du béton et la première armature.
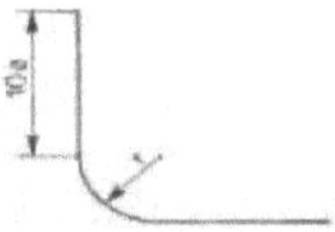	3 Ø	25.5 Ø	5.5 Ø	31 Ø	
Ouvrages à la mer ou exposés aux embruns et brouillards salins.	e> 4Ø	Parements exposés aux intempéries			e > 2 Ø
Locaux couverts	e > 1Ø				

SY 034 – Résistance des MATERIAUX
Contrainte de **FLAMBAGE**

FLAMBAGE Théorie d' EULER Un effort de compression sur un poteau de grande longueur donne deux comportements fonction du niveau de charge.

1° Pour des faibles valeurs de l'effort de compression, le poteau reste rectiligne et se comporte en compression.

2° A une certaine charge dite charge critique d'Euler, très brutalement, le poteau fléchit et une augmentation même faible de charge peut rompre le poteau. La déformation qui apparaît ainsi, est une flexion qui correspond à un équilibre instable.

Calcul de la charge critique suivant le cas de charge

1° cas charge  $L = \ell_0$ $P_c = \frac{\pi^2 E I_z}{\ell_0^2}$	2° cas charge  $L = 2\,\ell_0$ $P_c = \frac{\pi^2 E I_z}{4\,\ell_0^2}$
3° cas charge  $L = \frac{\ell_0}{2}$ $P_c = 4\,\frac{\pi^2 E I_z}{\ell_0^2}$	4° cas charge  $L = \frac{\ell_0}{\sqrt{2}}$ $P_c = 2\,\frac{\pi^2 E I_z}{\ell_0^2}$

Elancement : $\gamma = \frac{L}{R}$ dans laquelle **L** longueur libre de flambage, c'est une longueur fictive, elle n'est pas égale à **l0** qui est la longueur géométrique ou longueur initiale.

Rayon de Giration : $r_{min} = \sqrt{I_{min} / S}$

Contrainte critique d'EULER :

Contrainte critique $\sigma_c = P_c / S$

Compression $\sigma = P / S$

$\sigma_c < \sigma$ flambage $\sigma_c > \sigma$ compression simple

3° Contrainte d'affaissement *(s'il y a flambage)*

$\sigma s = A - \sqrt{A^2 - B}$ dans laquelle **A = ½ (σc + 1,3 Re)**

B = σc. Re

4° Vérification de la stabilité

σcompression x 1,5 à 2 **< σs** avec d'après CM 66

σcomp.k < σe

Coefficient de sécurité **k** :il dépend de l'Elancement et du Rayon de Giration.

Flambage Coefficient de sécurité suivant Norme CM 66 (Construction Métallique 1966)

σcomp.k < σe Lorsqu'il y a flexion : **σcomp.k + σflexion < σe**

k	γ	0	**2**	4	6	8	9
	0	1.000	1.000	1.001	1.002	1.002	1.003
	10	1.004	1.005	1.007	1.009	1.012	1.013
	20	1.015	1.018	1.021	1.025	1.030	1.032
Dizaines	30	1.035	1.040	1.046	1.052	1.060	1.063
	40	1.067	1.076	1.085	1.095	1.105	1.111
Centaines	50	1.117	1.120	1.144	1.159	1.175	1.183
	60	1.192	1.211	1.231	1.253	1.277	1.289
Exemple	70	1.302	1.328	1.357	1.387	1.420	1.436
	80	1.453	1.489	1.527	1.567	1.608	1.629
γ	**100**	1.894	**1.947**	2.003	2.060	2.118	2.148
=	120	2.501	2.570	2.640	2.712	2.785	2.822
102	140	3.252	3.335	3.419	3.504	3.591	3.635
	160	4.137	4.23	4.33	4.43	4.53	4.58
k = 1,947	180	5.15	5.26	5.36	5.48	5.59	5.64
	200	6.28	6.40	6.53	6.65	6.77	6.84
	250	9.66	9.81	9.96	10.11	10.27	10.35
	300	13.79					

Exemple de Calcul au flambage :

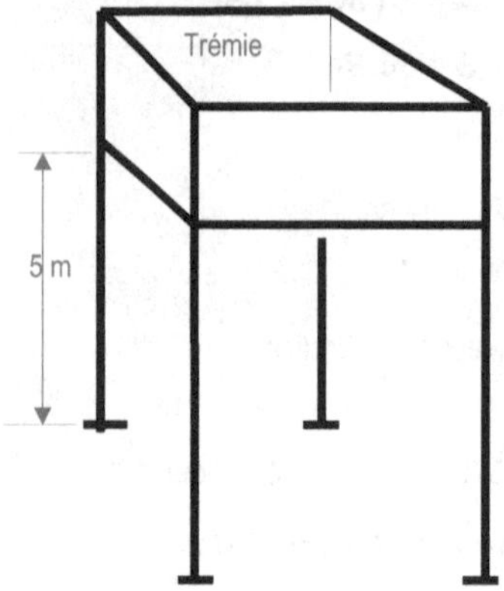

Une trémie de masse 20 tonnes, chaque poteau porte 5000 daN (kg à 2% près)

On considère encastrement en pied de poteau puisque la platine de pied de poteau est fixée par 4 boulons au moins.

2° cas de charge (défavorable) **L = 2 ℓ0 L = 1000 cm**

On choisit U 100 : Iy = 29.3 cm4 S = 13.5 cm²

Module élasticité long E = 21.000 daN/mm² = 2.100.000 daN/cm² ;

Re = 24 daN/mm² = 2400 daN/cm²

Charge Critique d'EULER

Pc = π² x 2.100.000 x 29.3 / 4 x 500² **Pc = 606 daN**

Contrainte Critique d'EULER

σc = 606 / 13.5 = 44.94 daN/cm²

σ**compress** = 5000 / 13.5 = 370.40 daN/cm²

Il y a flambage

Contrainte d'affaissement

A = ½ (44.94 + (1.3 x 2400) A =1 582

B = 44.94 x 2400 B = 107 856

σ**s** = 1582 - √ 1 582 ² - 107 856 = σ**s** = 34.46 daN/cm²

La contrainte **d'affaissement 34 daN / cm²**

est **plus faible** que la **contrainte compression 370 daN/cm².**

IL Y A DONC AFFAISSEMENT, IL FAUT CHOISIR DES POTEAUX PLUS FORTS

Son âme, la France est en train de la perdre, non seulement à cause de la mondialisation, mais aussi, à cause de la société que l'on s'acharne à lui imposer.
Nos temps sont assez graves pour ne pas faire appel à de médiocres facilités politiciennes.
Où sont les tâches dévolues à l'État ? Justice, Armée, Éducation, Sécurité, Police ?
La France est à l'abandon, et en décomposition à travers le monde.
Si la vérité vous choque, ne bâillonnez pas celui qui en dénonce l'absurdité, l'horreur ..."

Michel Poniatowski

SY 034.1 – POTENTIEL ELECTROLITIQUE

Contact Matériaux différents < 0.25 Volts

SY 034.1 / 01 - POTENTIEL ELECTROLYTIQUE

Pour l'assemblage de métaux différents, il faut tenir compte de ce que le métal le plus électronégatif forme anode, se désagrège et se dépose sur le métal le plus noble, qui forme cathode. Pour deux métaux en contact, ne pas dépasser différence de potentiel de 0.25 Volt. Métaux en contact : si différence de potentiel inférieure à 0.25 V alors acceptable (**en jaune**) ; **> 0.25 V écrit en rouge**.

	Potentiel V	Ac Inox	Cuivre	Laiton	Plomb	Nickel	Etain	XC18S	AG5	AU4G	Titane	Zinc	Chrome	Cadmium électrolitiq
Ac Inox	0.24	0												
Cuivre	0.22	**0.02**	0											
Laiton	0.36	**0.12**	**0.14**	0										
Plomb	0.53	0.29	0.31	**0.17**	0									
Nickel	0.17	**0.07**	**0.05**	**0.19**	0.36	0								
Etain	0.42	**0.18**	**0.20**	**0.06**	**0.11**	0.25	0							
XC18S	0.70	0.46	0.48	0.34	**0.17**	0.53	0.28	0						
AG5	0.75	0.51	0.53	0.39	0.22	0.58	0.33	0.05	0					
AU4G	0.58	0.34	0.36	0.22	**0.05**	0.41	0.16	0.12	0.17	0				
Titane	0.30	**0.06**	**0.08**	**0.06**	0.23	**0.13**	**0.12**	0.40	0.45	0.28	0			
Zinc	0.97	0.73	0.75	0.61	0.44	0.80	0.55	0.27	0.32	0.49	0.67	0		
Chrome	0.48	0.24	0.26	**0.12**	**0.05**	0.31	**0.06**	0.22	0.27	**0.10**	0.18	0.49	0	
Cadmium électrolitiq	0.69	0.45	0.47	0.33	**0.16**	0.52	0.27	**0.01**	**0.06**	**0.21**	0.39	0.28	0.21	0

SY 034.1 / 02 - Corrosion électrolytique

(Corrosion due à un contact entre des métaux différents

SY 034.1 / 03 - Compatibilité galvanique de métaux divers

(Tableau de compatibilité simplifié)

METAL SUPPORT	MATERIAU POP NUT™			
	ACIER	ALUMINIUM	ACIER INOX AUSTENITIQUE	EPDM
Acier galvanisé				
Aluminium et alliages				
Acier et fonte				
Tôles d'acier revêtues de plomb étain				
Cuivre / Nickel-Cuivre				
Acier inox ferritique				
Acier inox austénitique				

- La corrosion du métal de base n'est pas accélérée par l'élément de fixation.
- La corrosion du métal de base peut être légèrement accélérée par l'élément de fixation. Le traitement de surface de l'élément de fixation est rapidement détérioré, laissant apparaître le métal de base.
- La corrosion du métal de base n'est pas accélérée par l'élément de fixation. Le traitement de surface de l'élément de fixation est rapidement détérioré, laissant apparaître le métal de base. La corrosion de l'élément de fixation est accélérée par le métal de base.
- La corrosion de l'élément de fixation est accélérée par le métal de base.

http://www.visselect.com/adncms/images/stories/notices_techniques/ecrous__sertir_notices_techniques.pdf

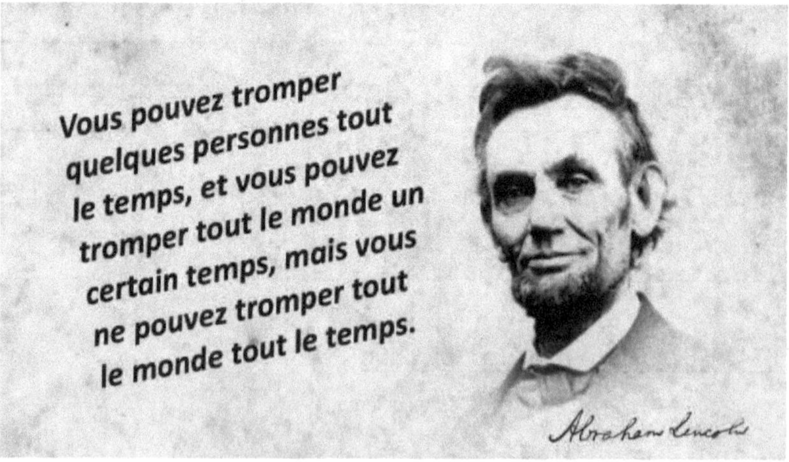

SY 035 / 01 – Durée et Contrainte de fatigue – Courbe de WOLHER

La **courbe (ou diagramme) de Wöhler** est appelée *courbe S-N* (*Stress vs Number of cycles*, c'est-à-dire « contrainte en fonction du nombre de cycles »). D'un emploi courant pour estimer le degré d'endommagement lié à la fatigue des matériaux.

On remarque que la courbe présente une asymptote horizontale pour N tendant vers +∞. Cela signifie que pour les amplitudes de contrainte σ_a faibles, on ne peut pas avoir de rupture en fatigue dans des délais raisonnables (plusieurs années...).

Certains matériaux, comme les alliages d'aluminium, semblent avoir une asymptote nulle, d'autres une asymptote positive appelée limite d'endurance et notée $\boldsymbol{\sigma_D}$ ou **SaD**.

La détermination de la limite d'endurance se fait par des méthodes d'essais tronqués, c'est-à-dire que l'on se positionne à un nombre de cycles donné — typiquement un à cent millions (10^6 à 10^8) — et que l'on fait des essais à plusieurs niveaux d'amplitude de contrainte σ_a.

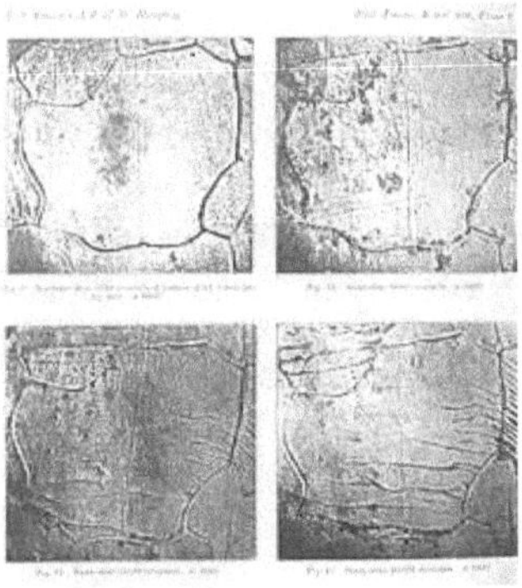

La **fatigue** désigne l'endommagement d'une pièce sous l'effet d'efforts répétés : vibrations, rafales de vent... C'est un phénomène distinct de l'usure. Alors que la pièce est conçue pour résister à des efforts donnés, l'application répétée d'efforts plus faibles peut provoquer sa rupture : si une vis de diamètre 6 mm peut tenir un objet d'une tonne, elle peut en revanche casser si on lui suspend un objet de 100 kg un million de fois de suite. *(vous avez déjà plié un fil de fer jusqu'à rupture)*

Les étapes principales de la ruine par fatigue d'un assemblage sont l'amorçage de fissures (si des défauts ne sont pas déjà présents dans le matériau), la propagation de fissures et la rupture finale. Même si l'étude de la fatigue s'appuie sur des considérations théoriques (en particulier mécanique de la rupture), c'est essentiellement un domaine expérimental. La caractérisation d'un matériau, d'une pièce, d'un ensemble, d'une structure... nécessite de nombreux essais et mesures.

Source WIKIPEDIA

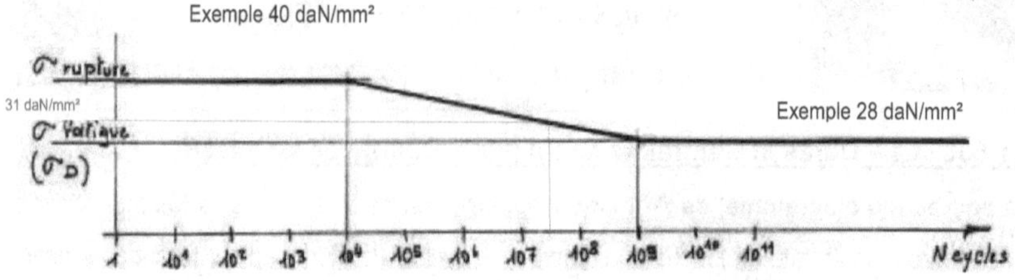

Courbe de WOLHER Elle peut être assimilée à une droite entre 10^4 et 10^9 cycles.

Les contraintes de fatigue ultime figurent au § ***SY 3.62***

Avec cette fiche **SY 3.62**, on tire les valeurs d'un acier,

pour exemple **25 CD 4** (acier pour engrenage)

On a **R = 40 daN/mm²** et **σ_D = 28 daN/mm².** Imaginons que cet engrenage tourne à 100 t / mn, on a prévu une durée de service de 10 000 heures : Nombre de cycles = 100 x 60 x10 000 = **60 000 000 tours** (6 x 10^7) tours.

Sur le graphique, on extrapole une **contrainte de calcul de 31 daN/mm².**

Usage des fabricants de composants mécaniques :

Pour les roulements, les valeurs **C** (dynamique) données dans les catalogues le sont pour durée 10^6 cycles.

Pour les engrenages, les σ pratiques de calcul sont pour une durée de 10^7 cycles.

A NOTER que σ_D est la contrainte de durée de vie théorique infinie.

Parfois, il est nécessaire de se sentir seul pour prouver que vous avez raison.

Vladimir Poutine

SY 035 / 02 – Pressions de contact – Théorie de HERTZ

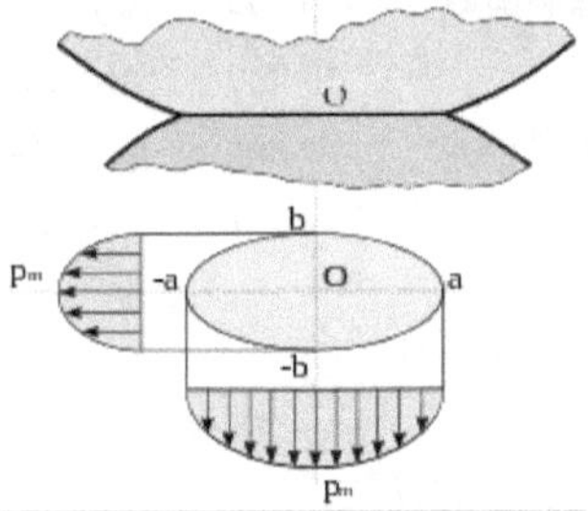

Contrainte au contact entre deux sphères (pour deux sphères, les deux axes du contact ont la même longueur : a=b).

Le contact de Hertz se réfère aux contraintes localisées qui se développent lorsque deux surfaces courbes viennent en contact et se déforment légèrement sous l'action des forces appliquées. Le degré de déformation dépend de l'élasticité du matériau en contact, autrement dit, de son module élastique.

La théorie du contact de Hertz fournit la contrainte dans la zone de contact en fonction de la force normale appliquée, des rayons de courbure des deux corps et de leur module élastique.

Dans les engrenages et les roulements en mouvement, ces forces de contact sont cycliques. À la longue, elles entraînent une fatigue du matériau et l'apparition de fissures sous la surface.

La théorie du contact de Hertz constitue le fondement des équations pour le calcul du chargement admissible pour les roulements, les engrenages et autres pièces dont deux surfaces sont en contact. Source WIKIPEDIA

Courbe de déformation d'uni-pression **p 1 / 2 = p 2 / 1**

La répartition des pressions est elliptique, elle est fonction des déformations.

Théoriquement, le contact est linéique, en réalité, la projection du contact est un rectangle.

$$P\ Maxi = 0.59 \cdot \sqrt{\frac{Fn \cdot E\ \acute{e}quiv}{b \quad \rho\ \acute{e}quiv}}$$

$$p^2\ Maxi = 0.35\ \frac{Fn \cdot E\ \acute{e}quiv}{b \quad \rho\ \acute{e}quiv}$$

E équival = Module d'élasticité équivalent

b : largeur du contact

$$\frac{1}{E_{équiv}} = \frac{1}{2} \cdot \left(\frac{1}{E_1} + \frac{1}{E_2} \right)$$

Lorsque les matériaux en présence sont différents.

E caoutchouc	0.04	daN/mm²
E caoutchouc dur	300	daN/mm²
E acier cémenté	24 000	daN/mm²
E acier fondu	27 500	daN/mm²
E aluminium	6 500	daN/mm²
E cuivre laminé	10 700	daN/mm²
E fonte	10 000	daN/mm²
E verre	7 000	daN/mm²
E bois	1 170	daN/mm²

Signe + pour contact biconvexe

Signe – pour contact Convexo-concave

ρ équival = **Rayon** équivalent

$$\frac{1}{\rho_{équiv}} = \frac{1}{2} \cdot \left(\frac{1}{\rho_1} \pm \frac{1}{\rho_2} \right)$$

Pour longueur d'empreinte, il est possible de considérer **p moyenne = ½ p Maxi de Hertz**

SY 035 / 03 – Contrainte de flexion sur Bâti si galet monté en porte à faux

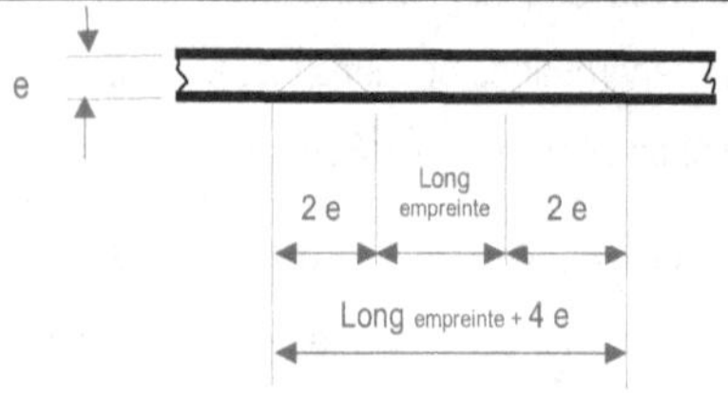

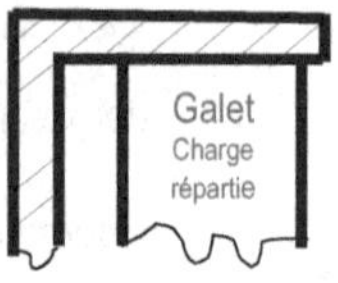

Longueur empreinte tirée de :

P = F / S (avec p moyenne)

p moyenne = ½ de p MAXI

on tire S et Long empreinte

Plus vous saurez regarder loin dans le passé,
plus vous verrez loin dans le futur. **Winston Churchill**

SY 036 – THEORIE et PRATIQUE des Mécanismes - Zinovieff

SY 036 / 01 – THEORIE des Mécanismes – Zinovieff

Chaque pièce s'analyse par ses liaisons avec la pièce voisine. Le bâti ou châssis est exclu du nombre des pièces, c'est le point de départ. Chaque liaison se définit par 6 paramètres suivant 3 axes x,y,z. Suivant chaque axe : 1 translation, 1 rotation ; 3 x 2 = 6 paramètres pour chaque liaison.

- 1 **degré – 1** **APPUI PONCTUEL**

5 libertés ; 1 mouvement interdit

Analyse Mvt Ox Translat **OUI** Rotation **OUI**
Mvt Oy Translat **OUI** Rotation **OUI**
Mvt Oz Translat **NON** Rotation **OUI**

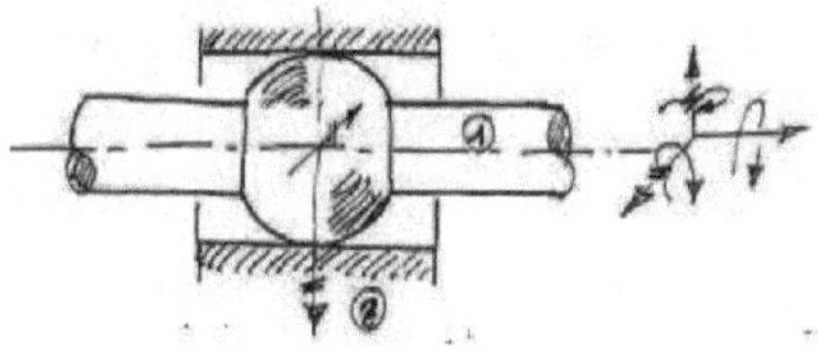

- 2 **degré – 2** **ANNEAU**

4 libertés ; 2 mouvements interdits

Analyse Mvt Ox Translat **OUI** Rotation **OUI**
Mvt Oy Translat **NON** Rotation **OUI**
Mvt Oz Translat **NON** Rotation **OUI**

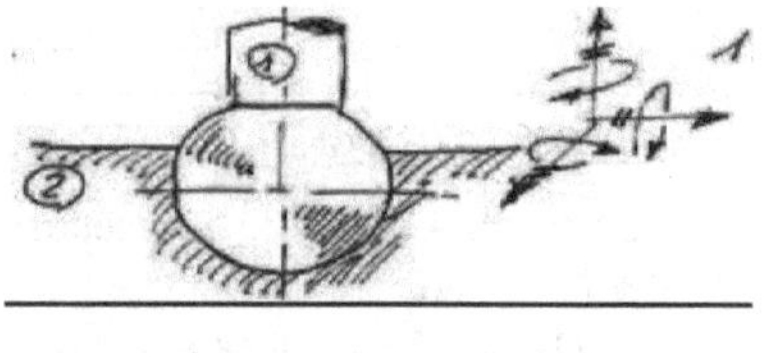

- 3 **degré – 3** **ROTULE**

3 libertés ; 3 mouvements interdits

Analyse Mvt Ox Translat **NON** Rota **OUI**
Mvt Oy Translat **NON** Rotation **OUI**
Mvt Oz Translat **NON** Rotation **OUI**

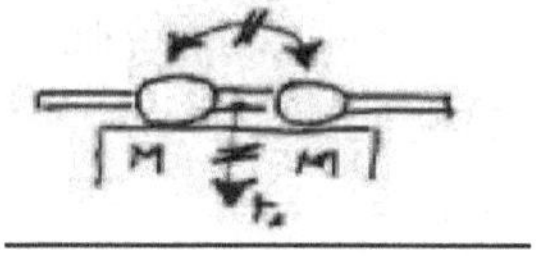

- 2 **degré – 2** **BIPONCTUEL**

4 libertés ; 2 mouvements interdits

Analyse Mvt Ox Translat **OUI** Rotation **OUI**
Mvt Oy Translat **OUI** Rotation **OUI**
Mvt Oz Translat **NON** Rotation **NON**

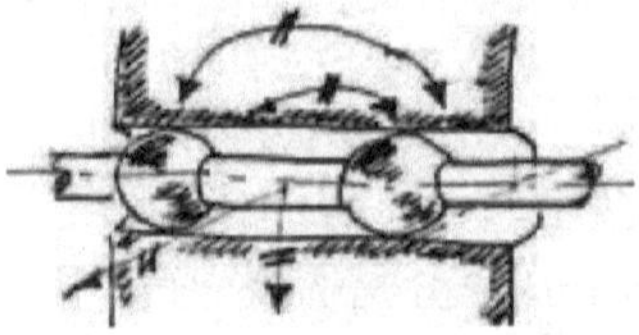

-4 degré – 4 BI-ANNEAU

2 libertés ; 4 mouvements interdits

Analyse Mvt Ox Translat **OUI** Rotation **OUI**

Mvt Oy Translat **NON** Rotation **NON**

Mvt Oz Translat **NON** Rotation **NON**

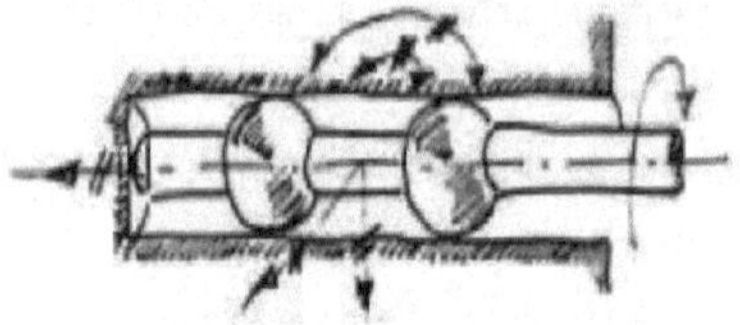

-5 degré – 5 BI-ANNEAU ARRET AXIAL

1 liberté ; 5 mouvements interdits

Analyse Mvt Ox Translat **NON** Rota **OUI**

Mvt Oy Translat **NON** Rotation **NON**

Mvt Oz Translat **NON** Rotation **NON**

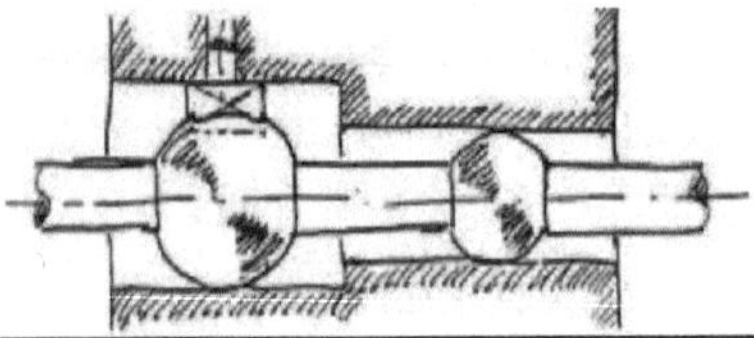

-5 degré – 5 COUPLE PRISMATIQUE

1 liberté ; 5 mouvements interdits

Analyse Mvt Ox Translat **OUI** Rota **NON**

Mvt Oy Translat **NON** Rotation **NON**

Mvt Oz Translat **NON** Rotation **NON**

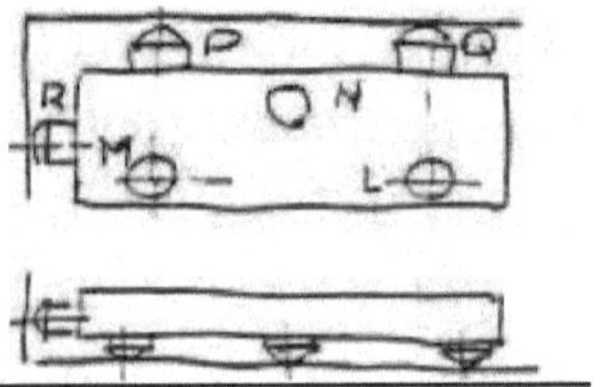

-6 degré – 6 IMMOBILIS TOTALE

0 liberté ; 6 mouvements interdits

Analyse Mvt Ox R Point Type -1

Mvt Oy PQ Couple Prismatique -2

Mvt Oz MLN Plan Type -3

Plan Trait Point ; principe en usinage

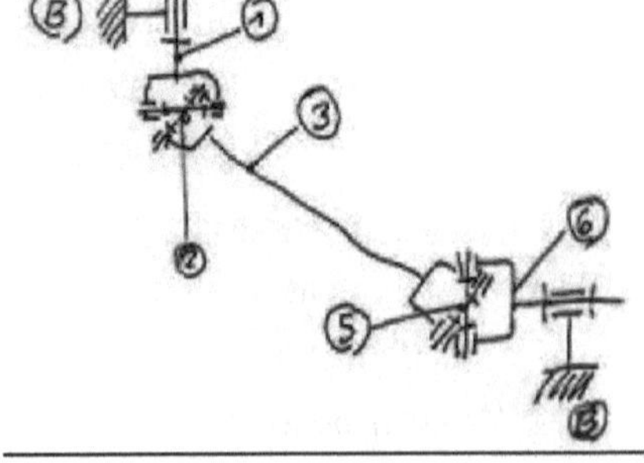

SY 036 / 02 – CARDAN 5 PIECES

Somme Li = 5 x 6 = 30 paramètres

L 1 / B	= -5	30 paramètres
L 1 / 2	= -5	30 mouvements
L 2 / 3	= -5	interdits
L 3 / 5	= -5	
L 5 / 6	= -5	**degré liberté = 0**
L 6 / B	= -5	Système bloqué

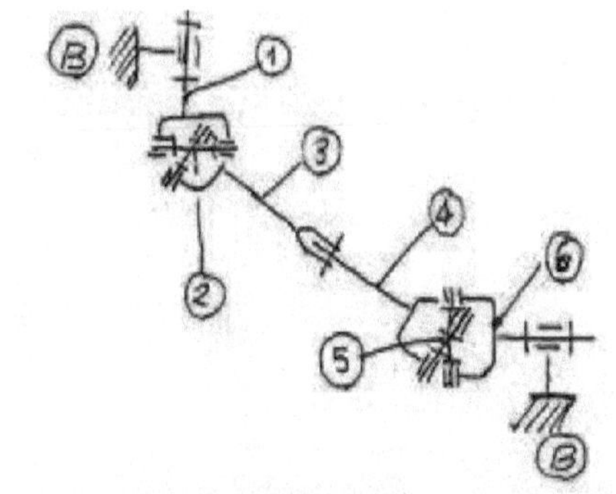

CARDAN ESPACE 6 PIECES : joint coulissant arb inter 6 x 6 = 36 paramètres

L 1 / B = -5
L 1 / 2 = -5
L 2 / 3 = -5
L 3 / 4 = -5
L 4 / 5 = -5
L 5 / 6 = -5
L 6 / B = -5

36 paramètres
35 mouvements interdits

degré liberté = 1

Système parfait

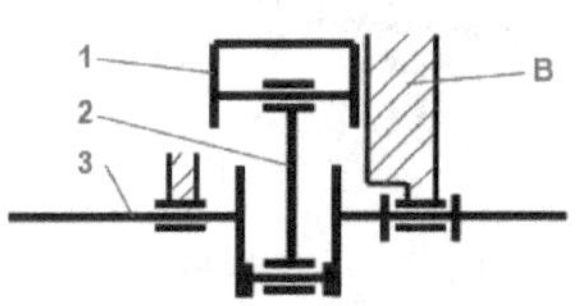

Modification Tête de bielle : ROTULE

SY 036 / 02 – VILEBREQUIN BIELLE 3 PIECES

Somme Li = 3 x 6 = 18 paramètres

L 1 / B = -4
L 1 / 2 = -4
L 2 / 3 = -5
L 3 / B = -5

18 paramètres
18 mouvements interdits

degré liberté = 0

Système bloqué

VILEBREQUIN BIELLE 3 PIECES : Rotule tête de bielle

L 1 / B = -4
L 1 / 2 = -4
L 2 / 3 = -4
L 3 / B = -5

18 paramètres
17 mouvements interdits

degré liberté = 1

Système parfait

On constate sur les moteurs que les manetons de vilebrequin sont de forme semi-sphérique. Il a fallu 50 ans pour ce progrès. Avec la théorie des mécanismes : 5 mn, une page de calcul.

SY 036 / 03 – Boitier coupe moissonneuse batteuse

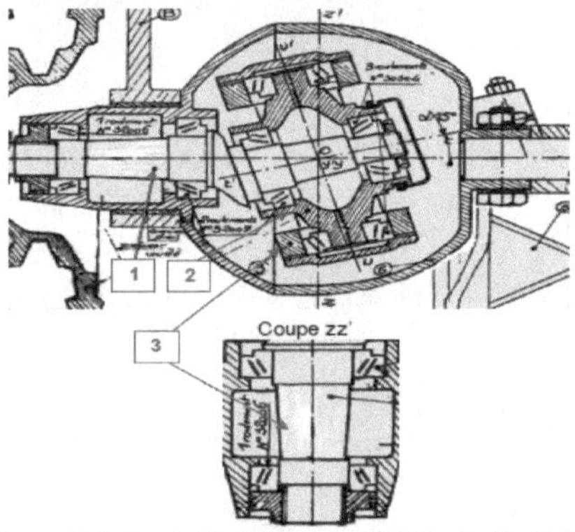

Ce cas a été résolu par les Arts et Métiers (CNAM) 59 Lille Pour Mac Cormick IH. 59 Croix - professeur Eléments de Machines R LE BORZEC.
Les incidents sur la barre de coupe moissonneuse-batteuse se succédaient et lorsque le mécanisme était renforcé, c'était encore pire. Il fallait assouplir plutôt que durcir le mécanisme, ce que la théorie des mécanismes a démontré.

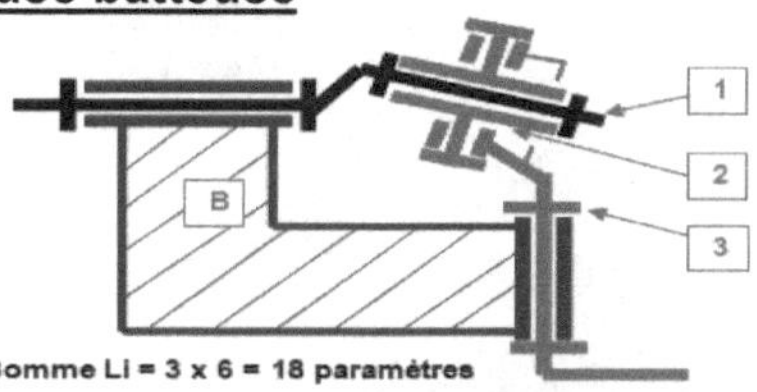

Somme Li = 3 x 6 = 18 paramètres

L 1 / B = -5
L 1 / 2 = -5
L 2 / 3 = -5
L 3 / B = -5

18 paramètres
20 mouvements interdits

degré liberté = -2

Système bloqué

On monte jeu axial L 1 / 2 soit -4
On monte sur rotules L 2 / 3 soit -3

L 1 / B = -4
L 1 / 2 = -3
L 2 / 3 = -5
L 3 / B = -5

18 paramètres
17 mouvements interdits

degré liberté = 1

Système parfait

SY 036 / 04 – Train épicycloïdal

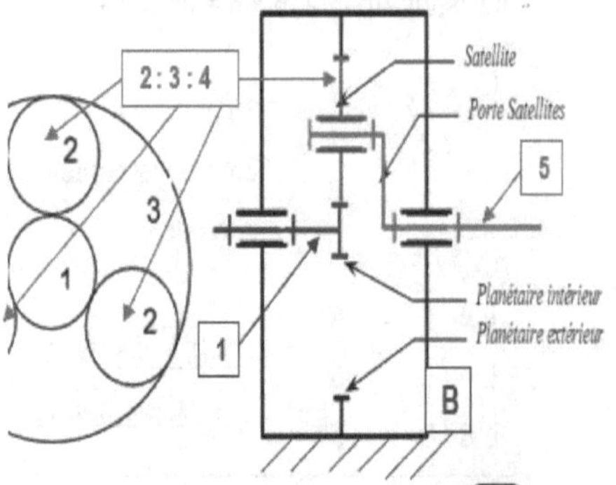

Somme Li = 5 x 6 = 30 paramètres

L 1 / B = -5
L 1 / 2, 3, 4 = -3
L 2, 3, 4 / 5 = -15
L 2, 3, 4 / B = -3
L 5 / B = -5

30 paramètres
31 mouvements interdits

degré liberté = -1

Système bloqué

On monte le pignon 1 flottant / B - 3

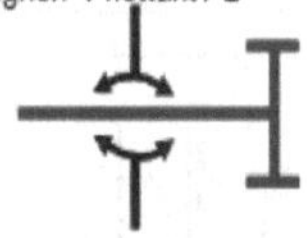

L 1 / B = -3
L 1 / 2, 3, 4 = -3
L 2, 3, 4 / 5 = -15
L 2, 3, 4 / B = -3
L 5 / B = -5

30 paramètres
29 mouvements interdits

degré liberté = 1

Système parfait

La connaissance s'acquiert par l'expérience,
tout le reste n'est que de l'information. **Albert Einstein**

SY 036 / 04 – LES MECANISMES PRATIQUES

1 TRANSFERT PAS à PAS

Commande directe par vérins

Avantages : Simplicité Bon marché
Peu d'entretien

Inconvénient : Si course vérin ≠ course transfert, Alors butée mécanique = chocs

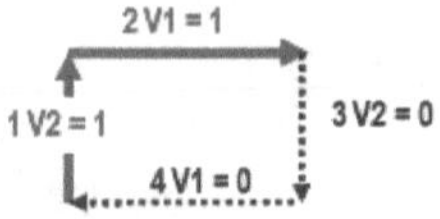

Séquentiel d'automatisme

V2 = 1 G 1
V1 = 1 groupement 1 d'automatisme

V2 = 0 G 2
V1 = 0

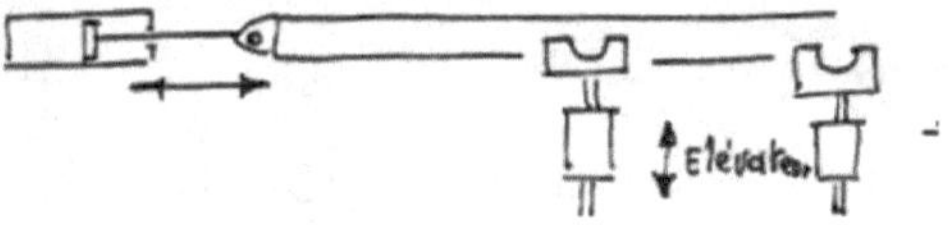

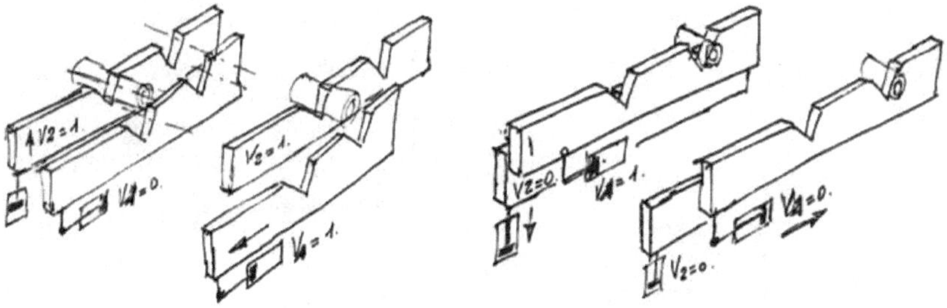

Commande par bielle-manivelle

Avantages : Mouvement accéléré, décéléré, suppression des chocs. Course constante dans le temps

Inconvénient : Mécanisme Prix plus élevé que direct Vérins.

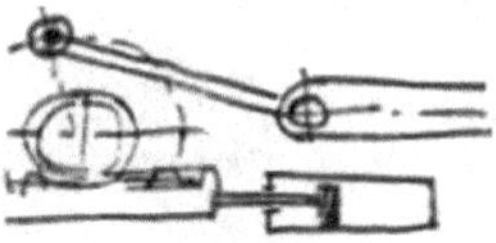

Transfert à pas de pélerin

Avantages : Gain sur le cycle par suite de la simultanéité des mouvements

Inconvénients : Chocs à la prise et dépose des pièces.
Mécanisme en vitesse
Levée et descente non verticales

1 et 2 : berceaux fixes
Prise en 1 et dépose en 2
3 berceau mobile

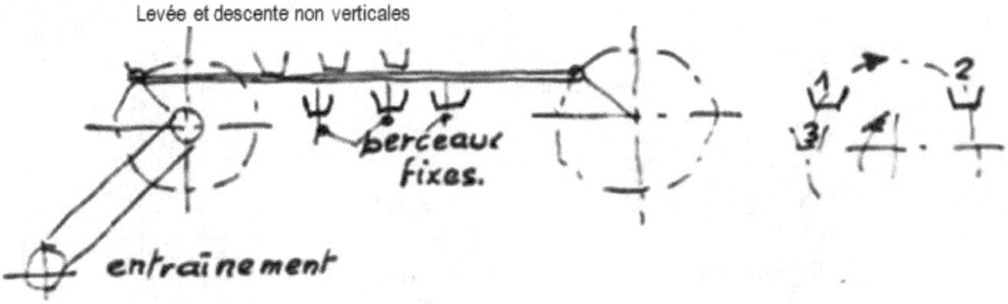

2 – ALIMENTATION des TRANSFERTS

Manuelle descendeur unique :

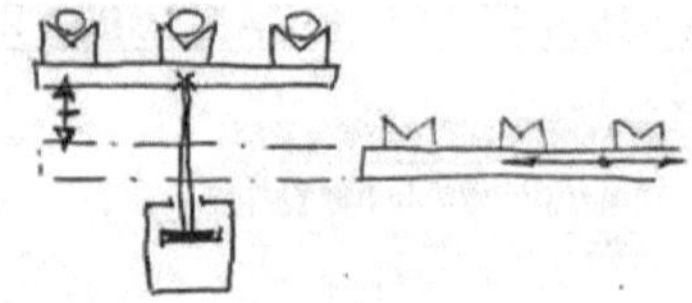

Descendeur unique : permet le chargement simultané de plusieurs objets sur le transfert de la machine.

A ascenceurs sélectifs

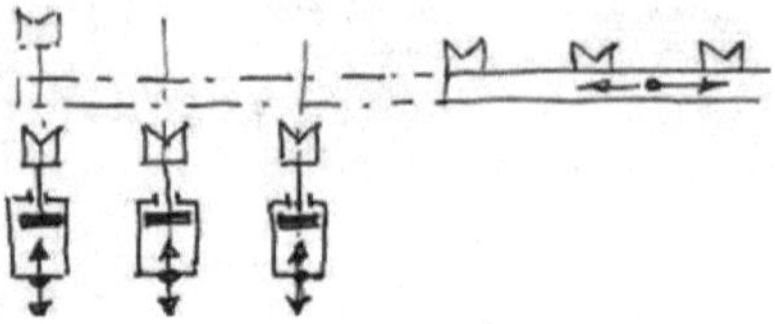

Assure dans le cas de machine multipostes la sélection des objets à déposer sur le transfert, seuls les postes en fonctionnement étant alimentés.

Automatique avec pas de pèlerin, convoyeur à chaîne et élévateur

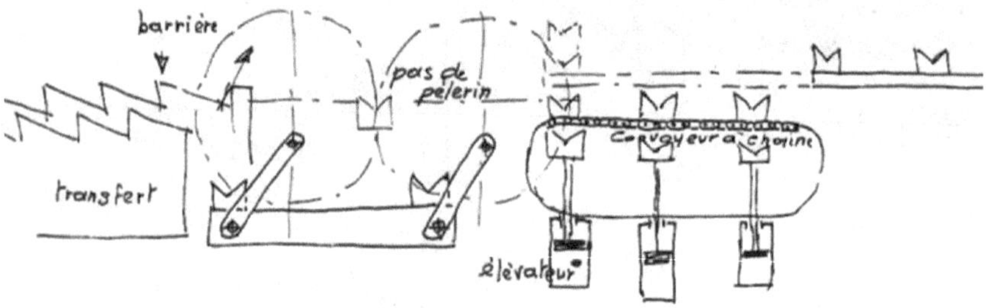

Le pas de pèlerin se saisit des pièces à l'unité sur le transfert de stockage en amont et les dépose sur les supports au pas de la machine du convoyeur chaîne.

Avantages : Préparation du chargement complet effectué en temps masqué.
Inconvénients : Tubes saisis à la volée. Impossibilité de laisser un poste vide sur convoyeur à chaîne.
Nécessité d'adjonction d'une barrière de retenue.

3 – INDEXEUR TYPE CROIX DE MALTE

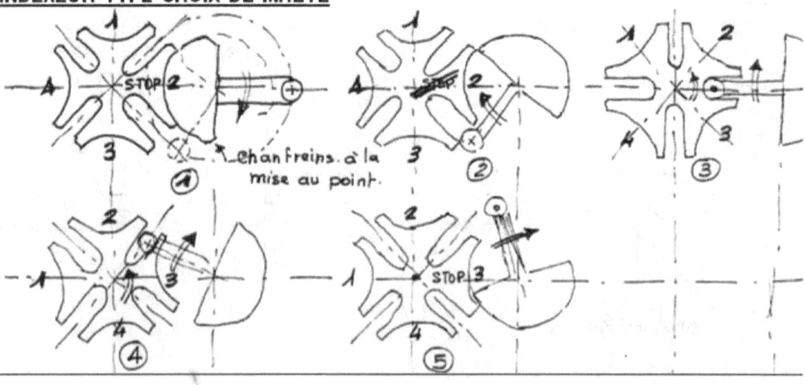

5 SYSTEME ARTICULE BENTABOL

2 barres **AM** et **BM** sont articulés sur 2 manivelles **OA** et **O'B** solidaires de 2 secteurs dentés.
CM perpendiculaire à **O O'**

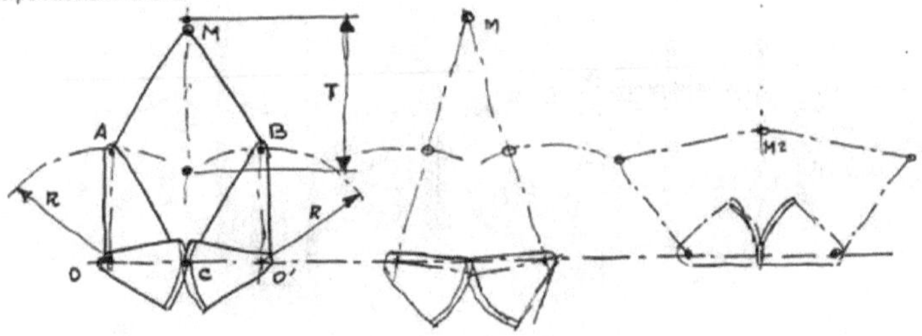

6 CERCLE DE CARDAN

Pignon mobile r de centre **O'** relié par chaîne à roue fixe au bâti **R** centre **O**.
Une manivelle relie **OO'**. **O'M** solidaire **r** **R = 2 r** . **O'M = OO'** Course linéaire **xy** **C = OO' + O'M = 2 OO'**
Cercle de Cardan en variante engrenage : figure de droite

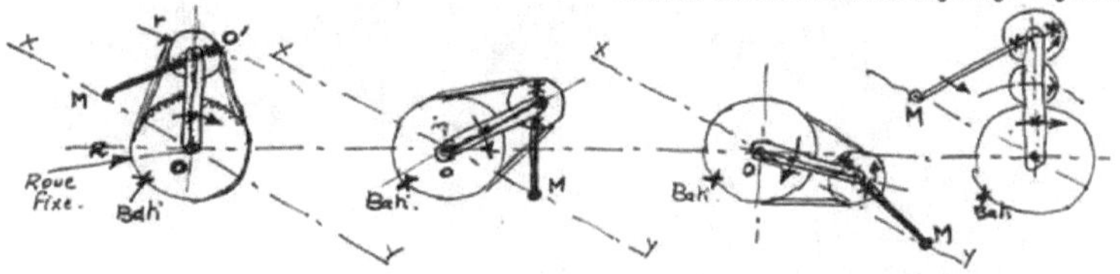

7 EXCENTRIQUE CIRCULAIRE A CADRE

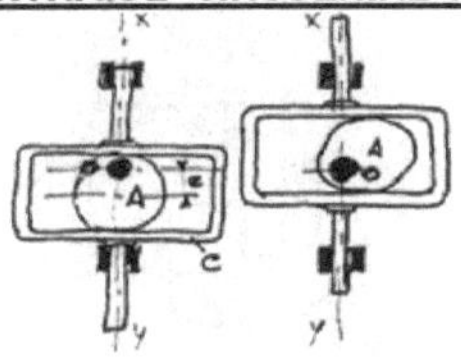

L'excentrique **A** d'excentricité **e** axée en **O** donne à l'arbre solidaire du cadre **C** un mouvement rectiligne à loi sinusoïdale.

Course C = 2 e

8 CONCHOÏDE DE LA DROITE

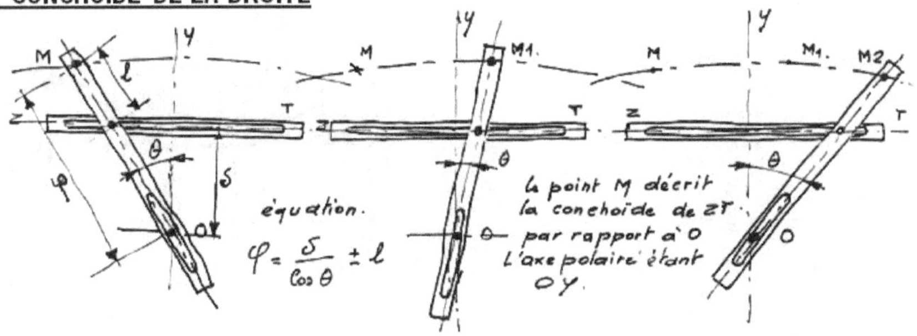

9 COURBE EN 8

Bras **C** guidé dans palier **T** **R et r** pignons à chaîne Equations des courbes décrites : $X = R \sin \alpha$ $Y = r \sin^2 \alpha$

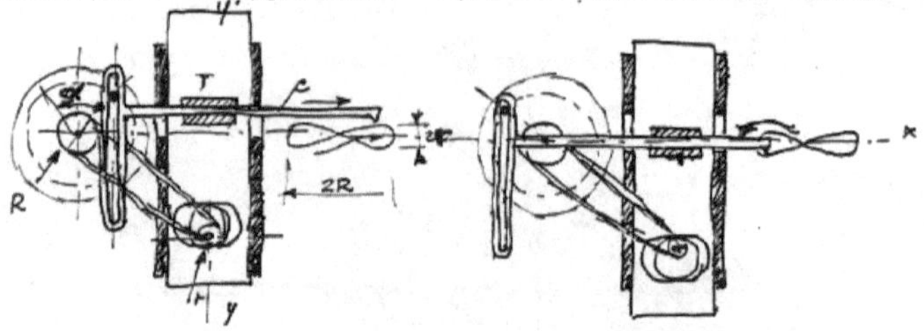

10 DEMULTIPLICATEUR ou MULTIPLICATEUR AUTOMATIQUE

Système 3 barres et 2 centres d'oscillation O et O' Les leviers OA, AB et AD peuvent être de longueurs différentes. Tracé, épure des mouvements nécessaire pour déterminer efforts et courses.

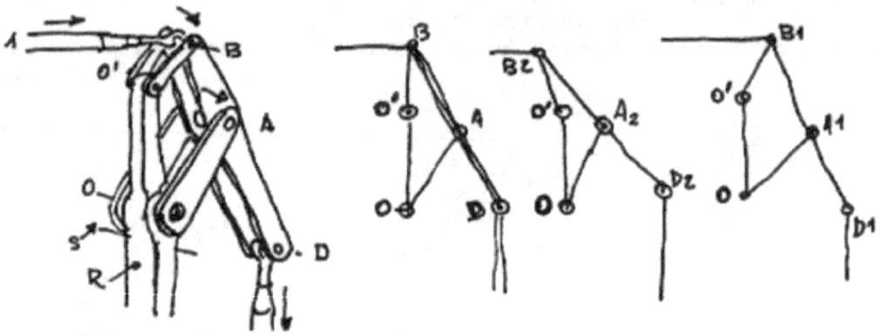

11 DIFFERENTIEL à PIGNONS DROITS

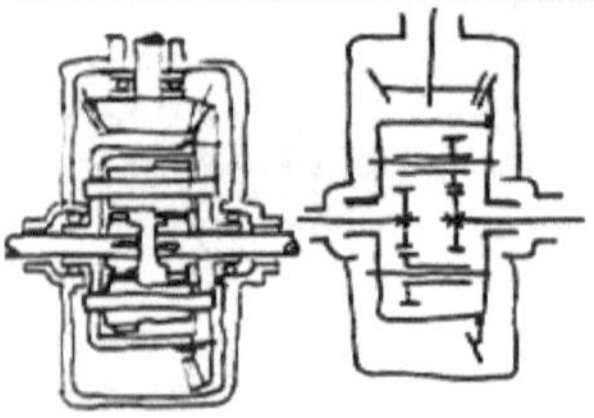

12 ROULEMENTS ORTHOGONAUX

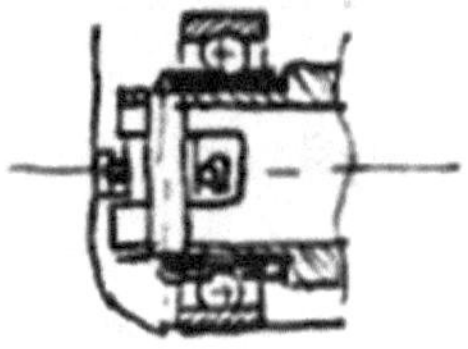

13 VA et VIENT

Le coulisseau **D** à commande par bielle
OE = R
distribue alternativement les billes **B**
dans les conduits d'alimentation **C1** et **C2**

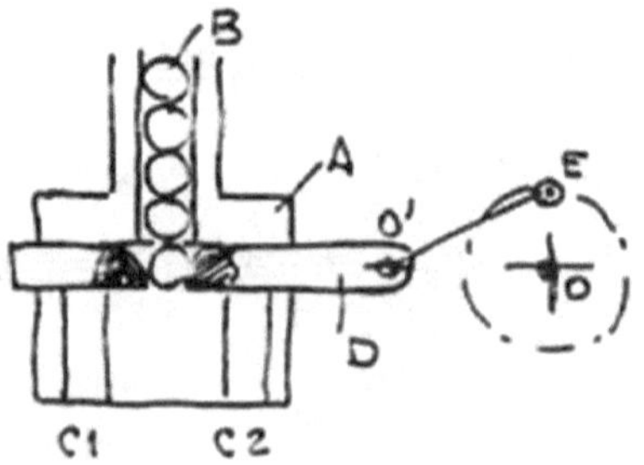

14 ROTATION ALTERNATIVE LAURENT

La couronne dentée intérieure motrice **Cm** à rotation continue engrène sur 3 pignons **r1** montés fous sur la couronne à denture intérieure fixe **Cf**.

Ces 3 pignons sont reliés à 3 autres pignons **r2** par des bielles **D** d'excentration **E**.

Les pignons **r2** engrènent sur un pignon central **r** solidaire de l'arbre récepteur **A**.

L'arbre récepteur **A** est animé d'une rotation alternative déterminée par l'excentricité **E** et le rapport des nombres de dents des différents engrenages d'autre part.

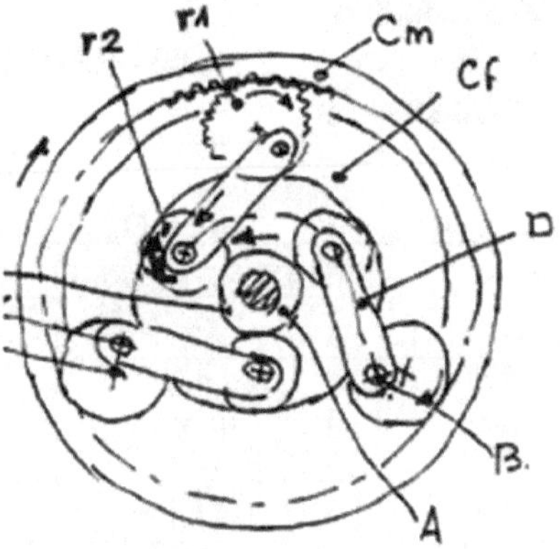

15 HYPOCYCLOÏDE à 3 REBROUSSEMENTS et à 5 REBROUSSEMENTS

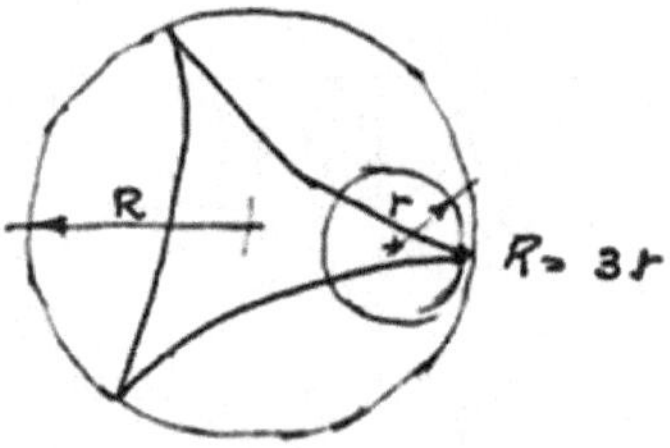

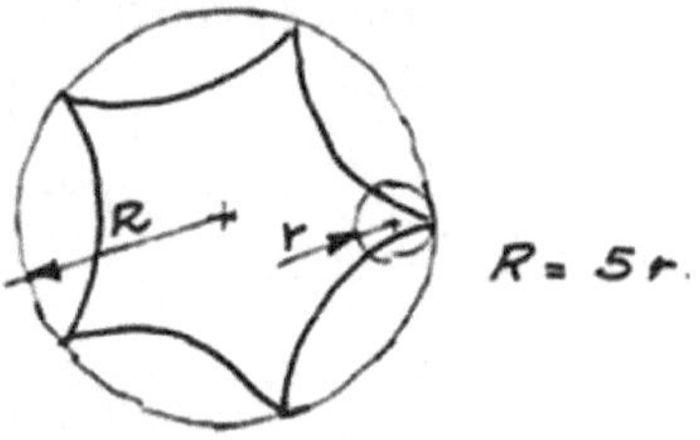

Si vous avez un problème à résoudre,
Tout le monde passe 50% du temps à le poser,
50% à le résoudre.
Si vous passez 95% du temps à le poser,
Vous passerez 5% à le résoudre.

Jean-Marc Jancovici *(X + suptélécom)*

SY 0.40 - RAPPEL MATHEMATIQUE de BASE

SY 0.40 / 01 - ARCS CORDES FLECHES pour Rayon 1

Degrés	Arcs	Cordes	Flèches	Degrés	Arcs	Cordes	Flèches	Degrés	Arcs	Cordes	Flèches
5°	0.0873	0.0872	0.00095	65°	1.1345	1.0746	0.1566	125°	2.1817	1.7740	0.5388
10°	0.1745	0.1743	0.00381	70°	1.2217	1.1472	0.1803	130°	2.2689	1.8126	0.5774
15°	0.2618	0.2611	0.00856	75°	1.3090	1.2175	0.2066	135°	2.3562	1.8478	0.6173
20°	0.3491	0.3473	0.01519	80°	1.3963	1.2856	0.2340	140°	2.4435	1.8794	0.6580
25°	0.4363	0.4329	0.02370	85°	1.4835	1.3512	0.2627	145°	2.5307	1.9074	0.6993
30°	0.5235	0.5176	0.03407	90°	1.5708	1.4142	0.2929	150°	2.6180	1.9319	0.7412
35°	0.6109	0.6014	0.04628	95°	1.6580	1.4746	0.3244	155°	2.7053	1.9526	0.7836
40°	0.6981	0.6840	0.06031	100°	1.7453	1.5321	0.3572	160°	2.7925	1.9696	0.8264
45°	0.7854	0.7654	0.07612	105°	1.8326	1.5867	0.3912	165°	2.8798	1.9829	0.8695
50°	0.8727	0.8452	0.0937	110°	1.9199	1.6383	0.4264	170°	2.9671	1.9924	0.9128
55°	0.9599	0.9235	0.1130	115°	2.0071	1.6868	0.4627	175°	3.0543	1.9981	0.9564
60°	1.0472	1.0000	0.1340	120°	2.0944	1.7321	0.5000	180°	3.1416	2.000	1.0000

SY 0.40 / 02 - LIGNES TRIGONOMETRIQUES

Degrés	Sinus	Cosinus	Tangente	Degrés	Sinus	Cosinus	Tangente
0°	0.000000	1.000000	0.000000	50°	0.766044	0.642788	1.191754
5°	0.087166	0.996195	0.087489	55°	0.819152	0.573576	1.428148
10°	0.173648	0.984808	0.176327	60°	0.866025	0.500000	0.577350
15°	0.258819	0.965926	0.267949	65°	0.906308	0.422618	2.144507
20°	0.342020	0.939693	0.363970	70°	0.939693	0.342020	2.747477
25°	0.422648	0.906308	0.466308	75°	0.965926	0.258819	3.732051
30°	0.500000	0.866025	0.577350	80°	0.948808	0.173648	5.671282
35°	0.573576	0.819152	0.700208	85°	0.996195	0.087156	11.430052
40°	0.642788	0.766044	0.839100	90°	1.000000	0.000000	∞
45°	0.707108	0.707110	1.000000				

SY 0.40 / 03 - CERCLE TRIGONOMETRIQUE

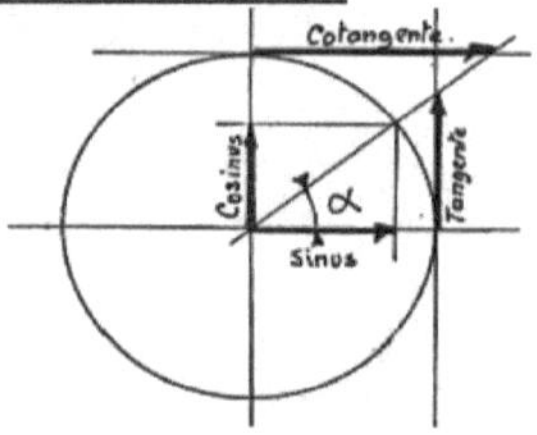

SY 0.40 / 04 - TRIANGLE RECTANGLE

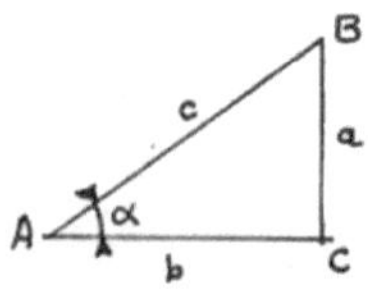

Sinus = Côté opposé / Hypoténuse

Sin α = a / c = BC / AB

Cosinus = Côté adjacent / Hypoténuse

Cos α = b / c = AC / AB

Tangente = Côté opposé / Côté adjacent

tg α = a / b = BC / AC

SY 0.40 / 05 - Lettres grecques d'usage dans les formules

A	**A** α	alpha	H	**H** η	êta	M	**M** μ	mu		**P** ρ	ro
B	**B** β	bêta	Θ	**Θ** θ ϑ	thêta	N	**N** ν	nu	Σ	**Σ** σ ς	sigma
Δ	**Δ** δ	delta		**Ψ** ψ	psi	X	**X** χ	khi	T	**T** τ τ	tau
Ω	**Ω** ω	oméga	I	**I** ι	iota		**Ξ** ξ	ksi	U	**Y** υ ϒ	upsilonn
Ë	**E** ε	epsilon	K	**K** κ Ж	kappa	O	**O** ο	omicron	Ø	**Φ** φ	phi
Z	**Z** ζ	dzéta	Λ	**Λ** λ	lambda		**Π** π	pi			

SY 0.40 / 06 - MOYENNES

Moyenne arithmétique entre a et b $ma = (a + b) / 2$

Moyenne géométrique entre a et b $mg = \sqrt{a.b}$

Moyenne harmonique entre a et b $1 / mh = 1/2 . (1/a + 1/b) \quad mh = 2\,ab / (a + b)$

SY 0.40 / 07 - DERIVEES ; PRIMITIVES ; INTEGRALES :

$dy / dx = y = 1$	$Y = x + c$	$dy = \int 1\, dx\ x + Cte$	
$y = x^m$	$Y = x^{m+1} / (m + 1) + c$	$y = e^x$	$Y = e^x + c$
$y = 1 / x^2$	$Y = - 1 / x + c$	$y = e^{\alpha x}$	$Y = 1 / \alpha . e^{\alpha x} + c$
$y = 1 / \sqrt{x}$	$Y = 2 \sqrt{x} + c$	$y = 1 / \sqrt{(1-x^2)}$	$Y = ArcSin\, x + c$
$y = 1/x$	$Y = Log\, x + c$		
$y = Cos\, x$	$Y = Sin\, x + c$	$y = 1 / (1 + x^2)$	$Y = Arctg\, x + c$
$y = Sin\, x$	$Y = Cos\, x + c$		
$y = 1 + tg^2$	$Y = tg\, x + c$		
$y = Cos\, mx$	$Y = 1/m\, Sin\, mx + c$		
$y = Sin\, mx$	$Y = 1 / m . Cos\, mx + c$		

SY 0.40 / 08 - RESOLUTION EQUATION DE SECOND DEGRE :

$ax^2 + bx + c = 0 \qquad x = -b \pm \sqrt{b^2 - 4\,ac} / 2a$

SY 0.40 / 09 - VALEURS DE π

$\pi = 3.141592653589793$

$\pi = 22 / 7 = 377 / 120 = 2108 / 671 = 3927 / 1250 = 355 / 113$

SY 0.40 / 10 - RELATIONS ENTRE LIGNES TRIGO – IDENTITES REMARQUABLES :

$Sin^2\, \alpha + Cos^2\, \alpha = 1 \qquad tg\, \alpha = Sin\, \alpha / Cos\, \alpha$

SY 0.40 / 11 - CENTRES DE GRAVITE DE LIGNES ET DE SURFACES :

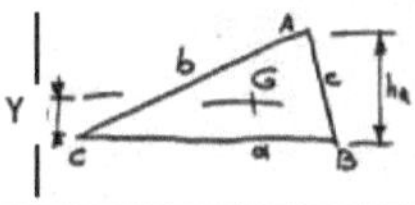

Périmètre de triangle

$Y = \frac{ha}{2} . \frac{b + c}{a+b+c}$

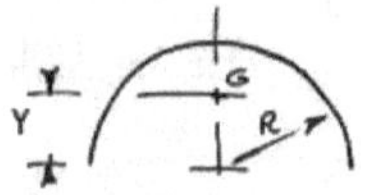

Demi-circonférence

$Y = \frac{2\,R}{\pi} = 0.636\, R$

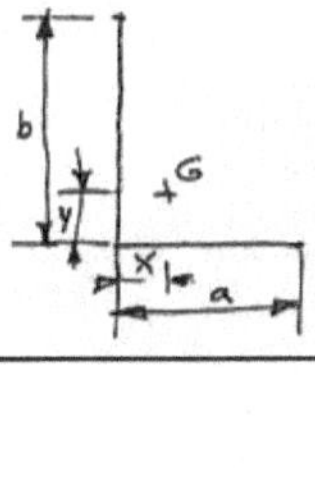

Equerre

$X = a^2 / 2(a+b)$

$Y = b^2 / 2(a+b)$

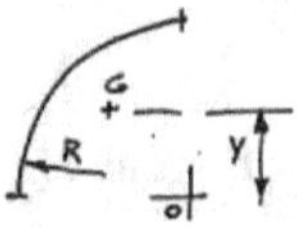

Quart de circonférence

$$Y = 2R / \pi = 0.636\ R$$

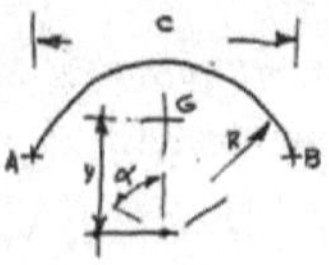

Arc de circonférence

$$Y = R \sin \alpha / \alpha$$

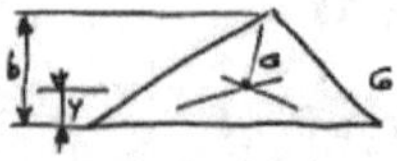

Surface Triangle

$$Y = h / 3$$

G point de concours des médianes

Parallélogramme

G point de concours des diagonales

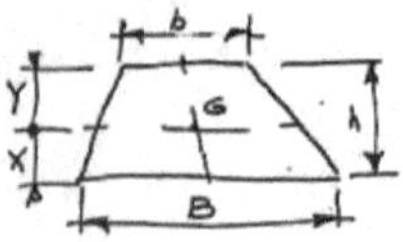

Trapèze

$$X = \frac{h\ (B+2b)}{3\ (B+b)}$$

$$Y = \frac{h\ (b+2B)}{3\ (B+b)}$$

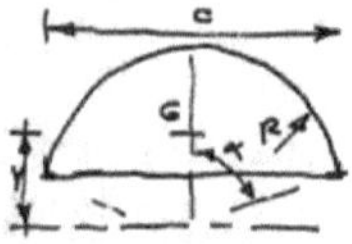

Demi-cercle

$$Y = \frac{4\ R}{3\ \pi}$$

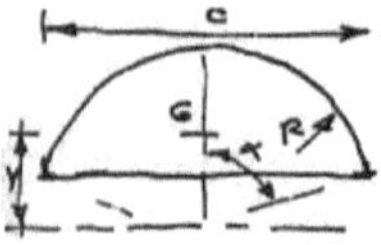

Segment de cercle

$$Y = \frac{2}{3}\ \frac{R \sin^3 \alpha}{\alpha - \sin \alpha . \cos \alpha}$$

$$Y = c^3 / 12\ S$$

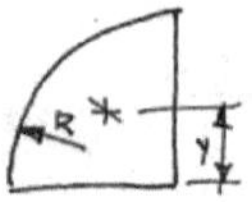

Quart de cercle

$$Y = \frac{4\ R}{3\ \pi}$$

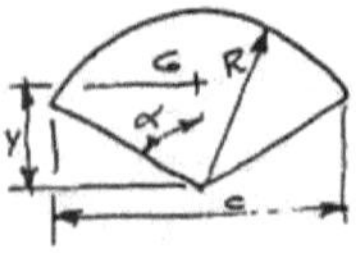

Secteur

$$Y = \frac{2}{3}\ \frac{R \sin \alpha}{\alpha}$$

$$Y = c\ R^2 / 3\ S$$

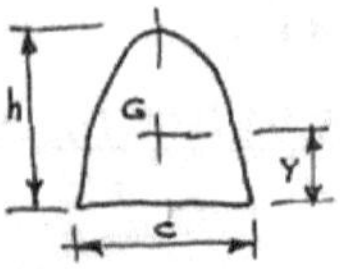

Segment parabolique

$$Y = 0.424\ h$$

$$S = \pi / 4\ .\ h.c$$

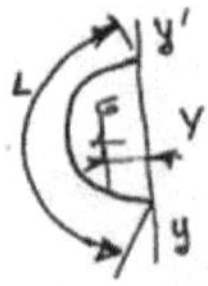

Théorème de GULDIN

$$S = 2\ \pi\ L\ Y$$

$$V = 2\ \pi\ S\ Y$$

S engendrée par la ligne tournant autour y'y

SY 0.40 / 12 - VOLUMES

	Parellélipipède $V = s.h$	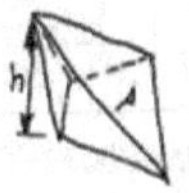	Pyramide h distance sommet / plan base $V = 1/3\ s.h$
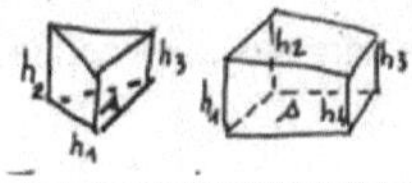	Tronc de prisme	Base triangulaire $V = s\ \frac{h_1 + h_2 + h_3}{3}$	Base rectangulaire $V = s\ \frac{h_1+h_2+h_3+h_4}{3}$
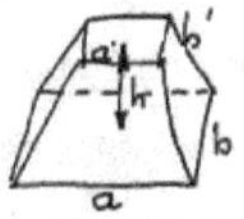	Obélisque $V = h/6\ ((2a+a')b + (2a'+a)b')$	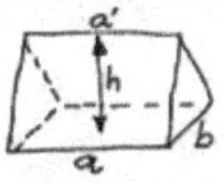 Coin a' // à a	Coin $V = (2a+a')\ bh/6$
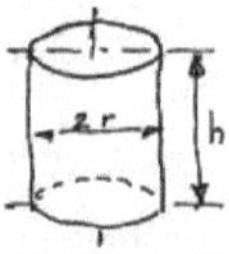	Cylindre droit $V = \pi r^2 h$	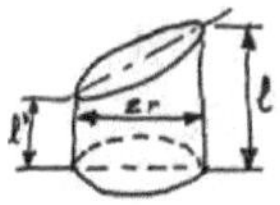	Cylindre coupé oblique $V = \pi r^2 / 2 . (\ell + \ell')$
	Onglet cylindrique $V = 2/3\ r^2 h$	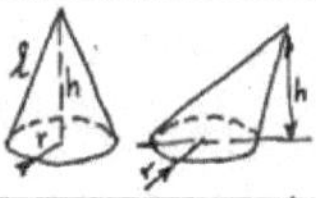	Cône circulaire $V = 1/3\ \pi r^2 h$
	Sphère $V = 4/3\ \pi R^3$	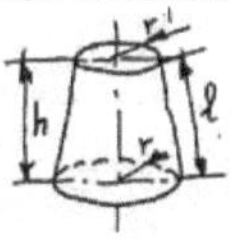	Tronc de Cône $V = 1/3\ \pi h\ (r^2+rr'+r'^2)$
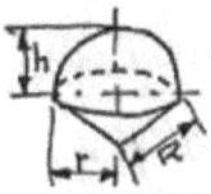	Secteur sphérique $V = 2/3\ \pi R^2 h$		Calotte sphérique $V = \pi.h\ (\frac{r^2}{2} + \frac{h^2}{6})$
	Onglet sphérique $V = \pi R^2 \alpha / 270$	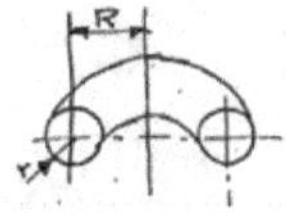	Tore circulaire $V = 2\ \pi^2 r^2 R$
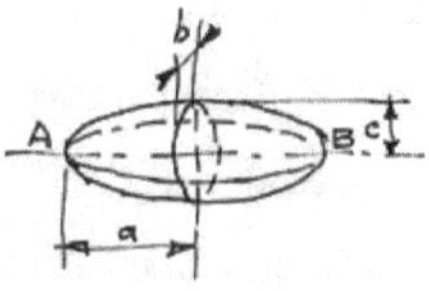	Ellipsoïde 3 axes $V = 4/3\ \pi\ a\ b^2$	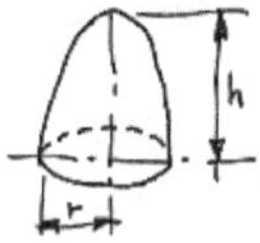	Paraboloïde révolution $V = \frac{1}{2} \pi r^2 h$ Paraboloïde tronqué $V = \frac{1}{2} \pi h\ (r^2 - r'^2)$

4 fonctions sont essentielles dans toute activité humaine :immuables on les trouve partout.

1° **la loi de Pareto** dite des 20 / 80 : loi statistique 20% clients 80% du CA, mais pas que…

2° **la Courbe de GAUSS** : loi statistique d'étude d'une population (personnes, pièces, groupe)

3° **la Fonction hyperbolique** : elle montre que l'effort n'est pas proportionnel au résultat.

4° **la pyramide de MASLOW** : science humaine, bien la connaître pour finaliser un projet.

On a aussi la Pyramide de PONZI, essentiellement financière, elle ne sera pas développée.

SY 0.40 / 13 FONCTIONS ESSENTIELLES : loi de Pareto ;

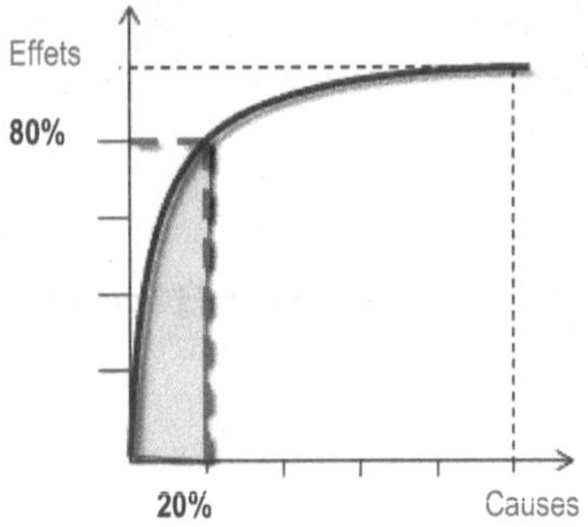

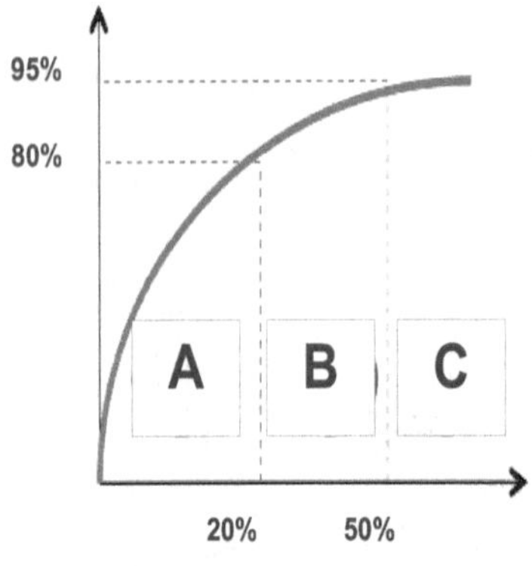

La loi de Pareto, principe des 80-20 ou encore **loi** des 80-20, empirique constaté dans certains domaines : 20 % des causes 80 % des effets.

Méthode redoutable de gestion de TOUT : Distinguer l'important du secondaire ?

Repérer là où vous devez concentrer vos efforts. La loi de Pareto évalue rapidement quels sont les points prioritaires. Dans les années 1900, Vilfredo Pareto est un économiste italien qui a mis en exergue que dans son pays, **20% avaient 80% des richesses**.

Principe vérifié dans de nombreux domaines. La majorité des résultats ou des impacts, sont dûs à une minorité des causes : 20% des bugs sont responsables de 80% des plantages de logiciels, 20% des articles en stock représentent 80% du coût de stockage, etc. 20% des clients font 80% du chiffre d'affaires.

Une variante, la méthode ABC découpant les données observées en 3 classes : **A B C généralement les 20%-80%,** et la répartition des données restantes entre les classes B et C : **(50% 95%)**

exemples de répartition selon la loi de Pareto :

20 % des clients représentent 80 % du Chiffre d'Affaires

20% des produits représentent 80% du Chiffre d'Affaires

20% des ventes représentent (environ) 80% de la marge

20% des indicateurs fournissent 80% de l'information de gestion

20% du personnel concerné par 80% accidents du travail

20% des causes peuvent être à l'origine de 80% des défauts

20% des clients sont à l'origine de 80% des réclamations

20% pièces stock représentent 80% de la valeur du stock

20% fournisseurs représentent 80% du volume d'achat

20% de l'effectif représente 80% de la masse salariale

20% de votre activité fournit 80% de vos résultats

20% de la population paie 80% des impôts

20% des entreprises réalisent 80% du PIB

20% des problèmes représentent 80% des préoccupations

80 % d'accomplissement mise au point nécessite 20 % de l'effort en gestion de projets

La **loi de Pareto** est un outil d'analyse de problème puissant et surtout simple car sans avoir fait d'études de mathématiques, muni d'un crayon et une feuille de papier, vous pouvez tout gagner si votre problème est bien identifié et votre base de données juste.

Notre propre efficacité et efficience proviennent de notre capacité à aller à l'essentiel. Si un outil nous permet d'identifier qu'une moindre partie de notre action donne la majeure partie du résultat attendu ou redouté, il nous permet d'agir au cœur de l'action. Mais attention cela ne veut pas dire que le reste des éléments est inutile.

Peu importe votre objectif, la plus grande partie d'activité n'apporte que trop peu de résultats.

Quels sont les éléments se concentrer pour atteindre un maximum de résultat?

Les choses ne sont pas uniformément distribuées. Des efforts peuvent apporter plus de résultats que d'autres efforts. Des moments de la journée sont plus importants que d'autres.

20% font 80%,	mais aussi	**50% font 95%**

SY 0.40 / 14 FONCTIONS ESSENTIELLES : GAUSS ;

Courbe en cloche ou courbe en chapeau de gendarme, elle a une forme connue :

La distribution dite normale apparaît dans de nombreux phénomènes mettant en jeu des variables aléatoires. Or si les valeurs de ces variables sont indépendantes et identiquement distribuées, toute somme tend vers une variable aléatoire gaussienne.

C'est ce théorème, démontré par Laplace en 1809, qui explique que la loi normale colle si bien à de nombreux phénomènes de la nature.

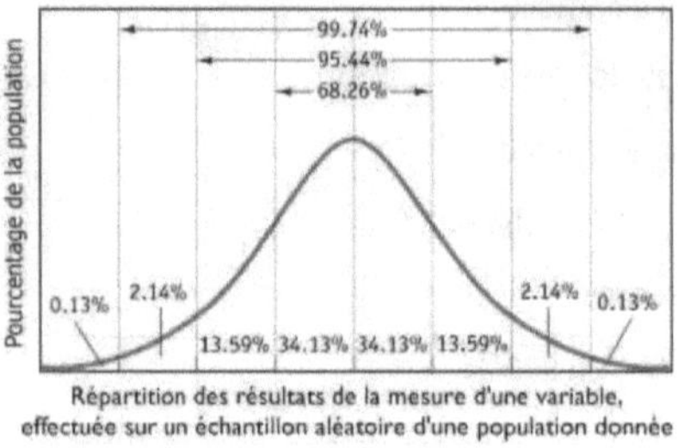

Répartition des résultats de la mesure d'une variable, effectuée sur un échantillon aléatoire d'une population donnée

Comme c'est une variable aléatoire continue, les probabilités ponctuelles sont nulles

$$f(x) = \frac{1}{\sigma\sqrt{2\pi}} e^{-\frac{1}{2}\left(\frac{x-\mu}{\sigma}\right)^2}$$

Ne vous affolez pas, cette formule est compliquée mais n'est d'aucune utilité pratique

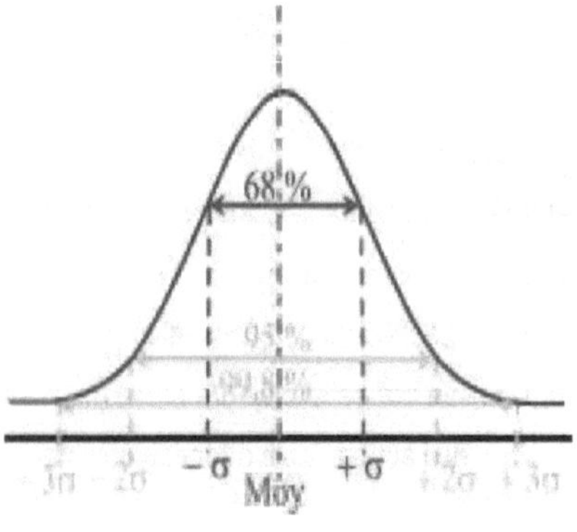

Ce qui intéressait Gauss : Si je mesure la longueur d'une table un grand nombre de fois avec mon décimètre, la répartition aura tendance à se faire sur une cloche de Gauss, et 95% des résultats seront dans un intervalle de deux écarts types (2 σ)autour de la moyenne. Cet intervalle de confiance de deux écarts types est ce que les physiciens appellent « **l'incertitude de la mesure** ».

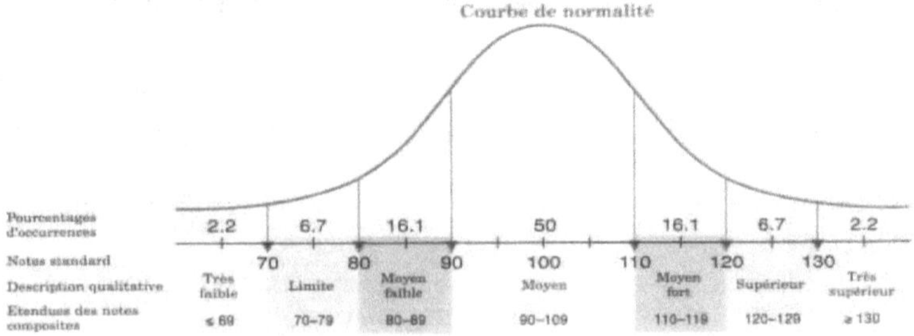

SY 0.40 / 15 FONCTIONS ESSENTIELLES : y = 1/ x hyperbole équilatère

En mathématiques, on appelle **fonctions hyperboliques** les fonctions cosinus hyperbolique, sinus hyperbolique et tangente hyperbolique. En réalité, ici, nous ne nous intéresserons seulement à la fonction **..y = 1 / x** tracée ci-dessous et famille de multiples.

x	y = 1 / x
-20	0,05
-10	0,1
-5	0,2
-4	0,25
-3	0,3333333
-2	0,5
-1	1
-0,1	-10
-0,25	-4
-0,5	-2
0,25	4
0,5	2
1	1
2	0,5
3	0,3333333
4	0,25
5	0,2
10	0,1
20	0,05
30	0,0333333
40	0,025
50	0,02

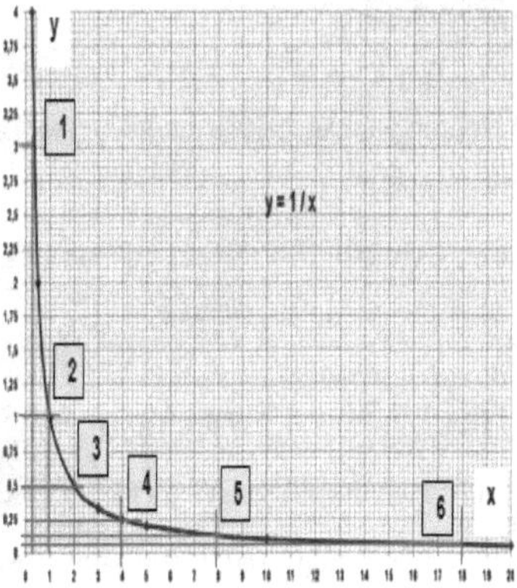

Cette courbe représente le fondamental de l'effort / résultat. Elle s'applique et se lit comme suit : Au début lorsque la technicité n'est pas encore là, le progrès est facile et le gain est rapide.

MODIFICATION ENVISAGEE :

1 **INITIAL Effort x = 0.3 ; Résultat y = 3**

2 On fait un effort d'investissement et on porte x = 1 ; le Coût diminue y = 1 Effort (x 3) et Coût (/ 3)

3 **On continue et x = 2 ; y = 0.5**

On a donc par rapport à la précédente :

Effort (x 2) et le Coût (/ 2), tout va bien.

Cela semble bien, mais si on regarde en fonction de l'effort supplémentaire qu'il a fallu faire :

Entre 1 et 3, **effort d'investissement** de : 2 – 0.3 = **1.7** pour **diminution du coût** de : 3 – 0.5 = **2.5**.

Puis entre 3 et 6, **effort d'investi** de : 18 – 2 = **16** pour **diminution du coût** de : 0.5 – 0.055 = **0.445**.

On se rend compte ainsi de la limite du raisonnement en pourcentage.

Il en va de même pour plusieurs phénomènes physiques, financiers et d'optimisation en général. Ainsi, augmenter l'épaisseur d'isolant atteint une limite comme précisé ci-dessous :

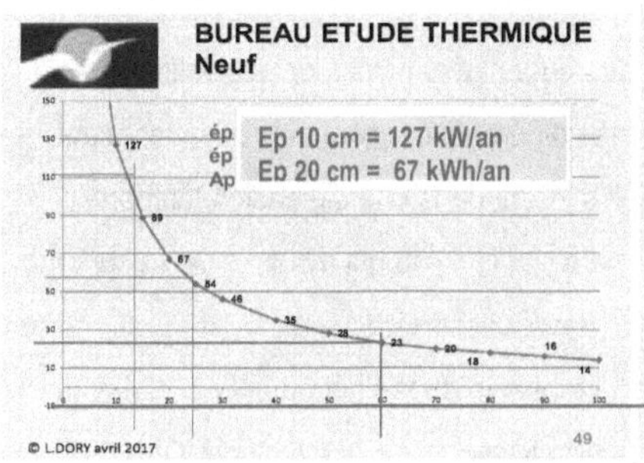

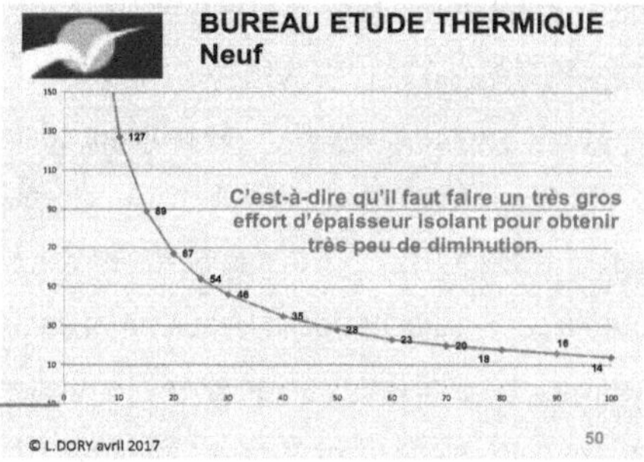

Dans les années 1970, Jean Luc LAGARDERE MATRA disait qu'il fallait dépenser 30.000 F *(.#4.500.€.)* pour gagner 1 kg sur une voiture de course. Dans ce domaine de l'extrème, c'est typiquement le cas où il faut faire un effort considérable pour aller chercher un « pouillème » d'amélioration. Il disait aussi que c'est grâce à cette voiture avec le fameux V12 MATRA (1) qu'il vendait des métros dans le monde entier. Il n'y a bien sûr aucun rapport avec un métro qui roule à 18 km/h de moyenne et une voiture de course qui roule à plus de 200 km/h de moyenne. Il en voyait un essentiel à ses yeux : le relevé de défi et le challenge. C'était plus fort que toute la publicité qui disait-il lui aurait coûté 10 fois le prix du programme « course auto » et n'aurait pas véhiculé la même image. La voiture MATRA a d'ailleurs arrêté après avoir gagné trois fois « LE MANS ».

Il y a encore de la place pour l'intuition et l'imagination...

(1) Les deux lignes d'échappement étaient accordées par un facteur d'orgue

SY 0.40 / 15 FONCTIONS ESSENTIELLES : La pyramide de MASLOW

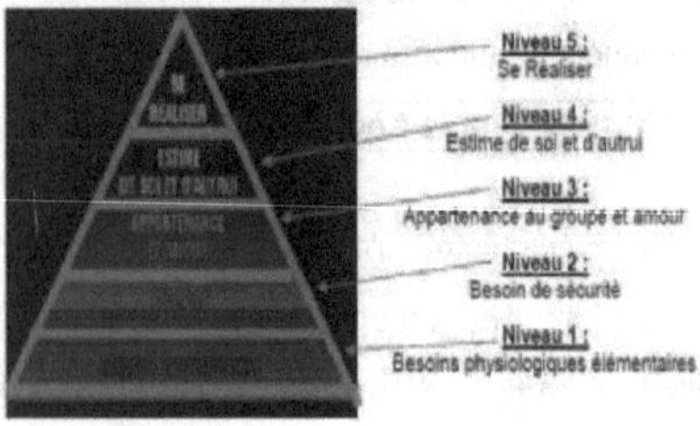

La Pyramide MASLOW du nom de son "inventeur". Abraham Harold Maslow, né le 1er avril 1908 à New York et mort le 8 juin 1970 à Menlo Park en Californie, est un psychologue américain **considéré comme le père de l'approche humaniste.**

La pyramide de Maslow est une classification hiérarchique des besoins humains.
Maslow distingue cinq grandes catégories de besoins. Il considère que l'individu passe à un besoin d'ordre supérieur quand le besoin de niveau immédiatement inférieur est satisfait.

***A Theory of Human Motivation*, est paru en 1943**

Les besoins humains selon Maslow :

Besoins physiologiques **Niveau 1** : survie individus ou espèce. (faim, soif, sexualité,...).
Besoin de sécurité **Niveau 2** : se protéger contre les différents dangers qui nous menacent. besoin de conservation d'un existant, d'un acquis. Il s'inscrit dans une dimension temporelle.
Besoin d'appartenance **Niveau 3** : dimension sociale de l'individu qui a besoin de se sentir accepté par les groupes dans lesquels il vit (famille, travail, association, ...).
L'individu se définissant par rapport à ses relations, ce besoin appartient au pôle « relationnel » de l'axe ontologique. *L'**ontologie** s'interroge sur la signification du mot « être ». « Qu'est ce que l'être ? ».Elle étudie les différentes modalités et propriétés de l'être*

Besoin d'estime Niveau 4 : prolonge l'appartenance. Souhait d'être reconnu entité propre.

Besoin s'accomplir Niveau 5 : sommet des aspirations humaines. Atteindre l'épanouissement.

Le schéma de MASLOW est quelquefois contesté *(peut-être par ceux qui ne l'ont pas conçu).*

Il y a eu une époque où les capitalistes (d'entreprise) respectaient le travail et réciproquement, le travail respectait le capital. Un contremaître était quelqu'un de considéré. On l'assimilait à son patron lorsqu'il était quelque part. Il faut retrouver et faire retrouver cet esprit. Le capitalisme d'entreprise ne devrait pas devenir un capitalisme qui écrase et broye les personnes.

La dernière marche ne pourra être atteinte que par ceux qui y consentent, ceci est affaire personnelle et comme la religion est de l'intime et strictement d'ordre privé et ne concerne absolument pas l'entreprise.

L'argent est ou plutôt devrait être un moyen et pas un but. Il est normal et logique de gagner de l'argent.

Il y aura toujours des différences, elles sont légitimes et même souhaitables, ça ne donne pas le droit de traiter par le dédain une personne quelle qu'elle soit.

La partie applicable de la pyramide de MASLOW est **l'analyse transactionnelle**.

Cette observation analyse nos façons de nous comporter avec l'autre.

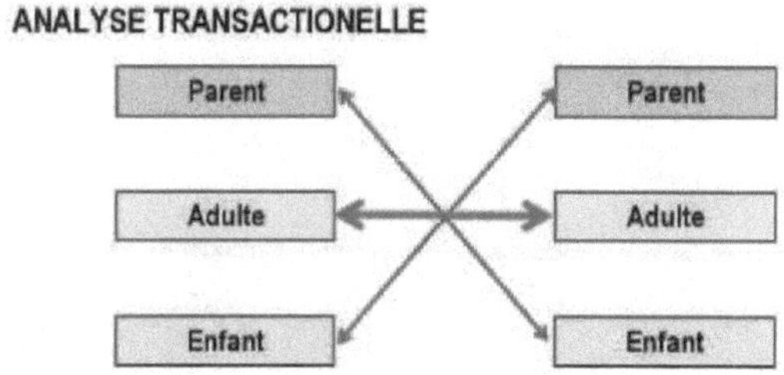

Les « transactions » entre individus peuvent se dérouler selon 3 modes :

1 Parent Enfant : l'un se prend supérieur et abaisse l'autre. (pour s'élever) : pratique douteuse de manipulation enseignée dans certaines écoles.

2 Enfant Parent : c'est l'inverse : allégence au seigneur et maître.

3 Adulte Adulte : c'est la seule transcation acceptable. Je ne suis pas supérieur, je ne suis pas inférieur. Nous discutons d'égal à égal au moins en tant que personnes. Tu vas peut-être m'apprendre quelque chose, mais en me respectant.

Il faut asolument revenir à la transaction ADULTE / ADULTE quel que soit l'interlocuteur.

Abraham LINCOLN avait bien résumé sa façon de procéder, c'était il y a150 ans et c'était un vrai humaniste. Les humanistes qui ne marchaient pas sur les autres existaient à cette époque, ça a un peu changé depuis...

De même que je refuse d'être un esclave, je refuse d'être un maître.
Telle est mon idée de la démocratie **Abraham Lincoln**

SY 0.90 – TRANSPORT CAMION - CONTAINERS

TRANSPORT Semi-remorque

CAMION + remorque

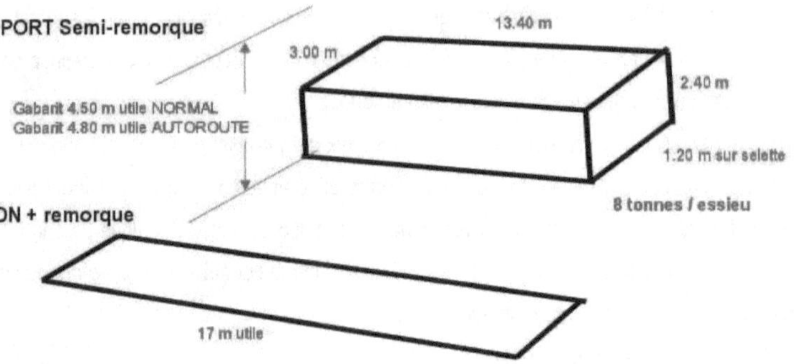

PORTE-CHAR

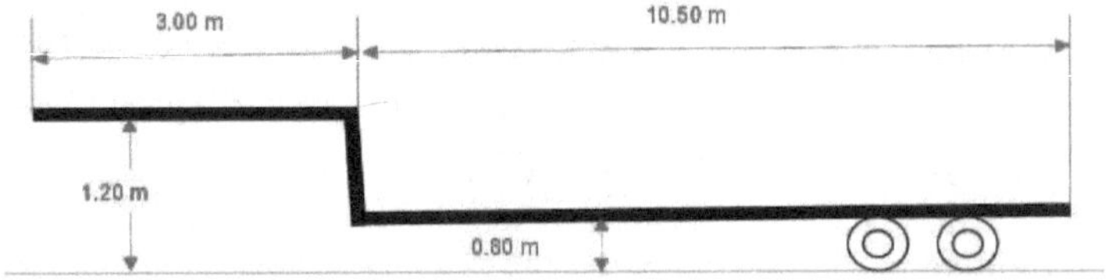

<u>CONTAINER 20 pieds et 40 pieds</u>

SY 0.91 - ERGONOMIE

positions corps humain

geometrie pl1_ech 1/10

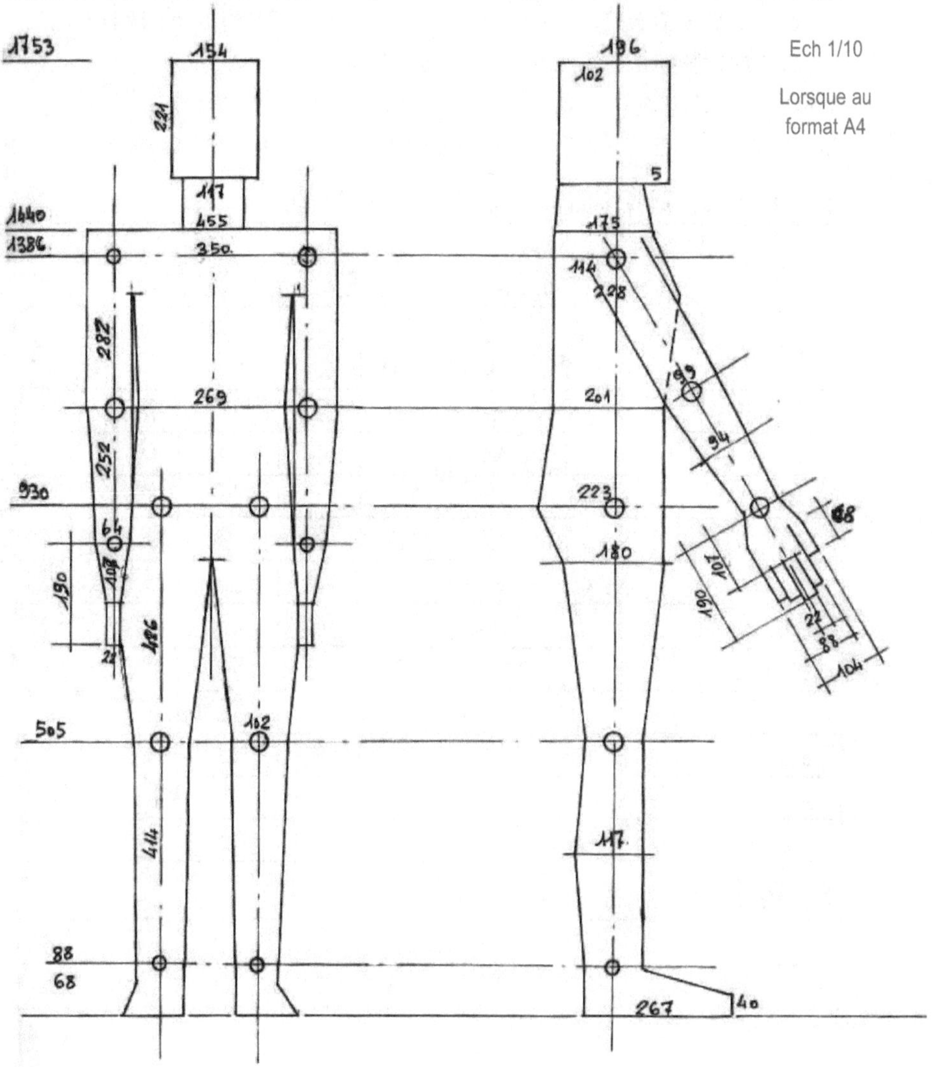

Ech 1/10

Lorsque au format A4

SY 1.02 – VISSERIE ELEMENTS DE FIXATION

SY 1.02 /01 – Caractéristiques éléments de fixation

Couples de serrage, efforts de traction daN et m.daN Couples correspondant aux ¾ de le limite élastique

Coefficient de frottement 0.12, boulons graissés montés avec rondelles plates.

Classe (ex 4-6) : 1° nombre donne rupture/10 endaN / mm² avec 2° nombre x 1° = R élastique daN / mm²

Exemple Classe 4-6 donne : Rupture 4 = 40 daN/ mm² ; Elastique 4 x 6 = 24 daN/mm² ; C = Couple serrage ; T = Traction

SY 1.02 / 02 – Couple de serrage et Résistance en Traction VISSERIE

Ø boulon Filetage métrique M pas en 1/100 mm	Hexago S plats	**Classe 4-6 R 40 ; E 24**		Classe 6-8 R 60 ; E 48		Classe 8-8 R 80 ; E 64		**Inox R 63 E 18**
		C m.daN	**T daN**	C m.daN	T daN	C m.daN	T daN	T daN
M 3 x 50	5.5	**0.046**	**87**	0.092	174	0.12	232	65
M 4 x 70	7	**0.11**	**158**	0.22	316	0.30	422	118
M 5 x 80	8	**0.21**	**255**	0.43	511	0.57	682	191
M 6 x 100	10	**0.37**	**361**	0.74	723	0.99	964	271
M 8 x 125	13	**0.89**	**658**	1.78	1 316	2.37	1 755	493
M 10 x 150	17	**1.70**	**1 042**	3.50	2 084	4.70	2 779	781
M 12 x 175	19	**3**	**1 514**	6	3 029	8.10	4 039	1 136
M 16 x 200	24	**7.30**	**2 827**	14.60	5 654	19.50	7 539	2 120
M 20 x 250	30	**14.30**	**4 410**	29	8 820	38	11 760	3 307
M 24 x 300	36	**24.60**	**6 352**	49	12 704	66	16 939	4 764
M 27 x 300	41	**36**	**8 249**	72	16 499	96	21 998	6 187

SY 1.02 / 03 – Sections résistantes à fond de filet en mm²

Ø	M 4	M 5	M 6	**M 8**	**M 10**	**M 12**	**M 16**	M 20	M 24
S mm²	7.75	12.7	17.9	**32.9**	**52.3**	**76.2**	**144**	225	324

SY 1.02 / 04 – Rondelles BELLEVILLE

Ø	Ø 5	Ø 6	**Ø 8**	**Ø 10**	**Ø 12**	**Ø 16**	Ø 20	Ø 24
Ø ext	Ø 12	Ø 14	**Ø 18**	**Ø 22.5**	**Ø 31**	**Ø 35.5**	Ø 42	Ø 50
ép rondelle	0.5	0.8	**1**	**1.25**	**1.5**	**2**	2.5	3
Flèche MAX unit	0.35	0.30	**0.40**	**0.50**	**0.55**	**0.80**	0.60	1.10
ép libre totale	0.85	1.10	**1.40**	**1.75**	**2.05**	**2.80**	3.10	4.10
F daN écrasé	41	106	**166**	**255**	**390**	**690**	740	1 590

SY 1.02 / 05 – Goupille élastique MECANINDUS, série épaisse, montage simple – NF E 27 489

Ø logement	Ø 3	Ø 4	Ø 5	**Ø 6**	**Ø 8**	Ø 10	Ø 12
Ø intérieur	1.80	2.40	3	**3.60**	**5**	6	7
S Résist mm²	4.52	8.04	12.56	**18.09**	**30.63**	50.26	74.61
Simple Cisaillement daN	474	844	1 318	**1 899**	**3 216**	5 277	7 834
140 daN / mm²	Pour utilisation en goupille sécurité, il y a double cisaillement, surface cisaillée = 2 x S						

SY 1.02 / 06 – CIRCLIPS charge axiale MAXI suivant matériau support (daN)

Notation daN = daN / mm²	Portée mm²	Fonte 70 daN	**Ac E 24 40 daN**	Ac Traité 120 daN	Laiton 13 daN	Bronze 20 daN	Alliage léger 17 daN / mm²
Intérieur Ø 8	5	90	**57**	170	19	29	25
Intérieur Ø 20	32	564	**354**	1 063	116	177	152
Intérieur Ø 30	73	1 270	**797**	2 390	261	398	340
Intérieur Ø 50	243	4 250	**2 670**	8 019	875	1 340	1 140
Intérieur Ø 110	703	12 300	**7 730**	23 200	2 530	3 860	3 300
Extérieur Ø 8	7	115	**72**	217	24	36	31
Extérieur Ø 20	30	536	**337**	1 010	110	169	144
Extérieur Ø 30	69	1 210	**759**	2 270	249	380	325
Extérieur Ø 45	158	2 770	**1 740**	5 220	570	870	745

Vous aviez à choisir entre la guerre et le déshonneur ;

vous avez choisi le déshonneur et vous aurez la guerre. **Winston Churchill**

SY 3.01 /01 – Caractéristiques Flexion Torsion profilés préférence SY (Io et Io/v pour Torsion)

désignation	kg / m	S cm²	Ix cm4	Ix/v cm3	Iy cm4	Iy/v cm3
Tub Ø 8x13 Tarif 3	0.650	0.823	0.134	0.199	**Io 0.27**	**Io / v 0.40**
Tub Ø 12x17 Tarif 3	0.852	1.100	0.310	0.360	**Io 0.62**	**Io / v 0.72**
Tub Ø 15x21 Tarif 3	1.220	1.550	0.690	0.648	**Io 1.38**	**Io / v 1.30**
Tub Ø 20x27 Tarif 3	1.580	2.010	1.500	1.115	**Io 3.00**	**Io / v 2.23**
Tub Ø 26x34 Tarif 3	2.440	3.110	3.058	1.815	**Io 6.12**	**Io / v 3.63**
Tub Ø 33x42 Tarif 3	3.140	4	6.350	2.996	**Io 12.70**	**Io / v 5.99**
Tub Ø 40x49 Tarif 3	3.610	4.590	7.856	3.964	**Io 15.71**	**Io / v 7.93**
Tub Ø 50x60 Tarif 3	5.100	5.820	19.160	6.354	**Io 38.31**	**Io / v 12.71**
Tub Ø 66x76 Tarif 3	6.510	8.310	54.620	14.370	**Io 109.24**	**Io / v 28.75**
Tub Ø 90x100 Tarif 3	9.720	12.410	148	29.13	**Io 296**	**Io / v 58.57**
Tub Ø 139.7 ép 4 Tarif 10	13.390	17.040	393	56.26	**Io 785**	**Io / v 112.53**
HEB 300 aile 11	**117**	**149.1**	**25 166**	**1 680**	**8 563**	**571**
HEB 100 aile 6	20.4	26	450	90	167	33
IPE 300 aile 7	42.4	53.8	8 356	557	604	80.5
UAP 300 aile 16	46	58.6	8 170	545	562.1	79.8
UPN 300 aile 16	46.2	58.8	8 030	535	495	67.8
UAP 220 aile 12.5	28.5	36.3	2 710	247	222.3	39.8
UAP 100 aile 8.5	10.5	13.4	209	41.9	32.8	10
UPN 100 aile 8.5	10.6	13.5	206	41.2	29.3	8.5
U tôle 100x50 ép 3	4.5	6	88.5	17.7	14	3.9
UAP 80 aile 8	8.4	10.7	107	26.8	21.3	7.4
UPN 80 aile 8	8.6	11	106	26.5	19.4	6.4
U tôle 80x40 ép 3	4	3.6	52.8	13.2	13	3.8
UPN 60x30 aile 6	5.3	6.8	31.8	10.6	5.1	2.5
U tôle 60x30 ép 2	1.8	2.4	12.6	4.2	2	0.93
UPN 30x15 aile 4.25	1.5	1.92	2.39	1.59	0.40	0.41
U tôle 30x15 ép 1.5	0.65	0.90	1.09	0.73	0.17	0.167

Caractéristiques (suite)

désignation	kg / m	S cm²	Ix cm4	Ix/v cm3	Iy cm4	Iy/v cm3
Carré 30x30 ép 1.5	1.44	1.8	2.32	1.55	2.32	1.55
U 30x15 ép 1.5	0.65	0.9	1.095	0.73	0.176	0.167
L 30x30 ép 2.5	1.10	1.5	1.212	0.568	1.212	0.568
Carré 20x20 ép 1.5	0.94	1.2	0.64	0.64	0.64	0.64
L 20x20xép 1.5	0.44	0.6	0.22	0.153	0.22	0.153

Rond étiré calibré h11					Io cm4	Io/v cm3
Ø 6	0.222	0.28	0.006	0.02	0.012	0.040
Ø 8	0.394	0.50	0.020	0.05	0.040	0.10
Ø 10	0.617	0.785	0.049	0.098	0.098	0.196
Ø 12	**0.888**	**1.13**	**0.102**	**0.17**	0.204	0.34
Ø 16	**1.580**	**2.01**	**0.322**	**0.402**	0.644	0.804
Ø 20	2.470	3.14	0.785	0.785	1.570	1.570
Ø 25	3.850	4.91	1.91	1.528	3.82	3.056
Ø 30	5.55	7.07	3.976	2.65	7.952	5.301
Ø 35	7.55	9.62	7.366	4.209	14.732	8.418
Ø 40	9.86	12.57	12.566	6.283	25.132	12.566
Ø 45	12.5	15.9	20.11	8.93	40.22	17.86
Ø 50	15.4	19.63	30.68	12.272	61.36	24.544
Ø 60	**22.2**	**28.27**	**63.617**	**21.206**	127.234	42.411
Ø 70	30.2	38.48	117.86	33.674	235.72	67.35
Ø 80	39.5	50.26	201.96	50.24	403.92	100.48
Ø 90	49.9	63.61	322.06	71.569	644.12	143.138
Ø 100	61.7	78.54	490.63	98.13	981.26	196.25
Ø 110	74.6	95.03	718.69	130.67	1 437.68	261.34
Ø 120	88.8	113.09	1 017.88	169.65	2 035.76	339.29
Ø 150	139	176.71	2 485.05	331.34	4 970.10	662.68
Ø170	178	226.98	4 089.83	481.16	8 179.66	962.31
Ø 180	200	254.47	5 153	572.55	10 306	1 145.11
Ø 200	247	314.16	7 854	785.40	15 708	1 570.80
Ø 210	272	346	9 547	909.24	19 094	1 818.48
Ø 220	298	380	11 499	1 045.36	22 998	2 090.73

SY 3.01 /02 – MASSES DIVERSES en construction métallique

Tôle	0.8 mm	6.4 kg / m²	Plat 200x10	15.7 kg / m
Tôle	1.0 mm	9.0 kg / m²	Plat 100x10	7.85 kg / m
Tôle	1.2 mm	9.6 kg / m²	Plat 100x30	23.55 kg / m
Tôle	1.5 mm	12.0 kg / m²	Plat 100x 5	3.93 kg / m
Tôle	2.0 mm	16.0 kg / m²	Plat 50x 5	1.96 kg / m
Tôle	2.5 mm	20.0 kg / m²	Plat 50x 3	1.18 kg / m
Tôle	3.0 mm	24.0 kg / m²	Plat 30x 5	1.18 kg / m
Tôle	4.0 mm	32.0 kg / m²	Plat 30x 3	0.707 kg / m
Tôle	5.0 mm	40.0 kg / m²	Plat 20x 5	0.78 kg / m
Tôle	6.0 mm	48.0 kg / m²		
Tôle	8.0 mm	62.8 kg / m²		
Tôle	10 mm	78.5 kg / m²		

SY 3.01 /03 – D'après CM 66 ; Source TOURANCHEAU : C METALLIQUE

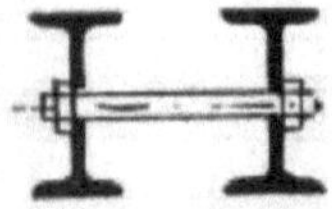

Poutre jumelées à profil constant

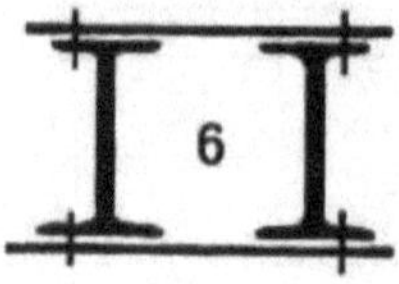

Poutre jumelées soudées

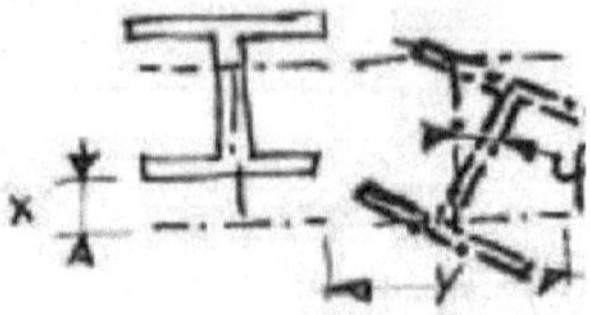

Déversement

1° Fléche X 2° Flèche Y

3° Rotation φ de la section

Vérification complexe et les théories rendent mal compte de la réalité. Pour ne pas avoir déversement : **LH / b.es < 600**

L long portée ; H haut poutre

b larg semelle ; es épais semelle

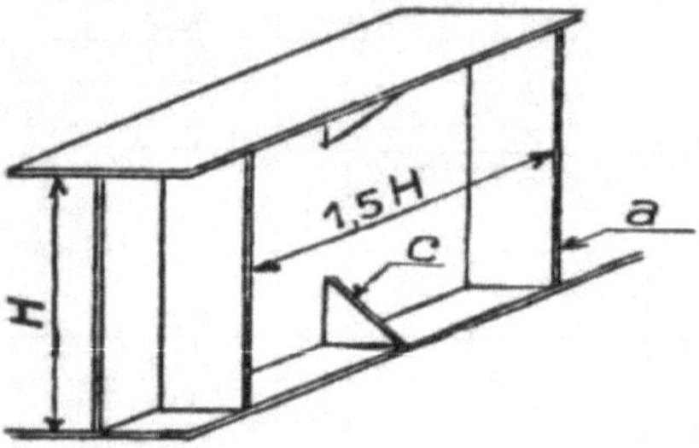

POUTRE COMPOSEE SOUDEE

POUTRE COMPOSEE SOUDEE

Pour éviter le voilement de l'âme, grandes hauteurs H, On raidit celles-ci.

Flambement

Semelle supérieure

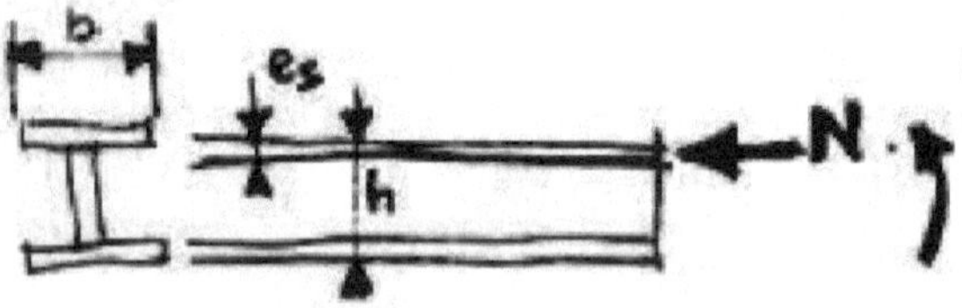

Sous l'effet de la compression, il y a risque d'une déformation assimilable à du flambage.

CM 66 impose : b < 15 es

b larg semelle ; es épais semelle

N comp = Mf / (h – es) **σ comp = N / (b. es)**

Voilement de l'âme

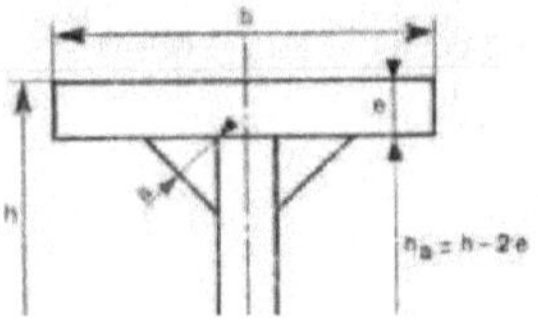

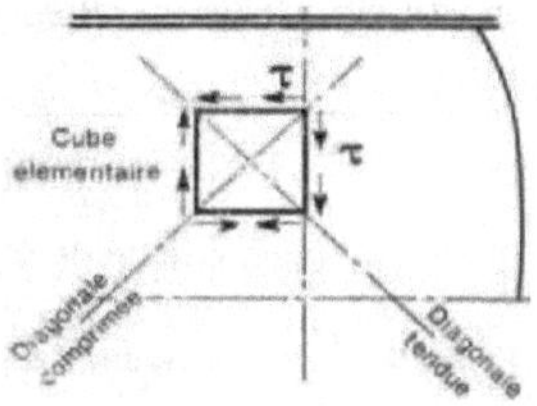

S Moment Statique ½ section

$\sum YS = Y_1S_1 + Y_2S_2$

T effort tranchant à l'endroit considéré.

$\tau = T.S$ **½ section / I . ea**

$\tau < 0.65\,\sigma e$

La force F induit des contraintes : σ contrainte traction, τ et τ' cisaillement longitudinal et transversal.

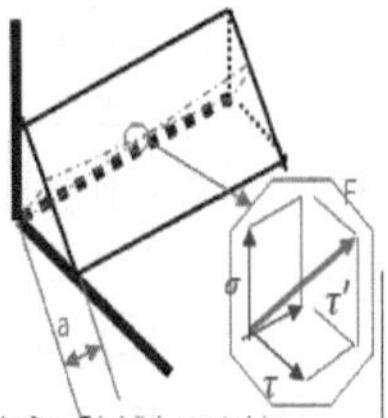

La force F induit des contraintes :
σ contrainte traction,
τ et τ' cisaillement longitudinal et transversal.

α est un coefficient qui vaut 1 pour a ép soudure < 4

α	3	4	5	6	7	8	10	12	14	16	20
α **a**	3	4	4.8	5.6	6.4	7.2	8.8	10.4	12	13.6	16.8

Les lobbies ne sont pas des complots,
ce sont des associations qui prennent de l'importance dès lors que l'Etat leur en donne.
En supprimant leurs subventions ils disparaîtraient tous rapidement.
L'Etat donne leur donne de l'importancepour obtenir des voix dans les « communautés »,
ce qu'on appelle faire du communautarisme.
Donc l'Etat divise sa population pour mieux régner sur elle,
cette stratégie ne peut mener qu'à la guerre civile, religieuse et raciale,
à laquelle nous assistons en France.

Jean Robin sur Breizh Info - « la criminalité du lobby LGBTQ » *éditions Tatamis*

SY 3.01 /04 – PROFILAFROID **Ets Rouënel** **Voestalpine**

Par application du théorème de HUYGHENS, on tire les caractéristiques des profilés PROFILAFROID. Moments d'inertie Ix et I y Sert à calculer la flèche MAXI.

Modules d'inertie I / v Ix / vx Iy / vy

Sert à calculer la contrainte de flexion

Par application du théorème de HUYGHENS, on tire les caractéristiques des profilés PROFILAFROID.
Moments d'inertie Ix et I y Sert à calculer la flèche MAXI.
Modules d'inertie I / v Ix / vx Iy / vy Sert à calculer la contrainte de flexion

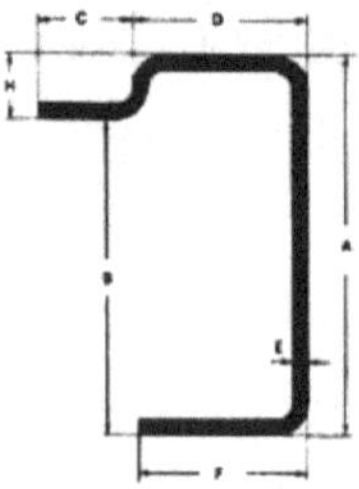

A	B	C	D/F	H	E	Réf	Kg/m	S cm²	Ix cm^4	I / v cm³	v cm par rapport
90	64	35	42	26	3	D2637	5.14	6.70	87.95	17.28	5.09 Bas
100	74	35	42	26	3	D2638	5.38	7.01	99.43	17.20	5.78 Bas
140	106	35	42	34	4	D1785 3	8.50	11.08	1227.4 2	163.55	7.505 Haut

SY 3.01 /05 – RIDELLES POUR REMORQUE

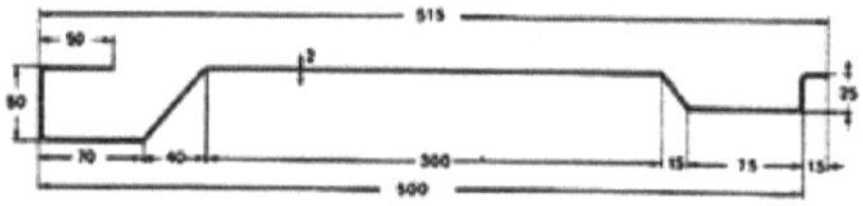

X D-17814 - Poids au mètre : 10.400

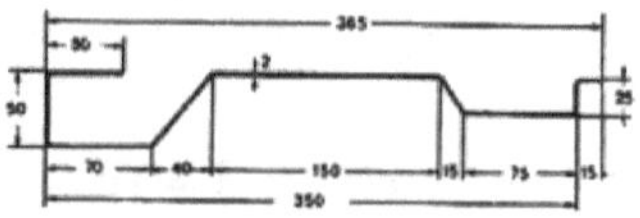

X D-17815 - Poids au mètre : 8.045

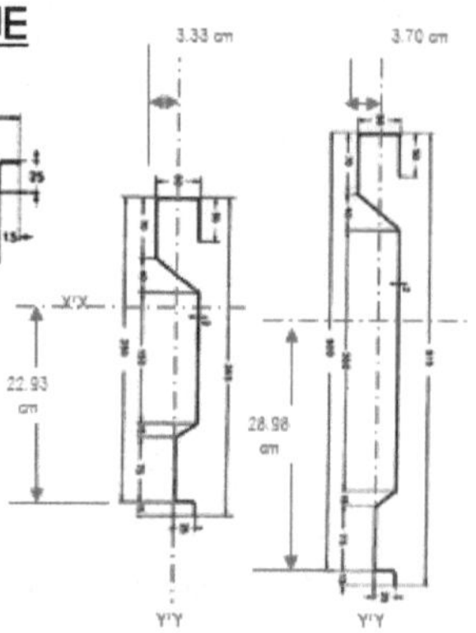

Désignation	Hauteur cm	kg/m	S cm²	Ix cm^4	Ix / v cm³	Iy cm^4	Iy / v cm³
XD 17814	50	10.40	13.56	3868.89	133.48 (v = 28.98 cm)	40.62	10.90 (v = 3.70 cm)
XD 17815	35	8.05	10.56	1930.54	84.19 (v = 22.93 cm)	34.12	10.25 (v = 3.33 cm)

SY 3.01 /06 – RAPPEL CAS LES PLUS COURANTS DE FLEXION

Cas de charge	Moment Fléchissant Mf	flèche Maxi (méca 3 mm/m)
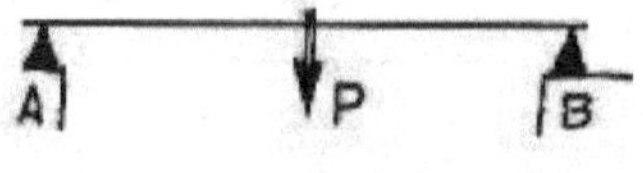 2 appuis libres 1 charge centrale	$Mf = PL / 4$ $\sigma = Mf / I/v$	f Maxi = $\frac{PL^3}{48\ EI}$
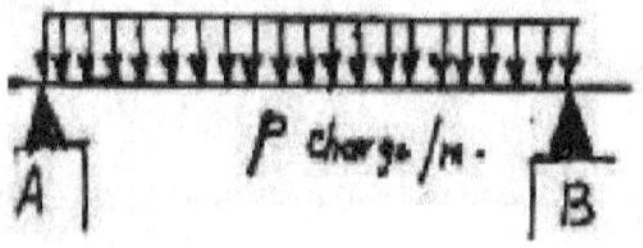 2 appuis libres 1 charge répartie	$Mf = pL^2 / 8 = PL / 8$	f Maxi = $\frac{5\ PL^3}{384\ EI}$
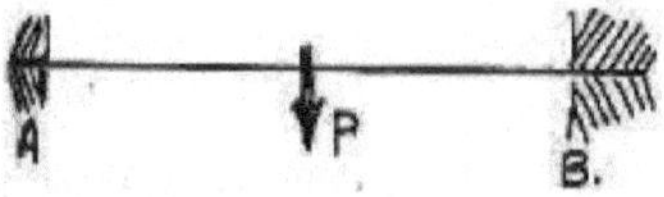 2 appuis encastrés 1 charge centrale	$Mf = PL / 8$	f Maxi = $\frac{PL^3}{192\ EI}$
 2 appuis encastrés 1 charge répartie	$Mf = PL / 24$	f Maxi = $\frac{PL^3}{384\ EI}$
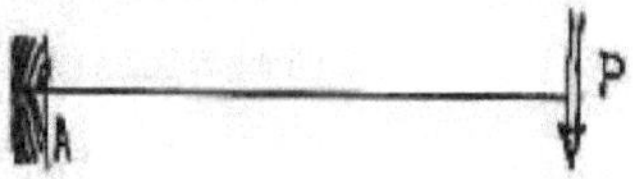 1 encastré porte à faux 1 charge	$Mf = PL$	f Maxi = $\frac{PL^3}{3\ EI}$
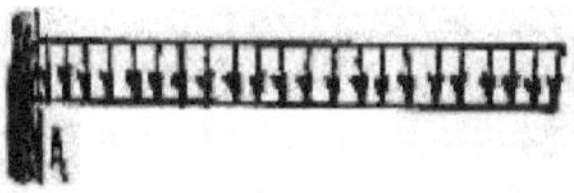 1 encastré porte à faux 1 charge répartie	$Mf = PL / 2$	f Maxi = $\frac{PL^3}{8\ EI}$

Acier : E = 21 000 daN / mm² = 2 100 000 daN / cm²

SY 3.01 /07 – Moments d'inertie et Module d'inertie de formes simples

	**$Ix'x = a.h^3 / 3$**	**$I / v = a.h^2 / 3$**
	**$Ix'x = a.h^3 / 12$**	**$I / v = a.h^2 / 6$**
	**$Ix'x = a.h^3 + \delta^2 / S$** Théorème de HUYGHENS	**I / v** Où **v** distance du Centre Gravité section à surface la plus éloignée de la section
		Les poutres ajourées remplissent parfaitement ce cas de figure. En effet, plus on éloigne les semelles, plus on a un Moment d'Inertie important. On va donc diminuer la flèche à poids égal. La variation se fait suivant un carré, donc, si on double δ , on multiplie par 4 le Moment d'inertie
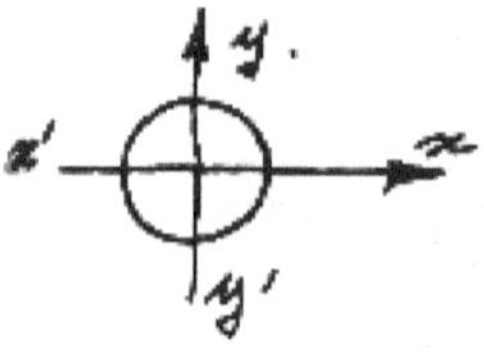	**$Ix'x = \pi D^4 / 64$** Moment et Module d'inertie Polaire pour pièces en TORSION **$I0 = \pi D^4 / 32$**	**$Ix'x / v = \pi D^3 / 32$** **$I0 / v = \pi D^3 / 16$**

SY 3.02.1 – MATERIAUX BOIS

Charges pratiques

Le bois est un matériau hétérogène, hygrométrique, déformable et très sensible aux attaques d'insectes et champignons. Il est relativement bon marché et facile à mettre en œuvre sans outillage important dans les constructions courantes.

Taux humidité 15%	daN / cm² (kg/cm²) Charge Pratique			daN / cm² (kg/cm²) Limite Elastique			daN / cm² (kg/cm²) Charge Rupture			daN / cm² (kg/cm²) Module Elasticité	
	Traction	Compress	Cisaillem	Traction	Compress	Cisaillem	Traction	Compress	Cisaillem	E	G
Pin en long	100	50	4	110		12				120000	
Pin en travers		250					480	220			

SY 3.02.1 – Equarrissages courants : dimensions en cm

Désignation	convention	réelle	S nette (cm^2)	Ix (cm^4)	Ix / v (cm^3)	Iy (cm^4)	Iy / v (cm^3)
Madriers	10.5 x 22.5	10 x 22	220	8733	807	1833	367
	8 x 23	7 x 22	154	6207	564	629	180
	8 x 20.5	7 x 20	140	4664	466	572	163
	8 x 18	7 x 17.5	123	3124	357	501	143
	8 x 15.5	7 x 15	105	1969	263	429	123
	8 x11	7 x 10.5	74	1675	129	300	86
	8 x 7.5	7 x 7	49	200	57	300	57
	6.5 x 18	6.2 x 17.5	109	2771	316	348	112
Bastaings	6.5 x 17	6.2 x 16.5	103	2322	281	328	106
	6.5 x 16.5	6.2 x 16	99	2116	265	318	103
	6.5 x 15.5	6.2 x 15	93	1745	233	299	96
	6.5 x 13	6.2 x 12.5	78	1010	161	249	80
	6.5 x 8	6.2 x 7.5	45	218	58	149	48

	Convention	réelle	S nette (cm^2)
Planches	4 x 23	3.5 x 22	77
	4 x 20.5	3.5 x 20	70
	4 x 18	3.5 x 17.5	61
	4 x 15.5	3.5 x 15	53
	4 x 13	3.5 x 12.5	44
	4 x 11.5	3.5 x 11	39
	4 x 10.5	3.5 x 10	35
	3.7 x 22.5	3.2 x 22	70
	3.7 x 18	3.2 x 17.5	56
	3.2 x 23	2.9 x 22	64
	3.2 x 20.5	2.9 x 20	58
	3.2 x 18	2.9 x 17.5	50

convention	réelle	S nette (cm^2)
3.2 x 16.5	2.9 x 16	46
3.2 x 15.5	2.9 x 15	43
3.2 x 13	2.9 x 12.5	36
3.2 x 11.5	2.9 x 11	32
3.2 x 10.5	2.9 x 10	29
3.2 x 8	2.9 x 7.5	22
2.6 x 23	2.2 x 22	48
2.6 x 20.5	2.2 x 20	44
2.6 x 18	2.2 x 17.5	39
2.6 x 15.5	2.2 x 15	33
2.6 x 13	2.2 x 12.5	28
2.6 x 11.5	2.2 x 11	24
2.6 x 10.5	2.2 x 10	22

SY 3.04 – Construction Mixte

ACIER BETON – BOIS BETON

L' avantage des poutres mixtes est de diminuer la hauteur poutre en associant acier et béton. Le béton résiste en compression et est utilisé partie supérieure, l'acier partie inférieure tendue.

La liaison entre le profilé et la dalle en béton est assurée par des connecteurs soudés sur la semelle supérieure du profilé. Dalle béton peut être dalle pleine ou coulée bac acier.

Poutre Mixte

Comportement Composite

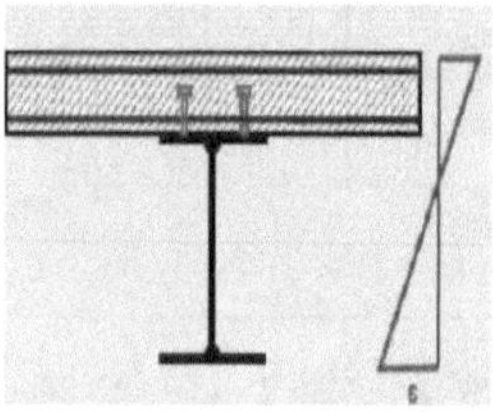

Poutre Acier Dalle Béton

Pas de Composite

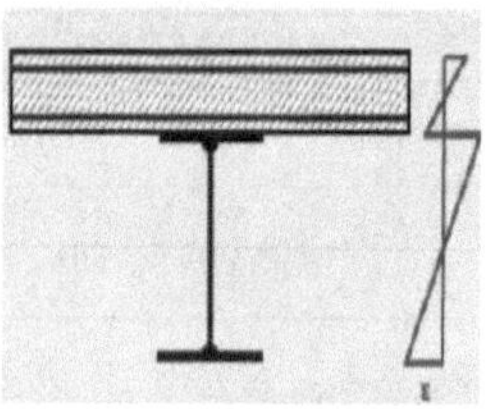

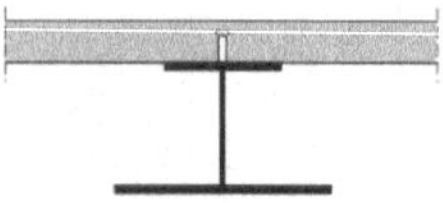

profilé à semelles inégales reconstitué par soudage

profilé laminé avec plat renfort sur la semelle inférieure

Sections en acier dissymétriques

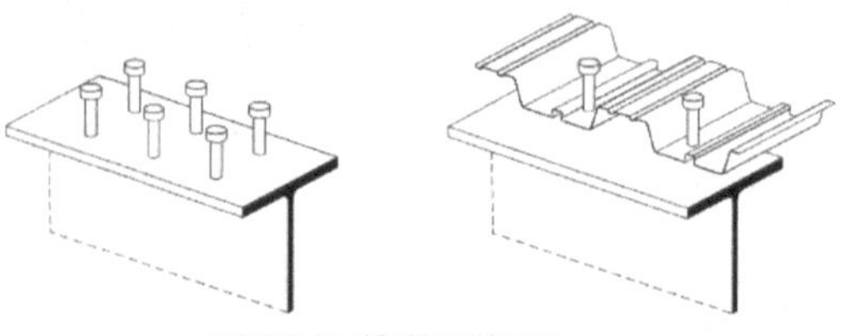

goujon à tête (pour dalle pleine ou dalle mixte)

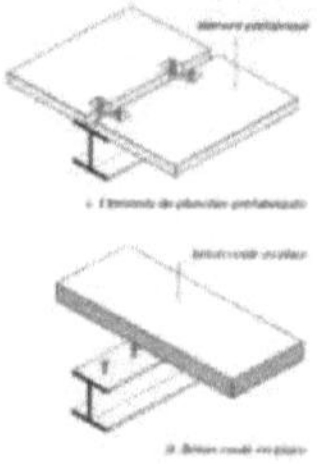

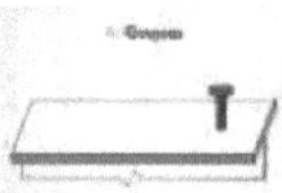

SY 3.04 /01 – CALCULS CONSTRUCTION MIXTE ACIER BETON

1 – Le béton résiste bien à la compression et l'acier à l'extension, on combine les 2 matériaux pour qu'ils résistent à la flexion.

2 – La dalle béton peut servir à contreventer l'ouvrage.

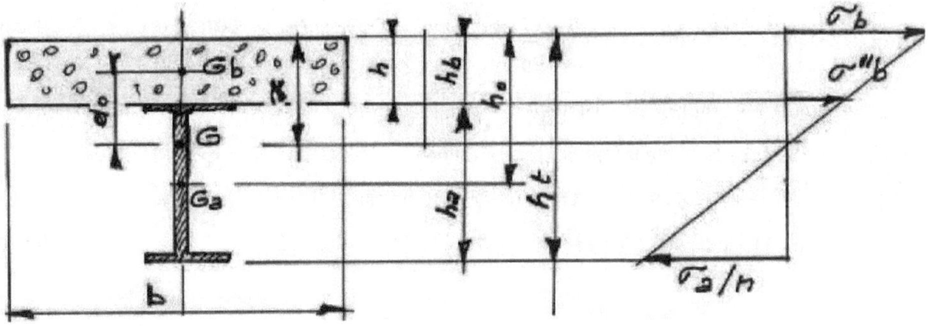

B :	Aire béton	**A** :	Aire Acier	n ; équivalence acier béton
Eb :	Module élasticité béton	**Ea** :	Module élasti. Acier	n = 15 = Ea / Eb
Ib :	Moment d'inertie béton par rapport **Gb**	**Ia** :	Moment d'inertie Acier par rapport **Ga**	

Calcul du centre de gravité de la section : *voir § SY 0.33*

Calcul du Moment d'inertie pour le BETON puis pour l' ACIER : *voir § SY 0.33.1*

$x = d_0 + h / 2 = h_0 - d_0 . B / nA$ Surface section béton : **$B = b.h$**

Moment Inertie Béton : **$I_b = b.h^3 / 12$**

	$B_0 = B + nA$	
Equation aux dimensions **x** = cm + cm = cm	**B** = cm . cm = cm²	**I_b** = cm.cm³ = cm^4
	B_0 = cm² + cm²	

On pratique de même pour l'acier (sans le coefficient n)

Moment Quadratique de la poutre acier béton par rapport à un axe passant par **G**

$I_0 = I_B + I_A + d_0^2 . B.B_0 / n.A$ = $cm^4 + cm^4 + (cm^2 . cm^2 . \not{cm^2} / \not{cm^2})$

Contraintes : **$\sigma_b = M / I_0 / x$** = cm.daN / cm^4 / cm = cm².daN / cm^4 daN / cm²

$\sigma_a = - n.M / I_0 / (h_t - x)$ = cm.daN / cm^4 / cm = cm².daN / cm^4 daN / cm²

Contraintes admissibles : **Béton = 200 daN/cm²** **Acier = 1600 daN/cm²**

SY 3.04 /02 – Effort de glissement au niveau de la liaison acier béton

$T_1 = T . / I_0 . S'$ = daN . cm³ / cm^4 daN / cm

T_1 : **Effort de glissement** cisaillement entre acier béton. par unité de longueur

T : Effort tranchant **S' : Moment Statique béton**

$S' = B \left(x - \frac{h}{2} \right) = n . \frac{AB}{B_0} . d_0$ = cm . cm = cm² . cm / cm = cm²

Contraintes admissibles cisaillement connecteurs : **10 daN/mm² = 1000 daN/cm²**

J'ai fait partie de la première commission de normalisation AFNOR concernant les connecteurs dans les dalles mixtes utilisées en ouvrage d'art (fatigue). Bien que de portée générale, cette norme visait les ouvrages d'art sur lesquels circule le TGV qui reporte des efforts considérables dans la voie.

Le MANUEL de calcul suivant est très bien fait et détaillé pour les cas plus complexes :

http://www.gramme.be/unite9/mixte/manuel%20calcul%20construction%20mixte%20acier-b%C3%A9ton.pdf

et aussi : https://www.infosteel.be/images/publicaties/construction-mixte-acier-beton-extrait.pdf

Dans ce livre, les règles de calcul de l'Eurocode 4, applicables aux constructions mixtes acier-béton, sont présentées et commentées.

Catalogue NELSON goujons connecteurs : http://www.laska.com.pl/dokumenty/pdf/trzpienie/zs.pdf

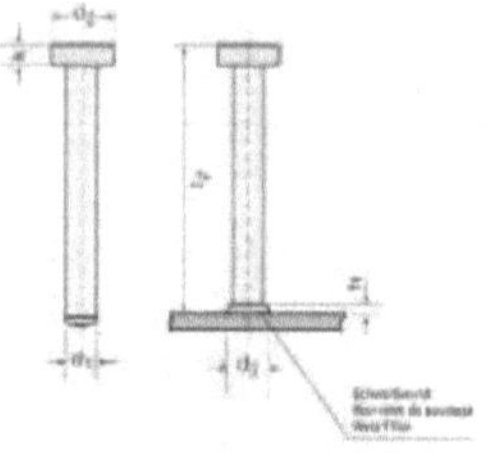

Résistance à la traction	(R_m):450 - 600 N/mm²
Limite élastique	(R_e) :350 N/mm² min.
Allongement	(A_5) :15 % min.

d1	d2	k	25	50	60	75	80	90	100	125	150	175	200	250	300	350	400	500	525
¼" ø 6	12.7	4.7		50					100										
3/8" ø 10	19.05	7.1		50		65			100	125	150	175							
½" ø 13	25.4	8		50		75			100	125	150	175							
5/8" ø 16	31.7	8	35	50		75			100	125	150	175	200						
¾" ø 19	31.7	10		50	60	75	80		100	125	150	175	200						
7/8" ø 22	34.9	10				75		90	100	125	150	175	200	250	300	350	400		525
1" ø 25	40	12.7							100	125	150	175	200	250					

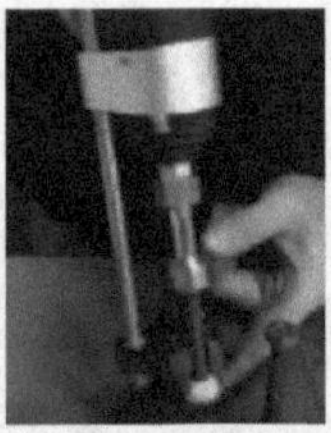
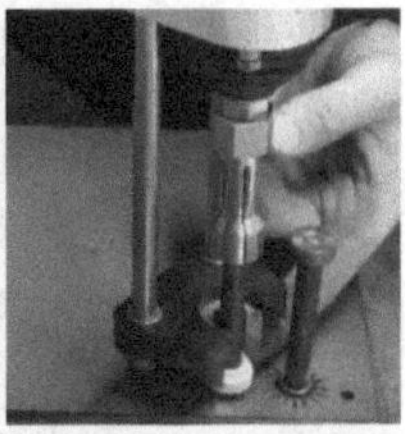

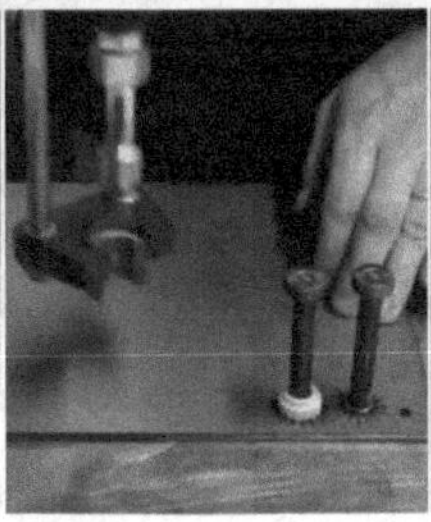

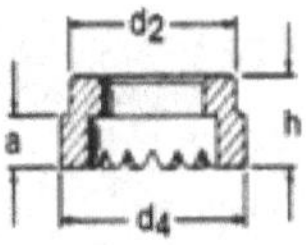

Type Type	Ød2	Ød4	a	h	No d ¶
KSN 6	9,6	11,6	4,7	8,7	60-00-22
KSN 1/4"	12,8	16,3	6,3	11,1	60-00-35
KSN 8	14,8	17,8	4,7	8,7	60-00-23
KSN 3/8"	16,5	20,0	6,3	9,9	60-00-36
KSN 10	14,8	17,8	5,1	9,9	60-00-24
KSN 12	19,9	22,2	5,9	10,6	60-00-25
KSN 1/2" (KSP 14)	19,9	22,2	6,3	11,1	60-00-
KSN 14	19,9	26,1	6,3	10,6	60-00-26
KSN 16; 5/8"	26,1	29,1	8,6	13,3	60-00-27
KSN 19; 3/4"	26,1	30,8	11,9	16,7	60-00-33
KSN 20	26,1	32,8	9,5	14,2	60-00-29
KSN 22; 7/8" (KSP 24)	30,7	28,5	13,8	18,6	60-00
KSN 25; 1"	35,5	40,5	16,5	20,8	60-0

SY 3.04 /03 – CALCUL CONSTRUCTION MIXTE BOIS BETON

Le calcul est identique, seul le n est différent

$$N = \frac{E_{bois}}{E_{béton}} = \frac{120\,000}{140\,000}$$

120 000 daN / cm² pin en long

140 000 daN / cm² **n = 0.86**

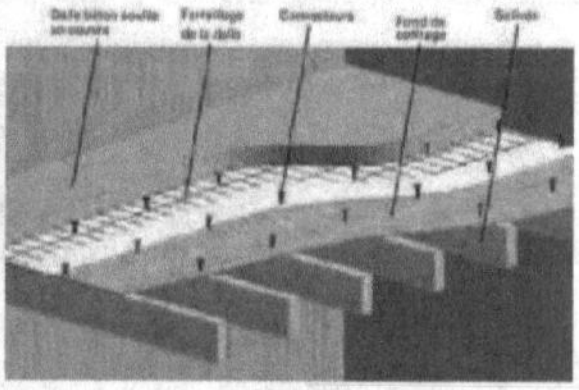

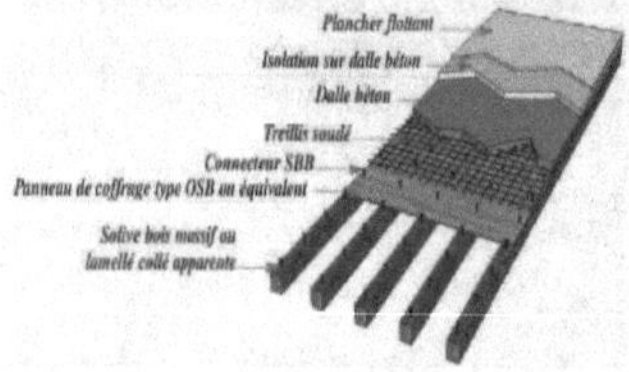

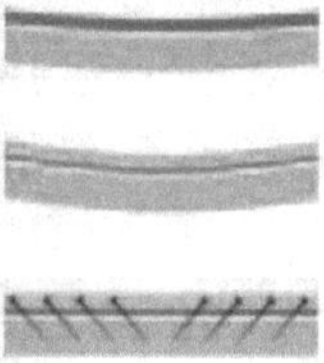

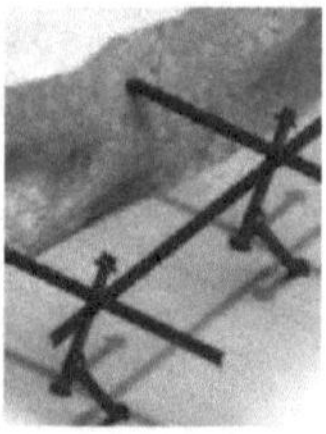

Les constructions en béton précontraint ne sont pas d'usage habituel pour les travaux neufs en usine, ils sont du domaine du spécialiste tant dans le calcul que dans la mise en œuvre et ne seront pas traitées ici.

Et pour clore ce chapitre : une brève d'école d'ingénieurs :

On décide de construire un pont et les autorités décident de s'entourer d'un ingénieur parmi les plus compétents.

Le choix se porte sur un ***jeune « X »*** *; le projet se fait et on construit* ***le pont*** *qui* ***se « casse la gueule ».*** *Le gars retourne à ses calculs et dit : «* ***ça y est, j'ai trouvé mon erreur*** *». « oui, on va confier ça à quelqu'un d'autre, vous avez fait assez de dégats comme ça ».*

Le choix se porte alors sur un ***« Ponts et Chaussées*** *» ; le projet se fait et on construit* ***le pont*** *qui* ***se « casse la gueule*** *». Le gars retourne à son bureau et* ***à ce jour est toujours dans ses calculs****.*

Bon, on va descendre en gamme, on va confier ça à un praticien. Le choix se porte alors sur un « ***Arts et métiers CNAM*** *» ; le projet se fait,* ***on construit le pont qui tient toujours****. Par contre l'* ***Arts et métiers CNAM ne comprend toujours pas pourquoi il tient*** *!*

SY 3.04.1 – SCELLEMENT BETON

Calcul ancrage au vent

daN = kg à 2% près

Modules de Flexion des IPE envisagés	Règles Neige Vent NV 65-67 Q10 = 10 m hauteur		
	Région	Q 10 normal	Q 10 extrême
IPE 80 I / v = 20 cm³	1	50 daN/m²	87.5 daN/m²
IPE 180 I / v = 146 cm³	2	70 daN/m²	122.5 daN/m²
Flexion Porte à faux Charge répartie **Mf = PL / 2** largeur en prise poteau 1 m	3	90 daN/m²	157.5 daN/m²
Contrainte limite acier **σ = Mf / I / v** ≤ 24 daN / mm² (R élastique)			

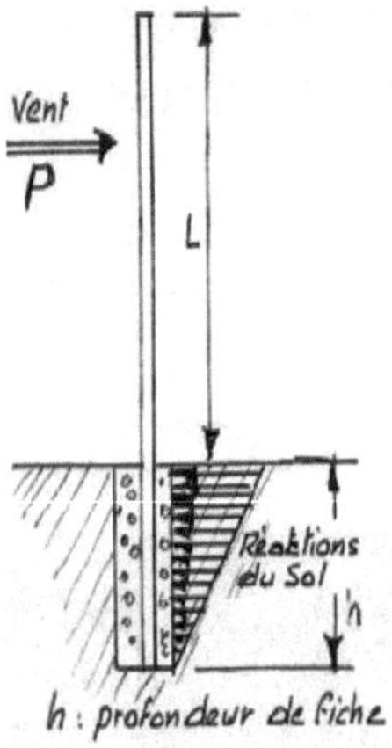

Calculs faits avec vent extème site exposé Région 2 = 122.5 x 1.3 = 160 daN / m²
Ce calcul correspond aussi au vent extrème site normal Région 3

Site Coefficient	Région 1 France	Région 2 Bretagne Ouest F	Région 3 Vallée du Rhône et Perpignan
Protégé	0.80	0.80	0.80
Normal	1	1	1
Exposé	1.35	1.30	1.25

Longueur de fiche ; pression admissible au sol

p = 5 daN / cm² argile compacte non humide
p = 3 daN / cm² gravier non humide
p = 2 daN / cm² terre naturelle non humide
p = 1 daN / cm² terre meuble rapportée

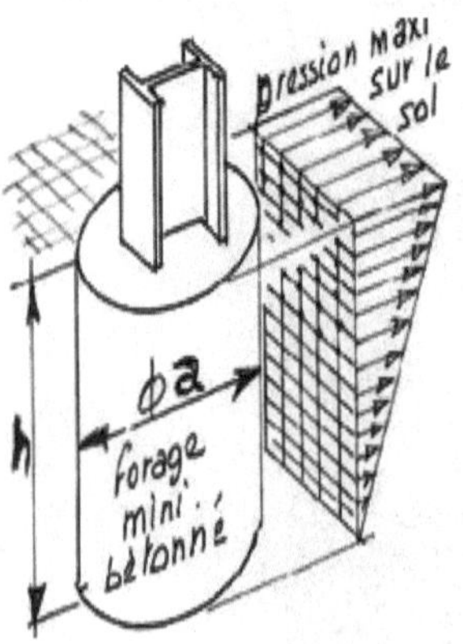

Calcul de flexion

p Maxi sur le sol = Mf / I / v avec I / v = a.h³ / 3

on tire **$h = \sqrt{3.Mf / a.p}$**

On peut calculer pour d'autres vitesses de vent pour les cas particuliers.
De la Mécanique des fluides, on tire **$F = \rho.c^2 / 2$**

avec ρ masse volumique de l'air (environ 1.3 kg/ m³)

Equation aux dimensions : $P = \frac{kg.\ m^2}{m^3.s^2}$ (avec : kg.m/s² = N) soit P en N/m²

Exemple de calcul pour **200 km/h** (56 m/s) :
P = 1.3 x 56² / 2 = 2038 N / m² = **204 daN/m²** (204 kg/m² à 2% près)
pour vent **50 km/h** (14 m/s) P = 1.3 x 14² / 2 = 127 N/m² soit **13 daN/m²** (13 kg/m²)
pour vent **100 km/h** (28 m/s) P = 1.3 x 28² / 2 = 510 N/m² soit **51 daN/m²** (51 kg/m²)

L (m)	S (m²)	P (daN)	Moment fléchi (cm.daN)	IPE σ (daN/mm²)	Argile 5 daN/cm²	Gravier 3 daN/cm²	Terre nature 2 dan/cm²	Terre meuble 1 daN/cm²
1° Mur simple paroi – IPE 80 – Trou foré Ø 15 cm mini – IPE 80 ; I/v = 20 cm³ (valeurs mini = profondeur hors gel 40 cm)								
1 m	1 m²	160 daN	8000 cm.daN	4 daN/mm²	h 20 cm	h 25 cm	h 30 cm	h 40 cm
1.50 m	1.50 m²	240 daN	18000 cm.daN	9 daN/mm²	h 30 cm	h 40 cm	h 50 cm	h 60 cm
2 m	2 m²	320 daN	32000 cm.daN	16 daN/mm²	h 40 cm	h 50 cm	h 60 cm	h 80 cm
2.50 m	2.50 m²	400 daN	50000 cm.daN	25 daN/mm²	h 50 cm	h 50 cm	h 60 cm	h 80 cm
2° Mur double paroi – IPE 180 – Trou foré Ø 25 cm mini – IPE 180 ; I/v = 146 cm³ (valeurs mini = profondeur hors gel 40 cm)								
4 m	4 m²	640 daN	128000 cm.daN	9 daN/mm²	h 60 cm	h 75 cm	h 100 cm	h 125 cm
5 m	5 m²	800 daN	200000 cm.daN	14 daN/mm²	h 75 cm	h 100 cm	h 125 cm	h 175 cm
6 m	6 m²	960 daN	288000 cm.daN	20 daN/mm²	h 100 cm	h 125 cm	h 175 cm	h 200 cm
6.50 m	6.50 m²	1040 daN	338000 cm.daN	24 daN/mm²	h 100 cm	h 125 cm	h 175 cm	h 200 cm

Se vaincre soi-même, le seul combat qui ne finit jamais

Ferry Porsche

C'est pire de savoir et de ne rien faire
que de ne pas savoir du tout

Dalaï Lama

SY 3.62 – MATERIAUX

ACIERS Caractéristiques

NUANCES STANDARD SY **Caractéristiques** daN / mm² (kg / mm² à 2% près)

Nuance	Traitement	Re ≥ (daN/mm²)	R	A ≥	K_{UF} ≥	HB ≥	σ_D contrainte de fatigue ultime	Utilisations
Ft 25		10 / 12	25			200	10 / 14	Pièces de fatigue, bâtis
GS 400								Fonte GS
GS 500								
XC 10	Rv 900 925 TE 900 Rv 200	22 / 30	36 / 44 50 / 75	31 17	12	130	23	Toutes constructions mécaniques ; Machine-outil
CC 35	Rv 850 880 TE 850 Rv 550	32 57	56 / 68 76 / 98	20 12	4	185	25	Clavettes Arbres
XC 42	Rv 840 870 TE 830 Rv 550	36 70	64 / 73 88/103	19 11	4	200	30	Bielles, essieux, vilebrequin, pièces armes
XC 55	Rv 830 855 TH 830 Rv 550	43 72	72 / 87 95/115	15 8		225		Rails, bandages, clavette, Pièces armes
XC 65	Rv 810 835	45	82 / 92			240		Armes blanches, ressorts Broyeurs, Câbles
XC 70	Rv 810 835	45	82 / 92			240		Armes blanches, ressorts Broyeurs, Câbles
45 S 7 et 45 S 8								Aciers à ressorts
25 CD 4	Rv 850 TH 850 Rv 200	40 110	60 145	20 6	5	160 430	28	S'usinent mieux que aciers carbone. Engrenages
35 CD 4	Rv 850 TH 850 Rv 200	47 140	70 175	17 5	4	200 490		S'usinent mieux que aciers carbone. Engrenages
35 NC 16	TA 850 Rv 200 TA 850 Rv 650	130 78	170 100	5 12	4 8			Absence pb de trempe Revenu éviter 250 à 525
45 NCD 6								
35 NCD 16	T 850 Rv 200	145	180	4				
Z 2 CN 18 10	TA 1100	18	60	45	4	155		Emboutissage austénitique INOX AISI 304 L (bas carbone)
Z 6 CN 18 09	TA 1100	20	60	45	4	160		Pas de corrosion sous tension AISI 304
Z 2 CND 17 12	TA 1100	20	60	50	4	160		INOX Résist ac sulfurique Austénitiq AISI 316L
Z 30 C 13	Rv 800	50	75	20	20	150		Coutellerie Martensitique INOX AISI 420 T
Z 10 CNF 18 09	Rv 750	66	82	25	14	225		INOX Orfèvrerie Ferritique AISI 303
E 24.2 **A 60.2**		24 34	35 / 45 60 / 72	24 15	7 6			Aciers courants les + utilisés
90 MV 8								
100 C 6	TH 850 Rv 200	90	100	7		63 RC		Bonne résist usure Endurance roulements
Z 200 C 12	TA 950 Rv 250							
Z 160 CDV 12								
40 CMD 8								

SY 4.00 – MATERIAUX

Métaux Non Ferreux - Caractéristiques

SY 4.00 / 01– ALUMINIUM et ALLIAGES

	Nuance	Etat		R min	Re min	Emplois
FONDERIE	A 5	Moulé en coquille	Y 30	8	3.5	Ménager électrique
FONDERIE	AU 5 GT	Moulé en coquille	Y 34	33	20	Moula, usin. Pas air salin
FONDERIE	AS 10 G	Moulé en coquille	Y 33	25	18	Idem, convient air salin
FONDERIE	AS 13	Moulé en coquille	Y 30	17	8	Silicium – Usinage difficile
FONDERIE	AG 6	Moulé en coquille	Y 30	18	10	Usin, souda, polissa, air salin
FONDERIE	Z.A4G Zamak 3	Moulé Gravité	Y 20 ou Y30	26	25	Fonderie pression
FONDERIE	Kayem 1 Kayem 2	Moulé Gravité	Y 20 ou Y30	23 19		Fonderie, outil presse Moule mat plastique
CORROYES NF A 02.104	1050 (A5)	½ dur	H 14	10	7.5	Electroménager domestiq Chaudron, air salin
CORROYES NF A 02.104	5754 (AG3)	¼ dur	H 32	22	13	Pièce chaudronnée Citernes, gaines, tubes, Tuyauterie, soudabilité
CORROYES NF A 02.104	5086 (AS4)	½ dur	H 24	31	23	Pièce chaudronnée Citernes, gaines, tubes, Tuyauterie, soudabilité
CORROYES NF A 02.104	2017 (AU4G)	Trempé muri	T4	39	24	Pièces usinées et forgées
CORROYES NF A 02.104	7075 (AZ5.GU)	Trempé revenu	T6	60	56	Pièces usinées forgées Htes caractéristiques Soudage difficile
CORROYES NF A 02.104	7049 (AZ8.GU)	Trempé revenu	T6	60	56	Pièces usinées forgées Htes caractéristiques Soudage difficile

SY 4.00 / 02 – CUIVRES et ALLIAGES NF A 02 009

Nuance	Etat	R min	Re min	Emplois
Cu / a2	recuit	23	7	Conduc élec cables
Cuivre raffiné	écroui	35	30	Bobinages Contacts
Cu Pb1	écroui	35	30	Décolletage Conduc élec
Cu.Sn 8 (Bronze)	4/4 dur	49	39	Frottement Douilles
Cu.Sn.Pb.Zn	Moulé			Pièce moulées
Cu.Sn7.Zn5.Pb4	Moulé	21		Robinetterie courante
Cu.Sn12.Zn1.Pb	Moulé Ecroui	20 29	- 16	Cons Méca Robinet
Cu.Be 2 (cuivre Béryllium)	Trempé Revenu	140	135	Ressort, Electriq Pièces usure, pignons
Cu.Zn35.Al5	Moulé Recuit Ecroui	49 30 59	24 - 27	Moulage en sable Emboutissage Méca Géné, Découp, Poli
Cu.Zn39.Pb2	½ dur	40	20	Décolletage, usinabilité
Cu.Ni26.Zn17 (Maillechort)	½ dur	50	40	Résist élec Matériel élec
Cu.Al10.Ni5.Fe4 (cupro.aluminium)	Brut ½ dur	60 69	25 32	Corrosion eau de mer Inox à chaud - Mécanique
Cu.Ni3.Si (cupro.silicium)	Brut ½ dur	40 55	14 35	Pièces de frottement avec fortes charges

N° ALLIAGE ALU

1° chiffre : élément principal addition		2 Cuivre 3 Manganèse 4 Silicium 5 Magnésium	
2° chiffre : modif subies depuis origine		6 Magnésium et Silicium	
3° / 4° chiffre : N° identification alliage		7 Zinc 8 Autres	
Y0 Non défini	Y5 Frittage	0 sans traitement	5 stabilisé
Y1 Lingot	Y7 Coulée continue	1 recuit	6 trempé stabilisé
Y2 Moulé Sable	Y8 Centrifugation	2 trempé	9 suivant prescription
Y3 Moulé Coquille	Y9 Prescriptions	3 trempé revenu	MOULES
Y4 Moulé Pression	MOULES	4 trempé mûri	

ETAT LIVRAISON NON FERREUX

Moulés NFA 02 002 — **Corroyés** NFA 02 006 – NFA 02 008

Moulés	Etat	Ecroui	Ecroui Recuit	Ecroui Stabilisé	
F brut fabric	Etat	Ecroui	Ecroui Recuit	Ecroui Stabilisé	Alu et Alliages Solution Ecroui Muri Solution et Muri Refroidi et revenu Solution et Revenu Solution Ecroui et Revenu Refroidi. Revenu. Ecroui
0 recuit	1 /4 dur	H12	H22	H32	
H écroui	1 / 2 dur	H14	H24	H34	
T trait thermiq	3 / 4 dur	H16	H26	H36	
Cuivres et Alliages. Nickel et Alliages Subdivisions de l'état T	4/4 dur	H18	H28	H38	
	Extra dur	H19	H29	H39	
	TA : refroidi contrôlé		TC = TA + déformation		
	TB : Solution et trempe		TD = TB + déformation à froid		

SY 4.00 / 03 – MATIERES PLASTIQUES

Désignation		daN / mm² Traction	daN / mm² Compres	Module élast (daN/mm²)	T°C continue Maxi	Transmis Lumineuse	Moulage	Usinage
Thermoplastiques	Acétate de cellulose (**Rhodoïd**)	3.2	12.6	210	60°C	Transparent opaque	***	**
	Nitrate de cellulose (**Celluloïd**)	4.9	15.4	133	60°C	Transparent opaque	**	***
	Polyméthylméthacrylate (**Plexiglas**)	4.9	8.4	315	70°C	Transparent 90%	***	***
	Polyamide 6 (**Nylon Technil**)	4.9	5	183	130°C	Transparent opaque	***	***
	Polyamide 11 (**Rilsan**)	4.8	6	60		Transparent opaque	***	***
	Polycarbonate (**Makrolon**)	6.3	7.7	119	120°C	Transparent	*	-
	Polyéthylène Haute densité	2.5	1.7	56	120°C	Transparent opaque	***	***
	Polyéthylène Basse densité	0.7	-	13.3	100°C	Transparent opaque	***	**
	Polytétrafluoréthylène (**Téflon**)	1.1	7.7	40	260°C	Opaque	-	***
	Poly formaldéhyde (**Delrin**)	7	12.6	287	85°C	Transparent opaque	**	***
	Polypropylène	3	6	91	135°C	Transparent opaque	***	***
	Polysthirène normal	3.5	8	280	66°C	Transparent	***	0
	Polychlorure de vinyle (**PVC**)	3.5	5.6	245	50°C	Transparent opaque	0	***
Thermodurcissable	**Phénoplaste P 21**	2.5	15.4	560	-	Opaque	***	***
	Epoxyde (**Araldite**)	2.8	10.5	315	120°C	Translucide	***	**
	Polyester armé fibre de verre	-	14	1400	-	Opaque	***	0
	Silicone chargé fibre de verre	2.8	7	-	320°C	Opaque	**	0

SY 4.00 / 04 – ALU FAMILLE D'ALLIAGES

Correspondances différents pays

Alliages	ISO	France AFNOR		Allemagne DIN		Gde Bretagne		Italie	USA
		Ancienne	Nouvelle NF A 02 104	Din1712	Din1725	Ancienne BS 1470	Nouvelle	FA 60	ASTM/AA
Aluminium	Al 99.5	A5	1050 A	Al 99.5	3 0255	1B	1050A	4507	(1050)
Aluminium Cuivre	AlCu6BiPb	A U5PbBi	2011	AlCuBiPb	3 1655	FC1	2011	6362	2011
	AlCu4SiMg	A U4SG	2014	AlCuSiMn	3 1255	(H15)	(2014A)	3581	2014
	AlCu4MgSi	A U4G	2017 A	AlCuMg1	3 1325	-	-	3579	(2017)
	AlCu4Mg1	A U4G1	2024	AlCuMg2	3 1355	-	-	3583	2024
	AlCu4PbMg	A U4Pb	2030	AlCuMgPb	(3 1645)	-	-	-	-
	AlCu2MgNi	A U2Gn	2618 A	-	-	H 16	2618 A	-	(2618)
Aluminium Manganèse	AlMn1Cu	AlM1	3003	AlMnCu	3 01517	(N3)	(3103)	7788	3003
	AlMn1Mg05	AlMG0.5	3005	AlMn1Mg0.5	3 .0525	-	-	-	3005
Aluminium Magnésium	AlMg1	AG 0.6	5005	(AlMg1)	(3 3315)	N41	5005	5764	5005
	AlMg5	AG 5N	5056 A	AlMg5	3 3555	N6	5056 A	3576	(5056)
	AlMg4.5Mn	-	5083	AlMg4.5Mn	3 3547	N8	5083	7790	5083
	AlMg4	AG 4Mg	5086	AlMg4Mn	3 3545	-	-	5452	5086
	AlMg3	AG 3M	5754	AlMg3	3 3535	-	-	-	-
Aluminium Magnésium Silicium	AlSiMg	-	6005	AlMgSiO.Z	3 3210	-	-	-	-
	AlMgSi	AGS	6060	AlMgSi0.5	3 3206	(H9)	(6063)	(3569)	(6063)
	AlMg1SiCu	-	6061	AlMgSiCu	3 3211	H20	6061	6170	6061
	-	A SG M0.3	6081	-	-	-	-	-	-
	AlSi1Mg	A SG M 0.7	6082	AlMgSi1	3 2315	H30	6082	3571	-
Aluminium Zinc Magnésium	AlZn4.5Mg1	AZ 5 G	7020	AlZn4.5Mg1	3 4335	H17	7020	7791	(7005)
	AlZn6MgCu	AZ 5 GU	7075	AlZnMgCu1.5	3 4365	-	7075	3735	7075

Famille 1000 : Bonne résistance aux agents atmosphériques

Conductibilité thermique et électrique élevée Bonne aptitude aux déformations

Famille 2000 : Bonnes caractéristiques mécaniques à l'état trempé muri

Le traitement de revenu permet d'augmenter les valeurs de la limite élastique

Soudage uniquement par des techniques particulières

Famille 3000 : Bonne aptitude à la mise en forme

Bonne résistance aux agents atmosphériques Bonne soudabilité

Famille 5000 : Caractéristiques mécaniques moyennes Bonne soudabilité

Excellent comportement aux basses températures

Famille 6000 : Caractéristiques mécaniques moyennes Très bonne aptitude à la transformation à chaud Bonne aptitude au soudage Filage par excellence

Famille 7000 : Caractéristiques mécaniques les plus élevées de tous les alliages d'aluminium

Alliages au cuivre ne peuvent être soudés que par des techniques spéciales

Alliages sans cuivre, caractéristiques mécaniques moins élevées mais bonne soudabilité.

SY 4.30 – MATERIAUX

Polyamides - Caractéristiques

SUPERPOLYAMIDES ERTALON Plastiservice Paris (F) ZI Vert Galant - 95310 St Ouen l'Aumône

Qualité sélectionnées SY	ERTALON 11 XA (Rilsan)	POLYACETAL Polyacetal H : Delrin C : Hostaform	ERTALENE HD 1000 Polyéthylène Hte densité Haut poids moléculaire
Propriétés Utilisations	Inertie chimique. Haute stabilité dimensions dans l'eau et chocs même à basse T°C. Frottement sous charges élevées Coussinets, Roues dentées, joints, galets, pièces grandes dimensions.	Rigide et Résistant dans plage étendue de température, Humidité et produits chimiques. Ressort exceptionnel. Résist élevée fatigue et fluage même à T°C 85. Usinage et décolettage. Bagues, glissières, Pignons, Galets, Cames, Roues, Eléments de pompes, Vannes, Billes.	Ténacité et Résilience très élevés. Haute Résist aux chocs même basse T°C. Coeff frottement très bas. R élevé Abrasion et Usure. Reprise H% relative 0. Profils de guidage, Matelas découpe, Butées, Taquets, Hachoirs, Blocs intercalaire.
Densité	1.05 kg / dm³	1.42 kg / dm³	0.94 kg / dm³
Absorp Eau 100% HR	1.7	0.9	0.01
Module élasticité	11 500 daN / cm²	28 800 daN / cm²	7 300 daN / cm²
Résist Traction	570 daN / cm²	710 daN / cm²	235 daN / cm²
Résist Compression	880 daN / cm²	1 250 daN / cm²	-
Allong Rupture	280%	75%	525%
Dureté	Rockwell 110	Rockwell 120	Shore 64 - 75
Point de fusion	186 °C	175 °C	135 – 138 °C
Conductibilité thermiq	0.25 kCal/m/h/°C	0.20 kCal/m/h/°C	0.36 kCal/m/h/°C
T°C déform 4.8 daN/cm² à 18.5 daN / cm²	153 °C 56°C	170 °C 124 °C	82 °C -
T°C Max utilis continue en pointe	110 °C 140 °C	110 °C 150 °C	65 °C 90 °C
Rigidité diélectrique	17 kV / mm	20 kV / m	25 kV / m
Barres rondes	Ø 50 à Ø 200	Ø 8 à Ø 150	Ø 10 à Ø 100
Blocs ronds	Ø 220 à Ø 500	-	Conditions spéciales
Disques	Ø 100 à Ø 500	Conditions spéciales	Conditions spéciales
Plaques	Conditions spéciales	ép 8 à 50 x larg 500	ép 6 à 100 x larg 500/800
Méplats	Conditions spéciales	ép 8 à 50 x larg 500	Conditions spéciales
Tiges filetées	-	M 6 à M 24 + 5/16 à 1"	-
Bandes	-	Conditions spéciales	-
Tubes, Jets creux	- Ø 20 à 500, Ø int 10 à 300	Ø ext 20 à 61, Øint 10 à 40 -	- -
Autres	Pièces extrudées et usinées	Pièces moulées, extrudées et usinées	Toutes pièces usinées

SY 5.00 – CALCUL

Composants Mécaniques

Valeurs de calcul des composants de mécanique

SY 5.00 / 01 – Roulements

N°	D x d x b	C Dynamiq (daN)	C Statique
608	8 x 22 x 7	250	134
6301	12 x 37 x 12	750	465
6004	20 x 42 x 12	720	450
6005	25 x 47 x 12	865	560
6305	25 x 62 x 17	1730	1140
6405	25 x 80 x 21	2750	1960
6309	45x100x25	4050	3000
62203	17 x 47 x 19	1040	655
Conique 32305	25 x 62 x 25	5100	3900
Palier Ø 20	**20 x 52 x 15**	**1080**	**695**
Palier Ø 30	30 x 40 x 20	1950	1030
Palier Ø 45	45 x 85 x 19	2550	1860

SY 5.00 / 04 – CHAÎNES

	F Ruptu (daN)	S articul (cm²)
9.52 double	**1 900 daN**	**0.55 cm²**
15.87 simple	2 800 daN	0.67 cm²
15.87 double	5 000 daN	1.30 cm²
25.4 double	12 400 daN	4.21 cm²
25.4 triple	18 500 daN	6.31 cm²
19.05 simple manut	2 900 daN	0.89 cm²
31.75 simple manut	9 500 daN	2.96 cm²
50 simple manut roulette	**3 648 daN**	**0.82 cm²**

SY 5.00 / 02 – Coussinet autolubrifiant

Charge statique MAXI			
Cuivre Etain		180	daN/cm²
Fer Cuivre Plomb		450	daN/cm²
Standard SY			
Ø 12	L 12	Ø 10	L 10
Ø 16	L 16	Ø 8	L 8
Ø 20	L 16	Ø 20	L 25
Ø 30	L 20		
Ø 45	L 20	Ø 60	L 60
Ø 45	L 28	Ø 45	L 36

SY 5.00 / 03 – Rotules UNIBAL

		C Radial (daN)	C Axial (daN)	N t/mn
Ø 8	Male	1000	410	500
	Femel	700	410	500
Ø10	Male	1350	580	400
	Femel	1100	580	400
Ø12	Male	1700	770	350
	Femel	1700	770	350
Ø16	Male	2550	1240	270
	Femel	2550	1240	270
Ø25	Male	5100	2700	180
	Femel	5100	2700	180

SY 5.00 / 05 – COURROIE CRANTEE TIMING BELT

XL 5.08	Larg 6.35	4.25 daN
XL 5.08	Larg 9.52	6.40 daN
L 9.52	Larg 12.7	12 daN
L 9.52	Larg 19.05	18 daN
L 9.52	Larg 25.4	24 daN
H 12.7	Larg 25.4	62 daN
H 12.7	Larg 38.1	93 daN
H 12.7	Larg 50.8	124 daN
H 12.7	Larg 76.2	186 daN
XH 22.22	Larg 50.8	168 daN
XH 22.22	Larg 50.8	168 daN
XH 22.22	Larg 76.2	252 daN
XH 22.22	Larg 101.6	336 daN

Ø et z nb dents pour pas L 9.52, H 12.7

Ø standard	L 9.52	H 12.7
Z 14 dents		Ø 56.59
Z 15 dents		Ø 60.23
Z 18 dents	Ø 54.58	Ø 72.77
Z 19 dents	Ø 57.60	Ø 76.80
Z 24 dents	Ø 72.77	Ø 97.02
Z 40 dents	Ø 121.28	Ø 161.69
Z 48 dents	Ø 145.54	Ø 194.03
Z 72 dents	Ø 218.28	Ø 291.05
Z 84 dents	Ø 254.68	Ø 339.57
Z 120 dents	Ø 363.83	Ø 485.11

SY 5.00 / 06 – COURROIE TRAPEZOIDALE

A	**13 x 8**	**75 daN**
B	17 x 11	188 daN
C	22 x 14	391 daN

SY 5.00 / 07 – Calcul long primitive courroie / lien flexible

$$L_0 = 2E + 3.14\left(\frac{D+d}{2}\right) + \frac{(D-d)^2}{4E}$$

Formule est valable pour tous les liens flexibles

Ø Poulies trapézoïdales A 13x8 – B 17x11 – C 22x14

Ø 75	A			Ø 212			C
Ø 80	A			Ø 224	A	B	C
Ø 85	A			Ø 250	A	B	C
Ø 90	A			Ø 280		B	C
Ø 95	A			Ø 315	A	B	C
Ø 100	A			Ø 355		B	C
Ø 106	A			Ø 400	A	B	C
Ø 112	A	B		Ø 500	A	B	C
Ø 125	A	B		Ø 560			C
Ø 140	A	B		Ø 630	A	B	C
Ø 160	A	B		Ø 800		B	C
Ø 180	A	B	C	Ø1000			C
Ø 200	A	B	C	Ø1250			C

SY 5.10 – CALCUL
ROULEMENTS - Durée de vie.

<u>CALCUL DE LA DUREE DE VIE EN MILLIONS DE TOURS</u> (NF E 22 391 et 392)

L = C / P ou **C** charge dynamique du roulement en daN ; *daN = kg à 2% près*

P Charge dynamique équivalente ou charge réelle sur le roulement Effort radial en daN

+ Vérifier **P < C0** capacité statique du roulement en daN voir les catalogues fabricants

<u>Exemple : Roulement 6301 billes effort 320 daN à 500 t / mn</u>. Durée de vie probable.

<u>Catalogue 6301</u> **<u>C0 465 daN ; C 750 daN</u>** P < C0 OK

Tableau : **<u>C / P = 2.29</u>** L = 12 M tours C / P = 2.41 L = 14 M tours **<u>soit 13 M tours</u>**

Temps : 13 000 000 / 500 = 26 000 mn = **<u>433 h durée</u>** **90% atteignent ou dépassent.**

<u>SY 5.10 / 01 – TABLEAU des C/P – durée L en millions de tours</u>

L millions tours	C / P billes	C / P rouleaux	L millions tours	C / P billes	C / P rouleaux	L millions tours	C / P billes	C / P rouleaux	L millions tours	C / P billes
0.5	0.793	0.812	**100**	4.64	3.98	**800**	9.28	7.43	**5 000**	17.1
0.75	0.909	0.917	**120**	4.93	4.20	**850**	9.47	7.56	**5 500**	17.7
1	1	1	**140**	5.19	4.40	**900**	9.65	7.70	**6 000**	18.2
1.5	1.14	1.13	**160**	5.43	4.58	**950**	9.83	7.82	**6 500**	18.7
2	1.26	1.24	**180**	5.65	4.75	**1 000**	10	7.94	**7 000**	19.1
3	1.44	1.39	**200**	5.85	4.90	**1 100**	10.3	8.17	**7 500**	19.6
4	1.59	1.52	**220**	6.04	5.04	**1 200**	10.6	8.39	**8 000**	20
5	1.71	1.62	**240**	6.21	5.18	**1 300**	10.9	8.59	**8 500**	20.4
6	1.82	1.71	**260**	6.38	5.30	**1 400**	11.2	8.79	**9 000**	20.8
8	2	1.87	**280**	6.54	5.42	**1 500**	11.4	8.97	**9 500**	21.2
10	2.15	2	**300**	6.69	5.54	**1 600**	11.7	9.15	**10 000**	21.5
12	2.29	2.11	**320**	6.84	5.64	**1 700**	11.9	9.31	**12 000**	22.9
14	2.41	2.21	**340**	6.98	5.75	**1 800**	12.2	9.48	**14 000**	24.1
16	2.52	2.30	**360**	7.11	5.85	**1 900**	12.4	9.63	**16 000**	25.2
18	2.62	2.38	**380**	7.24	5.94	**2 000**	12.6	9.78	**18 000**	26.2
20	2.71	2.46	**400**	7.37	6.03	**2 200**	13	10.1	**20 000**	27
25	2.92	2.63	**420**	7.49	6.12	**2 400**	13.4	10.3	**25 000**	29
30	3.11	2.77	**440**	7.61	6.21	**2 600**	13.8	10.6	**30 000**	31
35	3.27	2.91	**460**	7.72	6.29	**2 800**	14.1	10.8	Fiabilité base calcul 90% atteignent ou dépassent la valeur de calcul. ========== 50% ont 5 fois plus de durée	
40	3.42	3.02	**480**	7.83	6.37	**3 000**	14.4	11		
45	3.56	3.13	**500**	7.94	6.45	**3 200**	14.7	11.3		
50	3.68	3.23	**550**	8.19	6.64	**3 400**	15	11.5		
60	3.91	3.42	**600**	8.43	6.81	**3 600**	15.3	11.7		
70	4.12	3.58	**650**	8.66	6.98	**3 800**	15.6	11.9		
80	4.31	3.72	**700**	8.88	7.14	**4 000**	15.9	12		
90	4.48	3.86	**750**	9.09	7.29	**4 500**	16.5	12.5		

SY 5.11 – CALCUL ROULEMENTS

Graissage, Couple frottement, Joints PAULSTRA

SY 5.11 / 01 – ROULEMENTS GRAISSAGE d'après SKF

Intervalle de graissage

$$t_{f\,(h)} = K\left(\frac{14.10^6}{n\sqrt{d}} - 4d\right)$$

K = 10 pour billes

K = 5 pour rotules et butées

K = 1 pour rouleaux

Quantité de Graisse

$$G_{(grammes)} = 0.005\ D.B$$

1 cm³ = 0.9 g (avec densité graisse = 0.9)

soit environ 1 cm³ ≈ 1 g

coup de piston pompe à graisse donne environ 1 cm³ ≈ 1g

D : Ø exter en mm

B : largeur bague exter en mm

SY 5.11 / 02 – Couple de frottement dans les roulements

$$M = \mu\, F\, d / 2 \quad (m.N)$$

Au démarrage, le Moment de frottement atteint le double des valeurs calculées.

Roulement rigide à billes	μ 0.0015
Rotules à billes	μ 0.0010
Roulement contact oblique	μ 0.0024
Roulement à rouleaux	μ 0.0018
Butée à billes	μ 0.0013
Butée à rouleaux	μ 0.0050

SY 5.11 / 03 – Couple frottement des joints (m.N) pour un calcul détaillé, calcul parfois utile

Ø - N t / mn	100	1 000	2 000	4 000	6 000
Ø 10	0.005	0.025	0.030	0.040	0.040
Ø 20	0.025	0.050	0.060	0.070	0.070
Ø 30	0.100	0.125	0.150	0.160	0.175
Ø 40	0.125	0.175	0.225	0.250	0.250
Ø 50	0.150	0.205	0.250	0.280	0.300
Ø 60	0.160	0.250	0.300	0.350	0.375
Ø 80	0.275	0.450	0.550	0.650	0.678

SY 5.11 / 04 – La pompe à graisse SKF

est l'outil idéal pour toute opération de graissage, particulièrement sur des équipements agricoles et en milieu industriel. Les pompes à graisse SKF disposent d'un tube de raccordement d'une longueur de 175 mm équipé d'une agrafe de type hydraulique. Un tuyau souple d'une longueur de 500 mm équipé d'une agrafe de type hydraulique est également disponible comme accessoire. Pression maximale 40 MPa = 400 bars

1077600 : Volume par actionnement 1,5 cm³

TLGH 1 : Volume par actionnement 0,9 cm³

SY 5.11 / 05 – Exemples de roulements Rotules et paliers

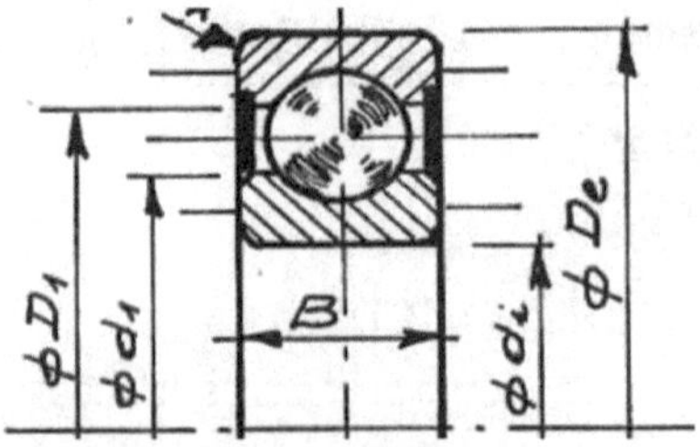

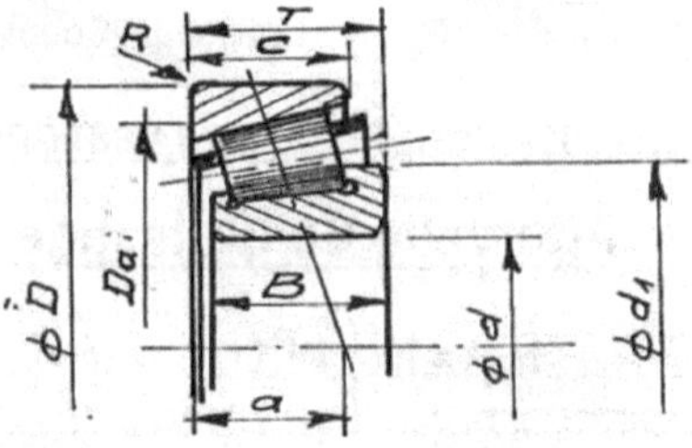

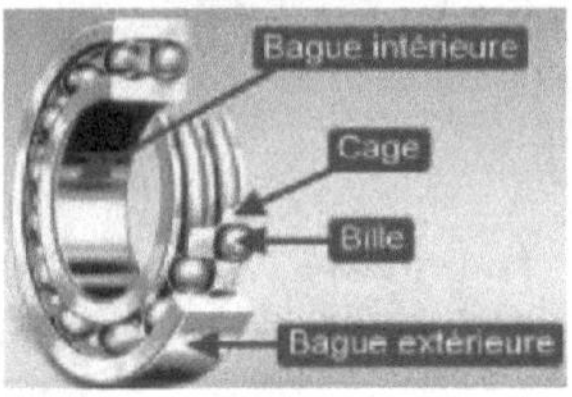

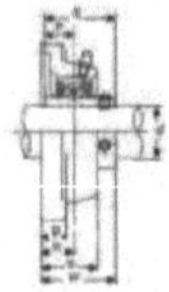

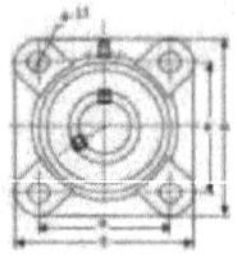

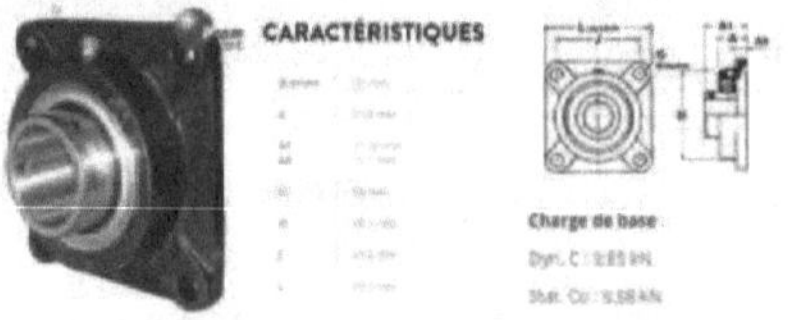

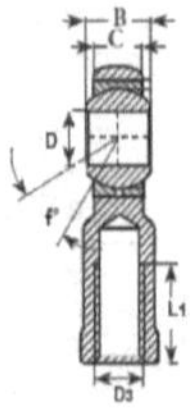

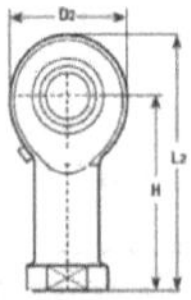

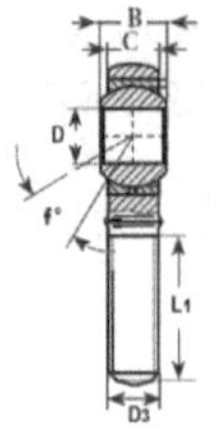

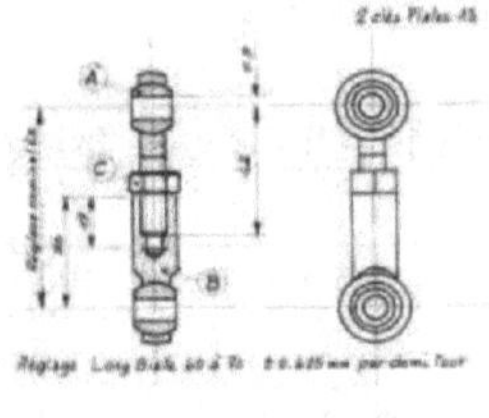

SY 5.11 / 06 - BIELLETTE Ø 8

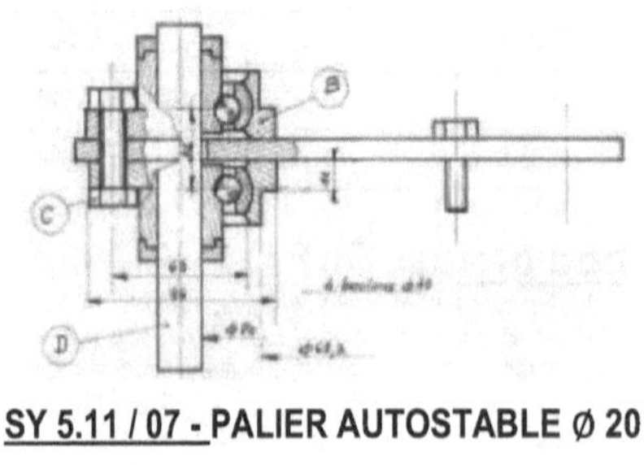

SY 5.11 / 07 - PALIER AUTOSTABLE Ø 20

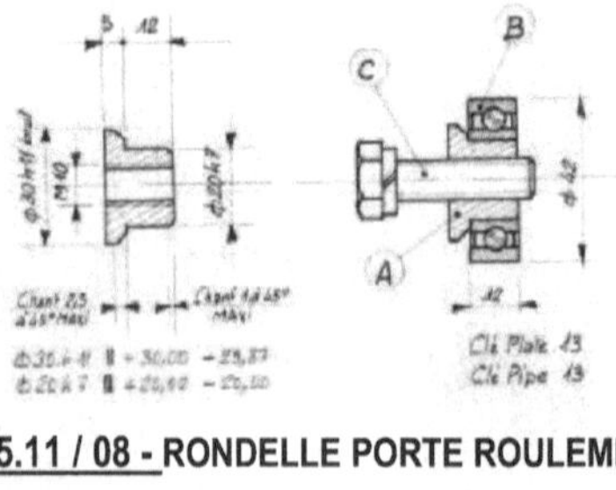

SY 5.11 / 08 - RONDELLE PORTE ROULEMENT

SY 5.41 – CALCUL **PALIERS**

Coussinet autolubrifiant - **Bague METAFRAM**

Principe de l'autolubrification : Au repos 25% en volume du métal fritté est imprégné à saturation d'une huile à haut pouvoir lubrifiant.

1° l'arbre en rotation se comporte comme une pompe et aspire l'huile qui crée un coin d'huile et un film hydrodynamique comme un coussin d'huile.

2 à l'arrêt, la capillarité des pores réabsorbe l'huile dans le corps du coussinet.

SY 5.41 / 01 – Abaque Pression (daN/cm²) fonction N (t/mn) suivant METAFRAM

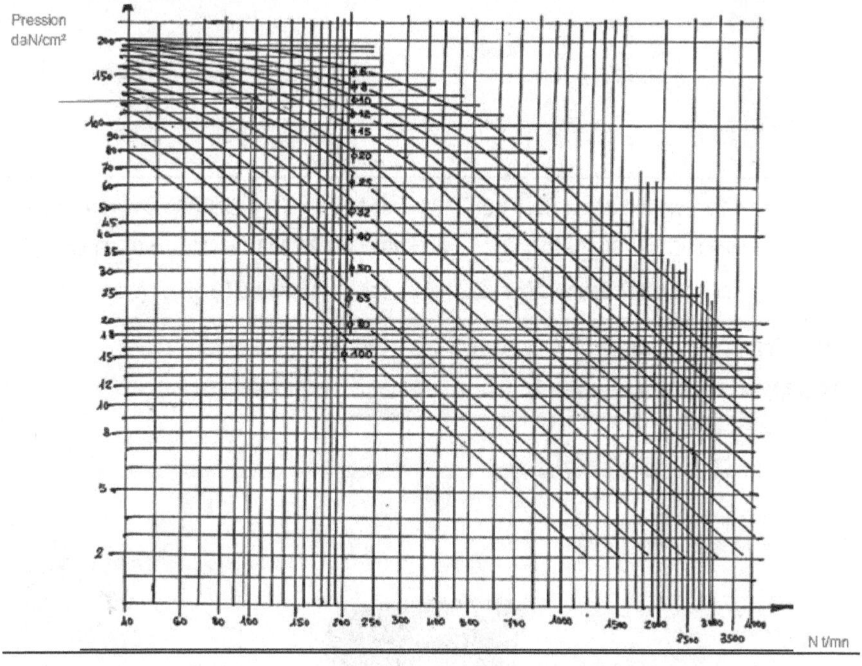

SY 5.41 / 02 – Abaque utilisable pour PRODUIT USURE $\leq$ **18** P charge daN/cm² et v en m/s

Equation aux dimensions : daN / cm². m / s; Nm/s = W ; daW / cm² (décaWatt / cm²

Exemple de calcul : bague **Ø 20 x 16** arbre tourne à **100 t/mn**, Effort sur le **palier 220 daN**

pression moyenne = 220 / (2 x 1.6) = **69 daN/cm²** ; p admis voir abaque = 120 daN/cm²

ω =0.1 N: 100 t/mn ~ 10 rd/s ; v = ω .r = 10 x 0.010 = 0.1 m/s

PV = 69 x 0.1 = **7 < 18 convient**

SY 5.41 / 03 – Ajustement des bagues autolubrifiantes

1 micron = 1/1000 de mm = 0,001 mm

Pour convertir en mm un écart donné en microns, il faut déplacer la virgule de 3 chiffres vers la gauche.

Exemple : 25 microns = 0,025 mm

COUSSINET APRES EMMANCHEMENT

ø intérieur - ø1 coussinet cylindrique **H7** (H8 pour ø 1 > 50mm)

ø intérieur - ø1 coussinet à collerette **H8**

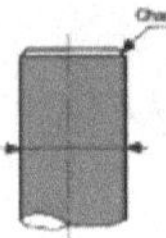

ARBRE A UTILISER

Caractéristiques mécaniques des aciers en fonction des nuances de coussinets

Pour un coussinet **BP25**

Acier dureté mini **80kg/mm²**

Ra ≤ **0,6**

ø tolérances **f7**

Dans le cas où le coussinet est monté sans rétreint (collage, surmoulage), il faut utiliser un arbre de qualité h7 au lieu de f7.

JEU DE FONCTIONNEMENT

Assemblage tournant **H7/f7 ou H8/f7**

Il est important de respecter les conditions de montage afin d'obtenir un fonctionnement optimum du coussinet autolubrifiant (lubrification, usure, frottement).

COTES NOMINALES		3 à 6 inclus	6 à 10 inclus	10 à 18 inclus	18 à 30 inclus	30 à 50 inclus	50 à 80 inclus	80 à 120 inclus	120 à 180 inclus	180 à 250 inclus
ARBRES	d 9	− 30 / − 60	− 40 / − 76	− 50 / − 93	− 65 / − 117	− 80 / − 142	− 100 / − 174	− 120 / − 207	− 145 / − 245	− 170 / − 285
	d 11	− 30 / − 105	− 40 / − 130	− 50 / − 160	− 65 / − 195	− 80 / − 240	− 100 / − 290	− 120 / − 340	− 145 / − 395	− 170 / − 460
	e 7	− 20 / − 32	− 25 / − 40	− 32 / − 50	− 40 / − 61	− 50 / − 75	− 60 / − 90	− 72 / − 107	− 85 / − 125	− 100 / − 146
	e 8	− 20 / − 38	− 25 / − 47	− 32 / − 59	− 40 / − 73	− 50 / − 89	− 60 / − 106	− 72 / − 126	− 85 / − 148	− 100 / − 172
	e 9	− 20 / − 50	− 25 / − 61	− 32 / − 75	− 40 / − 92	− 50 / − 112	− 60 / − 134	− 72 / − 159	− 85 / − 185	− 100 / − 215
	f 6	− 10 / − 18	− 13 / − 22	− 16 / − 27	− 20 / − 33	− 25 / − 41	− 30 / − 49	− 36 / − 58	− 43 / − 68	− 50 / − 79
	f 7	− 10 / − 22	− 13 / − 28	− 16 / − 34	− 20 / − 41	− 25 / − 50	− 30 / − 60	− 36 / − 71	− 43 / − 83	− 50 / − 96
	g 5	− 4 / − 9	− 5 / − 11	− 6 / − 14	− 7 / − 16	− 9 / − 20	− 10 / − 23	− 12 / − 27	− 14 / − 32	− 15 / − 35
	g 6	− 4 / − 12	− 5 / − 14	− 6 / − 17	− 7 / − 20	− 9 / − 25	− 10 / − 29	− 12 / − 34	− 14 / − 39	− 15 / − 44
	h 5	0 / − 5	0 / − 6	0 / − 8	0 / − 9	0 / − 11	0 / − 13	0 / − 15	0 / − 18	0 / − 20
	h 6	0 / − 8	0 / − 9	0 / − 11	0 / − 13	0 / − 16	0 / − 19	0 / − 22	0 / − 25	0 / − 29
	h 7	0 / − 12	0 / − 15	0 / − 18	0 / − 21	0 / − 25	0 / − 30	0 / − 35	0 / − 40	0 / − 46
	h 8	0 / − 18	0 / − 22	0 / − 27	0 / − 33	0 / − 39	0 / − 46	0 / − 54	0 / − 63	0 / − 72
	h 9	0 / − 30	0 / − 36	0 / − 43	0 / − 52	0 / − 62	0 / − 74	0 / − 87	0 / − 100	0 / − 115
	h 10	0 / − 48	0 / − 58	0 / − 70	0 / − 84	0 / − 100	0 / − 120	0 / − 140	0 / − 160	0 / − 185
	h 11	0 / − 75	0 / − 90	0 / − 110	0 / − 130	0 / − 160	0 / − 190	0 / − 220	0 / − 250	0 / − 290
	h 12	0 / − 120	0 / − 150	0 / − 180	0 / − 210	0 / − 250	0 / − 300	0 / − 350	0 / − 400	0 / − 460
	j 6	+ 6 / − 2	+ 7 / − 2	+ 8 / − 3	+ 9 / − 4	+ 11 / − 5	+ 12 / − 7	+ 13 / − 9	+ 14 / − 11	+ 16 / − 13
	k 5	+ 6 / + 1	+ 7 / + 1	+ 9 / + 1	+ 11 / + 2	+ 13 / + 2	+ 15 / + 2	+ 18 / + 3	+ 21 / + 3	+ 24 / + 4
	k 6	+ 9 / + 1	+ 10 / + 1	+ 12 / + 1	+ 15 / + 2	+ 18 / + 2	+ 21 / + 2	+ 25 / + 3	+ 28 / + 3	+ 33 / + 4
	m 6	+ 12 / + 4	+ 15 / + 6	+ 18 / + 7	+ 21 / + 8	+ 25 / + 9	+ 30 / + 11	+ 35 / + 13	+ 40 / + 15	+ 46 / + 17
	n 6	+ 16 / + 8	+ 19 / + 10	+ 23 / + 12	+ 28 / + 15	+ 33 / + 17	+ 39 / + 20	+ 45 / + 23	+ 52 / + 27	+ 60 / + 31
	p 6	+ 20 / + 12	+ 24 / + 15	+ 29 / + 18	+ 35 / + 22	+ 42 / + 26	+ 51 / + 32	+ 59 / + 37	+ 68 / + 43	+ 79 / + 50

arbre dia 30 h 11 acier étiré brut 30 [+ 0 ; - 130] soit de 30,000 à 29,870 jeu mini = 0 mm
alésage coussinet 30 H8 30 { + 33 ; - 0] soit de 30,000 à 30,033 jeu Maxi = 0,90 mm
un ajustement demandé H8 f7 donne 30 { - 20 ; - 41] soit un jeu mini 0,02 et jeu Maxi 0,07 mm

---

arbre dia 30 h 11 acier étiré brut 30 [+ 0 ; - 130] soit de 30,000 à 29,870 jeu mini = 0 mm

alésage coussinet 30 H8 30 { + 33 ; - 0] soit de 30,000 à 30,033 jeu Maxi = 0,90 mm

ajustement demandé H8 f7 donne 30 { - 20 ; - 41] soit un jeu mini 0,02 et jeu Maxi 0,07 mm

il faudra passer un coup de toile sur l'arbre pour enlever 0.02 mm

ou passer un alésoir expansible dans la bague montée pour enlever 0.02 mm

Cette opération est toutefois un inconvénient, en effet, il est tout de même dommage d'utiliser un arbre en en acier étiré h11 pour éviter l'usinage et d'être obligé de retoucher cet arbre. Pour cette raison, pour les paliers tournants, je préfère les paliers à billes (paliers carrés par exemple).

Ces paliers ne nécessitent aucun usinage et se montent directement sur les arbres étirés h11.

Le surcoût du palier est en définitive moins cher et surtout plus rapide à l'utilisation.

SY 7.10 TRANSMISSION

Calcul des **chaînes**

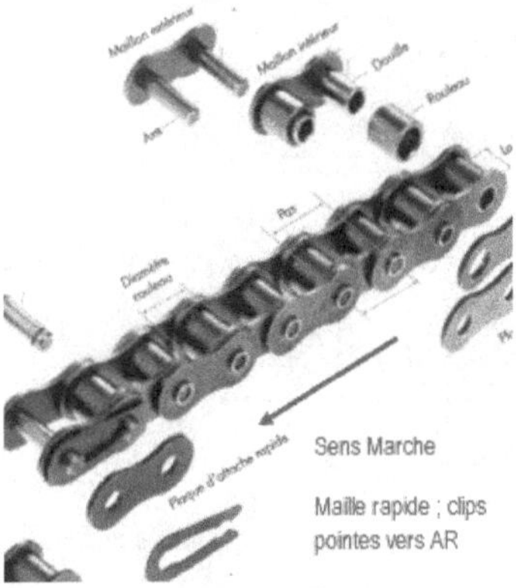

Sens Marche

Maille rapide ; clips pointes vers AR

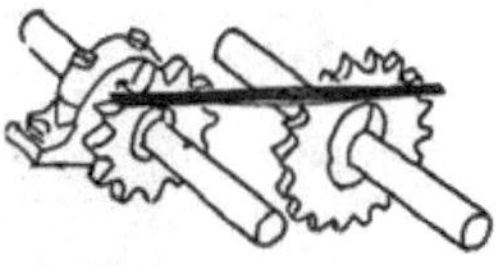

Réglage alignement avec une réglette

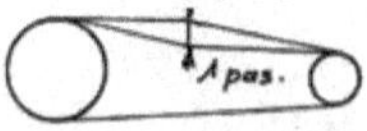

La tension doit être telle qu'un battement d'un pas subsiste.

L'entr'axe normal d'une transmission à chaîne doit être compris entre 30 et 50 fois le pas avec un Maximum de 80 fois le pas.
Une transmission par chaîne ne nécessite pas de tension préalable, il faut toutefois prévoir un réglage pour éviter le fouettement du brin mou.
Réglage mini = 1 fois le pas

Une chaîne trop tendue est bruyante et use vite. Un mou trop important provoque des fouettements.
Il est préférable de disposer le brin tendu à la partie inférieure. L'axe de transmission idéal est horizontal ou incliné à 45°.
Si les axes sont verticaux, il faut surveiller de près la tension des chaînes afin d'éviter un mauvais engrènement.
La chaîne a naturellement tendance dans ce cas à « dérailler ».

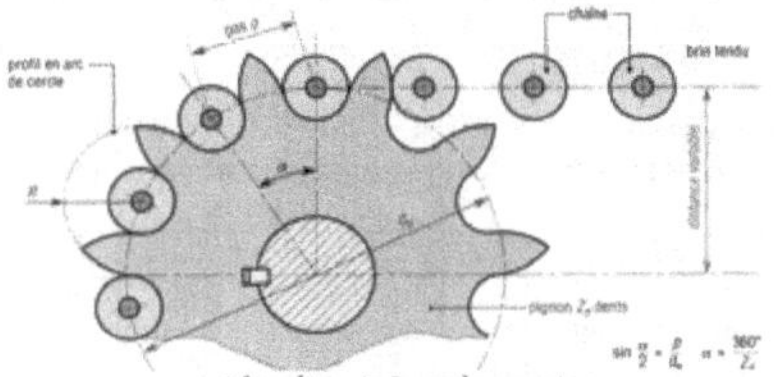

Géométrie de l'engrènement

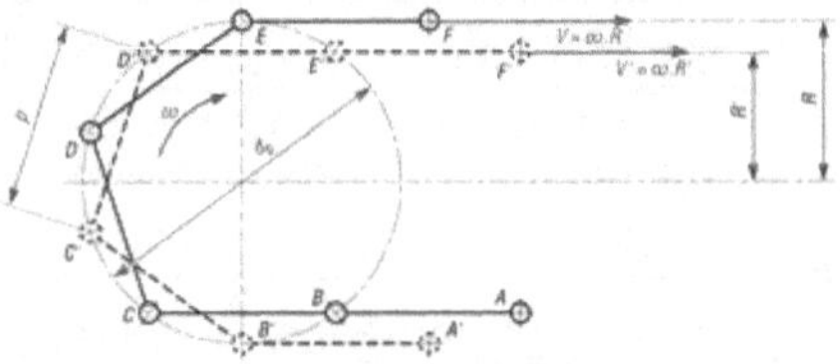

Effet polygonal amplifié pour nombre dents petit ou grand pas.

SY 7.10 /01 - CALCUL TRANSMISSION à CHAÎNE (méthode L.DORY inspirée du calcul d'engrenage)

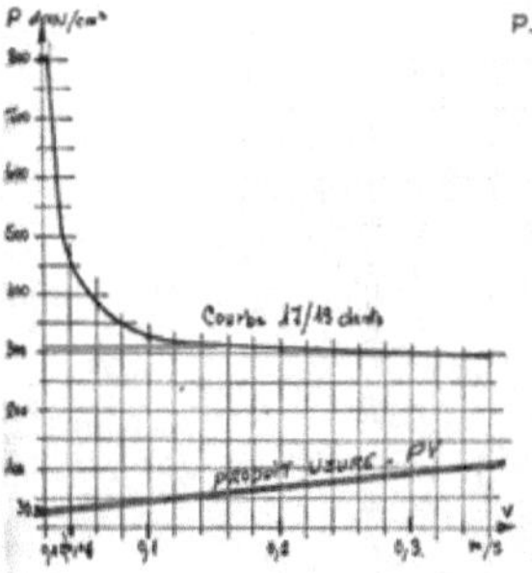

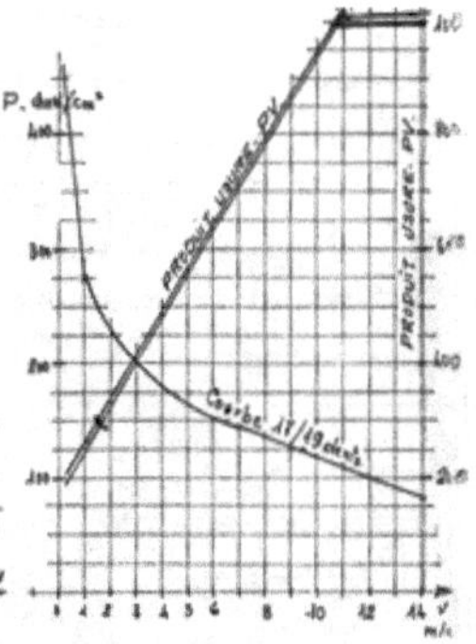

daN	SIMPLE		DOUBLE		TRIPLE	
pas	Ruptu daN	S cm²	Ruptu daN	S cm²	Ruptu daN	S cm²
9.52	900	0.28	1900	0.55		
12.7	2000	0.50	3700	1.00	5400	1.51
15.87	2800	0.67	5000	1.30	6800	2.02
19.05	3500	0.89	6000	1.79	8300	2.68
25.4	6500	2.10	12400	4.21	18500	6.31

1° Pignon Nb mini dents 13 Au dessous, l'irrégularité cyclique devient importante

2° F tangentiel < Ft pression
Ft admis articulations

3° Ft pression < F Rupture
Ft utilisation < Ft pression < F Rupture

4° Produit usure PV (daN/cm² x m/s) daW/cm²

Traits de rappel rouges correspondent à l'exemple v = 0.6 m/s ; p admissible 300 daN/cm²

Sur le pignon, on considère 1 / 4 des dents en prise, d'où surface de contact augmentée dans la même proportion.
Sur vitesses extrêmement lentes < 20 t / mn, on peut considérer 1 / 3 des dents en prise.

SY 7.10 /02 - Méthode approfondie CHAÎNES suivant méthode calcul engrenages pression contact durée de vie

SY 7.10 /03 - Calcul simplifié Résistance et usure (méthode L.DORY)

Relation géométrique simplifiée, valable pour calcul d'avant-projet

$dp = 0.32\ p.z$ dp = Ø primitif (Ø à l'axe des rouleaux chaînes) ; p = pas ; z = nombre de dents.

$$F_t \text{ utilisation} < F_{tp} \text{ pression contact articulations} < F_R \text{ Rupture chaîne}$$

SY 7.10 /04 - Pression

$$F_{t\ pression} = \sigma . z / 4. S . k_v . k_{BL} . k_A$$

$C_p = F_{tp} . d_1 / 2$

Rupture : $C_{rup} = F_{trup} . d_1 / 2$

Pression : $F_{tp} = 320 \times 17/4 \times S \times 1 \times 1 \times 1$ z = 17 dents

$$F_{tp} = 1360.S$$

$2 C_p = F_{tp} . d_1$ $d_1 = \frac{2C_p}{F_{tp}} = \frac{2C}{1360.S}$

$$d_1 = 1.5\ C / S$$

avec d_1 : mm ; **C** m.daN ; S cm²

ATTENTION AUX UNITES

$$C = d_1.S / 1.5$$

avec d_1 : mm ; **C** m.daN ; S cm²

$k_v = 1$ pour v = 0.1 m/s

σ = 320 daN / cm² pour v = 0.1 m/s

$v = \omega . d_1 / 2$ avec $\omega \sim 0.1\ N$ (t/mn)

$$v = 0.052.d_1.N$$ (mm/s ; mm ; t/mn)

V (m/s)	0.02	0.1	0.3	1	2.6	5	10
kv	2	1	0.94	0.87	0.75	0.65	0.40

Calcul pour durée 10 000 heures

$N_{cycles\ 10000h} = N \times 6 \times 10^5$ (N : t/mn)

N cycles	10^5	10^6	10^7	10^8	10^9	10^{10}
kBL	1.6	1.25	1	0.8	0.65	0.60

SY 7.10 /05 - Calcul tout fait : Couple Transmissible

Valeurs limites sans tenir compte kA (Coefficient de Service) Multiplier par kA pour obtenir le couple à votre application.

N (t/mn)	5	50	100	200	500	1 000	1 500	2 000	5 000	10 000	20 000
N cycles 10 000 h	3 M	30 M	60 M	120 M	300 M	600 M	900 M	1 200 M	3 000 M	6 000 M	12 000 M
KBL	1.25	1	0.9	0.8	0.75	0.7	0.65	0.65	0.65	0.65	0.65
v m/s d1= 50	0.013	0.13	0.26	0.52	1.3	2.6	3.9	5.2	13	26	52
v m/s d1= 50	0.026	0.26	0.52	1.04	2.6	5.2	7.8	10.4	26	52	104
v m/s d1= 50	0.039	0.39	0.78	1.56	3.9	7.8	11.7	15.6	39	78	156
Kv pour ø 100	2	0.94	0.90	0.85	0.75	0.65	0.55	0.45	0.40	0.35	0.30

Valeurs MAXI entre Rupture et Usure

9.52 Double	C m.daN	53	20	17	14	12	9.5	7.6	6.4	5.5
	Ft	1900	689	586	482	413	327	263	224	192
	σp daN/cm²	727	263	224	184	158	125	101	86	74
	PV	9.45	34	58	96	205	325	390	446	960
15.87 Simple	C m.daN	85	32	30	29	15	11	10	9.8	
	Ft	2236	842	789	763	410	301	292	260	
	σp daN/cm²	785	295	277	268	144	106	102	91	
	PV	21	77	72	268	375	550	800	950	
15.87 Double	C m.daN	165	62	54	45	37	23	22	20	
	Ft	4342	1631	1529	1274	973	615	597	531	
	σp daN/cm²	745	280	262	218	167	105	102	91	
	PV	20	73	136	227	434	550	800	950	

Exemple pratique : Motoréducteur 0.33 ch à 60 t / mn, transmission à chaîne pignon Ø 52

1 ch = 736 W **0.33 ch** = 448 W **60 t / mn** = 6.3 rd / s C = 448 / 6.3 = 71 m.N = **7.1 m.daN**

Ft Chaîne = Couple divisé par rayon pignon 7100 / 26 = **273 daN** *(273 kg)*

v = 6.3 x 0.026 = **0.16 m/s p 300 daN/ cm²** *(abaque § SY 7.10)*

Nom du produit	Ref.	Dents	Moyeu	De	Dp	Type	H	ø d	Prix
Pignon à Moy. Amovible 17 dent Pour chaine 06B2 Moy. 1008	PMAD06B017	17	1008	55.3	51.83	2	22	41	HT : 3,80 € TTC : 4,56 €

Choix 9.52 Double : Ft pression = σ . z / 4. S . kv . kBL .kA = 300 x 17 / 4 x 0.9 x 1 x 1 = 1148 daN

Chaîne 9.52D Rupture = 1900 daN ; S =0.55 cm² ; kv = 0.9 ; kBL = 1 *(10^7 cycles)* ; kA = 1

Chaîne 9.52 Double convient, on a :

Ft utilisation : 273 daN < Ft pression : 1148 daN < Ft Rupture : 1900 daN

Je préfère les chaînes doubles de pas inférieur pour plusieurs raisons :

1° Usure inférieure, pas d'allongement chaîne ;

2° Chaîne 9.52 D à peine plus chère que 12,7 S ;

3° à Ø égal 9.52 D, nb de dents supérieur, supression effet polygonal ;

4° Pas d'effet tanguage de la chaîne, largeur chaîne plus grande : stabilité ;

Dans tout ce qu'on entreprend, il faut donner les deux tiers à la raison, et l'autre tiers au hasard.
Augmentez la première fraction, et vous serez pusillanime.
Augmentez la seconde, vous serez téméraire. **Napoléon**

SY 7.10 /06 - Les éléments préférentiels sélectionnés

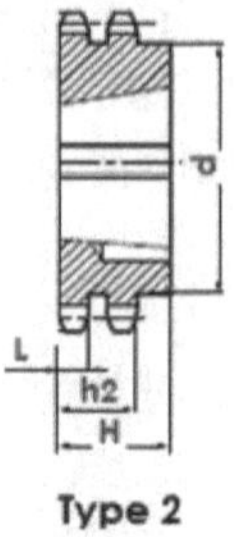

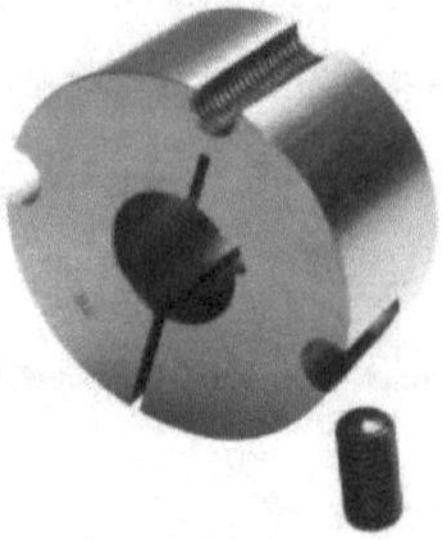

Nom du produit	Ref.	Dents	Moyeu	De	Dp	Type	H	ø d	Prix
Pignon à Moy. Amovible 17 dent Pour chaine 06B2 Moy. 1008	PMAD06B017	17	1008	55,3	51,83	2	22	41	HT : 3,80 € TTC : **4,56 €**
Pignon à Moy. Amovible 19 dent Pour chaine 06B2 Moy. 1008	PMAD06B019	19	1008	61,3	57,87	2	22	46	HT : 4,30 € TTC : **5,16 €**
Pignon à Moy. Amovible 21 dent Pour chaine 06B2 Moy. 1008	PMAD06B021	21	1008	68	63,91	2	22	49	HT : 5,00 € TTC : **6,00 €**
Pignon à Moy. Amovible 38 dent Pour chaine 06B2 Moy. 1610	PMAD06B038	38	1610	119,5	115,35	2	25	80	HT : 13,70 € TTC : **16,44 €**
Pignon à Moy. Amovible 57 dent Pour chaine 06B2 Moy. 1610	PMAD06B057	57	1610	176,9	172,91	2	25	80	HT : 32,00 € TTC : **38,40 €**
Pignon à Moy. Amovible 76 dent Pour chaine 06B2 Moy. 1610	PMAD06B076	76	1610	234,9	230,49	2	25	80	HT : 49,00 € TTC : **58,80 €**
Pignon à Moy. Amovible 114 Dent Pour chaine 06B2 Moy. 1615	PMAD06B114	114	1615	349,5	345,68	2	80	95	HT : 101,10 € TTC : **121,32 €**

NB : Prix indiqués pignons à la date d'édition soit début 2018, (prix TRI Distribution)

SY 7.10 /06 - Moyeux Coniques Standard 1008 1610 1615

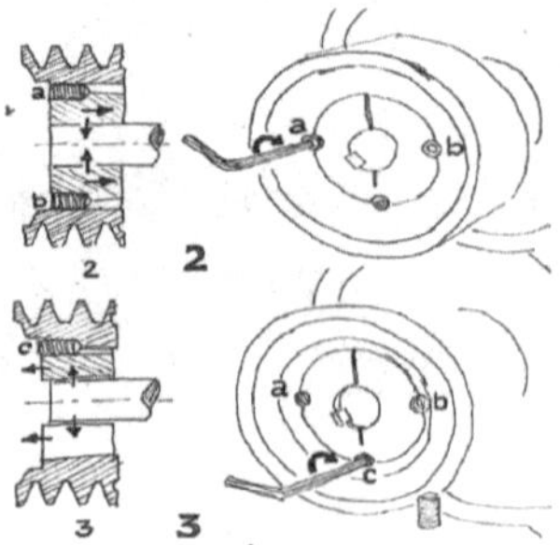

MOYEUX 1008

☆ Ajouter à la liste d'envies ✉ Envoyer à ur

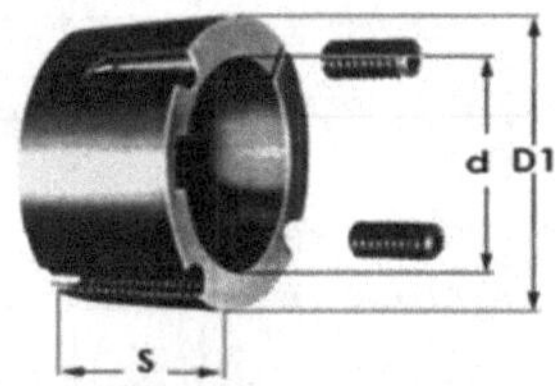

MOYEUX 1610

☆ Ajouter à la liste d'envies ✉ Envoyer à u

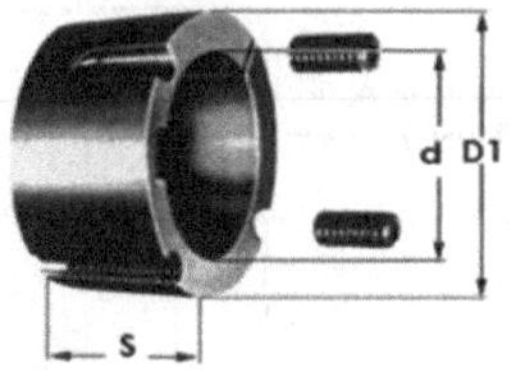

MOYEUX 1615

☆ Ajouter à la liste d'envies ✉ Envoyer à un

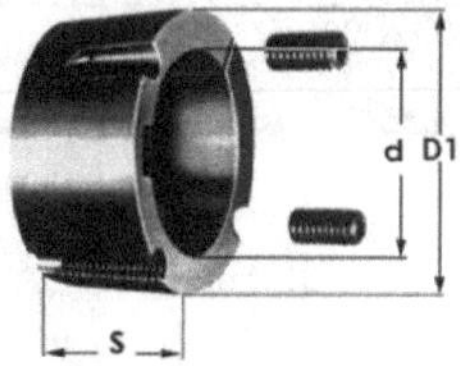

<u>SY 7.10 / 07 -</u> Couples transmissibles adhérence seule, (uniquement avec le serrage conique)

Voir § SY 10.13 page suivante

Moyeu amovible type taperlook pour arbre ø 20 Réf :1008.20	1008.20	20	35	1/4" x 1/2"	1	22.3
Moyeu amovible type taperlook pour arbre ø 20 Réf :1610.20	1610.20	20	57	3/8" x 5/8"	1	25.4
Moyeu amovible type taperlook pour arbre ø 20 Réf :1615.20	1615.20	20	57	3/8" x 5/8"	1	38.1

SY 10.13 TRANSMISSION

Couple **Moyeux Coniques** sans clavette

<u>Caractéristiques générales</u>

- Moyeux en fonte sauf spécification.
- Tous les moyeux sont rainurés.
- Le clavetage est prévu suivant la norme AFNOR E 22.175 (sauf spécification contraire), le clavetage doit s'exercer sur les côtés et jamais sur la face supérieure.
- Pour des alésages en pouces, nous consulter.

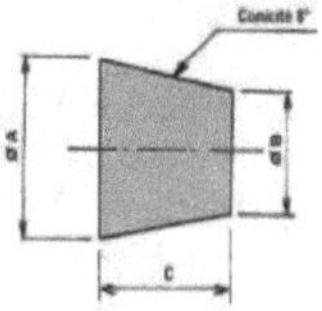

<u>Désignation</u>

Un moyeu VECOBLOC est défini par deux nombres (ex: 50.30)
- le premier indique l'alésage maximum : (ex : 50 mm)
- le deuxième indique la longueur du moyeu : (ex : 30 mm)

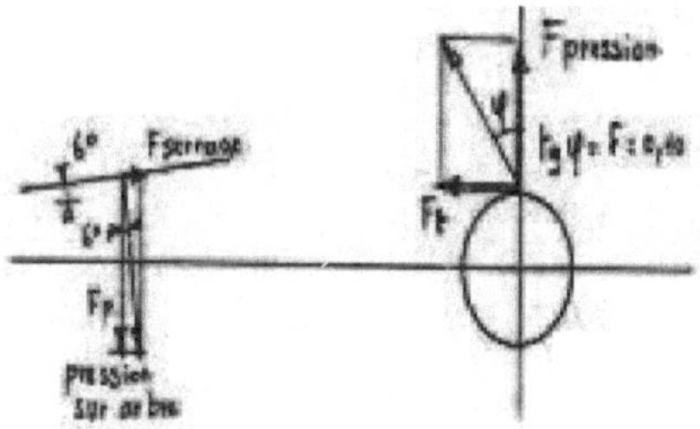

F pression = F serrage / tg 6°

tg 6° = 0.0945

Ft = Fpress x 0.10

Couple = Ft . D / 2

m.daN daN m

SY 10.13 / 01 - Documentation Moyeux VECOBLOC COLMANT CUVELIER 59 Lille

Caractéristiques techniques

Désignation des moyeux VECOBLOC®	Désignation des moyeux internationale	Alésages (mm)	Section de la clavette	dia A (mm)	dia B (mm)	C (mm)	Vis Nbre	Vis Diam.	Vis Long. (mm)	Vis Clé (mm)	Vis Couple serrage (Nm)	Poids alésage mini. (kg)
28.20	1108	12 14 • 15 • 16 18 • 19 • 20 • 22 24 • 25 28■	4 x 4 5 x 5 6 x 6 8 x 7 8 x 6	38,4	35,5	20	2	1/4''	13	3	6	0,14
30.25	1210	12 14 • 15 • 16 18 • 19 • 20 • 22 24 • 25 • 28 • 30 32■	4 x 4 5 x 5 6 x 6 8 x 7 10 x 7	47,7	44	25	2	3/8''	16	5	20	0,30
30.40	1215	16 19 • 20 24 • 25 • 28 • 30 32■	5 x 5 6 x 6 8 x 7 10 x 7	47,7	42	40	2	3/8''	16	5	20	0,42
40.25	1610	14 • 15 • 16 18 • 19 • 20 • 22 24 • 25 • 28 • 30 32 • 35 • 38 40■ • 42■	5 x 5 6 x 6 8 x 7 10 x 7 12 x 7	57,2	53,5	25	2	3/8''	16	5	20	0,44
40.40	1615	14 • 16 18 • 19 • 20 • 22 24 • 25 • 28 • 30 32 • 35 • 38 40■ • 42■	5 x 5 6 x 6 8 x 7 10 x 8 12 x 7	57,2	52	40	2	3/8''	16	5	20	0,61
50.30	2012	16 18 • 19 • 20 • 22 24 • 25 • 28 • 30 32 • 35 • 38 40 • 42 45 • 48 • 50■	5 x 5 6 x 6 8 x 7 10 x 8 12 x 8 14 x 9	69,9	65	30	2	7/16''	22	5	30	0,78
65.45	2517	18 • 19 • 20 • 22 24 • 25 • 28 • 30 32 • 35 • 38 40 • 42 45 • 48 • 50 55 60 – 65■	6 x 6 8 x 7 10 x 8 12 x 8 14 x 9 16 x 10 18 x 11	85,8	78	45	2	1/2''	25	6	50	1,64

■ Pour ces alésages, la hauteur de clavette doit être diminuée de 1mm, le moyeu est en acier.
Pour ces alésages, le moyeu est en acier.

SY 10.13 / 02 - Couples transmissibles sans clavette suivant cône et Ø *(m.daN ou m.kg)*

Moyeu	Norme	Ø 12	Ø 15	Ø 20	Ø 25	Ø 30	Ø 35	Ø 40	Ø 42	Ø 45	Ø 50	Ø 60
28.20	1108	4	6	8	10							
30.25	1210	13	17	22	27	33						
30.40	1215	13	17	22	27	33						
40.25	1610	13	17	22	27	33	38					
40.40	1615	13	17	22	27	33	38					
50.30	2012			22	27	33	38	44				
65.45	2517			22	27	33	38	64	68	72	80	96

SY 11.10 TRANSMISSION

Calcul **ENGRENAGE Cylindrique denture droite**

SY 11.10 / 01 - Engrenage cylindrique droit STANDARD commerce *(sans correction denture)*

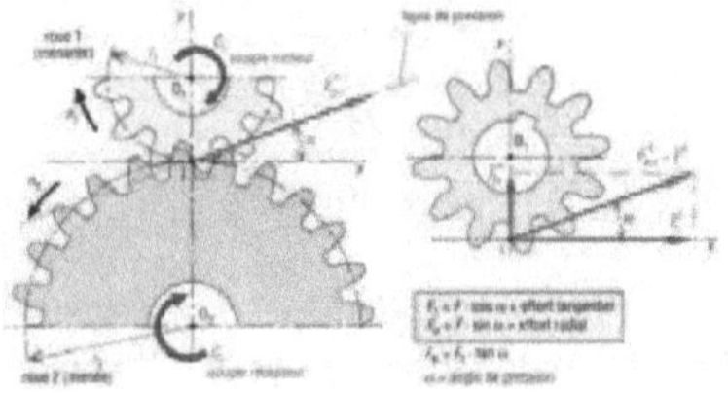

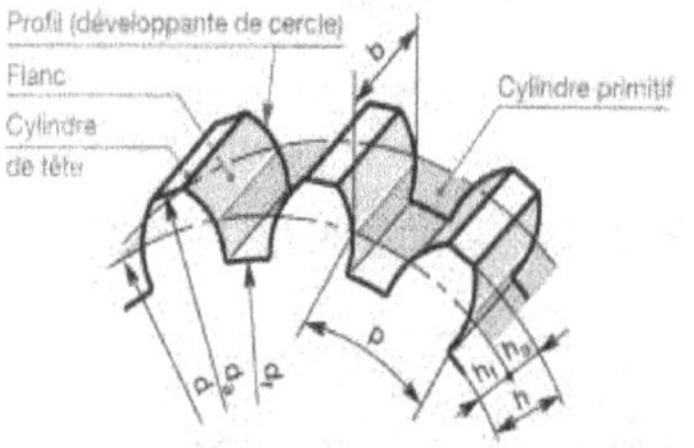

SY 11.10 / 02 - Calcul simplifié RESISTANCE et USURE :

Pour une bonne utilisation, on doit avoir :

Ft utisation **<** **Ft** pression contact **<** **Ft** Résistance Flexion Racine

En effet, une rupture de la base de la dent par la flexion a des conséquences beaucoup plus désastreuses qu'un écrasement local des surfaces en contact. On détecte l'écrasement local au bruit, donc avant qu'il ne soit trop tard.

La rupture d'une dent par flexion rend hors service le mécanisme ou élément de machine.

Ft résistance **=** σ**.b.m.** Kv.**K**BL.**K**A.**K**M **/** **Y**F.**Y**ε

Ft = 80 x 10 x m² x 0.75 x 1.5 x 1 x 1.2 / 2.5 x 1

Ft (daN) **= 432 m²** (mm)

Ft pression **=** Ω**.b.d**1.**C**r.**K**v.**K**HL.**K**M.**K**A

Ft = 0.37 x 10 x d1 / z1 x d1 x 0.8 x 0.75 x 2 x 1.2x1

Matière XC48 **:** σ = 80 daN/mm²

Dureté HB = 2000 daN/mm²

b : largeur denture = 10 modules

m : module

Kv = a / a+$\sqrt{v}$ a coeff qualité = 3

machi agricole ; v = 1m/s Kv = 0.75

KBL : abaque 10^5 cycles = 1.5

KA coeff service = 1

Ft (daN) = **5,328.d_1^2 / z_1** (mm)

Calcul en fonction du Couple

C (mm.daN) =

$Ft.d_1 / 2 = 5.328\ d_1^3 / 2\ z_1 = 2.7.d_1^3 / z_1$

KM coeff portée KM = 1

YF facteur forme = **2.5**

Yε = 1 pour peu soignés 30 dents sans correction de denture

XC 48 $\Omega 0$ = 0.37 daN/mm²

$d_1 = m.z_1$; $m = d_1 / z_1$

b = 10 m = $10.d_1 / z_1$

$C_r = i / i + 1$

i = rapport de réduction 4 / (4+1) = 0.8

KHL : abaque 10^5 cycles = 2

z = nombre de dents

SY 11.10 / 03 - Condition de détermination par la condition pression contact usure

$d_1 = m.z_1$; C pression = $2.7.d_1^3.m / d_1$

Ft pression = $5.328.d_1^2.m / d_1$ = **$5.328.d_1.m$**

Couple (mm.daN) ; **m module** (mm)

$d_1 = \sqrt{C / 2.7.m}$ b = 10.m

Choix Calcul d_1 ; m ; z_1

Ft utilisation = 2C / d_1

Ft pression = 5,3 d_1.m

Ft flexion racine = 432 m²

Les gens nous enseignent toujours la démocratie mais ne veulent pas l'apprendre eux-mêmes. **Vladimir Poutine**

SY 11.11 TRANSMISSION

Calcul **ENGRENAGE Conique denture droite**

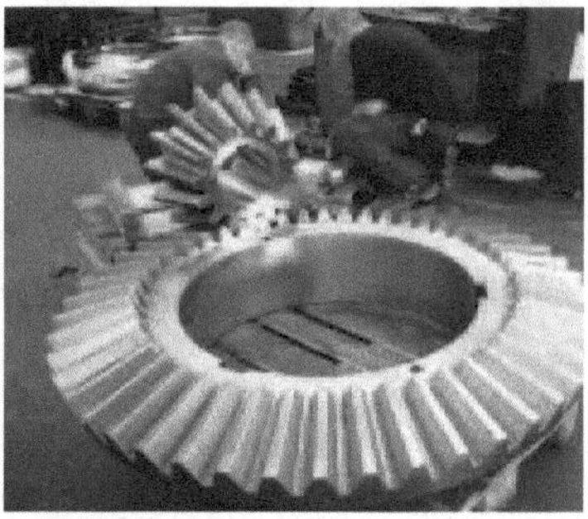

b = largeur denture

= 4 modules,

autres coeff idem

engrenage droit

$K_C = R - b / R$

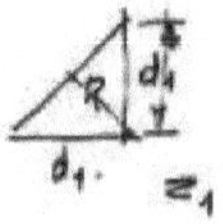

Ft résistance = $\boldsymbol{\sigma.b.m.K_V.K_{BL}.K_M.K_A.K_C / Y_\epsilon.Y_F}$

Ft = 80x4 x m x m x0.75x1.5 x 1 x 1 x 0.81 / 2.5 x 1

Ft (daN) **= 116 m²** (module mm).

Calcul pour : i = 1

R = 0.707 d1 ;

z1 fictif = 30 dts ;

R = 0.707 m z1

i = rapport réduction

Ft pression = $\boldsymbol{\Omega.b.d_1.C'_r.K_V.K_M.K_{HL}.K_A.K_C}$

$C'_r = i / i \cos\delta_1 + \cos\delta_2$

Pour : i = 1 ; C'r = 1 / 0.707+0.707 ;

C'r = 0.707

Ft = 0.37 x 4 m x d1 x 0.707 x 0.75 x 1 x 2 x 1 x 0.81

Ft (daN) **= 1,271 m.d1** (module et d1 en mm)

SY 11.11 / 01 - Condition de détermination par la condition pression contact usure

Couple pression = Ft.d1 / 2 = 1.272 m.d1.d1 / 2

$Cp = 0.636.m.d_1^2$

Couple (mm.daN) ;
m module (mm)
d1 = √ C / 0636.m **b = 4.m**
Choix Calcul d_1 ; m ; z_1
Ft utilisation = 2C / d_1
Ft pression = 1.271 d_1.m
Ft flexion racine = 116 m²

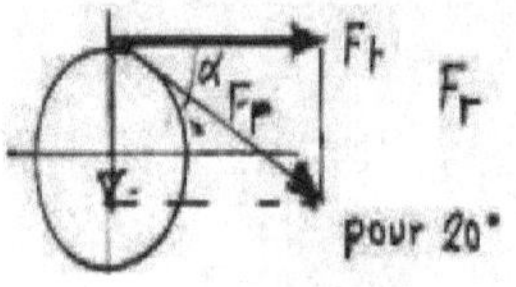

Fr = Ft / Cos α

pour engrenage droit

Fr = 1,064 Ft

ENGRENAGE CONIQUE

DENTURE DROITE

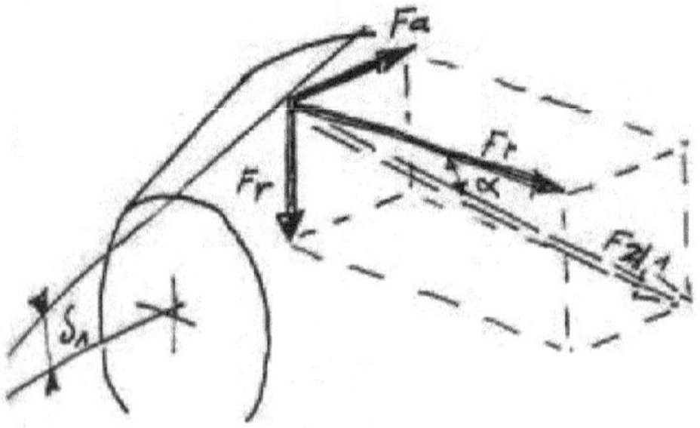

Fn 2/1 = **F**t / Cos α

Fa = Ft.tg α . Sin δ_1

Fr = Ft.tg α . Cos δ_1

Pour angle de pression 20°
(α = 20°)
Fa = 0,364 . Ft . Sin δ_1
Fr = 0,364 . Ft . Cos δ_1

SY 11.12 / 01 - VERIFICATION FINALE APPROFONDIE avec tous les éléments

DENTURE DROITE

ENGRENAGE DROIT Résistance Flexion Racine

$$F_t = \sigma . b.m. K_V.K_{BL}.K_A.K_M / Y_F.Y_\varepsilon$$

ENGRENAGE DROIT Tensions pressions de contact

$$F_t = \Omega . b.d_1. C_r . K_V . K_{HL} . K_M . K_A$$

d1 = Ø primitif pignon

$$d_1 = m.z_1$$

COUPLE CONIQUE DROIT Résistance Flexion Racine

$$F_t = \sigma . b.m. K_V.K_{BL}.K_A.K_M.K_C / Y_F.Y_\varepsilon$$

Y_F correspond à un nombre de dents fictif

$$z'_i = z_i / \cos \delta_i$$

COUPLE CONIQUE DROIT Tensions pressions contact

$$F_t = \Omega . b.d_1. C'_r . K_V . K_{HL} . K_M . K_A . K_C$$

$$C'_r = i / i \cos \delta_1 + \cos \delta_2$$

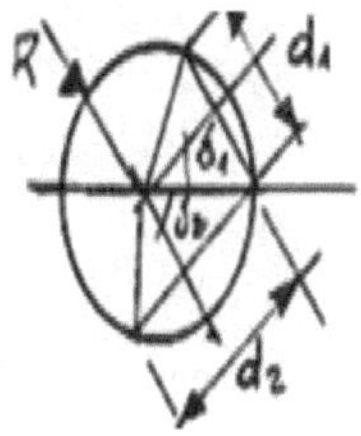

Matière XC48 : σ = 80 daN/mm²

Dureté HB = 2000 daN/mm² Ω_0 = 0.37 daN/mm²

b : largeur réelle denture **m** : module

$K_V = a / a + \sqrt{v}$ v en m / s

a coefficient qualité : 30 rectifié ; 6 automobile ; 3 machine agricole ;

N cycles	10^5	10^6	10^7	10^8	10^9	10^{10}
K_{BL}	1.6	1.25	1	0.8	0.65	0.65
K_{HL}	2	1.4	1	0.7	0.5	0.5

K_A coeff service , à coups ; surclassement ou déclassement 1.2 à 0.8

K_M coeff portée K_M = 1 sauf

$\Psi = b/d_1$	1	1.25	1.50	2	2.5
K_M	1	0.97	0.92	0.83	0.7

Y_F facteur forme = **2.5** sauf (angle pression 20° sans correction de denture)

Z dts	15	20	25	30	35	40	45	50
Y_F	3	2.75	2.6	2.5	2.45	2.4	2.35	2.32

Y_ε = 1 pour engrenage peu soigné ; 4 pour qualité $Y_\varepsilon = 1 / \varepsilon.\alpha$

$C_r = i / i+1 = z_2 / z_2 + z_1$

$$K_C = R - b / R$$

Coefficient des coniques

PRODUIT USURE – RAPPORT DE CONDUITE

pas = π.m = 3.14 x 2 = 6.28

Conduite AB = 10 ; ϵ_α = 10 / 6.28 = 1.60 > 1.1 OK

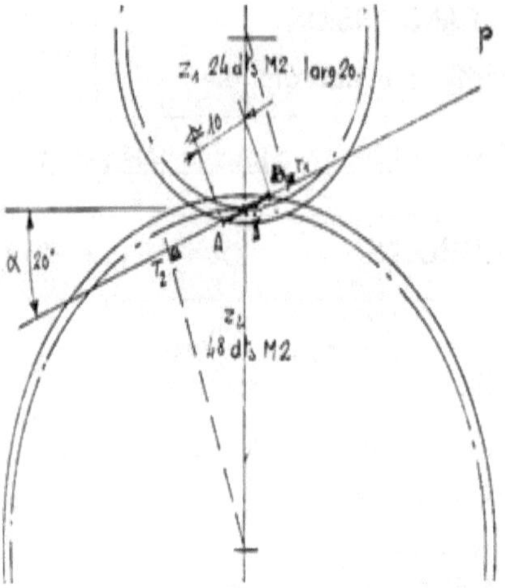

$$p_{\text{Maxi Hertz}} = 0.59 \sqrt{Fn/b \; . \; E_{\text{équival}} / \rho}$$

en simplification, on prend $\rho_{\text{équival}} = 10$ mm (AB)

(normalement $\rho_1 = AT_1$; $\rho_2 = AT_2$)

et $1/\rho_{\text{équival}} = ½ (1/\rho 1 + 1/\rho 2)$

Attention calcul en Newtons : 1 daN = 10 N

Si on a Ft = 4950 N   Fn = .064 Ft = 5266 N

$p_{\text{Maxi}} = 0.59 \sqrt{5266 / 20 \times 210000 / 10} = 1387$ N/mm

Si on a vitesse N_1 = 15 t/mn N_2 = 7.5 t/mn

$N_1 + N_2$ = 22.5 t/mn = 2.34 rd/s

v glissement = $2.34 \times 5.5 \times 10^{-3} = 0.012$ m/s

<u>PV</u> = 1387 x 0.012 = **<u>16.64 W / mm²</u>**

<u>USURE SANS ACCIDENT DE SURFACE</u>

2 000 W/mm² pour construction courante HUILE normale
6 000 W/mm² construc chargée HUILE extrême pression
13 000 W/mm² huile spéciale correction denture (AVIATION)

SUPPLEMENT NOTION d'USURE MECANIQUE **voir page 257**

L'engrenage à denture hélicoïdale a un meilleur rapport de conduite que celui à denture droite. 2.5 pour 1.2 en général.

Le rapport de conduite, c'est le recouvrement des dents soit : droit, il y a toujours 1.2 dent en travail (1 dent quitte l'engrènement, l'autre a déjà engagé cet engrènement).

EXEMPLE CONCRET : Dans les engrenages en sortie de turbine à 40.000 t/mn, on doit tenir compte de la déformation due à la force centrifuge pour l'engrènement correct.

A cette vitesse, si mal calculé le pignon est usé en deux heures.

Ø 100 à 4000 rd/s = 200 m/s (720 km/h).

Il faut dans ce cas de figure tenir compte de la déformation de la dent dûe à la force centrifuge

Le doute est l'ennemi des grandes entreprises. **Napoléon**

L'art d'être tantôt très audacieux et tantôt très prudent est l'art de réussir. **Napoléon**

SY 11.12 - FIXATION en ROTATION ET TRANSLATION DES ENGRENAGES

SY 11.12 / 03 - Moyeux sans clavette type MSAA

Utilisable pour fixation des engrenages droits et éventuellement coniques

Documentation technique

MOYEU DE SERRAGE MSAA (KLAA)

Ajouter à la liste d'envies   Envoyer à un ami   Partager ce produit :

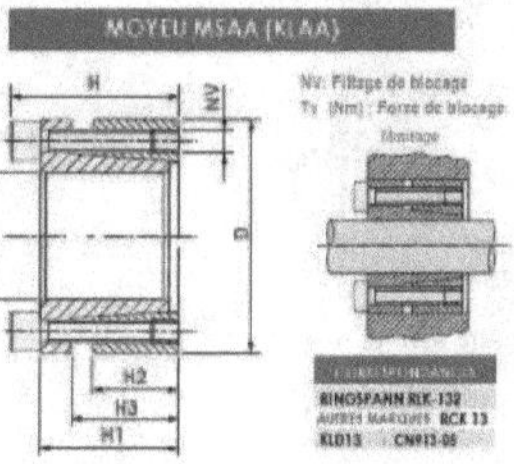

Nom du produit	Réf.	ø d	D	H3	H1	H	H2	NV	Tv (Nm)	Nbr vis	Vis	Nbr vis
Moyeu de serrage ø arbre 20 / ø Exterieure: 47 , MSAA020	MSAA020	20	47	22	23	34	17	M6x20	14	5	M6	3
Moyeu de serrage ø arbre 30 / ø Exterieure: 55 , MSAA030	MSAA030	30	55	22	28	34	17	M6x20	14	6	M6	3
Moyeu de serrage ø arbre 45 / ø Exterieure: 75 , MSAA045	MSAA045	45	75	29	33	41	21	M8x25	35	7	M8	3

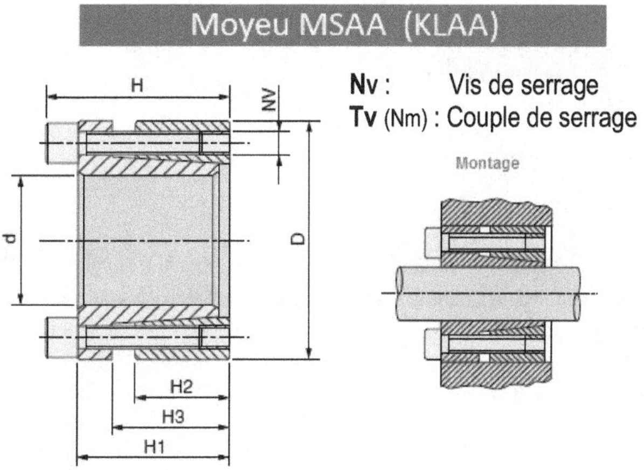

SY 11.12 / 04 - Moyeux sans clavette type MSCC

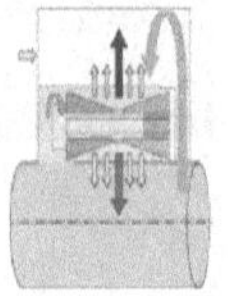

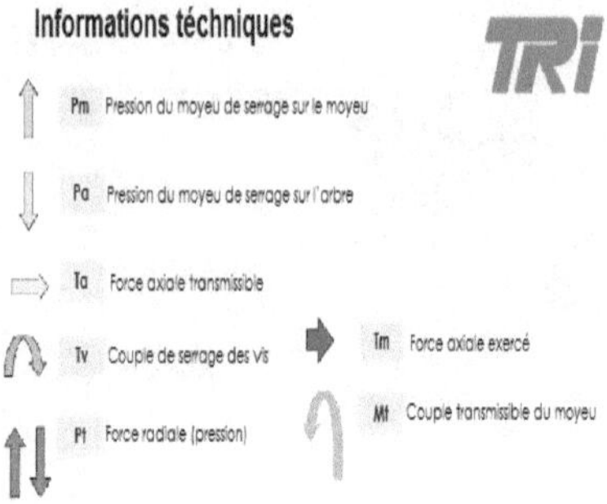

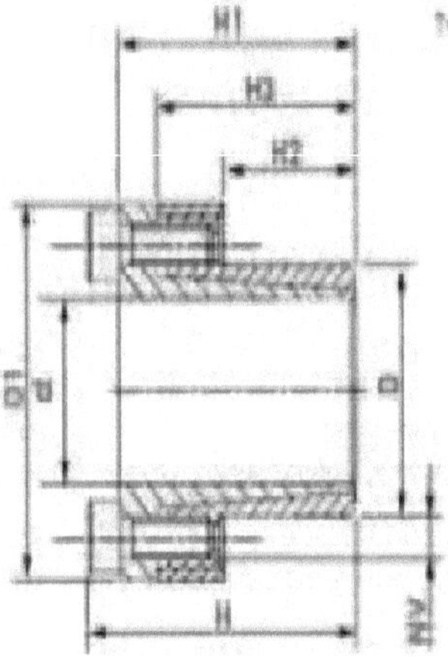

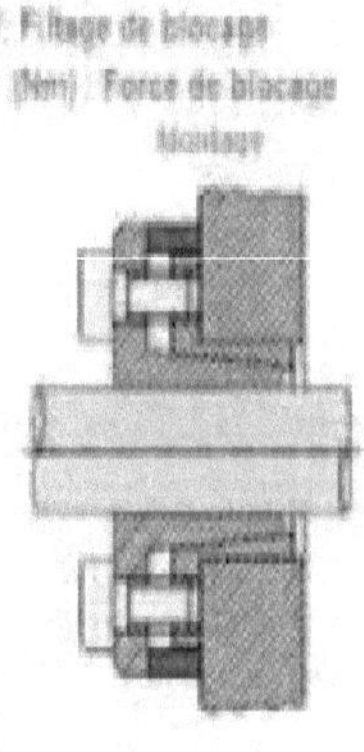

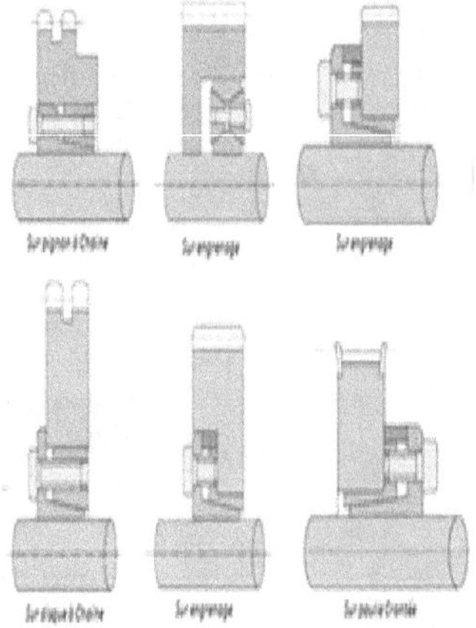

Nom du produit	Réf.	ø d	D	D1	H3	H1	H	H2	NV	Tv (Nm)	Nbr vis	Nbr vis
Moyeu de serrage ø arbre 20, ø Exter 28, MSCC020	MSCC020	20	28	49	31	38	44	16	M6x18	17	4	3
Moyeu de serrage ø arbre 30, ø Exter 41, MSCC030	MSCC030	30	41	63	38	45	51	25	M6x18	17	6	3
Moyeu de serrage ø arbre 45, ø Exter 59, MSCC045	MSCC045	45	59	85	56	64	72	40	M8x22	42	8	4

SY 20.00 Motoréducteurs

MOTOREDUCTEURS COMPABLOC LEROY SOMER Standard retenu pour transporteurs

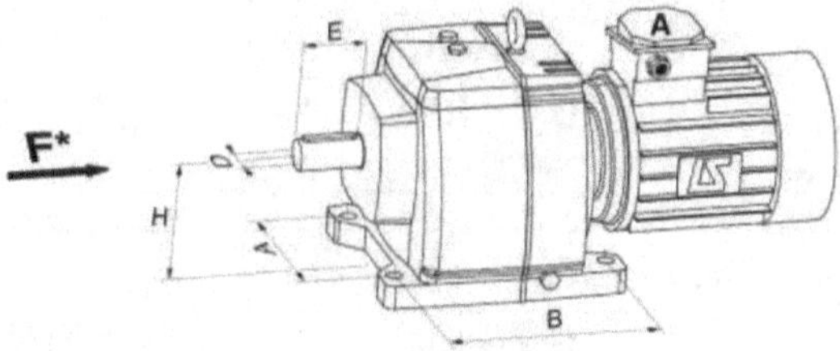

Compabloc	øD	E	A	B	H	kg
	Réducteur 1 train - 1 stage gearbox - Getriebe mit 1 untersetzungsstufe - Reductor 1 tren					
Cb 3531	45k6	90	260	160	160	41
Cb 3431	40k6	80	216	125	132	25
Cb 3331	35k6	70	190	100	112	15,5
Cb 3231	25j6	50	140	80	90	8,3
Cb 3131	20j6	40	120	75	80	6,9
Cb 3031 M'	16j6	40	125	70	75	2,3

Compabloc	øD	E	A	B	H	kg
	Réducteur multitrains - Multistage gearbox - Getriebe mit Mehrere Stufen - Reductor multitrenes					
Cb 2903	120m6	210	500	580	375	492
Cb 2803	100m6	210	510	480	315	324
Cb 2702-2703	90m6	170	420	390	250	179
Cb 2602-2603	70m6	140	355	355	225	131
Cb 3533	60m6	120	280	280	225	90
Cb 3433	50k6	100	230	235	180	50
Cb 3333	40k6	80	170	240	140	30
Cb 3233	30j6	60	135	192	115	18,5
Cb 3133	25j6	50	110	165	90	13
Cb 3033 M'	20j6	40	125	125	75	4,9
Cb 3032 M'	20j6	40	125	105	75	4,8
Cb 15-- M'	16j6	40	100	105	90	3,2

Cb "AP" - 1500 min^{-1} - Kp = 1

Capacités nominales — **Rated capacities** — **Nennkapazitäten** — **Capacidades nominales**

n_S (min^{-1})	i_{aR}	COMPABLOC 15--	30--	31--	32--	33--	34--	35--	26--	27--	2803	2903
N sorties	*i réduc*	*1 Indice exact réduc 2 type Réducteur 3 P en kW 4 Couple sortie en mN*										
15	100	98,3 **1503** **0,10** 63	102 **3033** **0,15** 90	99,4 **3133** **0,3** 200	98,2 **3233** **0,76** 457	101 **3333** **1,4** 835	104 **3433** **2,5** 1615	97,5 **3533** **5,2** 3070	99 **2603** **5,4** 3300	99 **2703** **8,5** 5120	101 **2803** **15,1** 9290	101 **2903** **24,3** 15000
48	31,5	31,5 **1502** **0,20** 41	32,5 **3032** **0,45** 90	30,6 **3133** **1,1** 200	30,3 **3233** **2,4** 453	30,2 **3333** **4,4** 805	31,9 **3433** **8,1** 1585	30,1 **3533** **16,2** 2980	31,5 **2602** **17,1** 3300	32,4 **2702** **25,8** 5110	31,8 **2803** **47,5** 9230	31,8' **2903** **75** 1465
94	16	15,6 **1502** **0,46** 46	15,4 **3032** **0,95** 89	16 **3133** **2,1** 200	15,8 **3233** **4,6** 443	16,1 **3333** **8,2** 805	15,8 **3433** **16,1** 1550	15,2 **3533** **30,7** 2850	16,3 **2602** **33,2** 3300	16,1' **2702** **51** 4980	15,9' **2803** **94** 9140	
150	10	9,81 **1502** **0,64** 40	10,2 **3032** **1,4** 88	9,67 **3133** **3,2** 190	9,62 **3233** **6,5** 380	9,95 **3333** **6,7** 408	9,67 **3433** **25,6** 1510	9,94 **3533** **44,5** 2700	10' **2602** **52** 3170	10,3' **2702** **72** 4580	10,2' **2803** **141** 8760	

Préférer le plus proche de 45 t / mn

Types de Réducteurs sélectionnés

1502	1503					
2602	2603	2702	2703	2803	2903	
3032	3033	3133	3233	3333	3433	3533

LS ; LSMV 4p - 1 vitesse-speed-Drehzahl-velocidad			Réducteur - Gearbox - Getriebe - Reductor				LS VARMECA			
n_S (min^{-1})	M (N.m)	Kp	Cb	i	F_R E/2 (N)		$n_{S\,MIN}$ (min^{-1})	$n_{S\,MAX}$ (min^{-1})	M (N.m)	Kp
LS 71 L ; - LS 71 FMC[1] ; LS 71 L FCR ; -				**0,18 kW**			- -			
14,5	105	4,35	Cb 3233	98,2	12 584	143				
45,2	33,9	1,35	Cb 1502	31,5	1 800	135				
91,2	16.8	2,37	Cb 1502	15.6	1 900	135				
145	10.5	3,29	Cb 1502	9,81	1 802	135				
LS 71 L ; LSMV 71 L LS71 FMC[1] ; LS 71 L FCR ; LSMV 71 L FCR				**0,37 kW**			**LS 71 L VMA 31T ; 31TL ; 31M LS 71 L FCR VMA 31T ; 31TL ; 31M**			
14,5	226	2,02	Cb 3233	98.2	12 583	143	3,47	23,1	138	3,31
43,7	75,4	1,19	Cb 3032	32,5	4 892	137	10,5	69,9	46,0	1,93
90,9	36,2	1,1	Cb 1502	15,6	1 800	135	21,8	145	22,1	1,8
145	22,7	1,53	Cb 1502	9,81	1 802	135	34,7	231	13,9	2,5
LS 80 L ; LSMV 80 L LS 80 L FCR ; LSMV 80 L FCR				**0,75 kW**			**LS 80 L VMA 31T ; 31TL ; 31M LS 80 L FCR VMA 31T ; 31TL ; 31M**			
14,3	473	0,96	Cb 3233	98,2	12 582	143	3,42	22,8	293	1,56
45,8	149	1,36	Cb 3133	30,6	6 836	141	11,0	73,3	91,9	2,17
91,2	74,8	1,19	Cb 3032	15,4	3 309	137	21,9	146	46,2	1,88
137	49,7	1,77	Cb 3032	10,2	3 355	137	33,0	220	30,7	2,79
LS 90 L ; LSMV 90 L LS 90 L FCR ; LSMV 90 L FCR				**1,5 kW**			**LS 90 L VMA 32T ; 32TL ; 32M LS 90 L FCR VMA 32T ; 32TL ; 32M**			
14,1	965	0,87	Cb 3333	101	24 907	145	3.39	22,6	599	1,39
44,8	307	5,16	Cb 3433	31,9	22 434	147	10,7	71,6	190	8,11
90,3	152	2,9	Cb 3233	15,8	7 521	143	21.7	144	94.7	3,74
147	93,7	2,66	Cb 3233	9,72	6 506	143	35,2	235	58,2	4,28
LS 100 L ; LSMV 100 L LS 100 L FCR ; LSMV 100 L FCR				**2,2 kW**			**LS 100 L VMA 32T ; 32TL LS 100 L FCR VMA 32T ; 32TL**			
14,5	1376	2,39	Cb 2603	99	64 773	151	3,49	23,2	854	3,8
45,0	449	3,52	Cb 3433	31,9	21 821	147	10,8	72,1	279	5,53
90,8	223	1,98	Cb 3233	15,8	7 107	143	21,8	145	139	2,56
144	140	2,91	Cb 3333	9,95	12 729	145	34,7	231	87,3	4,68
LS 100 L ; LSMV 100 L LS 100 L FCR ; LSMV 100 L FCR				**3 kW**			**LS 100 L VMA 32T ; 33TL LS 100 L FCR VMA 32T ; 33TL**			
14,5	1880	1,75	Cb 2603	99	63 778	151	3,49	23,2	1170	2,77
45,1	613	2,58	Cb 3433	31,9	21 162	147	10,8	72,1	382	4,04
91,1	303	5,11	Cb 3433	15,8	17 458	147	21,9	146	189	7,51
144	192	2,13	Cb 3333	9,95	12 478	145	34.7	231	119	3,42
LS 112 M ; LSMV 112 MG LS 112 M FCR ; LSMV 112 MG FCR				**4 kW**			**LS 112 MG VMA 32T ; 33TL LS 112 MG FCR VMA 32T ; 33TL**			
14,5	2510	1,31	Cb 2603	99	62 536	151	3,49	23,3	1562	2,08
45,1	818	1,93	Cb 3433	31,9	20 341	147	10,8	72,2	509	3,03
90,9	406	1,09	Cb 3233	15,8	6 068	143	21,8	146	253	1,4
144	256	1,6	Cb 3333	9,95	12 165	145	34,7	231	159	2,57
LS 132 S[1] ; LSMV 132 SM LS 132 S FCR ; LSMV 132 SM FCR				**5,5 kW**			**LS 132 SM VMA 33T ; 34TL LS 132 SM FCR VMA 33T ; 34TL**			
14,6	3435	1,49	Cb 2703	99	86 489	153	0,61	23,8	2110	2,38
44,6	1137	4,47	Cb 2702	32,4	69 647	153	1,86	72,5	698	7,09
90,1	564	1,43	Cb 3333	16,1	13 236	145	3,75	146	347	2,08
145	350	2,27	Cb 3333	9,98	11 864	145	6.04	235	215	2,97

LS	380 V P_N kW	N_N min⁻¹	I_N A	Cos φ	50 Hz η %
LS 56 L	0.09	1380	0.38	0.65	56
LS 63 M	0.12	1365	0.47	0.70	56
LS 63 M	0.18	1375	0.68	0.65	62
LS 71 L	0.25	1425	0.78	0.70	70
LS 71 L	0.37	1410	1.10	0.70	73
LS 71 L	0.55	1385	1.59	0.75	70
LS 80 L	0.55	1396	1.43	0.80	73
LS 80 L	0.75	1380	2.06	0.80	69
LS 80 L	0.9	1415	2.43	0.77	73
LS 90 S	1.1	1416	2.5	0.87	75.5
LS 90 L	1.5	1415	3.4	0.86	77.6
LS 90 L	1.8	1427	4	0.85	79.4
LS 100 L	2.2	1426	4.9	0.84	80.2
LS 100 L	3	1427	6.6	0.84	81.7
LS 112 M	4	1430	8.6	0.85	83
LS 132 S	5.5	1438	11.5	0.87	84.3
LS 132 M	7.5	1445	15.8	0.85	85
LS 132 M	9	1440	18.5	0.86	86

F3 - Cb 15-- / MI / LS

Dimensions en mm — Dimensions in mm — Abmessungen in mm — Dimensiones en mm

- Pattes S - S baseplate - Fuß S - Patas S

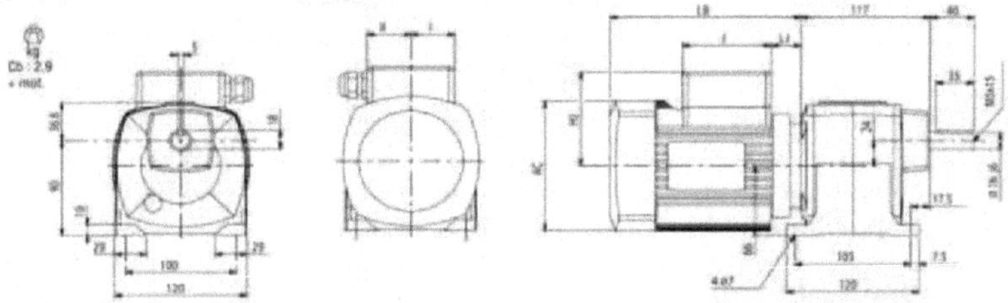

	Moteurs 4 pôles - 4 pole motors - 4 Poligen Motoren - Motores 4 polos																							
	LS								LS FCR								LS FMC							
H.A.	AC	HJ	J	LB	LJ	I	II	kg	AC	HJ	J	LB	LJ	I	II	kg	AC	HJ	J	LB	LJ	I	II	kg
56	110	85	78	156	16	39	39	4	-	-	-	-	-	-	-	-	110	90	86	206	16	43	43	4.3
63	124	95	78	172	26	39	39	5	-	-	-	-	-	-	-	-	124	110	86	222	26	43	43	5.2
71	140	102	78	183	21	39	39	6.3	140	135	160	273	36	55	55	8.5	140	129	86	233	21	43	43	7.4

F3 - Cb 2602-2603 / MI / LS

Dimensions en mm — Dimensions in mm — Abmessungen in mm — Dimensiones en mm

- Pattes S - S baseplate - Fuß S - Patas S

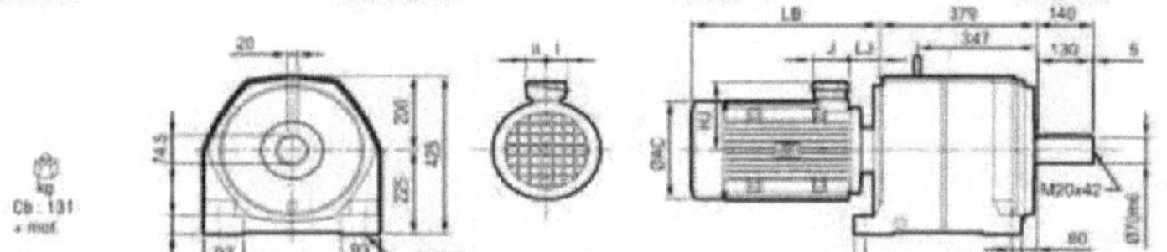

	Moteurs 4 pôles - 4 pole motors - 4 Poligen Motoren - Motores 4 polos																							
	LS								LSMV								LS, LSMV FCR - LS FCPL[1]							
H.A.	AC	HJ	J	LB	LJ	I	II	kg	AC	HJ	J	LB	LJ	I	II	kg	AC	HJ	J	LB	LJ	I	II	kg
90 L	190	143	90	265	46	43	60	15.2	190	156	160	265	33	55	55	17.3	184	156	160	324	33	55	55	24.2
100 L	200	148	90	337	73	43	60	22.5	200	161	160	337	61	55	55	25.7	200	161	160	399	61	55	55	30
112	200	148	90	337	73	43	60	24.9	235	169	160	344	53	55	55	33	235	169	160	425	53	55	55	44.5
132 M	280	175	110	427	65	57	73	60	280	188	160	427	65	55	55	65	280	188	160	533	65	55	55	90
160	316	208	134	535	84	92	63	86	316	235	160	544	95	55	55	110	316	231	160	643	95	55	55	110
180	316	249	186	554	88	111	98	112	350	258	186	625	95	111	98	165	345	235	134	717	79	92	63	150
200	350	256	186	599	69	111	98	165	390	276	186	634.5	90	111	98	190	384	256	186	828	69	111	98	240
225	390	276	186	683	90	111	98	235	479	405	292	817	75	148	180	325	410	276	186	960	90	111	98	320
250	479	405	292	683	75	148	180	340	-	-	-	-	-	-	-	-	-	-	-	-	-	-	-	-

1. FCR : LS 90 ---> LS 160 LR (15 kW); LSMV 90 ---> LSMV 160 MR (11 kW) ; FCPL : LS 180 ---> LS 250 MP.

F3 - Cb 2702-2703 / MI / LS

Dimensions en mm — *Dimensions in mm* — *Abmessungen in mm* — *Dimensiones en mm*

- Pattes S — **- S baseplate** — **- Fuß S** — **- Patas S**

kg
Cb : 179
+ mot.

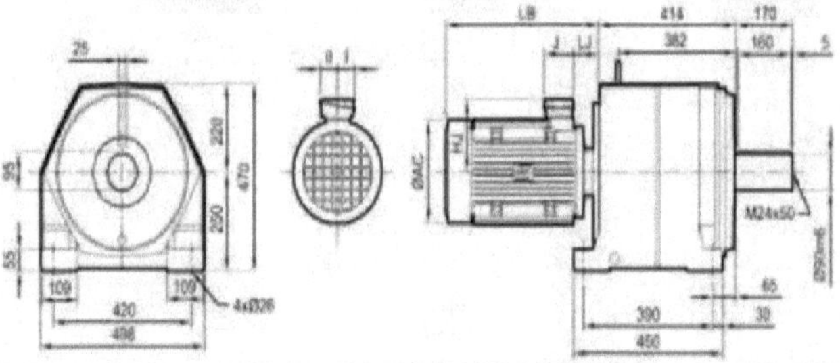

Moteurs 4 pôles - 4 pole motors - 4 Poligen Motoren - Motores 4 polos

	LS								LSMV								LS, LSMV FCR - LS FCPL[1]							
H.A.	AC	HJ	J	LB	LJ	I	II	kg	AC	HJ	J	LB	LJ	I	II	kg	AC	HJ	J	LB	LJ	I	II	kg
90 L	190	143	90	265	46	43	60	15.2	190	156	160	265	33	55	55	17.3	184	156	160	324	33	55	55	24.2
100 L	200	148	90	337	73	43	60	22.5	200	161	160	337	61	55	55	25.7	200	161	160	399	61	55	55	30
112	200	148	90	337	73	43	60	24.9	235	169	160	344	53	55	55	33	235	169	160	425	53	55	55	44.5
132 M	280	175	110	427	65	57	73	60	280	188	160	427	65	55	55	65	280	188	160	533	65	55	55	90
160	316	208	134	535	84	92	63	86	316	235	160	544	95	55	55	110	316	231	160	643	95	55	55	110
180	316	249	186	554	88	111	98	112	350	256	186	625	95	111	98	165	345	235	134	717	79	92	63	150
200	350	256	186	599	69	111	98	165	390	276	186	634.5	90	111	98	190	384	256	186	828	69	111	98	240
225	390	276	186	683	90	111	98	235	479	405	292	817	75	148	180	325	410	276	186	960	90	111	98	320
250	479	405	292	683	75	148	180	340	-	-	-	-	-	-	-	-	-	-	-	-	-	-	-	-

1. FCR : LS 90 —> LS 160 LR (15 kW); LSMV 90 —> LSMV 160 MR (11 kW) ; FCPL : LS 180 —> LS 250 MP

F3 - Cb 3032 / MI / LS

Dimensions en mm — *Dimensions in mm* — *Abmessungen in mm* — *Dimensiones en mm*

- Pattes S — **- S baseplate** — **- Fuß S** — **- Patas S**

kg
Cb : 4.8
+ mot.

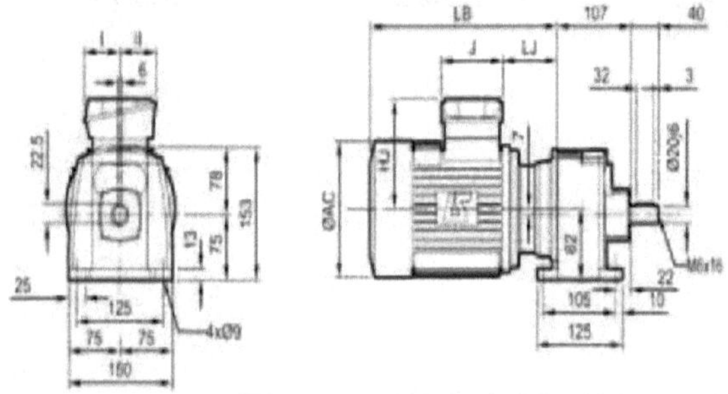

Moteurs 4 pôles - 4 pole motors - 4 Poligen Motoren - Motores 4 polos

	LS								LSMV								LS FMC ; LS, LSMV FCR[1]							
H.A.	AC	HJ	J	LB	LJ	I	II	kg	AC	HJ	J	LB	LJ	I	II	kg	AC	HJ	J	LB	LJ	I	II	kg
56	110	84	86	167	19	43	43	4	-	-	-	-	-	-	-	-	110	90	85	217	19	42.5	42.5	4.9
63	124	89	86	183	29	43	43	5	-	-	-	-	-	-	-	-	124	96	85	233	29	42.5	42.5	5.7
71	140	109	86	240	73	43	43	8.3	140	135	160	240	60	55	55	12.5	140	135	160	307	60	55	55	11.3
80	170	133	90	274	77	43	60	10.9	170	146	160	274	69.5	55	55	15.1	172	146	160	324	69.5	55	55	16

1. FMC : LS 56, LS 63 - FCR : LS 71, LS 80

F3 - Cb 3233 / MI / LS

Dimensions en mm — *Dimensions in mm* — *Abmessungen in mm* — *Dimensiones en mm*

- Pattes S — **- S baseplate** — **- Fuß S** — **- Patas S**

kg
Cb : 18.5
+ mot.

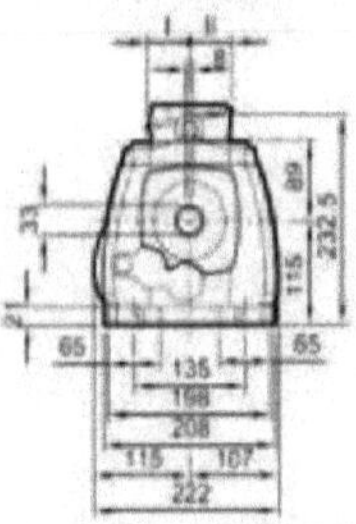

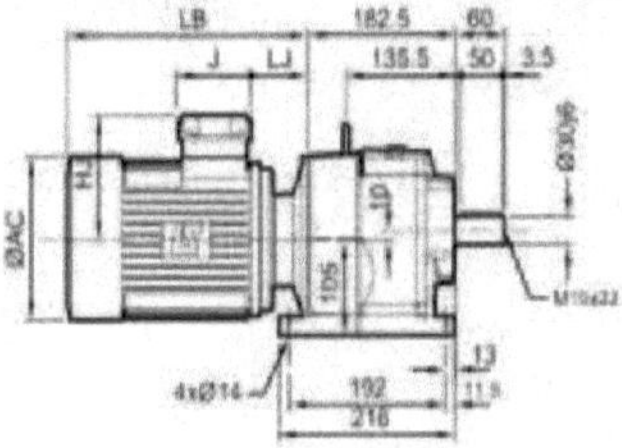

	Moteurs 4 pôles - 4 pole motors - 4 Poligen Motoren - Motores 4 polos																							
	LS								LSMV								LS, LSMV[1] FCR							
H.A.	AC	HJ	J	LB	LJ	I	II	kg	AC	HJ	J	LB	LJ	I	II	kg	AC	HJ	J	LB	LJ	I	II	kg
71 L	140	109	86	216	49	43	43	8.3	140	135	160	216	34	55	55	8.5	140	135	160	268	34	55	55	11.3
80 L	170	133	90	250	61	43	60	10.9	170	146	160	250	46	55	55	10.8	172	146	160	300	46	55	55	18
90 L	190	143	90	310.5	71.5	43	60	15.2	190	156	160	310.5	58.5	55	55	17.3	184	156	160	349.5	58.5	55	55	24.2
100 L	200	148	90	335.5	71.5	43	60	22.5	200	161	160	335.5	59.5	55	55	25.7	200	161	160	397.5	59.5	55	55	30
112	200	148	90	335.5	71.5	43	60	24.9	235	169	160	335.5	62	55	55	33	235	169	160	434	62	55	55	44.5
132 S	280	175	110	441	25	57	73	60	-	-	-	-	-	-	-	-	280	188	160	457	61	55	55	90

1. LSMV 71 FCR → LSMV 112 MG FCR

F3 - Cb 3333 / MI / LS

Dimensions en mm — *Dimensions in mm* — *Abmessungen in mm* — *Dimensiones en mm*

- Pattes S — **- S baseplate** — **- Fuß S** — **- Patas S**

kg
Cb : 30
+ mot.

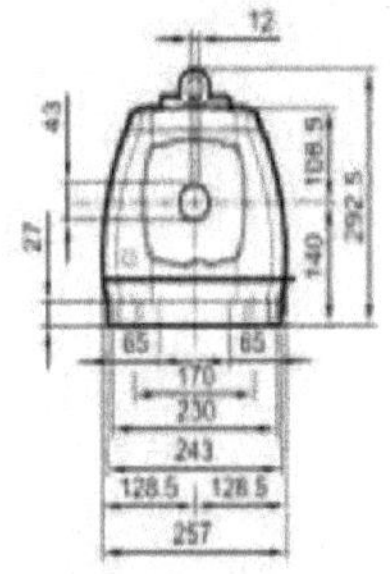

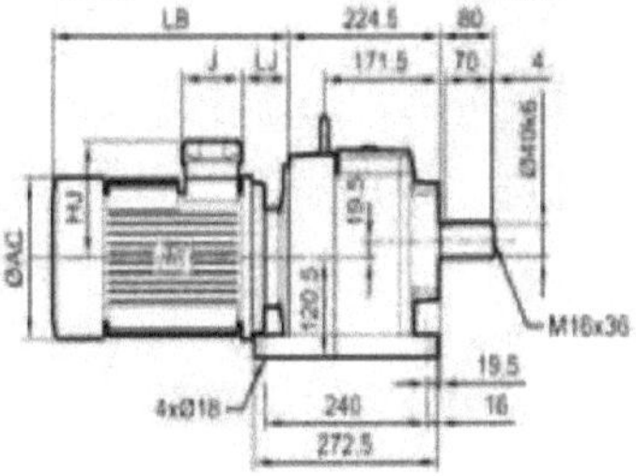

	Moteurs 4 pôles - 4 pole motors - 4 Poligen Motoren - Motores 4 polos																							
	LS								LSMV								LS, LSMV FCR							
H.A.	AC	HJ	J	LB	LJ	I	II	kg	AC	HJ	J	LB	LJ	I	II	kg	AC	HJ	J	LB	LJ	I	II	kg
71 L	140	109	86	212	45	43	43	8.3	140	135	160	212	30	55	55	8.5	140	135	160	264	30	55	55	11.3
80 L	170	133	90	246	57	43	60	10.9	170	146	160	246	42	55	55	10.8	172	146	160	298	42	55	55	18
90 L	190	143	90	286.5	67.5	43	60	15.2	190	156	160	286.5	54.5	55	55	17.3	184	156	160	345.5	54.5	55	55	24.2
100 L	200	148	90	331.5	67.5	43	60	22.5	200	161	160	331.5	55.5	55	55	25.7	200	161	160	393.5	55.5	55	55	30
112	200	148	90	331.5	67.5	43	60	24.9	235	169	160	349	58	55	55	33	235	109	160	430	58	55	55	44.5
132 M	280	175	110	435	73	57	73	60	280	188	160	435	73	55	55	65	280	188	160	541	73	55	55	90

F3 - Cb 3433 / MI / LS

Dimensions en mm — Dimensions in mm — Abmessungen in mm — Dimensiones en mm

- Pattes S **- S baseplate** **- Fuß S** **- Patas S**

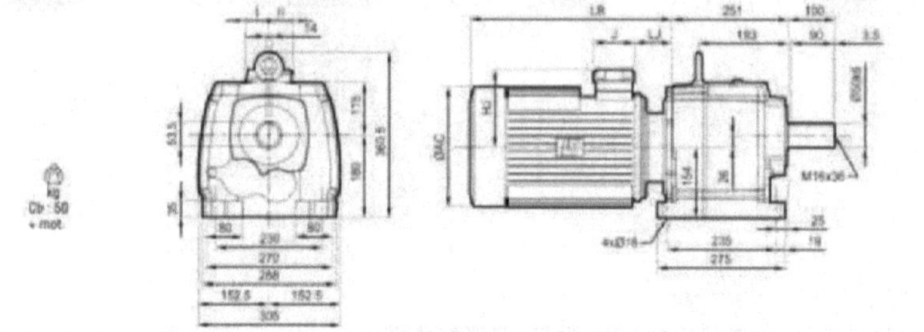

Moteurs 4 pôles - 4 pole motors - 4 Poligen Motoren - Motores 4 polos

	LS								LSMV								LS, LSMV FCR - LS FCPL[1]							
H.A.	AC	HJ	J	LB	LJ	I	II	kg	AC	HJ	J	LB	LJ	I	II	kg	AC	HJ	J	LB	LJ	I	II	kg
80 L	170	133	90	250	61,5	43	60	10,9	170	146	160	250	46,5	55	55	10,8	172	146	160	300,5	46,5	55	55	18
90 L	190	143	90	286,5	67,5	43	60	15,2	190	158	160	286,5	54,5	55	55	17,3	184	156	160	345,5	54,5	55	55	24,2
100 L	200	148	90	331,5	67,5	43	60	22,5	200	161	160	331,5	55,5	55	55	25,7	200	161	160	393,5	55,5	55	55	30
112	200	148	90	331,5	67,5	43	60	24,9	235	169	160	353	67	55	55	33	235	169	160	434	62	55	55	44,5
132 M	280	175	110	439	77	57	73	60	280	188	160	439	77	55	55	65	280	188	160	545	77	55	55	90
160	316	208	134	547	96	92	63	86	316	235	160	529	96	55	55	110	316	231	160	620	96	55	55	110
180	316	249	186	566	73	111	98	112	350	256	186	606	76	111	98	165	345	235	134	696	57	92	63	155

1. FCR : LS 80 —› LS 160 LR (15 kW), LSMV 80 —› LSMV 160 MR (11 kW) ; FCPL : LS 180

Enretien - Vidange
Huiles minérales : vidange toutes les 5 000 heures.
Huiles synthétiques PAO : vidange toutes les 25 000 heures.

Capacité en huile
Les quantités d'huile indiquées (voir pages suivantes) doivent être respectées suivant les tolérances et **conformément à la position de fonctionnement**.

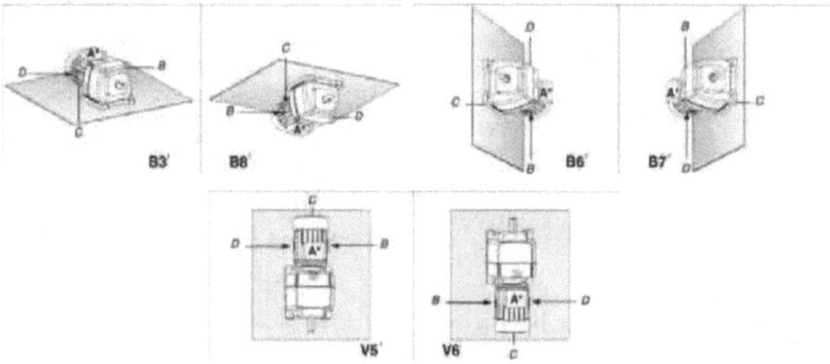

Cb combinés
Ajouter la quantité d'huile (en litre)
correspondant au réducteur d'entrée

Cb Sortie - output	Cb Entrée - input ·	Position de fonctionnement - Operating position					
		B5	**B52**	**B53**	**B54**	**V1**	**V3**
Cb 2935-36	Cb 3433	**3,3**	**7**	**6,7**	**4,7**	**7,5**	**7,5**
Cb 2835-36	Cb 3433	**3,3**	**7**	**6,7**	**4,7**	**7,5**	**7,5**
Cb 2735-36	Cb 3333	**1,6**	**4,37**	**4,45**	**2,95**	**4,5**	**4,4**
Cb 2734	Cb 3333	**1,6**	**3,3**	**4,45**	**2,95**	**4,5**	**4,4**
Cb 2635-36	Cb 3333	**1,6**	**4,37**	**4,45**	**2,95**	**4,5**	**4,4**
Cb 2634	Cb 3333	**1,6**	**3,3**	**4,45**	**2,95**	**4,5**	**4,4**
Cb 3535	Cb 3133	**0,6**	**0,95**	**1,1**	**0,85**	**1,15**	**1,4**
Cb 3435	Cb 3133	**0,6**	**0,95**	**1,1**	**0,85**	**1,15**	**1,4**

SY 20.50 Lubrifiants

SY 20.50 / 01 - CORRESPONDANCES DES HUILES (emprunté à réducteurs SEW)

Tableau d'utilisation en fonction du type d'engrenage ou moteur et température de l'ambiance de travail

Tableau des lubrifiants pour transmissions SEW

Utilisation	Température ambiante (-50 / 0°C / +50 / +100)	Type de lubrifiant DIN (ISO)		Classe de viscosité ISO - NLGI	ARAL	BP	Esso	Mobil	Shell	TOTAL	Klüber Lubrication	Tribol	elf
Réducteurs à engrenages cylindriques, à couple conique, à arbres parallèles	-25 … +60	Huile	PG	VG 220	Aral Degol GS 220	BP Enersyn SG-XP 220		Mobil Glygoyle 30	Shell Tivela Oil WB		SYNTHESO D 220 EP	Tribol 800/220	
	0 … +40	Huile	CLP (CC)	VG 220	Aral Degol BG 220	BP Energol GR-XP 220	SPARTAN EP 220	Mobilgear 630	Shell Huile réd. 90 Shell Omala Oil 220	Total Carter EP 220	Klüberoil GEM 1-220	Tribol 1100/220	Réductelf SP 220 Elf Kassilia 220
	-15 … +25	Huile	CLP (CC)	VG 150 VG 100	Aral Degol BG 100	BP Energol GR-XP 100	SPARTAN EP 150	Mobilgear 629	Shell Omala Oil 100	Total Carter EP 150	Klüberoil GEM 1-150	Tribol 1100/100	Réductelf SP 100
	-30 … +10	Huile	CLP (CC)	VG 68-46 VG 32	Aral Degol BG 46	BP Energol GR-XP 68	ESSO ATF D-21611	Mobil D.T.E. 15M	Shell Tellus Oil T 32	Total Carter EP / ES	Klüberoil GEM 1-68	Tribol 1100/68	Hydrelf DS 68
	-45 … -20	Huile	HLP (HM)	VG 22 VG 15		BP Energol HLP-HM 10	UNIVIS J 13	Mobil D.T.E. 11M	Shell Tellus Oil T 15	Total Aero Hydraulic 520	ISOFLEX MT 30 ROT		Aviation Hydraulic Oil 20H 520
Réducteurs à roue et vis sans fin	0 … +60	Huile	PG	VG 680				Mobil Glygoyle HE 680			SYNTHESO D 680 EP	Tribol 800/680	
	0 … +40	Huile	CLP (CC)[1]	VG 680	Aral Degol BG 680	BP Energol GR-XP 680	SPARTAN EP 680	Mobilgear 636	Shell Huile réd. 140S Shell Omala Oil 680	Total Carter EP 680	Klüberoil GEM 1-680	Tribol 1100/680	Réductelf SP 680 Elf Kassilia 680
	-15 … +25	Huile	CLP (CC)[1]	VG 220	Aral Degol BG 220	BP Energol GR-XP 220	SPARTAN EP 220	Mobilgear 630	Shell Huile réd. 90 Shell Omala Oil 220	Total Carter EP 220	Klüberoil GEM 1-220	Tribol 1100/220	Réductelf SP 220 Elf Kassilia 220
	-20 … +10	Huile	CLP (CC)[1]	VG 150 VG 100	Aral Degol BG 100	BP Energol GR-XP 100	SPARTAN EP 150	Mobil D.T.E. 18M	Shell Omala Oil 100	Total Carter EP / ES	Klüberoil GEM 1-150	Tribol 1100/100	Réductelf SP 68 Hydrelf DS 68
	-25 … +10	Huile	PG	VG 220				Mobil Glygoyle 30			SYNTHESO D 220 EP	Tribol 800/220	
	-45 … -20	Huile	HLP[1] (HM)	VG 22 VG 15		BP Energol HLP-HM 10	UNIVIS J 13	Mobil D.T.E. 11M	Shell Tellus Oil T 15	Total Aero Hydraulic 520	ISOFLEX MT 30 ROT		Aviation Hydraulic Oil 20H 520
Lubrification spéciale pour réducteurs	-40 … +80	Huile	PAO[1]	VG 220				Mobil Synthetic Fluid S 36				Tribol 1550/220	
	-40 … +10	Huile	PAO[1]	VG 32				Mobil SHC 624				Tribol 1550/32	
	-25 … +60	Graisse	DIN 51818	00[2]	Aralub SKA 00		Fließfett S420	Glygoyle Grease 00	Shell Tivela Compound A		Klübersynth GE 46-1200		
	-15 … +40	Graisse	DIN 51818	000 - 0[2]	Aralub MFL 00	BP Energrease HT-EP 00	FIBRAX EP 370	Mobilux EP 023	Shell Graisse réd. spéciale H	Specis EPG	Klüberplex GE 11-680		Epexelf 0
Roulements – Réducteurs	-30 … +60	Graisse	DIN 51818	2 - 3	Aralub HL 3	BP Energrease LS 3	Exxon BEACON 2	Mobilux EP 2	Shell Alvania Grease R 3		CENTOPLEX 2 EP	Tribol 4020/220-2	
	-40 … +80	Graisse	DIN 51818	2			Unirex S2	Mobiltemp SHC 100					
Roulements – Moteurs	+80 … +100	Graisse	DIN 51818	2							BARRIERTA L55/2		
	-25 … +80	Graisse	DIN 51818	3			Unirex N3						
	-25 … +60	Graisse	DIN 51818	3					Shell Alvania Grease R 3	Total Multis EP 2			Epexelf 2
	-45 … -25	Graisse	DIN 51818	2					Aero Shell Grease 16				

SY 20.50 / 02 - CLASSIFICATION DES GRAISSES

http://leslubrifiants.com/2015/08/28/classification-des-graisses/

On peut définir la graisse comme étant un produit solide ou semi solide résultant de la dispersion d'un agent épaississant dans un lubrifiant liquide. **On peut ajouter à ce produit des additifs qui lui conféreront des propriétés particulières**. Les principaux facteurs agissant sur les propriétés et les caractéristiques d'une graisse sont :

Le type et la quantité de l'agent épaississant La viscosité et les caractéristiques physiques de l'huile Les additifs

Une graisse doit:

Réduire le frottement et l'usure Protéger contre la corrosion

Assurer l'étanchéité des paliers pour empêcher la pénétration d'eau et de contaminants

Résister aux fuites, à l'égouttement. Résister aux changements de structure ou de consistance en cours de service

Demeurer mobile dans les conditions où elle est appliquée Etre compatible avec les joints d'étanchéité

Tolérer ou repousser l' humidité

Graisse ordinaire : Agent épaississant : 5 à 20% ; Huile / lubrifiant : 75 à 95% ; Additifs : 0 à 15%

Graisse complexe : Il s'agit d'une graisse similaire à la graisse ordinaire, sauf que l'agent épaississant est constitué de deux acides gras différents, dont l'un est l'agent complexant. Cela confère au produit final de bonnes propriétés de résistance aux hautes températures.

Huile de graissage : Comme le pourcentage d'huile en poids est très élevé dans une graisse (de 75 % à 95 %), il faut une huile de haute qualité et d'un grade de viscosité propre à l'utilisation prévue. Une huile de faible viscosité convient généralement aux températures basses, aux charges faibles et aux vitesses élevées, tandis qu'une huile plus visqueuse convient généralement aux températures élevées, charges lourdes et vitesses faibles.

Additifs : Les additifs qui entrent le plus souvent dans la composition des graisses sont:

Antioxydant : Prolonge la durée de service d'une graisse

Extrême pression : Protège surfaces contre rayures – Accrochage du film de graisse

Anticorrosion : Protège les surfaces contre la corrosion

Glycols usure : Evite le contact métal/métal, réduit l'abrasion

Définition des graisses :

Consistance et degré de dureté de la graisse peuvent varier considérablement selon la température. Voici les neuf grades de graisses selon la classification du National Lubricating Grease Institute (NLGI):

Grade NLGI	Pénétration à 25°C (1/10 mm)	Aspect / Dénom.
000	445 – 475	très fluide
00	400 – 430	fluide
0	355 – 385	semi fluide
1	310 – 340	très molle
2	**265 – 295**	**molle**
3	**220 – 250**	**moyenne**
4	175 – 205	dure
5	130 – 160	très dure
6	85 – 115	extra dure

Les grades 2 et 3 correspondent à l'utilisation courante (paliers, articulations, roulements …).

SY 20.50 / 03 - TABLEAU CARACTERISTIQUES DES GRAISSES et composants

	Graisses ordinaires			Graisses complexes				Synthétiques	
Type	Calcium	Lithium	Sodium	Aluminium	Calcium	Baryum	Lithium	Polyurie	Bentone
Point de goutte °C	80-100	175-205	170-200	260+	260+	200+	260+	250+	aucun
Temp. max °C	65	125	125	150	150	150	160	150	150
Caract. haute temp.	très faibles	bonne	bonne	excel.	excel.	bonne	excel.	excel.	excel.
Caract. basse temp.	moyenne	bonne	faible	bonne	moyenne	faible	bonne	bonne	bonne
Stabilité mécanique	moyenne	bonne	moyenne	excel.	bonne	moyenne	excel.	bonne	moyenne
Résistance à l'eau	excel.	bonne	faible	excel.	excel.	excel.	excel.	excel.	moyenne
Stab. à l'oxydation	faible	bonne	bonne	excel.	excel.	faible	bonne	excel.	bonne
Texture	lisse	lisse	fib. ou liss.	lisse	lisse	fibreuse	lisse	lisse	lisse

http://joho.p.free.fr/EC/COURS%20DOC/Lubrification/LES%20GRAISSES.pdf

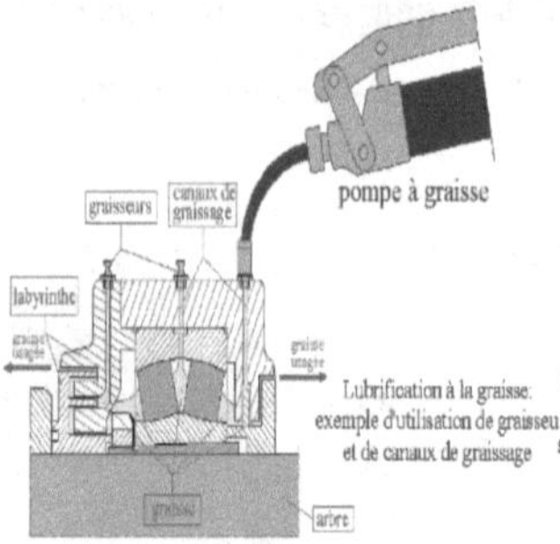

Lubrification à la graisse: exemple d'utilisation de graisseu et de canaux de graissage

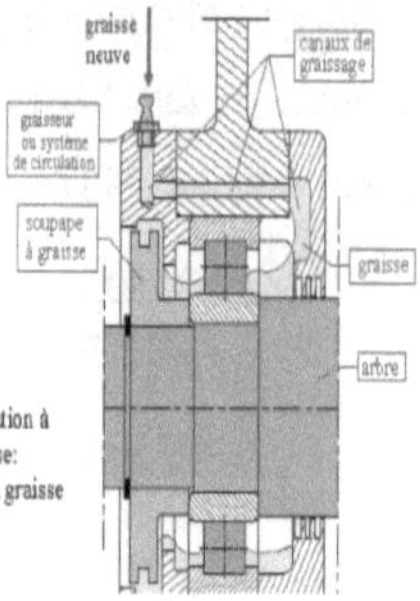

Lubrification à la graisse: soupape à graisse

SY 20.50 / 04 - Guide de sélection des graisses industrielles (à titre indicatif) :

http://www.maxicours.com/se/fiche/1/0/132410.html

Produit	Mode d'application				Conditions de service (°C)											Caractéristiques et applications
	Graisseur	Pistolet	Système centralisé	Pulvé-risation	<—20	—20	0	20	40	60	80	100	140	>140	Humid.	
Estan 1	XX	X	X				X	X	X	X	X				XX	Graisse EP au savon de calcium
Estan 4	XX						X	X	X	X	X				XX	Graisse EP au savon de calcium
Lonax EP 1		X	X		X	X	X	X	X	X	X	X	X		X	Graisse EP polyvalente
Lonax EP 2	X	X			X	X	X	X	X	X	X	X	X		X	Graisse EP polyvalente
Lonax EP 2H	X	X			X	X	X	X	X	X	X	X	X	X	XX	Graisse EP polyvalente
Unirex EP 0		X	X		X	X	X	X	X	X	X	X			X	Graisse polyvalente de haute qualité
Unirex EP 1		X	X		X	X	X	X	X	X	X	X	X	X	X	Graisse polyvalente de haute qualité
Unirex EP 2	X	X			X	X	X	X	X	X	X	X	X	X	XX	Graisse polyvalente de haute qualité

SY 20.50 / 05 - Traitement d'air –Huile air comprimé

http://pages.norgren.com/fr-new/air.html?gclid=EAIaIQobChMItIbLrcHd3AIVFoXVCh1ESgo-EAAYASAAEgKx_vD_BwE

La préparation correcte de l'air est essentielle pour une performance optimale de votre système d'air comprimé. IMI Precision a une longue histoire dans la préparation de l'air, et nos produits sont fondés sur une réputation de qualité, de fiabilité et de robustesse. Les traitements d'air Excelon et Olympian optimisent les performances de votre système avec des filtres standard, des régulateurs, des lubrificateurs, des soupapes de décharge et des mises en pression progressive.

Que vous recherchiez un kit d'entretien, un produit de remplacement ou une combinaison complète de composants pour votre prochain projet, nos experts techniques sont à votre disposition pour vous aider à trouver la bonne solution rapidement et efficacement. Voir ci-dessous une sélection de nos gammes de traitement d'air.

ENSEMBLES (FRL)

- ✔ Ensembles de traitement d'air
- ✔ Olympian Plus et Excelon
- ✔ Raccordement G 1/8" à G 1"
- ✔ Jusqu'à 10 bar de pression aval

FILTRE RÉGULATEURS

- ✔ Combinaison d'un filtre et d'un régulateur
- ✔ Purge automatique ou manuelle
- ✔ Raccordement G 1/8" à G 1 1/2"
- ✔ Jusqu'à 17 bar de pression aval

FILTRES

- ✔ Universels, coalesceurs, désodoriseurs
- ✔ Purge automatique ou manuelle
- ✔ Raccordement G 1/8" à G 2"
- ✔ Jusqu'à 17 bar de pression aval

RÉGULATEURS DE PRESSION

- ✔ Réduisent les coûts de fonctionnement
- ✔ A pilotage ou de précision
- ✔ Raccordement de G 1/8" à G 2"
- ✔ Jusqu'à 17 bar de pression aval

LUBRIFICATEURS

- ✔ A brouillard et micro-brouillard d'huile
- ✔ Réduisent les coûts de fonctionnement
- ✔ Raccordement G1/8 " à G 1 1/2"
- ✔ Jusqu'à 17 bar de pression aval

SOUPAPES DE DÉCHARGE

- ✔ Protègent les circuits en amont
- ✔ A diaphragme ou à clapet
- ✔ Raccordement G 1/8" à G 1"
- ✔ Jusqu'à 17 bar de pression de tarage

Bidon 5 litres d'huile pour ...
17,40 €
PiecesEtPneus....

Huile Reseau Pneumatiqu.Bidor
35,94 €
ManoMano.fr

Bidon 2 litres huile pour ...
26,24 €
Promeca Distrib...

Huile pr outils pneumatiques ...
12,11 €
ManoMano.fr

Huile pneumatique ...
12,34 €
Mabéo Direct

Prix 2018

SY 20.50 / 06 - HUILE HYDRAULIQUE *(citations et prix à titre d'exemple seulement)*

HUILE HYDRAULIQUE HV 46 55L - AGRIZONE

NOUVEAUTÉ

Réf. Agrizone	AGZ000143934
Type	CERTIFIÉ agrizone
Réf. constructeur	9775
Viscosité	HV 46 grade
Conditionnement	55 L

115,61 €HT
138,73 €TTC

Huile hydraulique HV 46 LUKOIL Geyser

Expédié par **Agriconomie**

Les huiles hydrauliques HV 46 sont des huiles avec un haut indice de viscosité, une excellente filtrabilité ainsi qu'une forte résistance au cisaillement.

Les huiles agricoles Lukoil M46 sont caractérisés par une viscosité-température particulièrement basse.
Elles se séparent bien de l'air, ont un faible pouvoir moussant et protège efficacement de la corrosion et de l'usure.

1€61 HT
au lieu de ~~1€81 HT~~
(soit 1€93 TTC)

Prix 2018

Ce que je veux savoir avant tout, ce n'est pas si vous avez échoué,

mais si vous avez su accepter votre échec

Abraham Lincoln

Vous ne pouvez pas aider les hommes continuellement

en faisant à leur place ce qu'ils devraient faire eux-mêmes.

Abraham Lincoln

Avant que je quitte, je dois avertir les gens d'Amérique
qu' il y a un complot pour la perte de nos droits et libertés

John F KENNEDY

il imprimera 10 M$ au nom du peuple américain pour que l'état américain retrouve sa souveraineté monétaire, il sera tué 10 jours plus tard

Il y a un complot dans ce pays, pour mettre en esclavage

chaque homme, femme et enfant.

Avant de quitter cette haute et noble charge,

j'ai l'intention de révéler ce complot.

Président KENNEDY 7 jours avant sa mort.

SY 21.10 PNEUMATIQUE

Microvérin simple effet

SY 21.10 / 01 - MICROVERINS SIMPLE EFFET

daN = kg à 2% près

Ø	Course	Réf SY	Mini pression Bars = daN/cm²	F daN Sous 6 Bars	F retour ressort daN	F ressort daN Tige rentrée
10	10		1.25	3.7	1	0.7
	25		1.65	3.4	1.3	0.7
	50		1.80	3.7	1	0.2
12	10		1.45	4.8	1.6	1.4
	25		1.85	4.7	1.7	1.1
	50		2.05	4.3	2.1	0.9
16	10		1.75	8.6	3.1	2.3
	25		1.95	7.5	4.2	2.2
	50		2.15	8.7	3	1.1
20	10		1.35	14.7	3.5	2.5
	25		1.65	14.5	3.7	2.5
	50		1.85	13.9	4.3	1.9
25	10		0.95	25.2	3.7	2.8
	25	SY 120 411	1.05	24.5	4.3	3
	50	SY 120 410	1.25	24.5	4.3	2.4

éch 1 échelle d'origine

SP : sur-plats

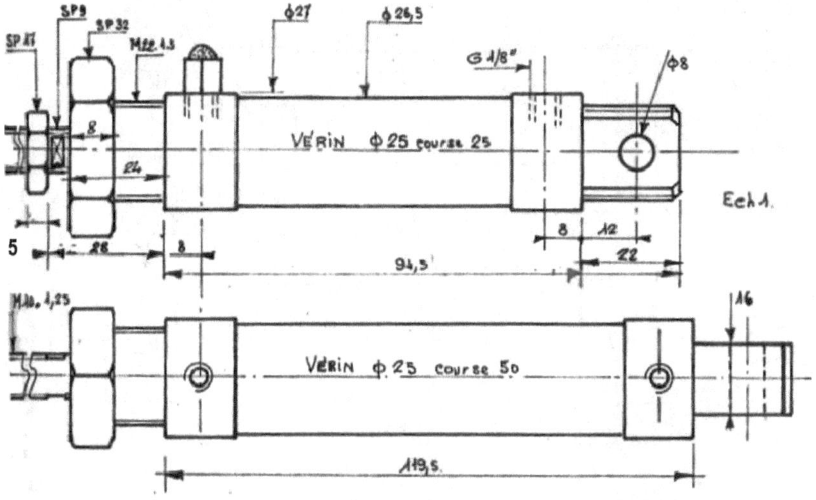

(Course + 69.5)

SY 21.11 PNEUMATIQUE

Microvérin double effet

SY 21.10 / 02 - MICROVERINS DOUBLE EFFET

daN = kg à 2% près

Ø	Course	Réf SY	Mini pression Bars = daN/cm² Sortie de tige	Sortie F daN sous 6 Bars	Mini pression Bars = daN/cm² Rentrée de tige	Rentrée F daN sous 6 Bars
10	10		S = 0.8 cm²	4.2	S = 0.66 cm²	3.5
	25					
	50					
12	10		S = 1.1 cm²	5.8	S = 0.8 cm²	4.4
	25					
	50					
16	10		S = 2.0 cm²	10.6	S = 1.73 cm²	9.1
	25					
	50					
20	10		S = 3.1 cm²	16.4	S = 2.6 cm²	13.7
	25					
	50					
25	10		S = 4.9 cm²	25.9	S = 4.1 cm²	21.6
	25	SY 120 411/1				
	50	SY 120 410/1				
	100 *	SY 120 410/2	0.030 nl / cm de course – Aller Retour = 0.060 nl / cm			

Ø 25 Course 100 n'est pas disponible chez tous les fabricants, on les trouve chez FESTO et CLIMAX entre autres

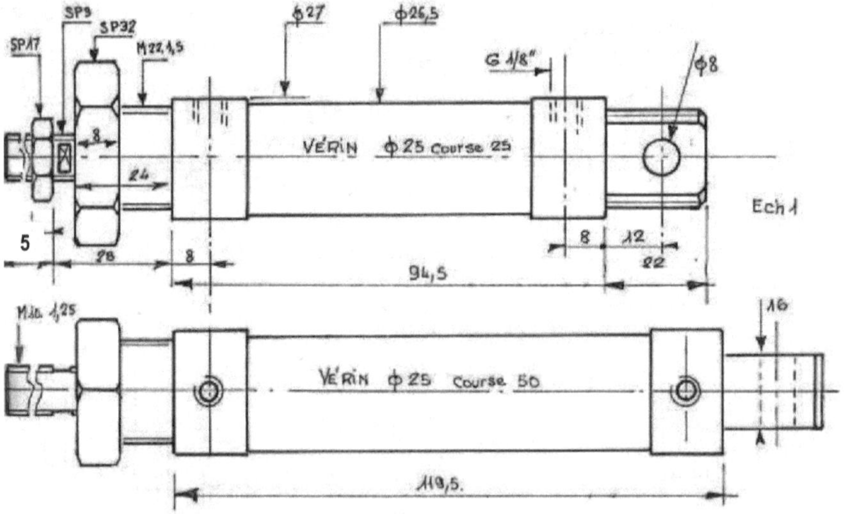

(Course + 69.5)

SY 21.20 PNEUMATIQUE

Vérin Normalisé CNOMO

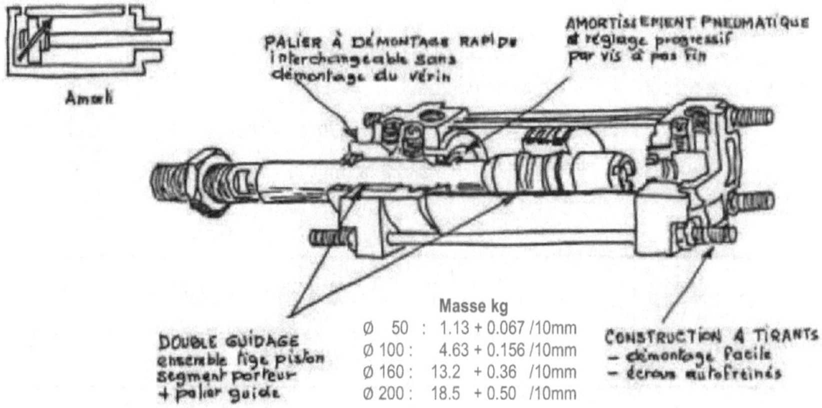

Masse kg
Ø 50 : 1.13 + 0.067 /10mm
Ø 100 : 4.63 + 0.156 /10mm
Ø 160 : 13.2 + 0.36 /10mm
Ø 200 : 18.5 + 0.50 /10mm

SY 21.10 / 02 – Vérins CNOMO - EFFORT DEVELOPPES fonction diamètre et pression

Ø vérin	2 bars		4 bars		6 bars		8 bars		10 bars		12 bars	
	Sortie	Entrée	Sortie	Entrée	Sortie	Entrée	Sortie	Entrée	Sortie	Entrée	Sortie	Entrée
Ø 50	39	34	78	68	**117**	**102**	156	136	196	170	235	204
Ø 63	62	55	125	109	187	164	250	218	312	274	374	328
Ø 100	157	143	314	286	**471**	**428**	628	572	785	716	942	856
Ø 160	402	377	804	755	1206	1131	1608	1510	2010	1886	2412	2262
Ø 200	628	603	1256	1205	**1885**	**1810**	2512	2410	3142	3015	3710	3620

SY 21.10 / 02 – Courses vérins (mm) – Sélection SY

Ø	50	100	150	200	250	300	400	500	600	700	800	900	1000	1200	1300	1400	1500
50	X	X	X		X	X		X	X	X	X		X	X			
63																	
100	X	X	X	X	X		X	X			X		X			X	
160		x											x				x
200								X					X				X

SY 21.10 / 03 – Consommation en air comprimé en normolitres (nl) ;

nl = litres ramené à la pression atmosphérique (aspiration compresseur)

V = π d² / 4 x 2 x 6 (bars) x long course *Calcul en cm³ puis divisé par 1000 pour avoir dm³*

Exemple de calcul consommation air comprimé :

Ø 50 x 1200 à pression 6 bars. (soit Ø 5 cm x 120 cm)

V = π 5² / 4 x 2 x 6 x 120 = 28 260 cm³ soit 29 normolitres par course AR. = 29 nl

Course ARetour	50	100	150	200	250	300	400	500	600	700	800	900	1000	1200	1300	1400	1500
ø 50	1.2	2.4	3.6		6	7.2		12	14.4	16.8	19.2		24	29			
ø 63																	
ø 100	9.4	19	29	38	47		72	94			151		188			266	
ø 160		48											480				
ø 200																	

La droite a gagné les élections. La gauche a gagné les élections.

Quand est-ce que ce sera la France qui gagnera ? **Coluche**

Mon psychiatre, il m'a débarrassé de ce que j'avais : quinze mille francs.

Coluche

SY 22.08 / 01 - ETAPES DE FONCTIONNEMENT VERIN

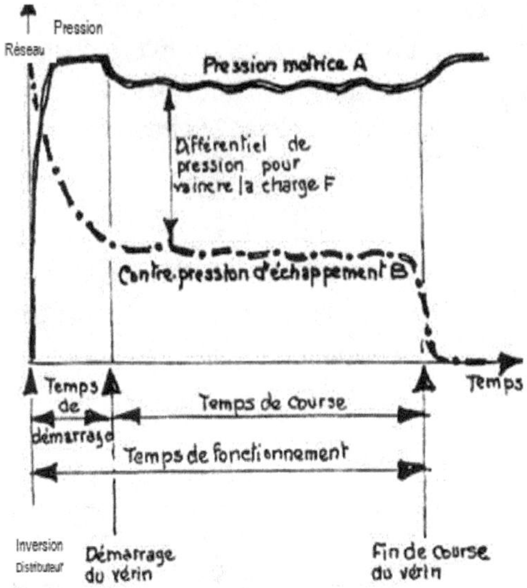

Etapes du fonctionnement d'un vérin :

Le temps de démarrage du vérin :

C'est le temps pendant lequel les pressions s'inversent pour vaincre la charge.

(Note : inversion du distributeur)

Le temps de course du vérin :

Lorsque la différence des pressions peut vaincre la charge, le vérin démarre, les pressions se maintiennent alors sensiblement stables pendant la course.

Régulation de la vitesse :

La vitesse d'un vérin est réglée en freinant l'échappement. Tous les régleurs de vitesse fonctionnent suivant ce principe. Le débit d'air est libre vers l'admission, il est freiné dans le sens de l'échappement (régulé dans un sens, libre dans l'autre par un clapet à bille). Ce débit d'échappement est réglable par une vis sur le régleur de vitesse.

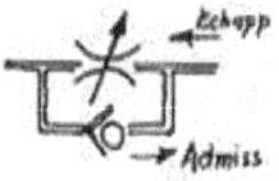

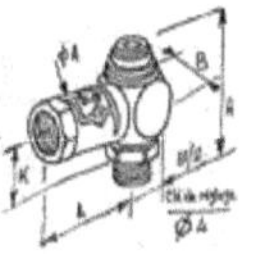

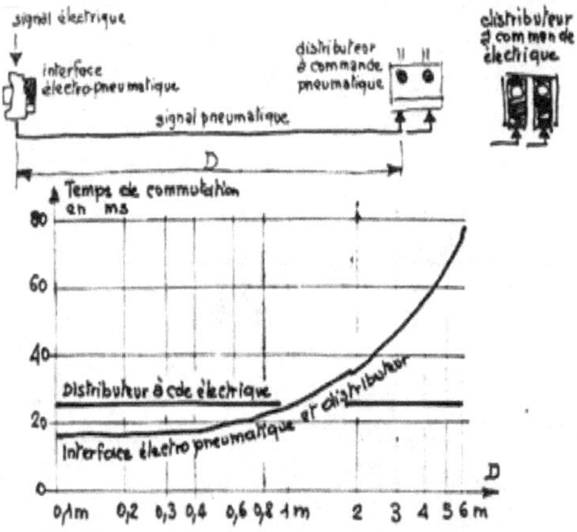

Diagramme temps de commutation fonction technologie employée

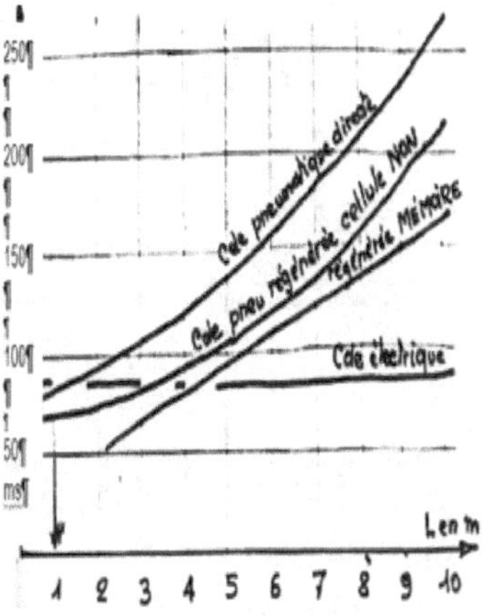

Temps de commande d'un bloqueur de vérin

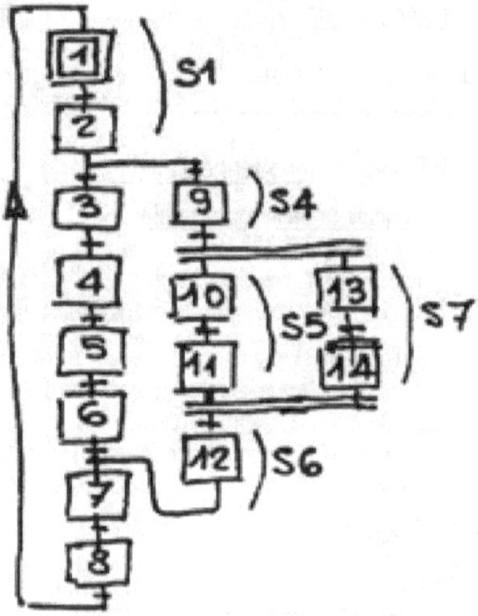

SY 22.08 / 02 - Calcul du Taux de Complexité automatisme :

$$Tc = \frac{\text{Nb étapes + Nb séquences}}{\text{Nb entrées.Sorties}}$$

Exemple de ce cas d'automatisme :
14 étapes + 7 séquences
Soit : (14+7) x 2 = 42 Entrées/Sorties

$$\mathbf{Tc} = \frac{14+7}{42} = \frac{21}{42} = \mathbf{0.5}$$

Le tableau donne « choix libre ». L'automate programmable ne s'impose pas d'emblée.

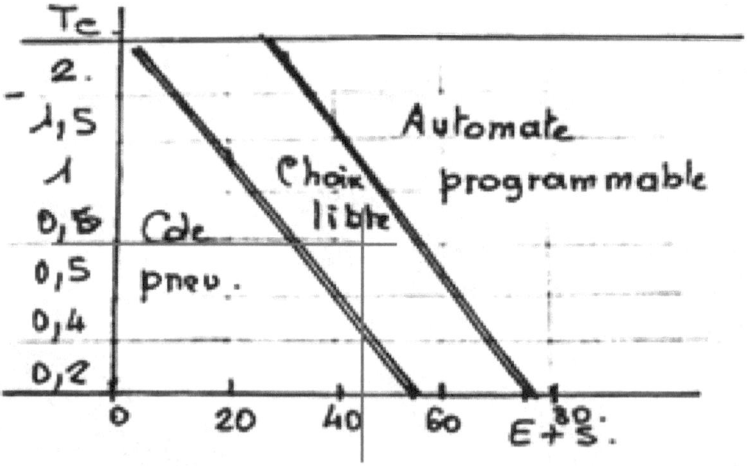

Choix de la technologie d'automatisation

Je suis quant à moi partisan de la logique câblée qui ne tombe pas en panne ou très facile à dépanner. L'électronique ne fait pas toujours bon ménage avec les ambiances industrielles.

SY 22.08 / 03 - LONG EQUIVALENTE COMPOSANTS DE CIRCUIT, DIMENSIONNEMENT PRATIQUE

Composant	Long équiv pratique	Vérin		Le 0 à 6 m			Le 6 à 15 m		
Distributeur	1.2 m	Ø	orifice	Rég vit	Tube	Distri	Rég vit	Tube	Distri
Régleur vitesse	1 m	8 / 12	M 5	M 5	2.7x4	M 5	M 5	2.7x4	M 5
Banjo coudé	0.6 m	16 / 20	1/8 "	M 5	2.7x4	M 5	M 5	2.7x4	M 5
Raccord droit	0 m	25	1/8 "	M 5	2.7x4	M 5	1/8 "	4x6	1/8 "
Sectionneur avancé	0.6 m	50	1/4 "	1/8 "	4x6	1/8 "	1/4 "	5.5x8	1/4 "
Bloqueur 2 / 2	5 m	100	1/2 "	3/8 "	7x10	3/8 "	3/8 "	9x12	3/8 "
		125	1/2 "	3/8 "	9x12	3/8 "	1/2 "	11x14	3/8 "

Ces valeurs de dimensionnement pratique, rapide permettent aux vérins les vitesses suivantes :

v = 0.2 m/s course chargée **v = 0.3 m/s course à vide**

Les abaques FESTO à suivre permettent de dimensionner plus précisément les vitesses des vérins en charge.

Pour un pré dimensionnement rapide, on considère comme pour la vapeur, un gaz aussi, une vitesse de 20 m / s est acceptable **<u>Débits à 20 m / s – calcul simplifié 6 bars</u>**

Ø 2,7 x 4	**5.72 mm²**	**0,41 m³ / h**	**3 nm³ / h**	**50 nl / mn**
Ø 5,5 x 8	**23,75 mm²**	**1,78 m³ / h**	**10,4 nm³ / h**	**172 nl / mn**
Ø 9 x 12	**68,59 mm²**	**4,61 m³ / h**	**27,7 nm³ / h**	**460 nl / mn**
Ø 20 x 25	315 mm²	22,6 m³ / h	136 nm³ / h	2 261 nl / mn
Ø 40 x 49	1 257 mm²	90,5 m³ / h	542 nm³ / h	9 047 nl / mn

Ces valeurs de dimensionnement pratique, rapide permettent aux vérins les vitesses suivantes :

v = 0.2 m/s course chargée **v = 0.3 m/s course à vide**

Les abaques FESTO à suivre permettent de dimensionner plus précisément les vitesses des vérins en charge.

Pour un pré dimensionnement rapide, on considère comme pour la vapeur, un gaz aussi, une vitesse de 20 m / s est acceptable **Débits à 20 m / s – calcul simplifié 6 bars**

Ø 2,7 x 4	**5.72 mm²**	**0,41 m³ / h**	**3 nm³ / h**	**50 nl / mn**
Ø 5,5 x 8	**23,75 mm²**	**1,78 m³ / h**	**10,4 nm³ / h**	**172 nl / mn**
Ø 9 x 12	**68,59 mm²**	**4,61 m³ / h**	**27,7 nm³ / h**	**460 nl / mn**
Ø 20 x 25	315 mm²	22,6 m³ / h	136 nm³ / h	2 261 nl / mn
Ø 40 x 49	1 257 mm²	90,5 m³ / h	542 nm³ / h	9 047 nl / mn

<u>SY 22.08 / 04 - SCHEMA D'ALIMENTATION D'UN VERIN DOUBLE EFFET</u>

<u>avec DISTRIBUTEUR 2/5</u> (2 voies, 5 orifices) ;

Schéma le plus courant et entièrement contrôlé course aller et course retour.

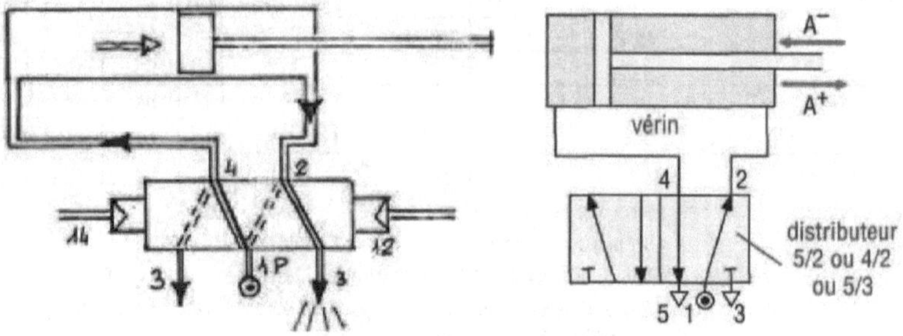

Schéma d'un distributeur alimentant un vérin :

A gauche représentation « à l'ancienne » ; **A droite représentation normalisée.**

Je préfère quant à moi la représentation « à l'ancienne », je la trouve plus visuelle, plus intuitive et surtout plus sûre lors de la conception et surtout de la vérification du schéma avant réalisation.

1P est l'arrivée de pression venant du compresseur.

La **<u>commande</u>** 12 va basculer le distributeur pour une **<u>circulation d'air</u>** **<u>de 1P vers 4</u>**.

Cette **<u>sortie 4 va alimenter le vérin</u>** en sortie de tige **<u>soit</u>** **V = 1**.

Simultanément, **<u>l'échappement du vérin se fait par 2</u>** et à travers le distributeur **<u>échappement par la sortie 3</u>**.

Le vérin sort complètement et atteint son interrupteur fin de course qui va déclencher (pour un automatisme simple) La **<u>décommande du distributeur</u>**,

Soit **<u>commande en 14</u>**. Le distributeur bascule vers les positions marquées en pointillé sur le schéma. Le distributeur assure la **<u>circulation d'air de 1P vers 2</u>**.

Cette sortie <u>2 va alimenter le vérin en rentrée de tige soit</u> **V = 0**.

Simultanément, **<u>l'échappement du vérin se fait par 4</u>** et à travers le distributeur **<u>échappement par la sortie 3</u>**.

<u>Voilà pour la commande de puissance d'un vérin. L'automatisme sera traité à suivre.</u>

SY 22.09 /01 - Abaque vitesse vérin FESTO PNEUMATIC

Domaine d'utilisation ECONOMIQUE sous 6 bars

Temps de course calculable avec la vitesse donnée par l'abaque FESTO

Vitesse mm/s

710	500	250	125
630	450	225	112
560	400	200	100
500	335	180	90
450	315	160	80
400	280	140	70
355	250	125	62
315	225	112	56
280	200	100	50
250	180	90	45
224	160	80	40
200	140	70	35
180	125	62	31
160	112	56	28
140	100	50	25
125	90	45	22
112	80	40	20
100	70	35	18
90	62	31	16
80	56	28	14

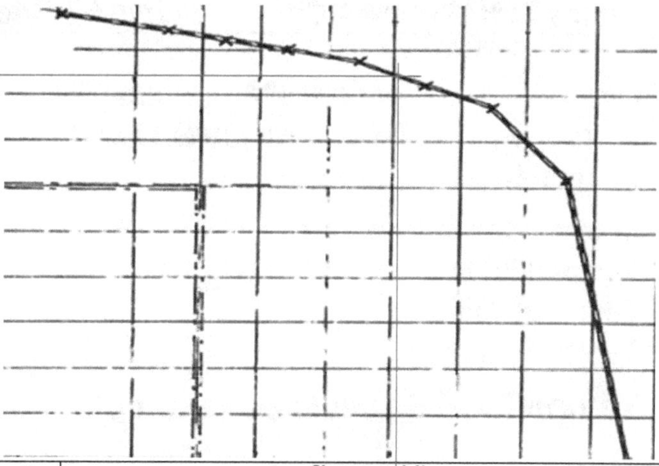

				Ø	Charges en daN								
G1/4				**25**	1.20	2.5	5	7.50	10	12	15	20	25
	G1/4		G1/8	**50**	5	10	20	30	40	50	60	80	100
	G1/2		G1/4	**100**	20	40	80	120	160	200	240	320	400
		G1/2		**160**	60	120	240	360	480	603	724	965	1206
			G1/2	**200**	85	170	340	510	680	850	1020	1350	1700
				Ø	**5 %**	**10%**	**20%**	**30%**	**40%**	**50%**	**60%**	**80%**	**100%**
					Charge du vérin en %								

Temps Total Cycle = T Cde + T course + T Cde (retour ordre)

Exemple calcul abaque FESTO : *(voir les traits de rappel rouge pour montrer la lecture)*

On part de 50% et on monte jusqu'à vérin Ø 100 et jusqu'à la courbe,

Effort développé 200 daN *(pour vérification)*

En haut, on trace à partir de cette courbe l'horizontale vers la gauche

En bas, Trait de rappel vers la gauche jusqu'à G ½

La verticale rencontre l'horizontale haute à 335 mm/s.

VERIN course 500 à 335 mm/s temps de parcours : 500 / 335 = **1.49 s**

Temps admission Ø tuyau / long tuyau									
Temps en ms		1m	2m	4m	6m	8m	10m	12m	13m
Ø tuyau intérieur	Ø 2.7	10	22	60	110	160	220	320	360
	Ø 6	5	10	30	60	95	135	180	210
	Ø 10	7	15	35	60	90	120	155	170

Temps de Commande interface (voir page suivante)
On prendra le tableau admission pour Commande pneumatique
Tuyau de commande Ø 2.7 x 4

Temps Total Cycle = T Cde + T course + T Cde (retour ordre)

Exemple : **vérin Ø 100, course 500 utilisé à 50%**
Distributeur G1/2 ; tuyau Ø 10 x 12 long 10 m
Commande Ø 2.7 x 4 long 6 m

Temps Cde interface	0.110 s
Temps admission tuyau Ø 10 long 10 m	0.120 s
Temps de course	1.490 s
Temps retour signal fin de course 10 m en Ø 2.7	0.220 s
Temps Total de cycle de l'exemple	**2,050 s**

Celui qui ne peut plus éprouver ni étonnement ni surprise,

est pour ainsi dire mort : ses yeux sont éteints.

Albert Einstein

SY 22.21 PNEUMATIQUE

Schémas Pneumatiques courants

SY 22.21 / 01 - COMPOSANTS PNEUMATIQUES COURANTS

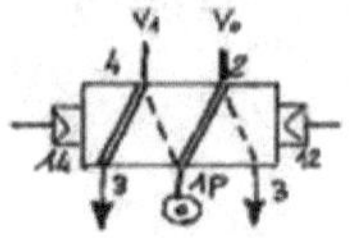

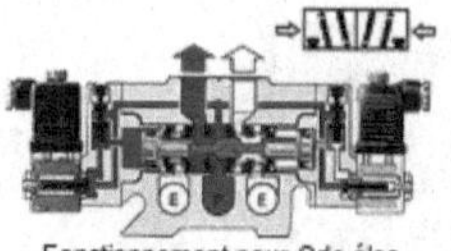

Fonctionnement pour Cde élec

Distributeur le plus courant utilisé par exemple pour un vérin double-effet.
La pression arrive en 1P.
La commande 14 met V1 en 1P et V0 à l'échappement.
La Cde 12 met V0 en 1P et V1 échapp.

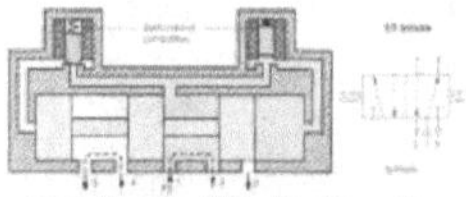

Distributeur 5/2 : 5 orifices 2 voies – Commande pneumatique

Commande électrique

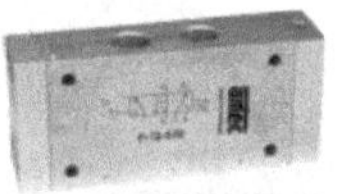

Commande pneumatique

Vérin actionneur linéaire, il existe des actionneurs rotatifs

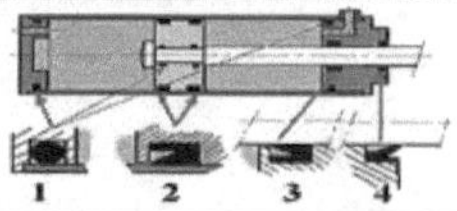

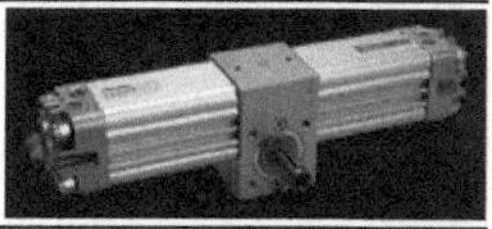

Rotacteur ou Commande 2 positions

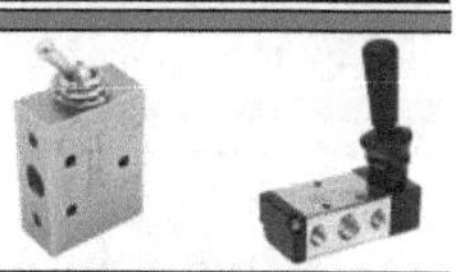

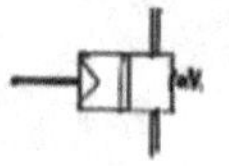

Bloqueur

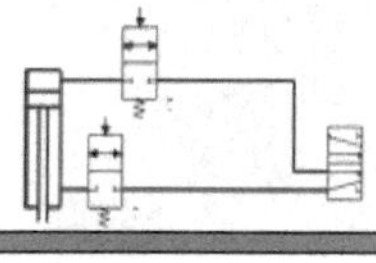

Les bloqueurs sont des distributeurs 2/2 qui s'utilisent pour bloquer un vérin dans une position intermédiaire. Dans ce cas on s'utilisera deux bloqueurs pour bloquer le vérin dans la position souhaitée.

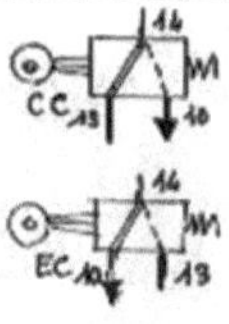

Contacteur fin de course

Le vérin ou actionneur en fin de course actionne mécaniquement un contacteur qui va enclencher l'opération suivante dans l'automatisme prévu.
Ce « fin de course » peut être pneumatique ou électrique et CC : coupure de circuit ou EC : établissement de circuit.

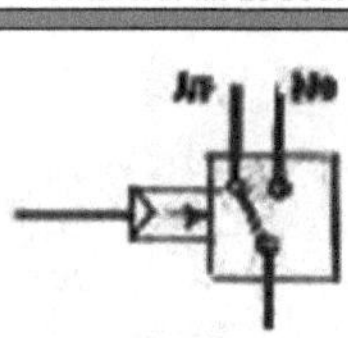

Pneumo-électrique

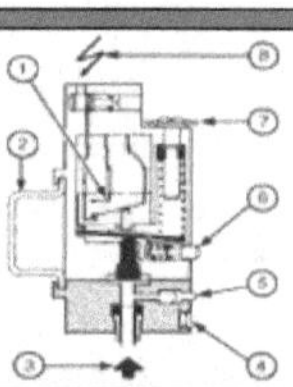

Cet interface transforme un signal pneumatique en signal électrique

Composant adaptable sur profilé symétrique normalisé (Ω 35)

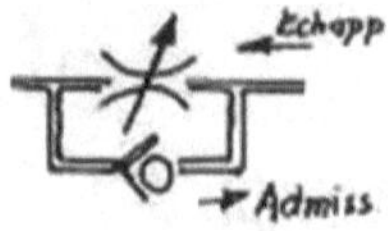

Régleur de vitesse

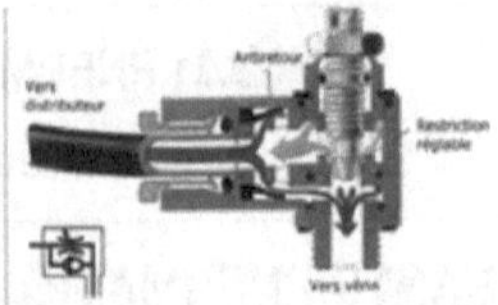

Le limiteur de débit est basé sur une réduction de section obtenue par une vis de réglage. Il est couplé avec un clapet anti-retour qui permet le passage direct de l'air d'admission dans le vérin, et on réduit le débit de l'air dans le sens de l'échappement.

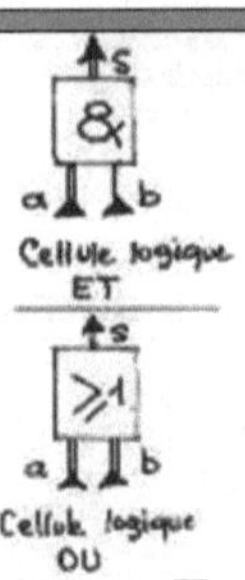

Cellules logiques « ET » « OU »

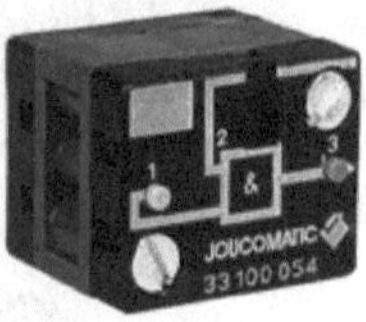

Cellule OU

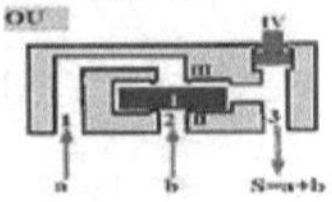

Cellule ET

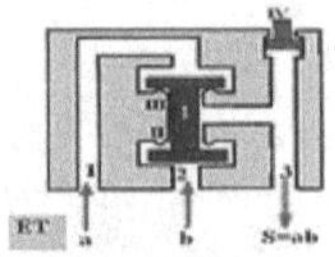

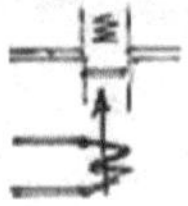

Electropneumatique

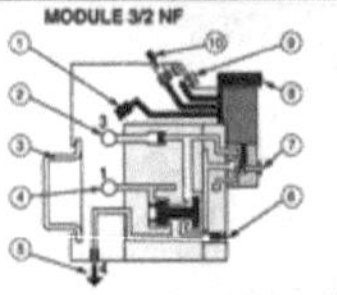

1. Languette commun d'alimentation électrique
2. Commun d'échappement
3. Profilé symétrique normalisé
4. Commun de pression
5. Signal pneumatique
6. Visualisation pneumatique
7. Commande manuelle
8. Visualisation du signal électrique
9. Masse
10. Signal électrique : - commun (A2)
    - signal de commande (A1)

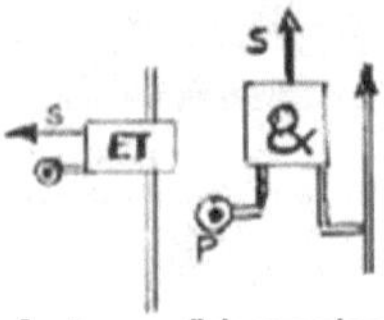

Capteur seuil de pression

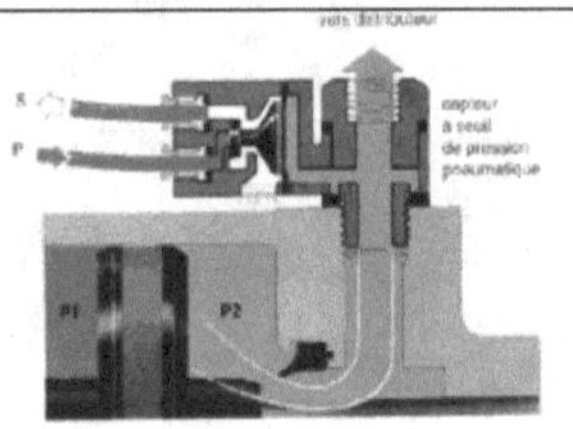

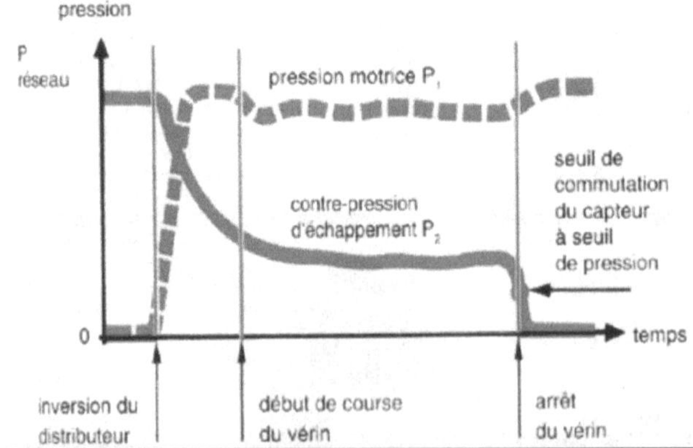

SY 22.21 / 02 - SCHEMA AUTO-MAINTIEN PNEUMATIQUE

Arrêt possible : ARRET d'URGENCE à accrochage mécanique

Distributeur MONOSTABLE

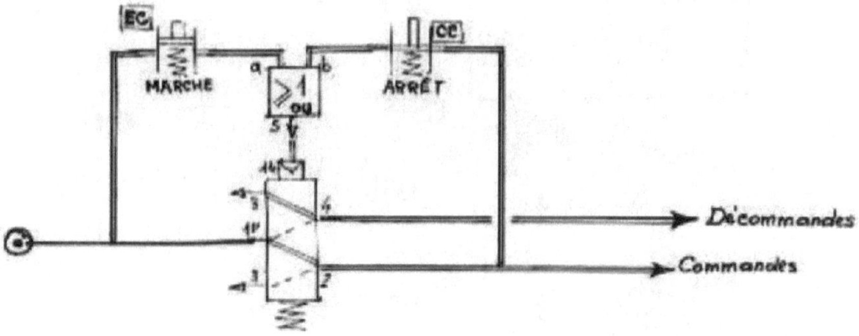

Avec distributeur monostable	Marche	EC	Etablissement de circuit
	Arrêt	CC	Coupure de circuit

==

Arrêt possible : ARRET d'URGENCE à EC + accrochage mécanique

Distributeur BISTABLE.

Attention : Arrêt d'urgence EC à établissement de circuit + Accrochage mécanique.

Pour les arrêts d'urgence, le standard est à accrochage mécanique.

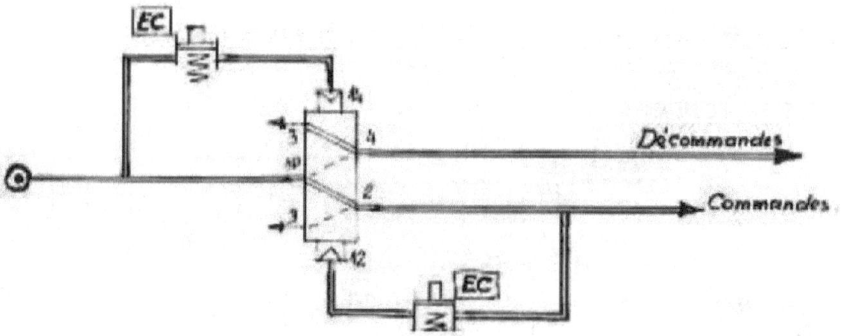

Avec distributeur bistable, les boutons MARCHE et ARRET sont EC

(à établissement de circuit).

SY 22.21 / 03 - PRINCIPE REPERAGE TUYAUX EN AUTOMATISME PNEUMATIQUE

Méthode d'étude par un exemple

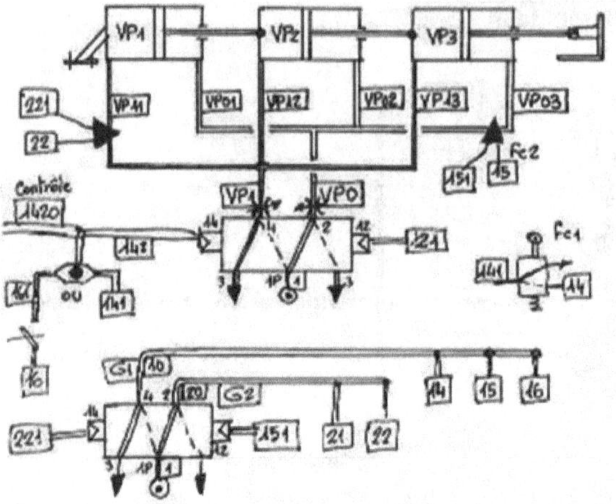

1 VERIN POUSSEUR fonctionnement

1 tige sortie   0 tige rentrée

MA ou fc1 = 1

VP1 = 1
VP2 = 1 } = VP = 1
VP3 = 1

Fc 2 = 1   G2

VP1 = 0
VP2 = 0 } = VP = 0
VP3 = 0

Fc 3 = 1   G1

2 ETUDE DES GROUPEMENTS

Il y a changement de groupement lorsqu' un des vérins change d'état pour la 2° fois

VP 1	**G1**
VP 0	**G2**

2 groupements d'automatisme : 1 seul distributeur de commande d'automatisme.

3° TRACE DU DISTRIBUTEUR G1 G2

Groupement G1 — tuyaux numérotés 10 et +

Groupement G2 — tuyaux numérotés 20 et +

4° REPRISE DU SEQUENCIEL DANS L'ORDRE en dessinant les accessoires et numéros de câblage.

MA=1 → 16 → 161 → 142

Ou fc1=1 → 14 → 141 → 142

VP 1 → fc2 = 1 → 15 → 151 → G2

VP 0 → 21 → fc3 = 1 → 22 → 221 → G1

5° COMPLETER SCHEMA PAR N° ORIFICES DISTRIBUTEURS marqués par fabricant pneumatique

Exemple N° marqués suivant TELEMECANIQUE (actuellement PARKER)

6° CAS DE N GROUPEMENTS

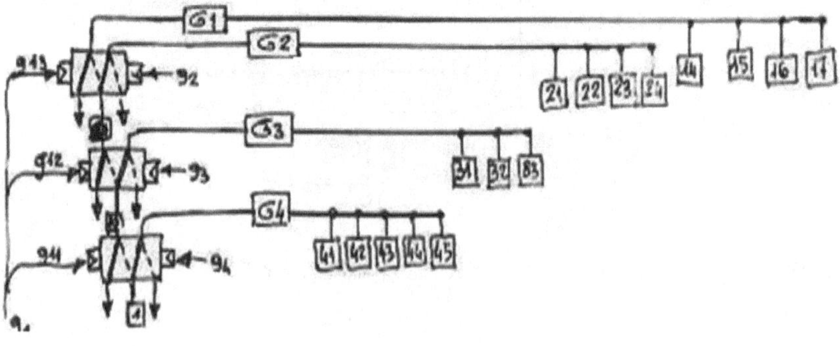

Cette méthode de traitement des automatismes est extrapolée de la « **méthode CASCADE » de FESTO Pneumatic**. Elle conduit à un minimum de Groupements et donc diminue le nombre de distributeurs auxiliaires de traitement de l'automatisme.
Les séquenceurs du commerce, outre qu'ils sont plus chers que des distributeurs simples utilisent un groupement à chaque changement d'actionneur de puissance. C'est toutefois logique, les fabricants de ces systèmes ne connaissent pas l'utilisation qui sera faite de leur matériel, ils jouent donc la sécurité absolue.
A partir du groupement G1, on fait la cascade du fin de course à l'actionneur suivant et d'actionneur à fin de course suivant ; jusqu'à ce que un des actionneurs du G1 change de valeur à nouveau. On passe alors au groupement G2 et on procède de la même façon.
Au dernier groupement : dans l'exemple G4, tuyau 45, on réinitialise l'ensemble et on commande à la fois g11 et g12 et g13. **Le GRAFCET est un bon moyen normalisé de description complète des automatismes. Voir les pages suivantes**.

==

SY 22.21 / 04 - SEQUENCEUR PNEUMATIQUE SIMPLE – méthode étude SEQUENCEUR « Maison » basé sur la méthode « CASCADE FESTO »

1° GRAFCET

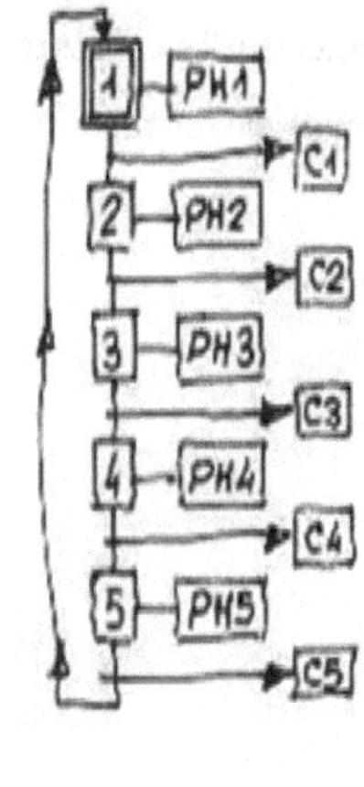

PH 1 : Actions de la phase 1
C1 : Condition G1 pour G2
PH 2 : Actions de la phase 2
C2 : Condition G2 pour G3
PH 3 : Actions de la phase 3
C3 : Condition G3 pour G4
PH 4 : Actions de la phase 4
C4 : Condition G4 pour G5
PH 5 : Actions de la phase 5
C5 : Condition G5 pour G1

2° MATRICIEL DE VERIFICATION (exemple)

Si séquenceur	PH	V1	V2	V3	V4	
2 séquences	1	0	1	0	0	C1
2 séquences	2	1	1	0	1	C2
1 séquence	3	1	1	1	1	C3
2 séquences	4	0	1	0	1	C4
1 séquence	5	1	0	0	0	C5

Total 8 séquences au lieu de 5 phases (ou groupements)

Vérification pas d'erreur
A) Etat commandes entourés
B) On finit de remplir tableau en vérifiant

NOTA : les distributeurs de puissance et de commande doivent être bistables (plus sûr) et sont prévus en commande pneumatique.

3° SCHEMA SEQUENCEUR

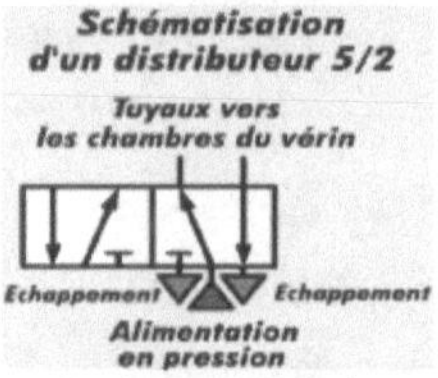

Représentation normalisée

PARKER USA
(ex Télémécanique France)

Bistables PVL-A1223-

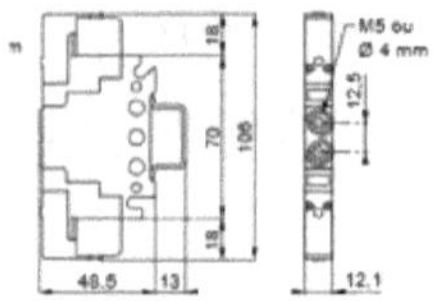

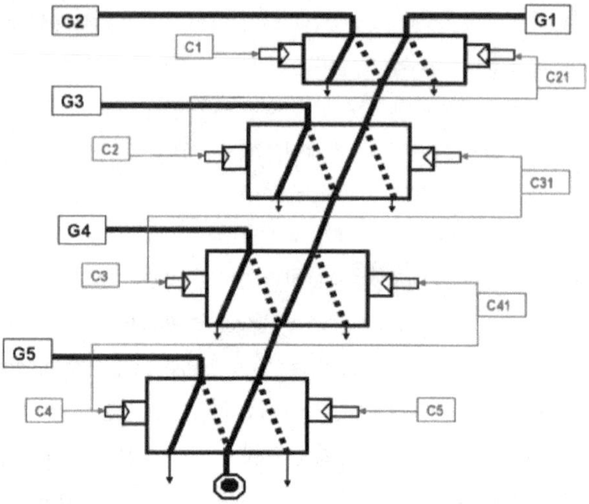

SCHEMA SIMPLIFIE avec distributeurs 5/2 connexions instantanées Ø 4
CIRCUIT DE COMMANDE, c'est à partir de G1, G2, Gn que l'on commande les actionneurs quels qu'ils soient : vérins, moteurs électriques (par l'intermédiaire d'un pneumo-électrique) etc...

Dans cette conception : Les Groupements G1 et G2 doivent être mis en fin de circuit logique tout pneumatique. La condition C1 (fin de cycle G1) fait basculer le mini-distributeur en G2 ; En fin de cycle G2, on a C2 qui va faire basculer le 2° distributeur de la cascade en G3 et simultanément avec un très leger effet retard par C21 remettre le 1° distributeur en position initiale prêt pour le cycle suivant. Le cycle se déroule de la même façon jusqu'à passage en G5. La condition C5 étant alors remplie rebascule le distributeur du bas en position initiale. Tous les autres distributeurs ayant été réinitialisés lors des avancements de l'automatisme, on rebascule en position G1 et on démarre un nouveau cycle. Ce système de séquenceur « maison » est moitié moins cher (mini) qu'un séquenceur du commerce et quatre fois moins cher qu'un automate programmable. **Ma devise en technique est définitivement : être radin efficace.** La technique est entièrement pneumatique donc beaucoup plus « solide » en milieu industriel hostile et notamment en présence d'eau. Le cablage est un peu plus long à réaliser et exige une rigueur constante, c'est pourquoi, je préconise un vrai repérage des tuyaux par un repérage de type numérotation de PASCAL : G1 → 10 ; 11 ; 12 → piquages sur 10 = 101, sur 11 = 111 etc... Cette façon de numéroter permettra (de plus) de faire des modifications d'automatisme aisément. La localisation défaut est simple et à la portée d'un électromécanicien.

SY 22.21 / 05 - Comparaison des Prix de 2 solutions AUTOMATISME EN CASCADE

Séquenceur « MAISON » inspiré de méthode Cascade FESTO

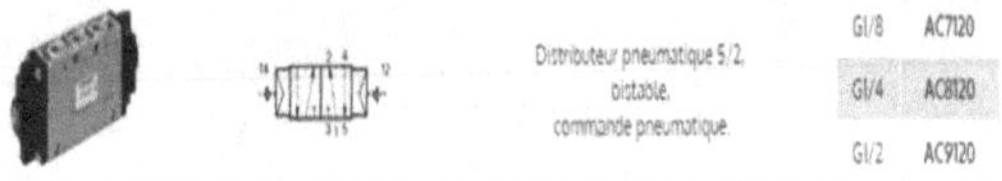

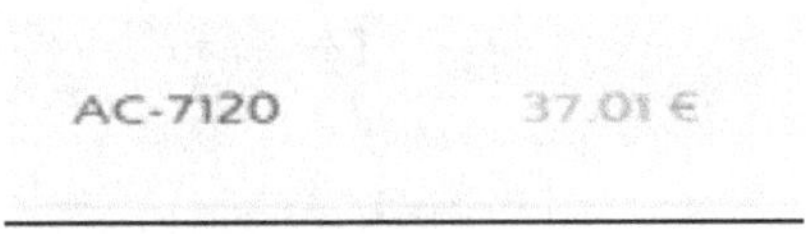

4 distributeurs bistables

x 37.01 € = 148.04 €

TOTAL = **148.04 €**

Prix de début 2018

SY 22.21 / 06 - Séquenceur du commerce

Commande pneumatique :

Interface électropneumatique 4/2 bistable pour montage sur rail DIN - 35mm

8 séquenceurs complets :

8 relais RHZ 42 x 80.12 €

= 640.96 €

8 embases RHZ 42 x 116.96 €

= 935.68 €

8 interfaces électropneumatiques

x 49.43 € = 395.44 €

TOTAL = **1 972.08 €**

Prix de début 2018

Ma devise en technique est définitivement : être radin efficace.

et aussi : **COMPRENDRE, DEFINIR, DEMYSTIFIER, SIMPLIFIER**

Rendez les choses aussi simples que possible, mais pas plus simples.

Albert Einstein

SY 22.21 / 06 - Séquence SAUT DE PHASE

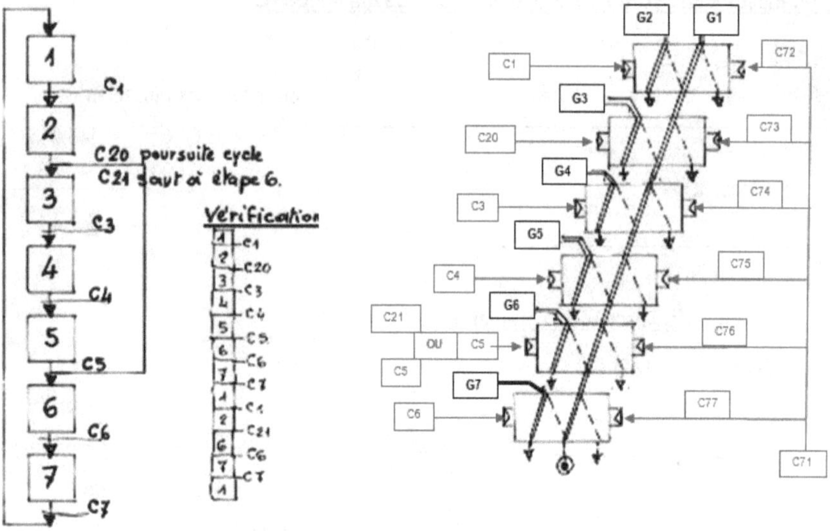

SY 22.21 / 07 – SYSTEME INDEXEUR TABLE

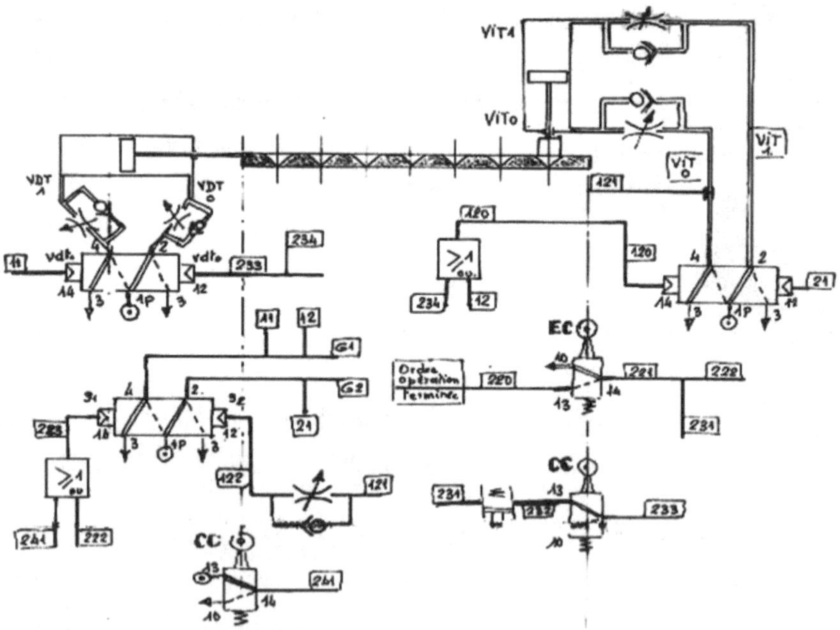

SY 22.21 / 08 – VIBRATION DEBOURRAGE

Fin de course à chute de pression ; capteurs à seuil de pression monobloc

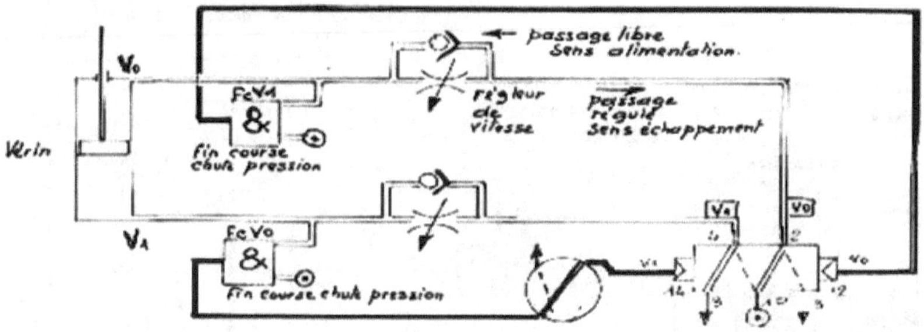

$V_1 = 1$ fc $V_1 = 1$ Commande V_0

$V_0 = 1$ fc $V_0 = 1$ Commande V_1 (si bouton commande ouvert)

Réglage des vitesses de montée et de descente par régulation sur les échappements

SY 22.21 / 09 – VIBRATION DEBOURRAGE recul limité vérin vibreur ; sectionneur avancé

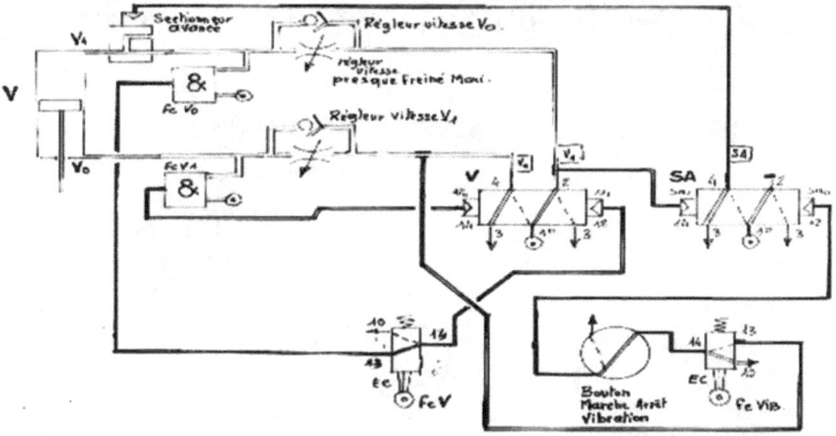

Si (fcV = 1) et (fcVIB = 1)

1 V = 1 SA = 1

— V à fond de course fcV₁ = 1

2 V = 0 SA = 0

— fcV₀ = 1 chute p brutale avant remontée complète

3 V = 1 SA = 1

Le régleur de vitesse V_0 règle la valeur de remontée.

Voir à la mise au point, il peut être intéressant d'inverser le Sectionneur avancé et le Régleur de vitesse.

Voir à la mise au point.

SY 22.21 / 10 – Ouverture porte ; sécurité corps coincé

Ouverture possible seulement si la porte a fait sa fermeture complète

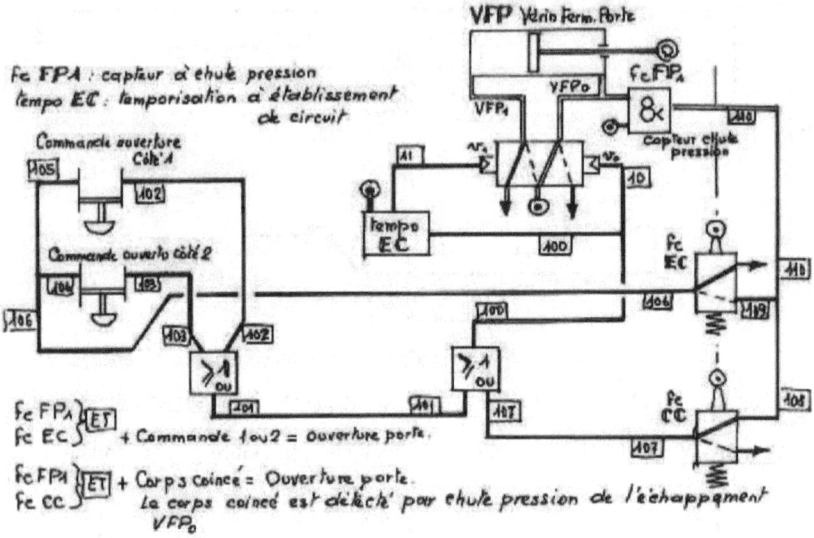

Ouverture Commande possible à tout moment y compris pendant la fermeture porte

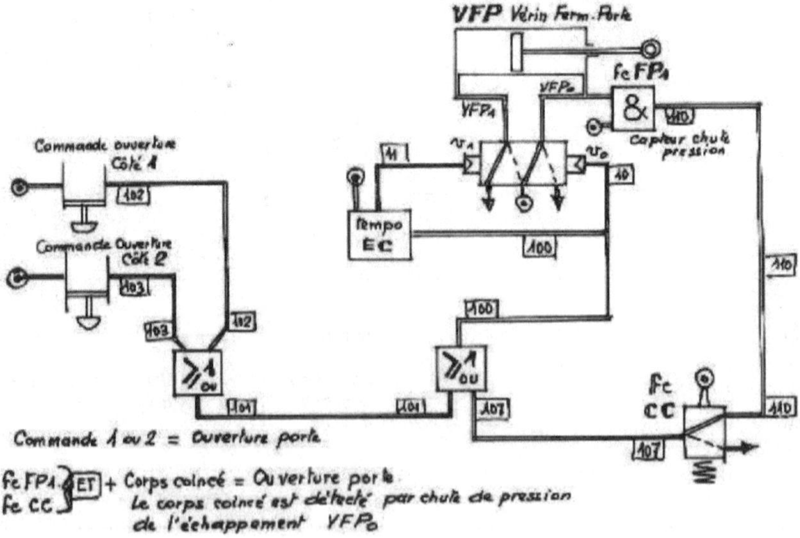

SY 25.00 / 01 – POMPAGE ; DONNEES TECHNIQUES :

CE : colonne d'eau m.CE : mètre de colonne d'eau

HGA : Haut géométrique refoulement ; différence niveau bas eau et axe pompe en m.

HGR : Haut géométrique refoulement ; différence axe pompe et point élevé distribution m.

La : Longueur d'aspiration en m

Lr : Longueur de refoulement en m

P : Pression résiduelle ; c'est la pression de fonctionnement que l'on peut mesurer à l'entrée de l'appareil à alimenter. s'exprime en bars (bar = daN / cm² ≈ kg / cm²)

conversion p en bars = 10 p (m CE) Exemple : 2 bars = 20 m CE

HMA : Hauteur manométrique aspiration ; dépression en m CE mesurée entrée de la pompe à l'aide d'un indicateur de vide. HMA = HGA + pertes de charge

HMR : Hauteur manométrique refoulement ; pression en m CE mesurée sortie de la pompe à l'aide d'un manomètre. HMR = HMA + pertes de charge + p

HMT : Hauteur manométrique totale ; c'est la somme des 2 éléments précédents.

HMT = HMA + HMR

Débit exprimé en m^3 / h ou en litres / mn.

SY 25.00 / 02 – CHOIX DES TUYAUX

Ce choix dépende de la perte de charge admise dans l'installation, il est d'usage pour l'eau de calculer avec une vitesse moyenne de 1 m / s.

Cette vitesse est un compromis économique entre l'investissement et l'exploitation :

Ø tuyau ; Puissance pompe nécessaire Consommation d'énergie de la pompe.

Le calcul complet de la perte de charge se fait avec le nombre de Reynolds Re qui détermine le type d'écoulement : Laminaire ; Turbulent lisse ; Turbulent rugueux.

Impossible n'est pas français. **Napoléon**

Tous calculs faits, les tableaux LEROY-SOMER donnent :

Perte de charge en mm CE par mètre de long tuyau.

Débit m³/h	Débit l/mn	1/2" (15.21)	3/4" (20.27)	1" 26.34	1"1/4 (33.42)	1" ½ (40.49)	2" (50.60)	2"1/2 (66.76)	3" (80.90)	4" (102.114)
0.2	3.33	15	3							
0.5	8.33	100	20	5	1					
0.7	11.66	200	40	10	2					
1	16.66	400	80	21	5	2				
1.5	25		170	50	10	5	1			
2	33.33		330	90	20	9	3			
3	50			210	45	22	6	1		
4	66.66			320	76	35	10	2	1	
5	83.33				130	60	18	4	2	
6	100				170	80	25	5	3	
7	116.66				250	120	35	7	4	
8	133.33				330	140	45	10	5	
9	150					190	57	12	6	2
10	166.66					230	70	15	7	2
12	200					330	100	22	10	3
15	250						150	34	16	5
20	333.33						260	60	28	8
30	500							135	63	19
40	66.66							240	112	33

SY 25.00 / 03 – Pompes multicellulaires

Multi 55 – La pompe multicellulaire verticale à amorçage automatique ultra performante par Pompes Guinard Bâtiment.

Pour leur capacité à redistribuer!

Grâce à la pompe multicellulaire verticale **Multi 55**, allez récupérer l'eau de votre puits pour la redistribuer en surface. Multi 55 est votre alliée pour les applications d'arrosage, d'irrigation, de lavage, mais aussi pour la protection incendie et la surpression.

Une gamme multi 55 domestique et professionnelle pour un encombrement minimal!

La gamme de **pompe Multi 55** est le haut de gamme des pompes Multi, référence sur le marché de la pompe de surface. Forte de ses capacités industrielles et professionnelles, la pompe Multi est recommandée autant pour des applications domestiques que professionnelles. Le plus de la pompe Multi 55 réside dans le fait qu'elle est équipée de plusieurs turbines. Cette caractéristique lui permet de délivrer une meilleure pression en comparaison à une pompe de surface classique. La gamme **Multi 55** bénéficie également d'un encombrement minimal de par son design compact et pratique.

LES PLUS DES pompes de surface multi 55

+ Adaptée usages professionnels et domestiques
+ Encombrement compact et pratique
+ Spécialisées dans le traitement des eaux chargées
+ Livrées avec brides

MULTI55-4 TN 782,60€ TTC Prix 2018
Tension (V) : Triphasé - 400 V Turbine (matériau) : Inox
Turbine (nombre) : 4 Matériau du corps de pompe : Inox Garantie : 1 an

Courbes de performances de la pompe Multi 55

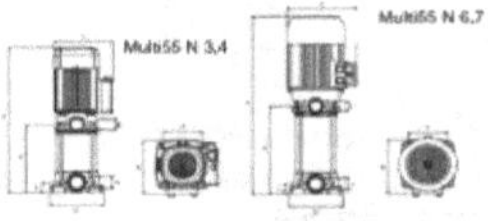

Multi 55 N

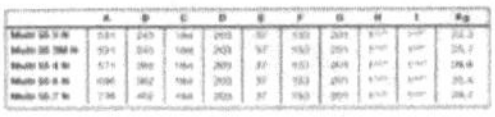

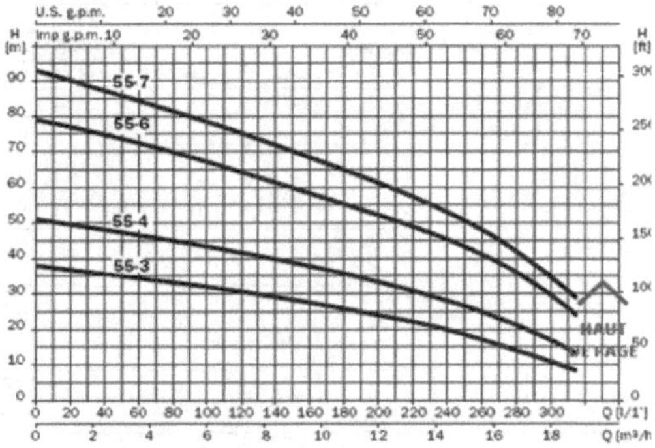

Multi 55N

La pompe Multi 55 est livrée avec brides.

	A			P1 (kw)					l / 1'	50	75	100	150	200	250
	1~ 230 V	3~ 230 V	3~ 400 V	1~	3~	kw	HP	µF	m³/h	3	4,5	6	9	12	15
Multi55 3 TN	9.6	6.6	3.8	2.1	2.1	1.5	2	30	H [m]	35	33	31	28	24	18
Multi55 4 TN	-	8.3	4.8	-	2.8	2	3	-		47	45	43	39	33	26
Multi55 6 TN	-	12.1	7	-	4.2	3	4	-		73	70	66	60	52	43
Multi55 7 TN	-	15.6	9	-	4.9	4	5.5	-		86	82	78	70	60	50

SY 27.01 MOTEURS ELECTRIQUES

Indices de protection ; N t/mn fonction fréquence

SY 27.01 / 0.1 - MOTEURS ASYNCHRONES LEROY SOMER

La norme C51.111 autorise les échauffements fonction des classes d'isolation ambiance 40°C.

Classe d'isolation	E	B	F	H
Echauff Max (°C)	75	80	100	125
T°C limite bobinage (°C)	115	120	140	165

SY 27.01 / 02 -Protections – Indices de protection mécanique

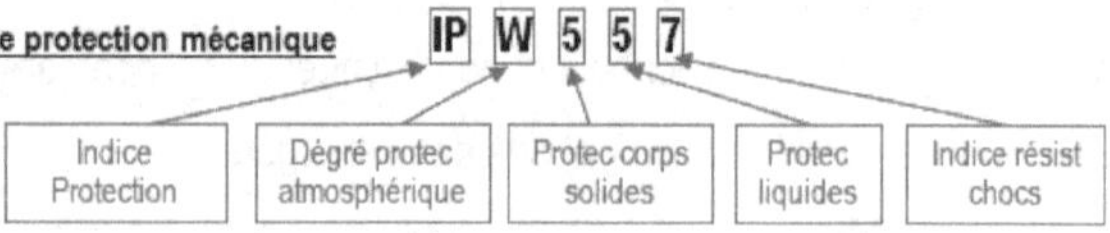

IP 1° chiffre : corps solides		IP 2° chiffre : liquides	
IP0	Pas de protection	0	Pas de protection
IP1	Corps solide > 50 mm	1	Chute verticale goutte d'eau
IP2	Corps solide > 12 mm	2	Chute eau inclinée 15°
IP3	Corps solide > 2,5 mm	3	Chute eau pluie inclinée 60°
IP4	Corps solide > 1 mm	4	Projection eau sous 360°
IP5	Poussière pas de pénétration nuisible	5	Protection jets eau à la lance
		6	Jets eau type paquets de mer
IP6	Protégé totalement contre les poussières	7	Protégé Effets immersion
		8	Immersion prolongée

W : degré de protection atmosphérique.

Si W présent : des mesures permettent de garder en bon état de fonctionnement malgré la pluie et la neige W placé entre IP et le 1° chiffre

IP 3° chiffre : indice de résistance aux chocs : 7 pour les moteurs à carcasse en fonte ou alliage d'aluminium soit une masse de 1.5 kg avec une hauteur de chute de 0.40 m : énergie de choc = 6 Joules (W = m.g.h = 1.5 x 9.81 x 0.40 = 5.89)

Indice Protec	Masse (kg)	Haut chute (m)	Energie choc (J)
1	0.15	0.15	0.225
2	0.15	0.25	0.375
3	0.25	0.20	0.50
5	0.50	0.40	2
7	**1.50**	**0.40**	**6**
9	5.00	0.40	20

SY 27.01 / 03 -VITESSE DE ROTATION A VIDE en t / mn en fonction des polarités et des fréquences :

Fréquence alimentation		50 Hz	60 Hz	100 Hz
Nombre de pôles	2	3000	3600	6000
	4	1500	1800	3000
	6	1000	1200	2000

SY 27.01 / 04 - MOTEURS ASYNCHRONES – Calcul Puissance Moteur

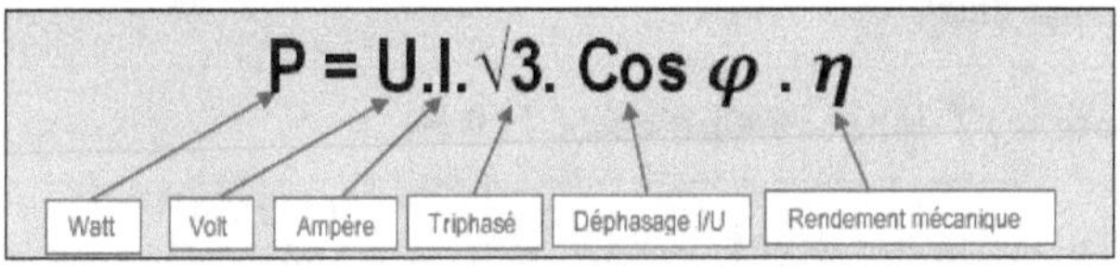

Le Cosinus φ ou facteur de puissance est donné pour un moteur utilisé à pleine puissance. Le Cos φ chute si le moteur est utilisé à 1/2 puissance par exemple.

Exemple de calcul : Un moteur de 0.75 kW consomme 0.8 A (mesuré à la pince) par phase sous 380 V. Le catalogue donne Cos φ = 0.86, le rendement est donné à 71%

P = 380 x 0.8 x 1.732 x 0.86 x 0.71 = **322 W** soit 43% de la charge Maxi

La puissance nominale est donnée pour 1.9 A
Vérification : P = 380 x 1.9 x 1.732 x 0.86 x 0.71 = 764 W (1 ch = 736 W)

Pince ampèremétrique numérique VOLTCRAFT VC-521 CAT III 600 Vc
80 € (prix 2018)

Exemple de pince pour mesurer les ampères

In sous 380V : intensité nominale sous 380 Volts

Id / In : Intensité de démarrage / Intensité nominale. Le moteur donne le double de son couple nominal au démarrage. C'est la grande supériorité des moteurs électriques sur tous les autres moteurs. *(moteurs thermiques par exemple)*

SY 27.01 / 05 - Calcul du couple restitué par le moteur et en sortie de réducteur :

Exemple du moteur précédent 322 W utilisés à 1400 t/mn en charge. P = Cω soit C = P / ω avec $\omega \approx$ 0.1.N = 140 rd/s
C = 322 / 140 = 2.3 mN = **0.23 m.daN** si on a dans la chaîne cinématique un **réducteur qui sort à 45 t/mn**
Rapport de réduction i = 1400 / 45 = 31. On estime le rendement du réducteur à 0.8.
On aura un **couple de sortie au motoréducteur** = 0.23 x 31 x 0.8 = **6 m.daN**.

Type	P (kW)	P (ch)	In / 380 V	Id / In (démarr)	Rend % (η)	Cos φ	Masse kg	Couple m.daN
LS 56 L	0.09	0.12	0.38	2.89	54%	0.67	4	0.057
LS 63 L (E)	0.12	0.16	0.43	2.79	55%	0.8	4.8	0.076
LS 63 L (E)	0.18	0.25	0.60	3.50	63%	0.78	5	0.114
LS 71 L	0.25	0.33	0.82	3.90	61%	0.75	6.4	0.159
LS 71 L	0.37	0.50	1.10	4.36	67%	0.76	7.3	0.236
LS 80 L1	0.55	0.75	1.65	3.90	66%	0.76	9	0.350
LS 80 L2	0.75	1	2	4.30	69%	0.80	10.5	0.478
LS 80 L3	0.90	1.22	2.40	5.20	73%	0.77	11.5	0.573
LS 90 S1	1.10	1.50	2.70	4.90	74%	0.83	14	0.701
LS 90 L2	1.50	2	3.60	5.50	77%	0.82	15	0.955
LS 90 L3	1.80	2.44	4.30	5.40	77%	0.83	17	1.146
LS 100 L1	2.20	3	5.20	5.30	78%	0.82	21	1.401
LS 100 L2	3	4	7	6.10	80%	0.82	23	1.910
LS 112 M1	4	5.43	9.10	6.20	82%	0.81	28	2.548
LS 132 S30	5.50	7.50	12	6.20	81%	0.85	45	3.503
LS 132 M1	7.50	10	15.8	7	85%	0.85	56	4.777
LS 132 M2	9	12.25	18.60	8.20	85%	0.86	62	5.732
LS 160 M	11	15	22	5	87%	0.87	80	7.006
LS 160 L	15	20	29.30	5.80	89%	0.86	97	9.554
LS 180 MT	18.50	25	36.40	5.80	88.5%	0.87	113	11.783
LS 180 L	22	30	44.10	5.50	89%	0.85	135	14.013
LS 200 LT	30	41	60	6.30	89.5%	0.85	170	19.108
LS 225 ST	37	50	72	6.40	90.5%	0.86	210	23.567
LS 225 M	45	61	85.50	6	91%	0.86	275	28.662
LS 250 M	55	75	106	6.60	92%	0.86	315	35.032
LS 280 ST	75	102	145	7	92%	0.85	400	47.771
LS 280 M	90	122	173	7	92.5%	0.85	565	57.325
LS 315 ST	110	150	211	7.40	93%	0.85	685	70.064

SY 27.01 / 06 - COURANT MOYEN DE PLEINE CHARGE

des moteurs triphasés à simple cage

Moteurs Triphasés 4 pôles 50 / 60 Hz

kW	Ch	220V Ampères	380V Ampères	415V Ampères	440V Ampères	500V Ampères	660V Ampères	1000V Ampères
0.37	**0.5**	**1.80**	**1.03**					
0.55	0.75	2.75	1.6					
0.75	**1**	**3.5**	**2**	**2**				
1.1	**1.5**	**4.4**	**2.6**	**2.5**	**2.37**	**2**		
1.5	**2**	**2.1**	**3.5**	**3.5**	**3.06**	**2.6**	**2**	
2.2	3	8.7	5	5	4.42	3.8	2.8	1.9
3	4	11.5	6.6	6.5	5.77	5	3.8	2.5
3.7	5	13.5	7.7	7.5	7.1	5.9	4.4	3
4	5.5	14.5	8.5	8.4	7.9	6.5	4.9	3.3
5.5	7.5	20	11.5	11	10.4	9	6.6	4.5
7.5	**10**	**27**	**15.5**	**14**	**13.7**	**12**	**8.9**	**6**
9	12	32	18.5	17	16.9	13.9	10.6	7
10	13.5	35	20			15	11.5	7.5
11	15	39	22	21	20.1	18.4	14	9
15	**20**	**52**	**30**	**28**	**26.5**	**23**	**17.3**	**12**
18.5	25	64	37	35	32.8	28.5	21.3	14.5
22	30	75	44	40	39	33	25.4	17
25	35	85	52	47	45.3	39.4	30.3	20
30	40	103	60	55	51.5	45	34.6	23
33	45	113	68	60	58	50	39	25
37	**50**	**126**	**72**	**66**	**64**	**55**	**42**	**28**
40	54	134	79	71	67	60	44	30

INTENSITE
Ampères
par phase

Des petites différences
peuvent
apparaître
suivant les constructeurs

Facteurs
de
puissance
Cos φ

et Rendement
η

peuvent être
légèrement
différents

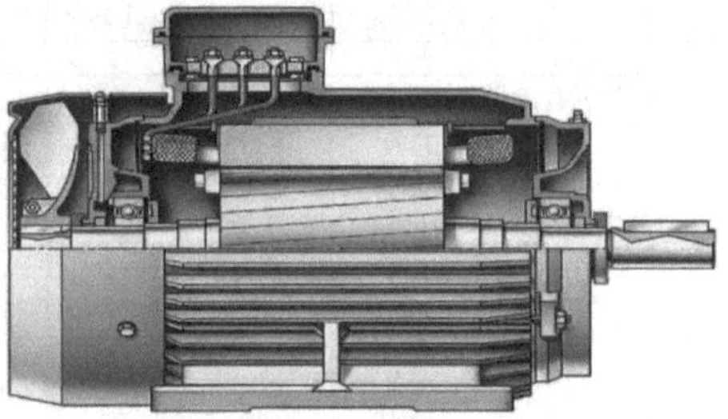

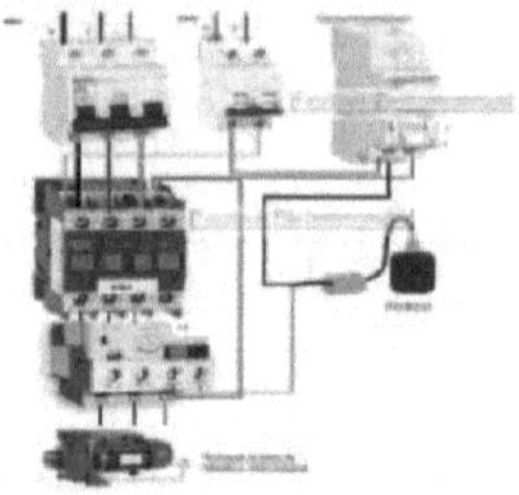

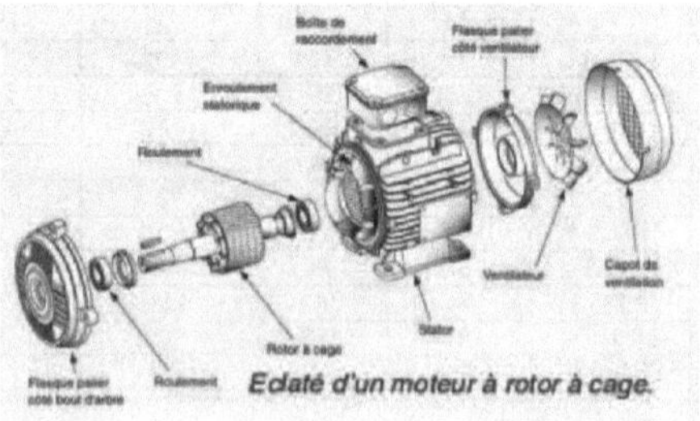

Eclaté d'un moteur à rotor à cage.

SY 30.00 HYDRAULIQUE

SY 30.00 / 01 – HYDRAULIQUE PRINCIPE DE L'INSTALLATION

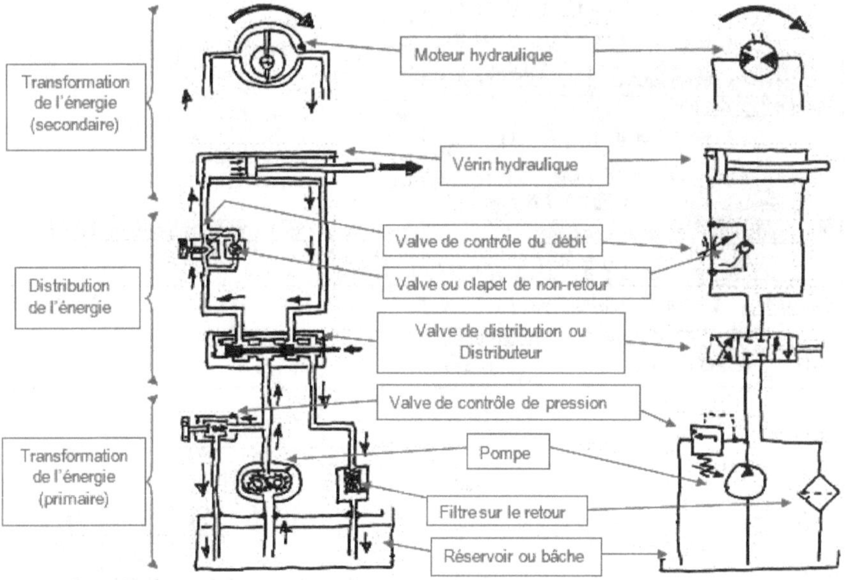

1 Pa = 1 N / m²

1 Pa = 10^{-5} bar Q = v.A (vitesse x section) $m^3 = \frac{m.m^2}{s}$ Dans la pratique usuelle, on utilise litres/mn

1 m³/s = 1 000 l/s = 60 000 l/mn

SY 30.00 / 02 – Section interne des conduites : On recherche l'écoulement laminaire

(Nombre de Reynolds, écoulement laminaire, écoulement turbulent lisse, écoulement turbulent rugueux)

Canalisation d'aspiration : 0.5 à 1.5 m/s (compte tenu de la dépression d'aspiration : -0.3 bar p relative)

Canalisation de retour : 2 à 3 m/s (+ 0.7 bar en pression absolue)

Canalisation de refoulement : canalisation entre distributeur et utilisateur (vérin ou moteur)

p < 50 bars ;	v = 4 m/s	p = 50 à 100 bars ;	v = 4 à 5 m/s
p = 100 à 200 bars ;	v = 5 à 6 m/s	p > 200 bars ;	v = 6 à 7 m/s

SY 30.00 / 03 – Puissance hydraulique : P = p.Q

W N/m² . m³/s

équation aux dimensions $= \frac{N.m^3}{m^2.s} = \frac{N.m}{s} = \frac{J}{s} = W$

SY 30.00 / 04 – Pertes dues aux rendements :

Rendement volumétrique η_v fuites internes et externes des pompes et moteurs

Rendement hydromécanique η_{hm} pertes par frottement dans les pompes moteurs et vérins.

Rendement global $\eta_t = \eta_v . H_{hm}$ pertes totales

SY 30.00 / 05 – HYDRAULIQUE – formules pratiques

Moteur hydraulique :

Couple : $M = 1.59 . V_e . p . \eta_{hm\%} . 10^{-4}$

$V_e = 6.28 . M . 10^3 / p . \eta_{hm\%}$

Débit absorbé effectif : $Q_{Mve} = V_e . n . 10^{-1} / \eta_{v\%}$

Cylindrée effective absorbée : $V_{pe} = Q . \eta_{v\%} . 10 / n$

$n = Q . \eta_{v\%} . 10 / V_e$

Puissance fournie : $P_{PM} = Q . p . \eta_{t\%} . 10^{-4} / 6$ (W)

Pompe hydraulique

Débit effectif $Q = V_e . n . \eta_{v\%} . 10^{-5}$

Cylindrée effective : $V_{pe} = Q . 10^5 / n . \eta_{v\%}$

Puissance absorbée : $P_{pm} = Q . p / 6 . \eta_{t\%}$ (kW)

Vitesse du fluide dans les canalisations :

$w = Q . 10^2 / 6 . \pi . d^2 / 4$

- **M** en mN : Couple moteur hydraulique
- **p** en bars : Pression de service d'entrée
- **η** hm%. : Rendement hydromécanique Moteur
- **Ve** en cm³/tour : Cylindrée en cm³ Pompe ou Moteur (cylindrée effective)
- **Q** en lit/mn : Débit effectif pompe
- **n** t/mn : Vitesse entraînement.
- **η** v% : Rendement volumétrique
- **P** PM en kW : P absorbée par la pompe ou fournie par le moteur.
- **W** m/s : vitesse fluide tuyau. **d** mm : Ø canalisation

Nombre de Reynolds Re

$Re = w . di . 10^3 / \upsilon$ Re < 2300 : Ecoulement laminaire
Re > 2300 : Ecoulement turbulent

- **υ** mm²/s ou centistoke cst : viscosité cinématique
- **Δp** bar/m : perte de charge par mètre de canalisation
- **γ** g/cm³ : masse volumique 0.9 g/cm³ (huile) ; g = 9.81 m/s²

Perte de charge par m dans les tubes droits

$\Delta_p = \lambda . 1 . \gamma . w^2 . 10^2 / d 2g$ (bars/m)

Calcul de λ Re < 2300 : écoulement laminaire $\lambda = 64 / Re$; Re > 2300 : écoulement turbulent $\lambda = 0.316 / \sqrt[4]{Re}$

SY 30.00 / 06 – Formule pratique de détermination Ø conduite pour w = 4 m/s

$D = \sqrt{100 Q / 18.84}$ Exemple Q = 4.5 l / mn $D = \sqrt{450 / 18.84}$ = Ø 5 mm intérieur tuyau

Diagramme MOODY, COOLEBROOK, utilisation et interprétation du Nombre de Reynolds

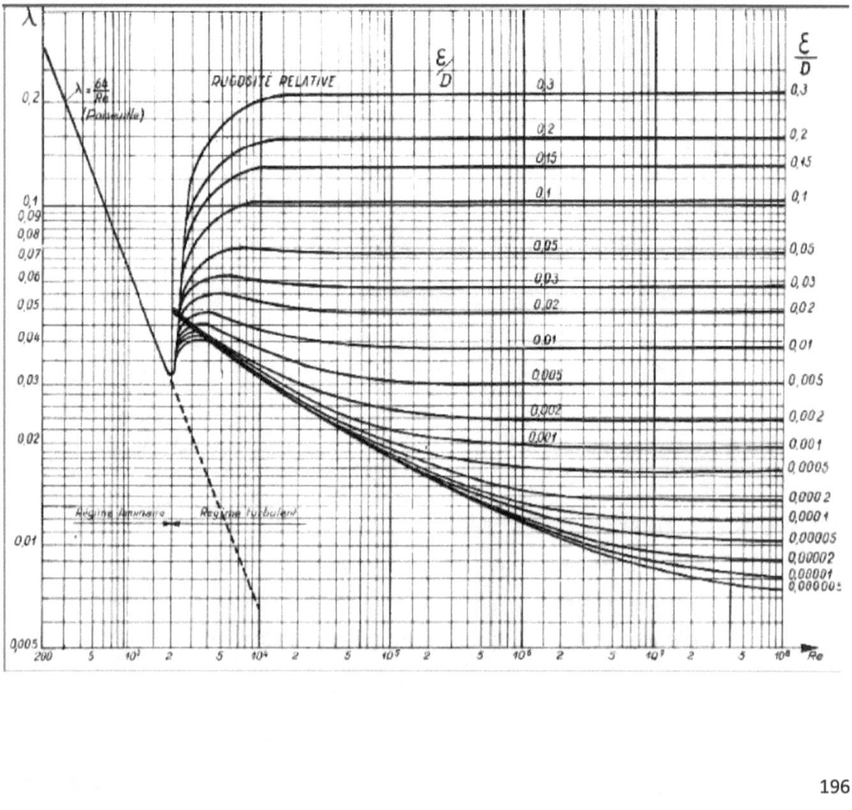

SY 30.00 / 07 – Vérins FORCE en fonction pression nominale :

Force en daN pour comparaison, l'hydraulique d'un tracteur agricole est actuellement 200 bars = daN/cm² ≈ kg/cm²

Ø vérin	20 bars		50 bars		100 bars		150 bars		200 bars	
	Sortie tige	Entrée tige	Sortie tige	Entrée tige	Sortie tige	Entrée tige	Sortie tige	Entrée tige	Sortie tige	Entrée tige
Ø 32			400	300	800	600	1 200	900	**1 500**	**1 200**
Ø 40	200	x	600	450	1 200	900	1 900	1 300	**2 500**	**1 800**
Ø 50	400	300	1 000	700	2 000	1 400	3 000	2 000	**4 000**	**2 600**
Ø 63	500	400	1 500	1 100	3 200	2 050	4 500	3 200	**6 000**	**4 200**
Ø 80	1 000	600	2 500	1 800	5 000	3 500	7 500	5 200	**10 000**	**7 000**
Ø 100	1 500	1 000	4 000	2 800	8 000	5 500	12 500	8 000	**16 000**	**11 000**
Ø 125	2 200	1 500	6 000	4 200	12 000	8 500	18 000	13 000	**25 000**	**17 000**
Ø 160	4 000	2 000	10 000	7 000	20 000	15 000	30 000	21 000	**40 000**	**28 000**

SY 30.00 / 08 – Courses vérins normalisées recommandées et Maximales

Contenance vérin en litres V = 3.14 x 3.2² / 4 x 3 = 24 cm³ = 0.024 dm³ = 0.024 litre

Ø vérin	30 mm	50	100	150	200	250	300	400	500	600	800	1 000	MAXI
Ø 32	0,024	0,040	0,080	0,121	0,161								**1 100**
Ø 40	0,038	0,063	0,126	0,188	0,251	0,314	0,377	0,502					**1 500**
Ø 50	0,059	0,098	0,196	0,294	0,393	0,491	0,589	0,785					**2 000**
Ø 63	0,093	0,156	0,312	0,467	0,623	0,779	0,935	1,246	1,558	1,869			**3 000**
Ø 80		0,251	0,502	0,754	1,005	1,256	1,507	2,010	2,512	3,014			**3 000**
Ø 100			0,785	1,178	1,570	1,963	2,355	3,140	3,925	4,710	6,280	7,850	**3 000**
Ø 125			1,227	1,840	2,453	3,066	3,680	4,906	6,133	7,359	9,813	12,266	**3 000**
Ø 160				3,014	4,019	5,024	6,029	8,038	10,048	12,058	16,077	20,096	**4 500**

Pompe sur tracteur agricole

Réservoir huile équipé

Moteur hydraulique

Vérin hydraulique

Vérin Double-effet

Flexible hydraulique

Vérin télescopique

Distributeur hydraulique

Distributeur Cde électrique

Collier fix tuyauterie

La fixation des tuyauteries hydrauliques doit être traitée très sérieusement. En effet, lors du passage d'huile dans un coude à 90°, **la pression statique s'exerce suivant la section du tuyau, comme un piston de vérin**.

Exemple : tuyau Ø intérieur 10 sous 200 bars (tracteur agricole)

Ø i 10 ; 200 bars F support

$= \pi \times 1^2 / 4 \times 200 =$ **150 daN** et si +

Ø i 30 ; 200 bars F support

$= \pi \times 3^2 / 4 \times 200 =$ **1 350 daN**

Le sot a un grand avantage sur l'homme d'esprit : il est toujours content de lui-même.

Napoléon

SY 30.00 / 09 – Vérins Longueurs de flambage fonction Effort et Ø tige

Tige Ø et F daN admissible		Ø 16	Ø 22	Ø 28	Ø 36	Ø 45	Ø 56	Ø 70	Ø 90
Longueur de tige	300	1 600 daN	2 600 daN	3 900 daN	6 200 daN	10 000 daN	16 000 daN	25 000 daN	45 000 daN
	500	700 daN	2 400 daN	3 900 daN	6 200 daN	10 000 daN	16 000 daN	25 000 daN	45 000 daN
	1 000	200 daN	620 daN	1 600 daN	4 500 daN	10 000 daN	16 000 daN	25 000 daN	45 000 daN
	2 000		200 daN	400 daN	1 200 daN	2 800 daN	7 000 daN	16 000 daN	45 000 daN
	3 000			200 daN	480 daN	1 100 daN	2 600 daN	6 200 daN	20 000 daN
	4 000				300 daN	700 daN	1 600 daN	4 000 daN	11 000 daN
	5 000				200 daN	500 daN	1 100 daN	2 600 daN	7 000 daN
	7 500					200 daN	500 daN	1 500 daN	3 200 daN
	10 000						300 daN	700 daN	2 000 daN

SY 30.00 / 10 – Vérins Débits utiles fonction vitesse alésage

Débit	Ø sens		Ø 32		Ø 50		Ø 100		Ø 160	
l/mn	m / s	m / mn	tirant	poussant	tirant	poussant	tirant	poussant	tirant	poussant
vitesse	0.01	0.6	- de 0.1 l/mn		0.1 l/mn	0.3 l/mn	3.5 l/mn	5 l/mn	9 l/mn	12 l/mn
	0.05	3	2 l/mn	2.5 l/mn	4 l/mn	6 l/mn	17 l/mn	23 l/mn	42 l/mn	60 l/mn
	0.1	6	3.5 l/mn	5 l/mn	7 l/mn	12 l/mn	33 l/mn	45 l/mn	85 l/mn	130 l/mn
	0.5	30	20 l/mn	25 l/mn	25 l/mn	40 l/mn	166 l/mn	250 l/mn	420 l/mn	650 l/mn
	1	60	35 l/mn	50 l/mn	50 l/mn	75 l/mn	320 l/mn	470 l/mn	800 l/mn	1 300 l/mn

SY 30.00 / 11 – Composants de circuits – Flexibles à réaliser soi-même

MACHINE à sertir et mors budget 2500 € prix 2018

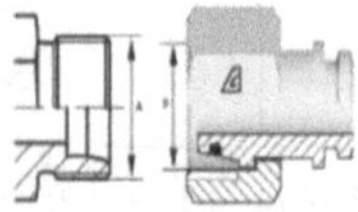

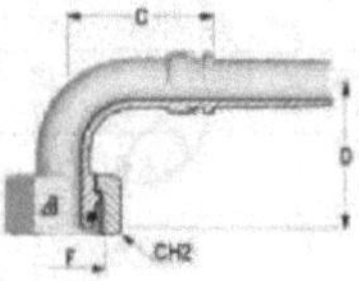

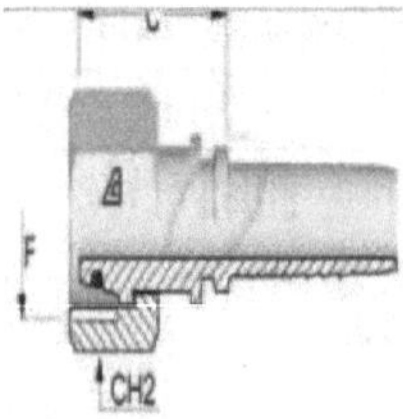

Té Mâle - Mâle

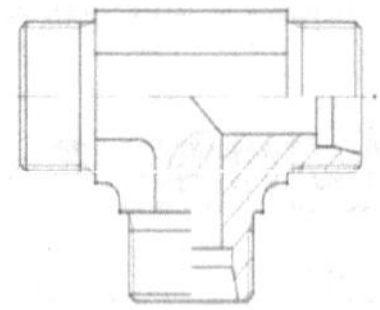

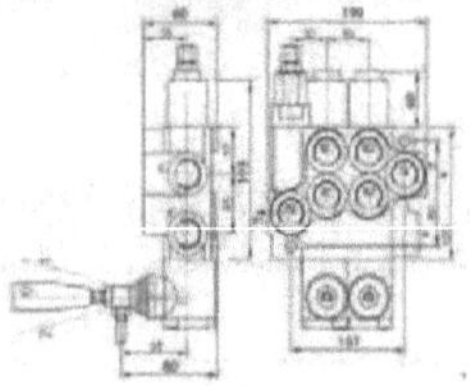

Bouchon mâle en 1/4 3/8 1/2 3/4 1"

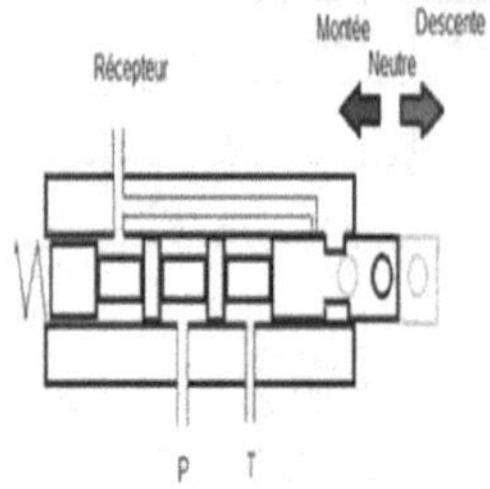

SY 40.00 ELECTRICITE

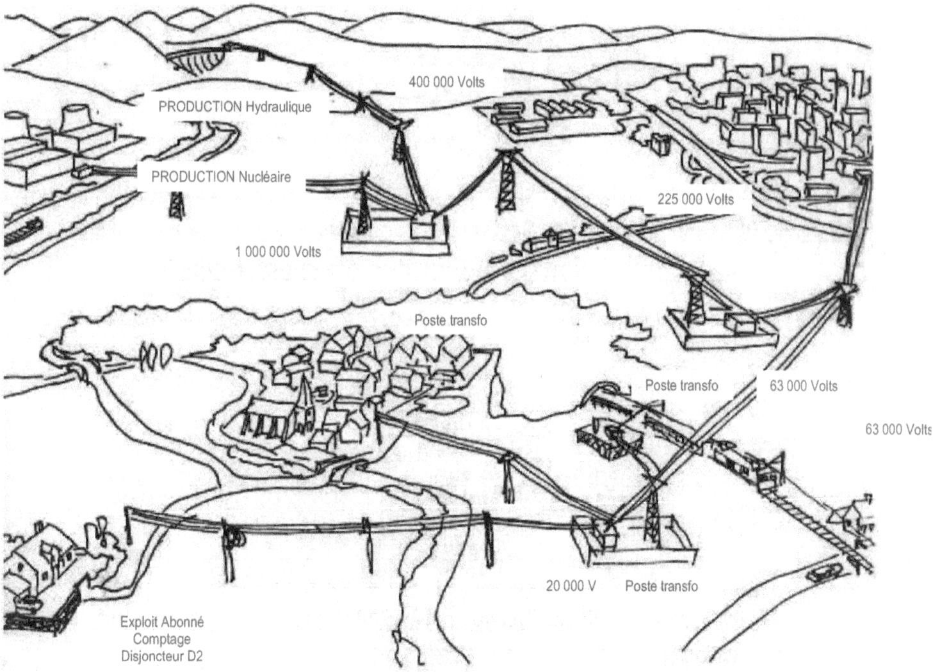

On transporte le plus loin possible en haute tension. Cela diminue les pertes qui sont proportionnelles à l'intensité en Ampères.

Exemple simple : P =UI si P = 1 000 000 W

En 380 V : I = P/U	I = 1 000 000 / 380	=	2 632 A
En 20 000 V	I = 1 000 000 / 20 000	=	50 A
En 60 000 V	I = 1 000 000 / 60 000	=	17 A

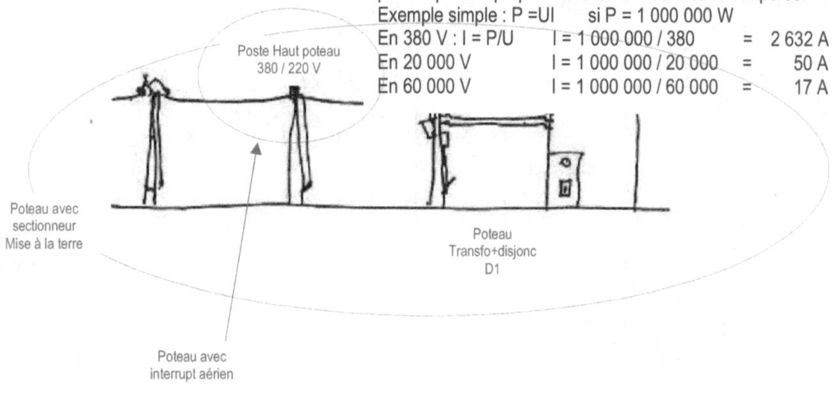

<u>SY 40.00 / 01 -</u> <u>Rappel sécurité</u> : Pour être en sécurité à un conducteur nu dans l'air, il faut 1 cm par 1000 Volts. Ainsi, sécurité au 1 000 000 Volts est 10 m ; le 22 000 V (réception moyenne tension usines) nécessite 22 cm ; pour le 380 V : 0.38 cm.

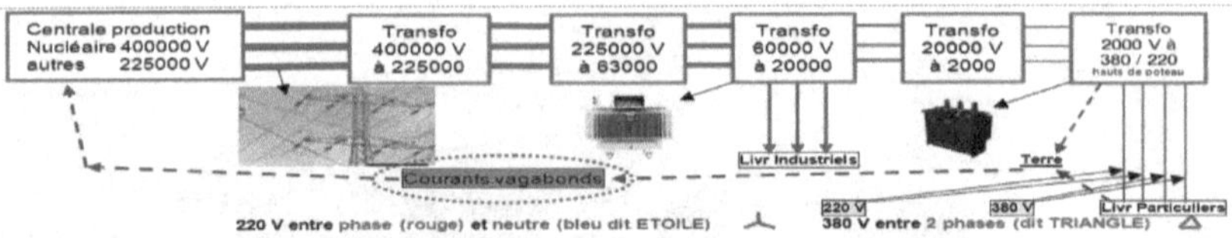

<u>Particulier</u> : en géobiologie, le piquet de terre doit être mis au Nord de préférence. La terre (fil jaune/vert) est une sécurité contre le défaut d'isolement d'un appareil. La protection de l'usager est faite par le disjoncteur différentiel. Ce disjoncteur mesure la tension qui se trouve sur la terre et disjoncte (coupe le courant) si le courant sur la terre dépasse une valeur (définie par le type de disjoncteur) de 300 millivolts (réglementaire) ou de 30 millivolts (recommandé meilleure sensibilité de la protection).
La terre doit être au Maxi à 100 Ω au sens EDF (norme C 15 100), la géobiologie recommande 50 Ω.

SY 40.00 / 02 - Code couleur fils ; Section des conducteurs, longueurs admissibles

Code international couleur des fils électriques

Repérage pour câblage des prises et connecteurs.
Nota : les câbles méplats sont juxtaposés dans l'ordre des couleurs indiquées

1	**Marron**	+ 24 V	
2	**Rouge**		
3	**Orange**		
4	**Jaune**		
5	**Vert**		
6	**Bleu**	0 V	
7	**Violet**		
8	**Gris**		
9	**Blanc**		
0	**Noir**		

SY 40.00 / 03 - Section fils Basse Tension cuivre 220 V mono – Cos φ = 1 chute 5%

P en kiloWatts	Intensité en Ampères	Section en mm² - Longueurs en m						
		1.5 mm²	**2.5 mm²**	**4 mm²**	**6 mm²**	**10 mm²**	**16 mm²**	**25 mm²**
2.5 kW	**5 A**	190 m	325 m	510 m	745 m			
3 kW	**6 A**	160 m	270 m	420 m	620 m			
3.5 kW	**7 A**	135 m	230 m	365 m	540 m	895 m		
4 kW	**8 A**	120 m	200 m	320 m	470 m	785 m		
4.5 kW	**9 A**	105 m	180 m	285 m	420 m	700 m		
5 kW	**10 A**	96 m	165 m	255 m	375 m	630 m	970 m	
6 kW	**12 A**	79 m	135 m	210 m	315 m	525 m	810 m	
7 kW	**14 A**	68 m	115 m	180 m	270 m	455 m	700 m	
8 kW	**16 A**	60 m	105 m	160 m	240 m	400 m	610 m	940 m
9 kW	**18 A**	51 m	92 m	145 m	215 m	355 m	550 m	780 m
10 kW	**19 A**	échauffement	84 m	130 m	190 m	320 m	500 m	780 m

SY 40.00 / 04 - Amélioration Cos φ ; Section conducteurs chute tension échauffement

$$\text{Cos } \varphi = \frac{\text{Puissance Réactive}}{\text{Puissance Apparente}}$$

Une batterie de condensateurs placée en tête d'une installation permet de réduire les VAR (Volt-Ampère Réactif) et de réduire l'angle φ L'angle φ doit être le plus petit, soit Cos φ, près de 1

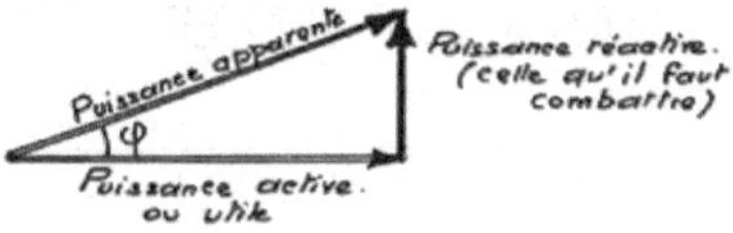

SY 40.00 / 05 - Table de calcul PUISSANCE BATTERIE de CONDENSATEURS

Pour obtenir un Cos φ déterminé

Puissance Condensateur en kVAR par kW de charge pour relever Cos φ
Cos φ à obtenir (indépendant de la tension U)

Cos φ avant compensation	0.80	086	0.90	0.92	0.94	0.96	0.98	1
0.40	1.557	1.691	1.805	1.861	1.924	1.998	2.085	2.288
0.45	1.230	1.384	1.501	1.561	1.626	1.695	1.784	1.988
0.50	0.982	1.132	1.248	1.303	1.369	1.441	1.529	1.732
0.55	0.769	0.918	1.035	1.090	1.156	1.228	1.316	1.519
0.60	0.584	0.733	0.849	0.905	0.971	1.043	1.131	1.334
0.65	0.419	0.569	0.685	0.740	0.806	0.878	0.966	1.169
0.70	0.270	0.420	0.536	0.591	0.657	0.729	0.811	1.020
0.75	0.132	0.282	0.398	0.453	0.519	0.591	0.673	0.882
0.80		0.150	0.266	0.321	0.387	0.459	0.541	0.750
0.85		0.020	0.136	0.191	0.257	0.329	0.417	0.620
0.90				0.058	0.121	0.192	0.281	0.484

Exemple :
Cos φ existant = 0.70
On veut obtenir Cos φ' = 0.90
Soit 0.536 kVAR par kW
pour une Puissance active de 167 kW
Qc =167 x 0.536
= 90 kVAR

Batterie triphasée pour tarif jaune BX 50Hz puiss de condensateur 75 kvar - 415050

Réf. Outiz : **15282548**
Un produit de la marque : LEGRAND

Côtes et fiche technique

SY 40.00 / 06 - DETERMINATION SECTION DES CONDUCTEURS BASSE TENSION

Calcul Section pour long mètres, fonction Intensité, 380 V triphasé, cos φ = 0.8, Chute 5%

I(A) Tri 380 V	1.5 mm²	2.5 mm²	4 mm²	6 mm²	10 mm²	16 mm²	25 mm²	35 mm²	50 mm²	70 mm²	95 mm²	120 mm²	150 mm²
2.3 A	100	165	265	395	m								
4.6 A	50	84	135	200	335	530	m						
6.8 A	33	57	90	130	225	355	565	m					
9 A	25	43	68	100	170	265	430	595	m				
11.5 A	20	34	54	80	135	210	340	470	630	m			
13.5 A	17	29	45	66	110	180	285	395	520	m			
16 A	14	24	39	56	96	155	245	335	450	m			
18 A	X	21	34	49	84	135	210	295	395	580	m		
20 A	X	19	30	44	75	120	190	260	350	515	m		
23 A	X	X	27	39	68	105	170	235	315	460	630	m	
45 A	X	X	X	X	34	54	84	120	155	230	320	400	495
73 A	X	X	X	X	X	X	53	74	99	145	200	250	305
91 A	X	X	X	X	X	X	X	59	79	115	160	200	245
136 A	X	X	X	X	X	X	X	X	X	77	105	135	165
182 A	X	X	X	X	X	X	X	X	X	X	80	100	125
Equivalence aluminium cuivre (sections pour conducteurs)													
Cuivre mm²	1.5	2.5	4	6	10	16	25	35	50	70	95	120	150
Aluminium mm²					16	25	50	70	95	120	150	185	240

SY 40.00 / 07 - Protection Réglage Maxi ; Intensité Moteurs électriques

SY 40.00 / 08 - DISPOSITIF PROTECTION – REGLAGE MAXI

Section câble mm²	Courant admissible **Ia** (A)	Coupe circuit à fusible **gF**	Courant de réglage Maxi disjoncteur **Id** (Intensité de démarrage)		
			Miniature **DM**	Industriel **DI**	Observation
1	13.5	8	10	12	Exemple moteur 1400 t / mn
1.5	17.5	12	15	16	Nm Caractéristique Moteur électrique kW
2.5	24	16	20	22	
4	32	20	25	30	
6	41	32	38	39	
10	57	40	47	54	
16	76	50	60	72	
25	101	80	95	96	
35	125	100	117	119	
50	151	100		143	
70	192	125		182	
95	232	160		221	
120	269	200		256	

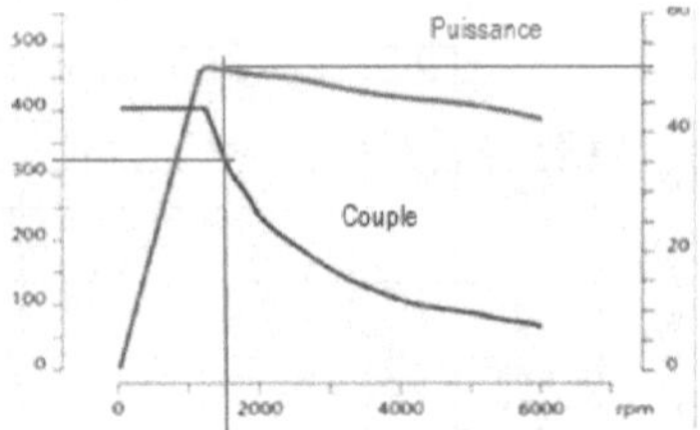

Puissance 50 kW, couple 32.5 m.daN (m.kg)

SY 40.00 / 09 - RAPPEL INTENSITES ABSORBEES en charge par les moteurs électriques

Puissances normalisées		Courant Triphasé			Monophasé
kW	ch	220 V	380 V	660 V	220 V
0.37	0.5	1.8	1.03	0.6	3.12
0.55	0.75	2.75	1.6	0.9	4.76
0.75	1	3.5	2	1.1	6.01
1.1	1.5	4.4	2.6	1.5	7.6
1.5	2	6	3.5	2	10.4
2.2	3	8.7	5	2.8	15.1
3	4	11.5	6.6	3.8	20
4	5.5	14.5	8.5	4.9	25.1
5.5	7.5	20	11.5	6.6	34.6
7.5	10	27	15.5	8.9	46.8
10	13.5	35	20	11.5	60
11	15	39	22	12.7	68
15	20	52	30	17.3	90
18.5	25	64	37	21.3	111
22	30	75	44	25.4	130
30	40	103	60	34.6	178
37	50	126	72.5	41.8	218
45	60	147	85	49	254
55	75	182	105	60.6	315
75	100	239	138	79.6	414
90	125	295	170	98	511
110	150	356	205	118	617
132	175	425	245	141	710
160	200	520	300	173	900

Exemple calcul vérification

Exemple 10 kW

Tri 220 V $P = UI.\sqrt{3}.Cos\varphi.\eta$

$P = 220 \times 35 \times 1.732 \times 0.8 \times 0.94$

$P = 10\ 000$ W

Tri 380V

$P = 380 \times 20 \times 1.732 \times 0.8 \times 0.94$

$P = 10\ 000$ W

Tri 600V

$P = 600 \times 11.5 \times 1.732 \times 0.85 \times 0.98$

$P = 10\ 000$ W

Monophasé 220V

$P = UI.\ \eta$

$P = 220 \times 60 \times 0.76$

$P = 10\ 000$ W

SY 40.00 / 10 - Comparaison Moteur électrique / Moteur Thermique

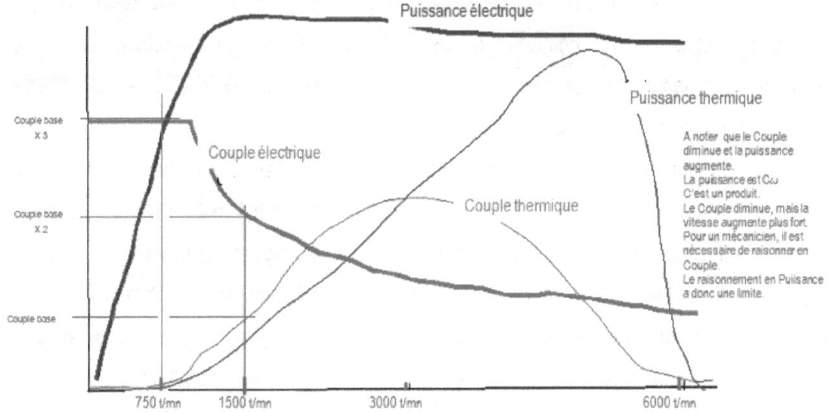

Ce qui est à noter, c'est le Couple « en Bas » du moteur électrique. Le démarrage d'un moteur électrique est fulgurant. On observe bien ce fait sur les voitures électriques qui ont un démarrage beaucoup plus fort que les moteurs thermiques. Il faut monter à 3000 t/mn pour obtenir la suprématie du moteur thermique. On retrouve cet état en course automobile ou les hybrides se servent de l'électrique en ré-accélération de l'énergie récupérée au freinage.
Le spectaculaire est au virage de Mulsanne aux 24 heures du Mans :

Le rétrogradage est déjà « fou ». au panneau 200 m, le pilote de la voiture commence à freiner et récupérer l'énergie. Elle ralentit de 360 à 70 km/h en 200 m, les disques de freins en carbone sont au rouge. En 200 m, les rétrogradages deviennent de plus en plus violents puisque le pilote rétrograde de 6° à 5°, puis 4°, puis 3°, puis 2°, puis 1° le tout en 200 m.

Il faut préciser que sur ces voitures la première monte à 140 km/h. Mais c'est à partir de ce moment que tout se déchaîne, la reprise des hybrides est spectaculaire, cette énergie récupérée au freinage va servir à relancer : les moteurs électriques dans les roues avant entrent en action et rajoutent deux fois 80 ch pendant 4 secondes, Porsche est même allé plus loin car il dispose de 8 secondes par récupération supplémentaire sur l'échappement.

Si on fait le calcul simple : 2 x 80 ch = 160 ch = 118 kW

P = Cω soit C = P / ω à 750 t/mn *(75 rd/s)* 118 000 / 75 = 1 573 m.N soit 160 m.daN *(m.kg).*

De plus ce couple est extraordinaire puisque il arrive quand le moteur thermique est dans la plus mauvaise partie de sa courbe de fonctionnement. Voir la courbe ci-dessus : Courbe de base multipliée par 3 par rapport au thermique.

Pour comparaison : Le moteur thermique est de 400 ch et est efficace seulement à partir de 3000 t/mn : 400 ch = 295 kW ; 300 rd/s C = 295 000 / 300 = 983 mN soit 100 m.daN *(m.kg).*

Evidemment, ce couple va être multiplié par la réduction de la boite de vitesses. On voit que l'apport de l'électrique est loin d'être un gadget négligeable. L'effet est que 200 m après le virage, la voiture est remontée à 250 km/h. On comprend pourquoi le pilote est sanglé par un harnais 6 brins en guise de ceinture de sécurité. Un pilote perd 10 kg en 24 heures.

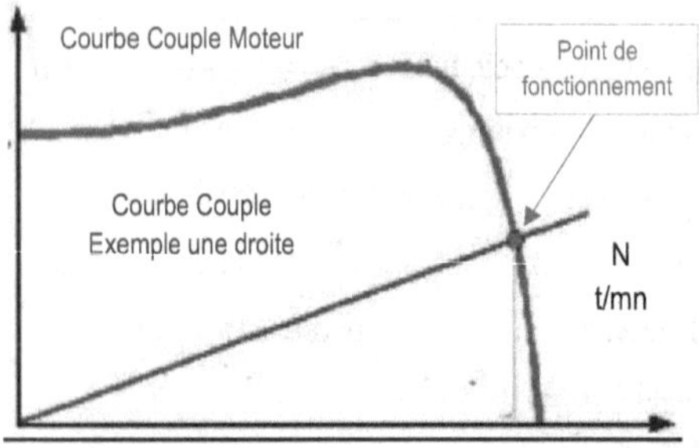

La Courbe de couple d'un moteur électrique est toujours du type ci-contre. Un moteur asynchrone standard tourne à vide à 1500 t/mn. Son point d'équilibre figure sous la désignation :Point de fonctionnement, il se situe vers 1430 t/mn

(les catalogues donnent la vitesse en charge).

La courbe de couple résistant ou caractéristique de la charge. Pour l'exemple, il a été figuré une droite, le plus souvent une courbe est la règle. On peut citer l'exemple d'une traction électrique d'une automobile où on aura une parabole puisque **F = kρSv^2**

(variation avec Carré de la vitesse)

La démocratie ne peut pas être exportée.

Cela doit être un produit du développement interne dans une société.

Vladimir Poutine

SY 40.00 / 11 - Auto-maintien en 380 V ; direct

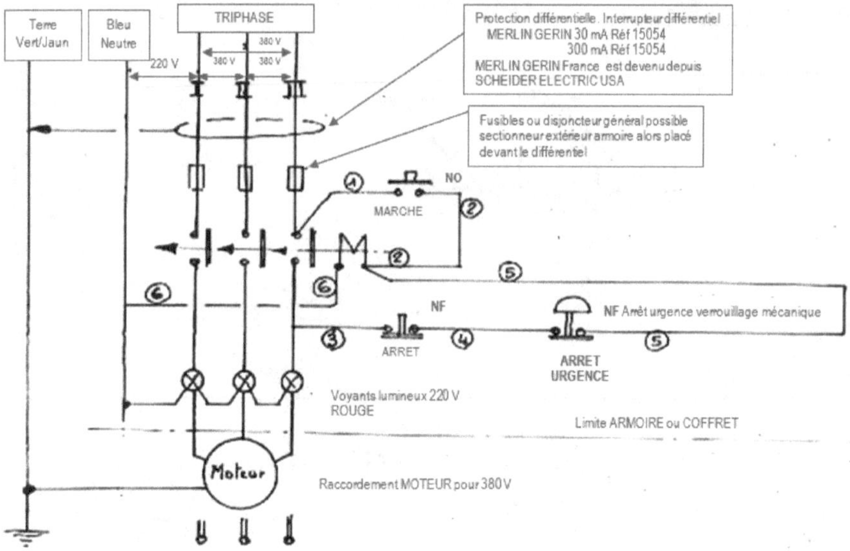

SY 40.00 / 12 - Auto-maintien avec auxiliaire basse tension

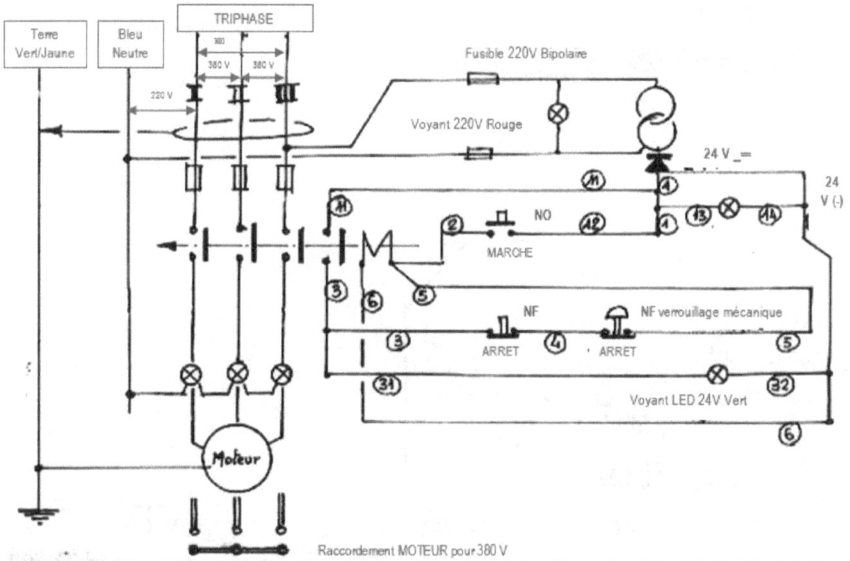

SY 40.00 / 13 - Alim électrique Commandes : Marche AUTO, Normale, Cycle par cycle, Marche forcée ; Sécurités

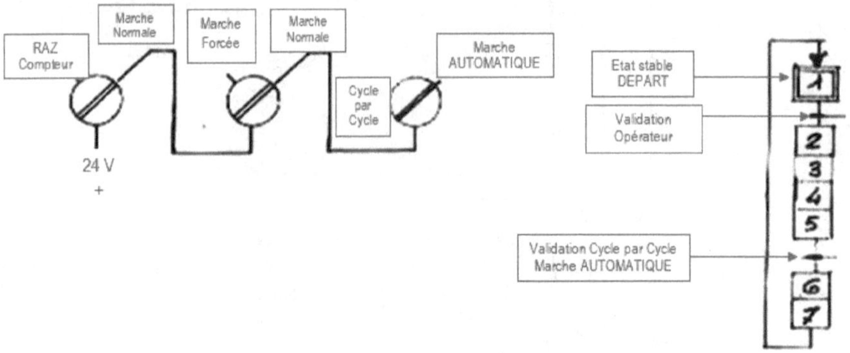

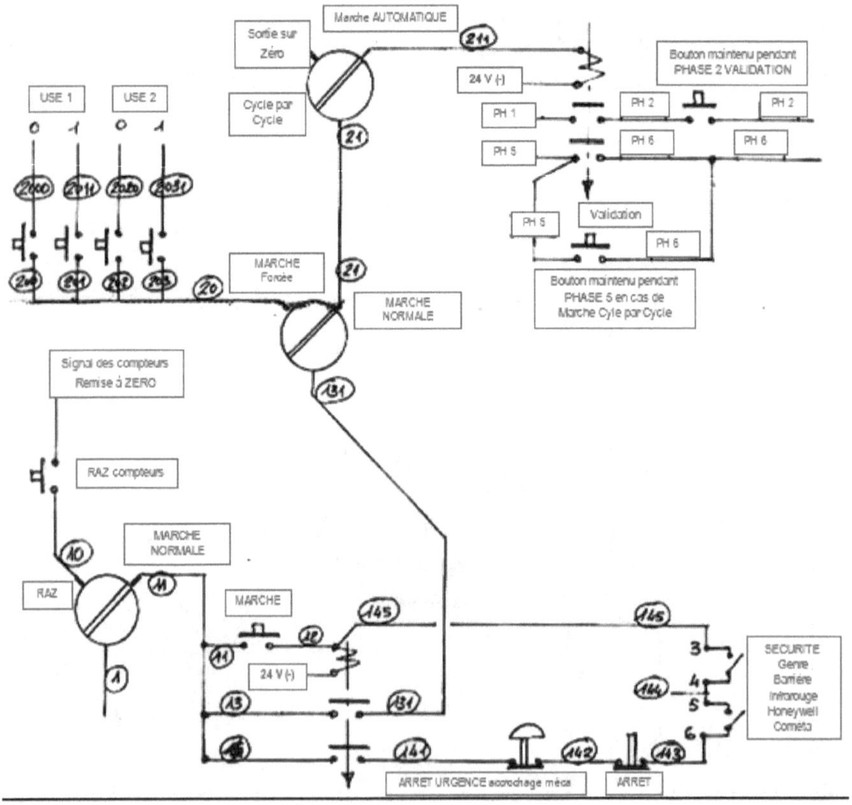

SY 40.00 / 14 - Branchement Arrivée élec ; code international couleur

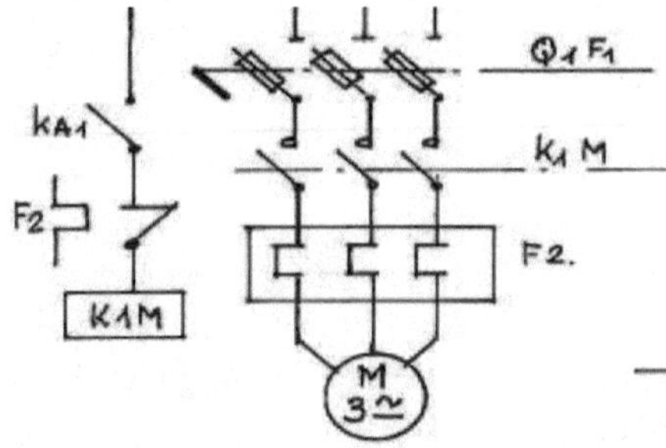

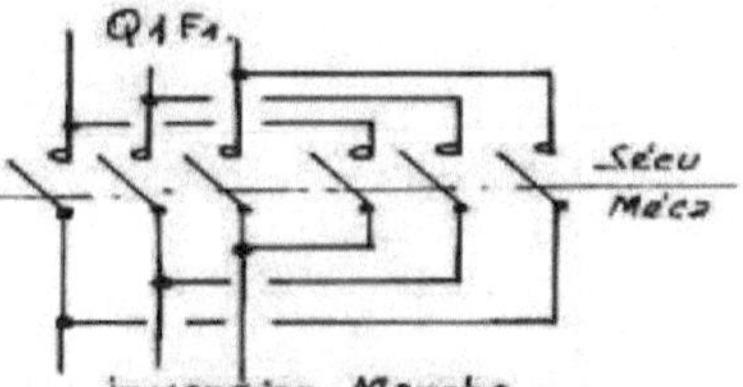

inversion Marche
sécurité Mécanique

Q1. F1 : Sectionneur à fusibles
K1 M : Contacteur
F2 : Relais Thermique

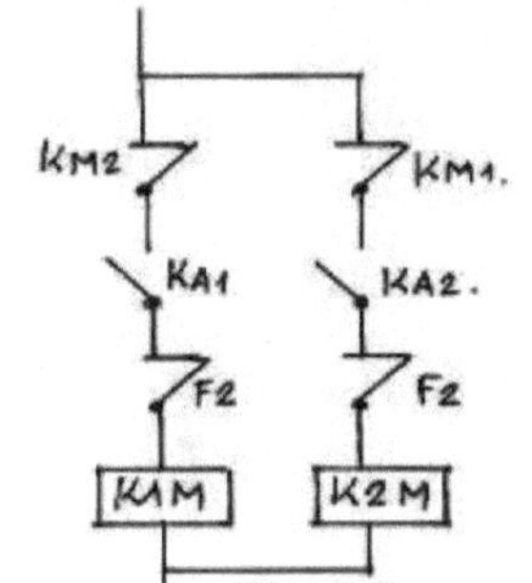

inversion
de marche
Sécurité Electrique

Code International des couleurs
Fils électriques.
(Repérage pour cablage des prises et connecteurs)
NOTA : Les cables méplats sont juxtaposés dans l'ordre des couleurs indiquées

N°	Couleur	USAGE SY
1	Marron	
2	Rouge	
3	Orange	
4	Jaune	
5	Vert	
6	Bleu	
7	Violet	
8	Gris	
9	Blanc	
0	Noir	

SY 40.00 / 15 - Système BRANCHEMENT ETOILE TRIANGLE

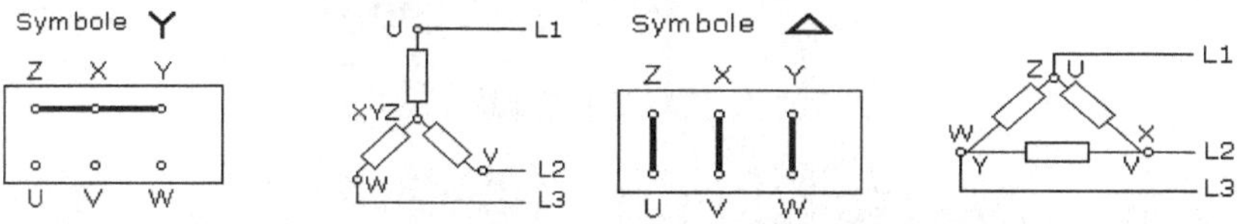

Branchement étoile triangle utilisé pour démarrer les moteurs d'une certaine puissance :

La vitesse 1 obtenue avec branchement étoile Y ; branchement phase / neutre soit 220 V

P = UI √3 . Cos φ & η 0.8 ; 220 V , exemple 10 A P = 220 x 10 x 1.732 x 0.8 x 0.8 = 2 439 W

Vitesse 2 obtenue branchement triangle Δ ; branchement phase / phase soit 380 V

P = UI √3 . Cos φ & η 0.8 ; 380 V , exemple 10 A P = 380 x 10 x 1.732 x 0.8 x 0.8 = 4 212 W

On démarre **P réduite 2 500 W**, puis le **relais spécial Y/ Δ** passe automatiquement à **4 200 W**

SY 40.00 / 16 - Tableau armoire par poste commande VERSION AUTONOME

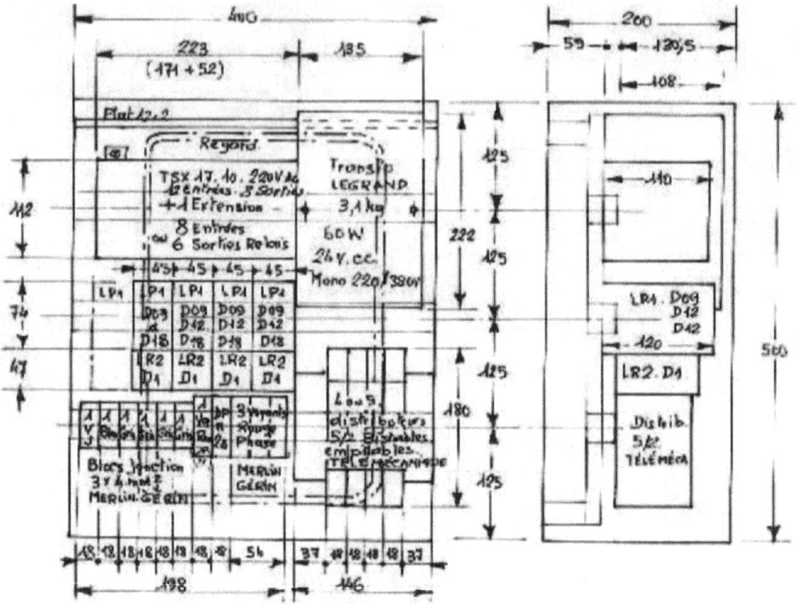

VERSION 24 V CC en CENTRALISE ARMOIRE DE TETE :

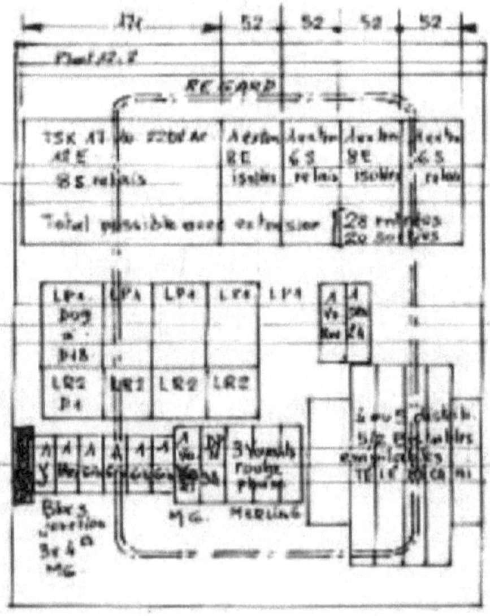

SY 50.70 Accouplement de sécurité

Ø 20 x Ø 40 couple 20 m.daN

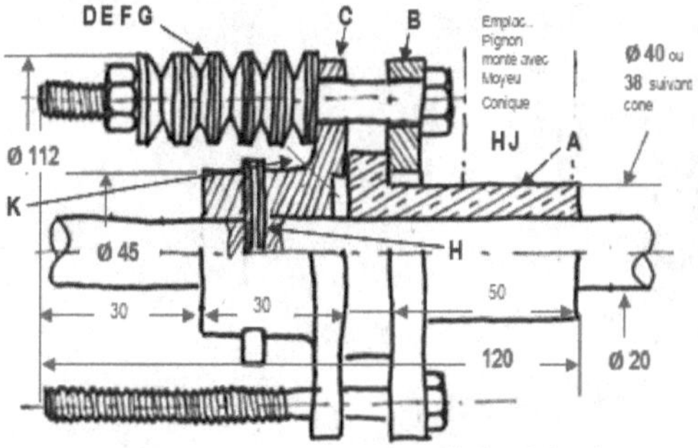

Rep	Désignation		Nomb
A	Plateau bronze	SY 120 219 A	Nb 1
B	Plateau acier	SY 120 219 B	Nb 1
C	Plateau fixe	SY 120 219 C	Nb 1
D	Rondelle BELLEVILLE Ø12		Nb 48
E	Rondelle Large Ø 10		Nb 8
F	Vis H 10.80 classe 6-8		Nb 4
G	Ecrou H 10		Nb 4
H	Goupille MECANINDUS Ø 6 x 70		Nb 1
I	Cône 40 x 25 (1610) 40 ou 38		Nb 1
J	Roue 38 dents 9.52Double pour cône		Nb 1
K	Graisseur M 6 pas 100		Nb 1

Couple transmissible :

empilage par

1 rondelle Belleville ø 12 — 7.8 m.daN

2 rondelles — 15.6 m.daN

3 rondelles — 23.4 m.daN

Goupille cisaillement double

F cisaill = **2340 daN** < 3798 daN

Pression MAXI surfaces frottantes

graissées, mouvement faible

298 daN / cm² > 250 daN / cm²

Il y aura usure si travaille beaucoup

Traction MAXI H 10 80 classe 6-8

Possible 8336 daN > **4680 daN**

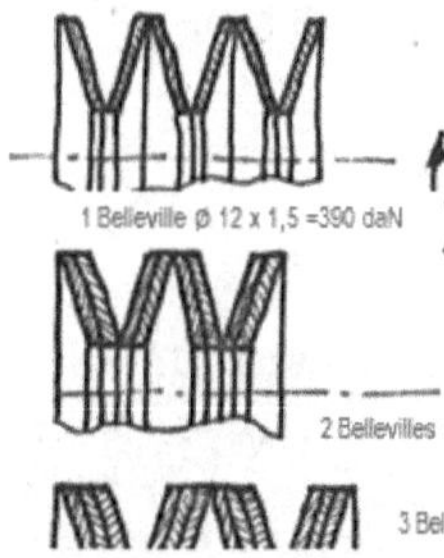

Chaîne cinématique

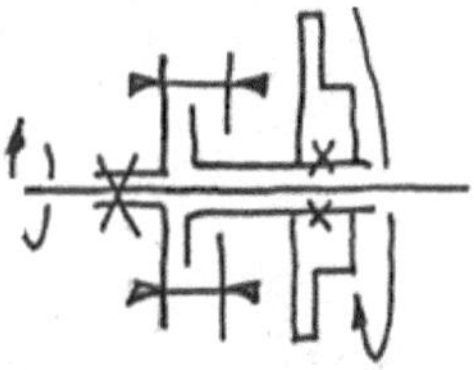

Le mécanisme est réversible et tourne dans les 2 sens,
l'entraînement peut se faire indifféremment par le pignon ou par l'arbre

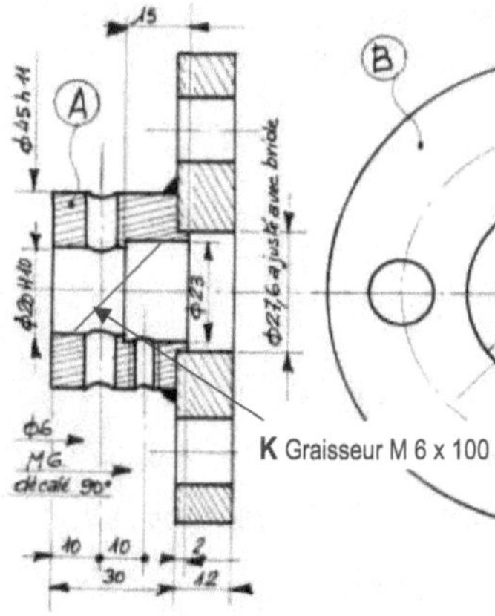

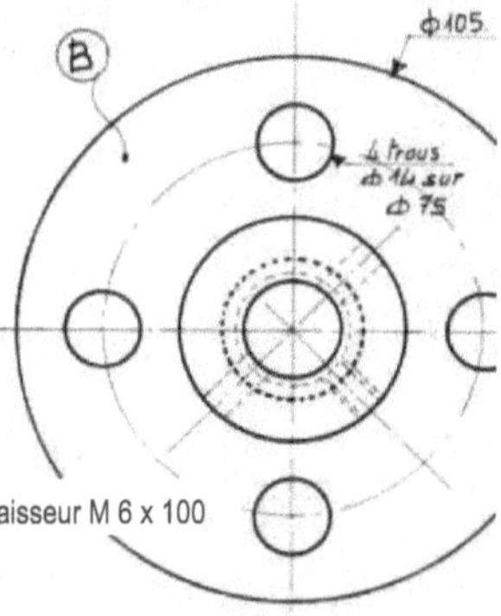

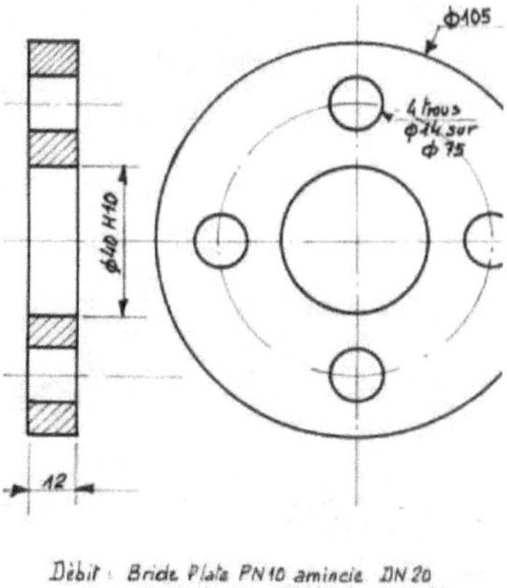

Débit : Bride Plate PN10 amincie DN 20
ϕ105 ép 12. Réalésée à ϕ40

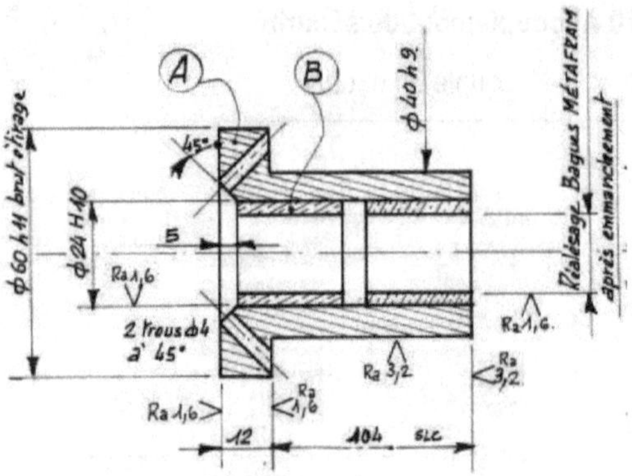

<u>Exemple</u>

<u>Calculs de vérification</u> : Couronne de friction Ø 40 x 60 S = 3.14x(6²-4²)/4 = 15.7 cm²

p admis frott faible amplitude= 250 daN/cm²

Coefficient de frottement léger graissage f = 0.10 sur Ø moyen 50 R 25 mm

double couronne adhérence.

Goupille MECANINDUS Ø 6 ; S résist 18.09 mm² ; Cisaill = 1899 daN ; Doub cisaill = 3798 daN

Couple MAXI 23.4 m.daN cisaill sur Ø 20 F doub cisaill = 23.4 / 0.010 = 2 340 daN < 3 798 daN

OK

Rond BELLEVILLE Ø 12 x 31 x 1.5 haut libre 2.05 flèche MAXI unit 0.55

F écrasé simple empil 390 daN x 4 = 1560 daN

Couple transmis doub frott = 1560 x 0.025 x 0.10 x 2 = 7.8 m.daN

F écrasé doub empil 780 daN x 4 = 3120 daN ;

Couple transmis doub frott = 3120 x 0.025 x 0.10 x 2 = 15.6 m.daN

F écrasé triple empil 1170 daN x 4 = 4680 daN ;

Couple transmis doub frott = 4680 x 0.025 x 0.10 x 2 = 23.4 m.daN

pression MAXI surface contact graissées = 4680 daN/15.70 cm² = 298 daN/cm²

OK car mouvement faible amplitude.

Boulon M 10 Classe 6-8 Traction admise 2084 daN x 4 boulons = F admissib 8 336 daN

> F utilisation 4680 daN OK

SY 50.70 / 01 - CALCUL COMPLET RESSORT de COMPRESSION

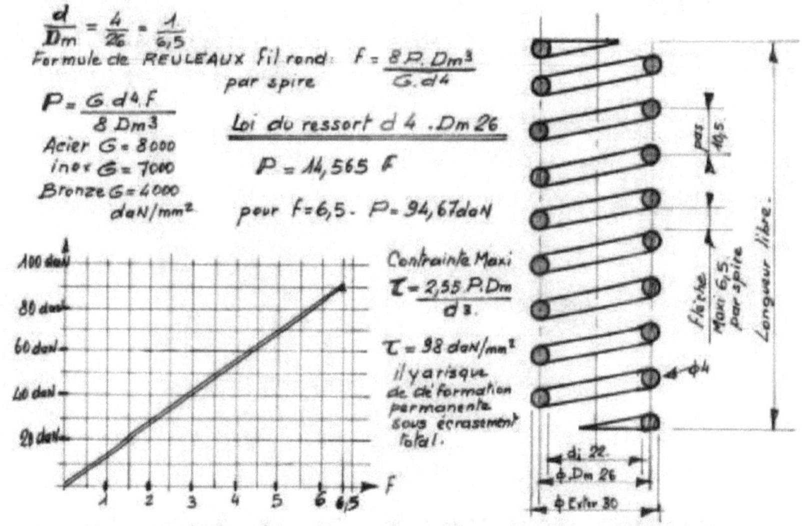

L libre	n spires	Flèche totale	L écrasé total	P daN Acier	Référence	Observations.
88	8	52	36	95 daN	SY 120.282/51	
176	16	104	72	95 daN	SY 120 282/52	

Dans un ressort de compression, paradoxalement, le fil travaille en TORSION

Pour les petites flèches et efforts importants, il est quelquefois avantageux d'employer des rondelles élastiques type « Rondelles BELLEVILLE ». C'est plus souple en mise au point, il y a possibilité de varier les empilages 2 ou + en parallèle.

Chaque fabricant de ressorts a un catalogue Standard, il est toutefois conseillé de revérifier le calcul si besoin de précision.

Pour exemple un site de fabricant de ressort :

http://www.ressorts-sodemann.fr/boutique-en-ligne/ressorts-de-compression/serie-a-et-b-corde-a-piano

Ressorts de compression - Corde à piano

Données techniques - Cliquer ici

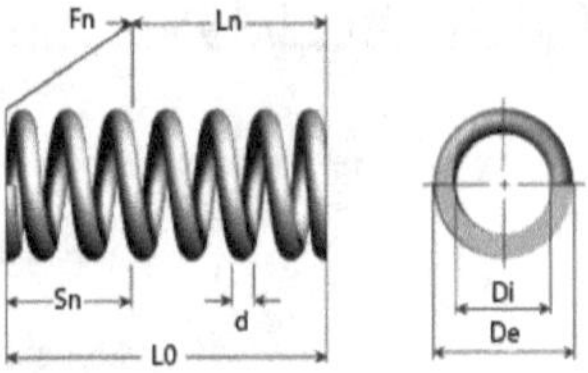

Série A:	La série A se compose de ressorts à 5 chiffres.
Série B:	La série B se compose de ressorts à 11 chiffres.
Prix et quantités en stock:	Cliquez sur le symbole de panier dans les lignes des articles ci-dessous pour consulter les prix et les quantités en stock.
Délai de livraison:	Le délai de livraison normal pour les articles en stock est de 1 à 4 jours ouvrés. Nous pouvons, sur demande, envoyer les articles le même jour si la commande est reçue avant 15h.

d Fil mm	De Diamètre ext. mm	Di Diamètre int. mm	L0 Longueur libre mm	Ln Longueur sous charge max. mm	Sn Course max. mm	Fn Force Max. N	R Constante de ressort N/mm	Référence	Prix Remises Commander ici ↓
0,50	3,00	2,00	6,10	4,70	1,40	10,40	7,42	**11110**	
0,50	3,00	2,00	8,70	6,50	2,20	10,40	4,80	**11120**	
0,50	3,00	2,00	12,00	9,00	3,00	10,40	3,27	**11130**	
0,50	3,00	2,00	17,50	12,80	4,70	10,40	2,21	**11140**	
0,50	3,70	2,70	5,50	3,70	1,80	10,00	5,57	**11150**	
0,50	3,70	2,70	7,90	5,10	2,80	10,00	3,53	**11160**	
0,50	3,70	2,70	11,50	7,10	4,40	10,00	2,28	**11170**	

STANDARD SY 120

SY Création_P. ....

Ressort compression

95 daN_fil Ø4 _ de 30

L.DORY ÉCH 1 | SY
19 juillet 91

SY 125.00 TAPIS TRANSPORTEUR

Calcul Débit Puissance

SY 125.00 / 01 - Transport VRAC ou PULVERULENT :

Talus naturel : angle formé par la surface d'un tas posé sur une aire horizontale.

Angle d'éboulement : angle formé sur une bande transporteuse en mouvement. Il est toujours inférieur au talus naturel

SY 125.00 / 02 - Calcul Débit, vitesse, largeur d'après norme DINE Allemande

$$Qv = k.v.(0.9\,\ell - 0.05)^2 . k_a . k_\alpha$$

(m³/h) = m/s . m

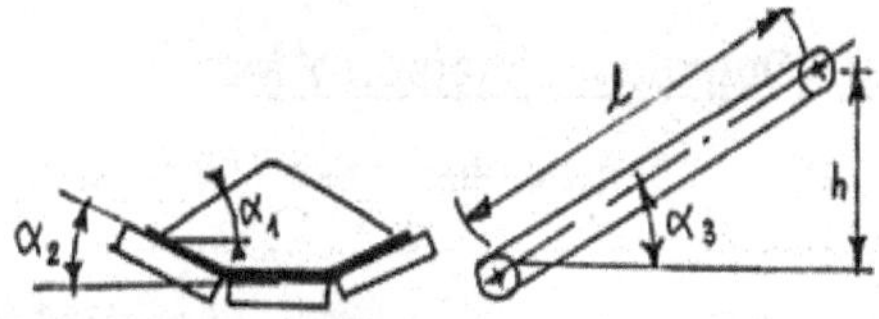

α	Coeff α 1 Angle ébouli	Coeff α 2 Angle auge	Coeff α 3 Angle inclin
0°		0.50	1.00
5°		0.64	0.99
10°		0.75	0.96
15°	420	0.87	0.93
20°	450	1.00	0.87
25°	490	1.10	0.78
30°	535	1.18	0.70
35°	580	1.25	
40°		1.30	
45°		1.35	

Extrapolation Débit équivalent fardeau : charge /m ; vitesse : m / h

Débit (t / h) = Charge (t / m) x vitesse (m / h) = (t / h)

SY 125.00 / 03 - Calcul PUISSANCE NECESSAIRE

unités du système SI

$$P = p.\ell.f.v + q.\ell.f + q.h$$

N / m . m . m / s + N / s . m + N / s . m

W + W + W

Poids de la courroie et organes entraînés **p** en N / m

Longueur ℓ en m vitesse **v** en m/s

Débit du produit **q** en N / s hauteur élévation **h** en m

Coefficient de frottement f rouleaux ou table

Tous calculs faits, la norme allemande DINE 22101 donne un calcul pratique une formule non homogène aux dimensions mais plus pratique d'emploi : les débits sont en (t / h) ; les masses des organes sont en (kg / m), ce sont des unités pratiques qui sont habituellement utilisées. Cette norme donne aussi un coefficient **C** complémentaire qui tient compte des résistances secondaires qui s'opposent au déplacement telles que : enroulement sur les tambours, frottement à la trémie d'alimentation, frottement aux raclettes. Le calcul donne la puissance nécessaire au tambour d'entraînement, il faut donc rajouter les pertes dues au rendement de la transmission proprement dite.

$$P_{(W)} = 2.72.C.f.\ell\,(3.6.M.v + Q) + 2.72.Q.h$$

C : coeff forces passives
f : coefficient de frottement
M : organes tapis **kg / m**
Q : débit en **t / h**   **h** : élévation en **m**

f = 0.020 rouleaux ; f = 0.40 sole de glissement ; f = 0.15 caoutchouc (acier en marche)

ℓ (m)	0.50	1	2.5	5	10	15	2.	30	40	50	75	100	200	300	400	500
C	15	13	210	7.5	4.8	4	3.5	2.8	2.5	2.3	2	1.7	1.5	1.3	1.2	1.15

f = 0.016 à 0.018 : installation très bien faite, roulements partout
f = 0.020 : construction courante
f = 0.023 à 0.027 : installations médiocres, produit collant ou poussiéreux
f = 0.3 à 0.6 Bande PVC sur table acier.

Masse des organes en fonction largeur bande							
Larg (m)	0.10	0.20	0.30	0.40	0.50	0.80	100
M (kg/m)	0.5	1	2	3	5	12	16

Cette méthode est extrapolable et marche bien pour tous les transports y compris vis sans fin, il faut adapter et extrapoler les variables.

SY 125.00 / 04 - Produit transporté Densité Inclinaison V Maxi ; Angle décollement, trajectoire chute

Densite ; Inclinaison ; Vitesse MAXI

Produit	Densité apparente kg / dm³	Inclinaison MAXI °		V MAXI m / s
		lisse	tasseaux	
Argile humide	1.00	23	33	1.5
Béton	**2.00**	**20**	**33**	**2**
Blé sec	**0.80**	**15**	**26**	**3**
Ciment	1.30	22	25	1.6
Granit Grès Silex	**1.80**	**18**	**25**	**2**
Gravier	**1.60**	**17**	**26**	**2.5**
Pierres	**1.60**	**19**	**23**	**2.3**
Sable sec	**1.40**	**16**	**23**	**2.5**
Schistes	1.35	20	23	2.5
Terre sèche	1.30	19	25	2.5
Sucre	1.50	15	25	2

Il n'existe que deux façons de vivre votre vie.
L'une comme si rien n'était un miracle.
L'autre comme si tout était un miracle. **Albert Einstein**

SY 125.00 / 05 - P en frottement blocage sur bande

P_0 à vide = 2.72 C f L (3.6 M v + 0) **P_0 = (2.72 C f L (3.6 M v + 0)).v**

P frott courroie= F frott x v *avec F frott courroie = P tg φ* **P_f = P.tg φ.v**

P frottement blocage sur bande = P_0 + P_f.

SY 125.00 / 06 - Calcul de l'angle de décollement et trajectoire de chute

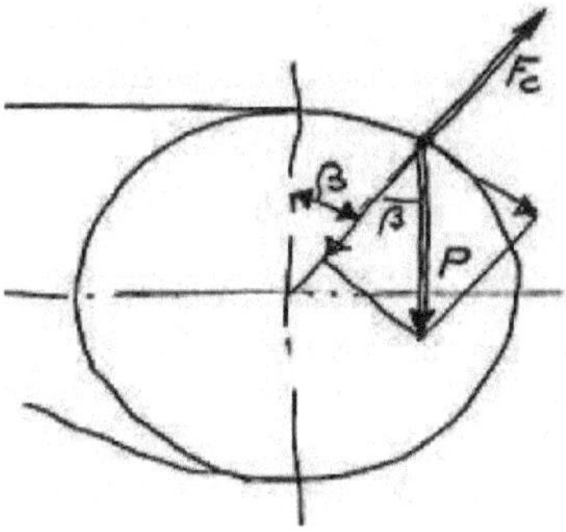

Fc : force centrifuge sur chaque particule transportée

P : poids de chaque particule

$Fc = m.r.\omega^2 = m.v^2 / r$ $P = m.g$

Equilibre : $Fc - P.\cos\beta = 0$ **$\cos\beta = v^2/r.g = r\omega^2/g$**.

Nota : le décollage se fait toujours au même angle β par rapport à la verticale, que le transporteur soit incliné ou pas, montée ou descente.

A vitesse linéaire égale, un petit rayon de tambour entraine une vitesse angulaire plus grande, donc un angle β plus petit, donc un décollage plus rapide.

Quand on trouve $\cos\beta > 1$, c'est que le décollage se fait immédiatement. Fc > P au départ.

Trajectoire de la chute

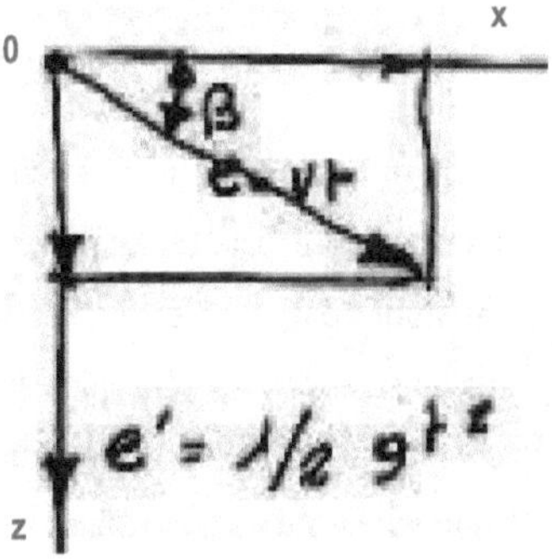

O : point de décollement sur le tambour

β : angle décollement, la particule est soumise à deux forces :

Suivant β : e = vt vitesse constante pour simplifier.

Suivant z $e = 1/2\ g.t^2$ mouvement de la pesanteur

$x = v.t.\cos\beta$ et $z = v.t.\sin\beta + 1/2\ g.t^2$

par substitution on prend $t = x / v.\cos\beta$

$$z = \frac{g.x^2}{2.v^2.\cos^2\beta} + x.\mathrm{tg}\,\beta$$

Calculs en m

SY 125.00 / 07 - Calcul pratique du transporteur

On connait la Puissance nécessaire au tambour d'entraînement calculée précédemment.

Effort tangentiel au tambour **F = P / v** équation aux dimensions : N.m / s . s / m = N

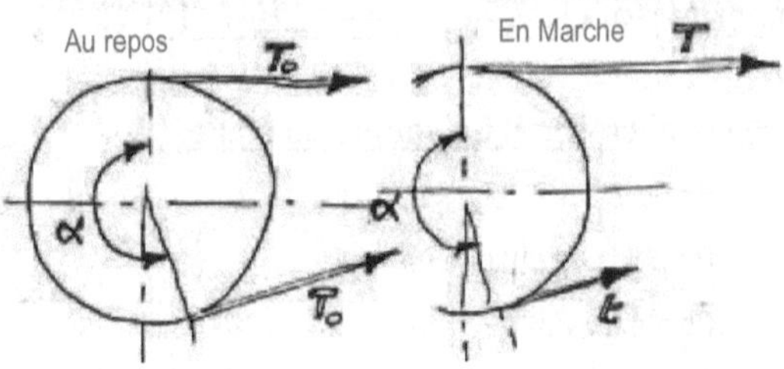

T : tension du brin tendu

t : tension du brin mou

F = T – t

et tension initiale To = T + t / 2

$T = t.e^{\alpha.f}$

Avec α : angle enroulement en radians (360° = 6.28 rd)

f : coeff frottement ;

e = 2.71828 base log népériens.

Calcul approché $e^{\alpha.f}$ = $\mathbf{2.71828^{3.14x0.3}}$ valeur de base : α = 180° = 3.14 rd ;

f = 0.3 acier/caoutchouc $\mathbf{2.71828^{0.942}}$ = 2.565

Par sécurité en calcul simplifié **T = 2.t** On connait **F** par calcul Effort Tangentiel au tambour

F = T – T / 2

Ce calcul simplifié nous donne **T = 2F et t = F**

SY 125.00 / 08 - Choix de la méthode d'entraînement

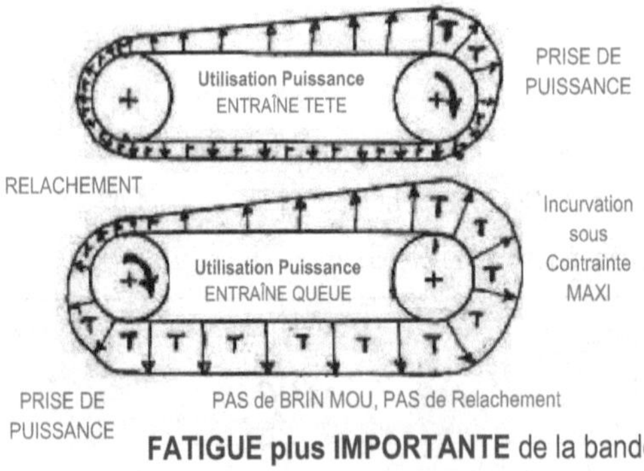

FATIGUE plus IMPORTANTE de la bande Lors de l'entraînement par tambour de queue.

Entraînement en tête préférable :

Si on entraine en queue, la bande transporteuse reste **toujours en tension**. Sur le schéma ci-contre, les tensions sont représentées en coordonnées polaires, les tensions représentées perpendiculaires à la bande sont en fait tangentielles.

Au contraire **si on entraine en tête**, la puissance prise en tête est utilisée immédiatement dans la longueur du transporteur et au tambour de queue, la bande est relâchée au mini et le reste tout le temps du parcours de la longueur du retour.

SY 125.00 / 09 - Choix Ø tambour d'entraînement (mm)

La bande est définie en résistance daN/cm ou kg/cm   T calculé donne le % d'utilisation

Nb de plis	Utilisation 75 à 100% Résistance Bande			Utilisation 50 à 75% Résistance Bande			Utilisation – 50% Résistance Bande		
	50 daN/cm	**60** daN/cm	**80** daN/cm	**50** daN/cm	**60** daN/cm	**80** daN/cm	**50** daN/cm	**60** daN/cm	**80** daN/cm
2	**Ø 200**	**Ø 250**	**Ø 300**	**Ø 200**	**Ø 200**	**Ø 300**	**Ø 150**	**Ø 200**	**Ø 250**
3	Ø 300	Ø 350	Ø 450	Ø 300	Ø 300	Ø 450	Ø 250	Ø 300	Ø 400
4	Ø 400	Ø 450	Ø 600	Ø 350	Ø 400	Ø 600	Ø 300	Ø 350	Ø 500
5	Ø 500	Ø 600	Ø 750	Ø 450	Ø 500	Ø 750	Ø 400	Ø 450	Ø 675
6	Ø 600	Ø 675	Ø 900	Ø 500	Ø 600	Ø 900	Ø 500	Ø 500	Ø 750

Le choix du diamètre définitif se fait en fonction de la standardisation adoptée. Eventuellement on joue sur le choix de bande.

Du Ø, on tire ω vitesse angulaire $V = \omega . R$ puis N t/mn

Calcul habituel de transmission de puissance

$P = C . \omega$ $C = P / \omega$ choix Motoréducteur, transmission finale à chaîne.

La mode un moment a été de choisir des tambours moteurs,

c'est très élégant, mais, qu'arrive t'il en cas de panne.

Une solution de secours est difficile à mettre en œuvre.

Je préfère quant à moi mettre le motoréducteur derrière le tambour.

Voir un exemple complet de calcul dans les pages suivantes.

La folie, c'est de faire toujours la même chose et de s'attendre à un résultat différent.

Albert Einstein

Exemple transporteur à chaînes manutention agricole barres métalliques transversales.

SY 125.00 / 10 - Chaîne à axe creux pas 50 (possible existe en 100)

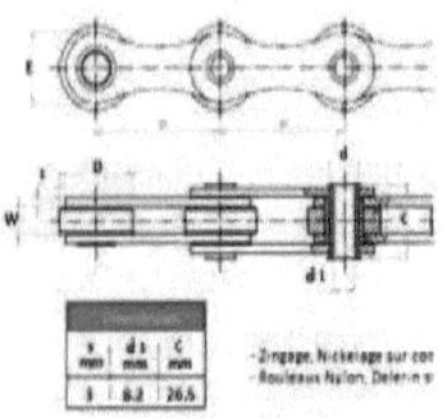

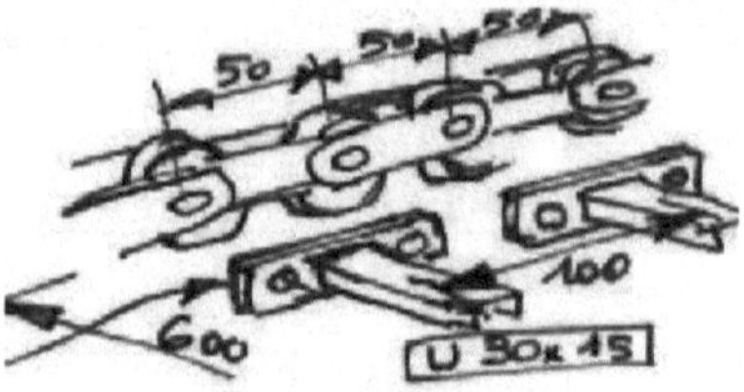

Charge 18 tonnes sur 20 m

Maxi de barres pour pas frottement sur le fond et diminuer la puissance absorbée.

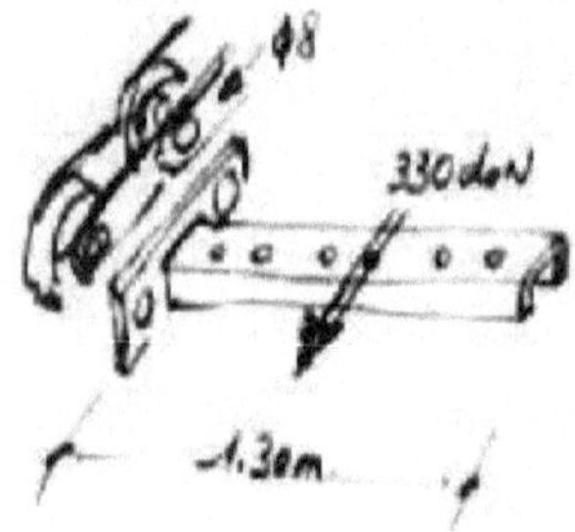

Charge répartie 330 daN, on considère encastrement à chaque extrémité

UPN 30 x 15 x 4.25   1.5 kg/m   S = 1.92 cm²

Ix = 2.33 cm^4 Ix / v = 1.59 cm³

Contrainte flexion = 12 daN/mm²

Flèche = 330 x 130³ / 384 x 2 100 000 x 2.35 = 0.37 cm 3.7 mm soit 2.89 mm/m < 3 mm/m OK

SY 125.00 / 11 - Pignons entraînement chaîne agricole pas 50, axes creux Ø 8

PAS DE 50mm POUR CHAINE A ROULEAU DE 31mm

Nom du produit	Ref	Dents	ø D	Dp	ø C
DISQUE 6 DENTS PAS DE 50MM (ROULEAU CHAINE 31MM)	[illegible]	6	115	100	[illegible]
DISQUE 12 DENTS PAS DE 50MM (ROULEAU CHAINE 31MM)	CE10012	12	212	193.3	35

SY 125.00 / 12 - Calcul chaîne de manutention :

W = 10 ; d1 = 8.2   S articulation   = 10 x 8.2   = 82 mm^2 =   0.82 cm^2

p admise chaîne basse vitesse = 800 daN / cm^2 Ft pression 1 dent = 800 x 0.82 = 656 daN

<u>on considère 3 dents en prise simultanée (soit ½ pour pignon 6 dents)</u>

Ft pression = 1 968 daN

s = 3 ;   E = 25.5 ;   d = 11.5 ;

2 platines S rupture Traction = (25.5 – 11.5) x 3 x 2 = 48 mm^2 = 0.48 cm^2

<u>on considère acier CC35 TE 850 Rv 550   Re 57 daN/mm^2 ; Rr 76 daN/mm^2</u>

Ft rupture 48 x 76 = 3 648 daN

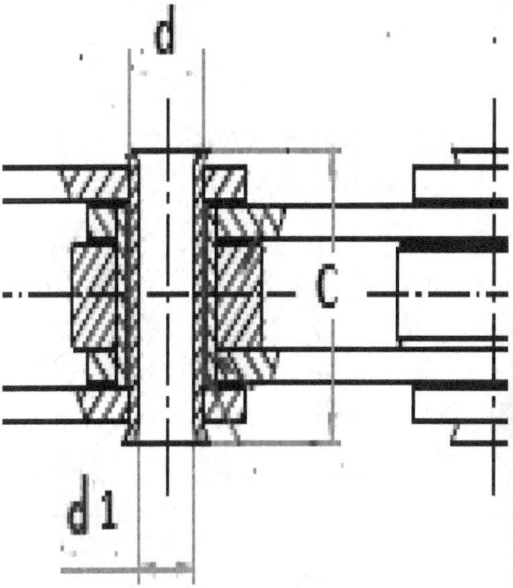

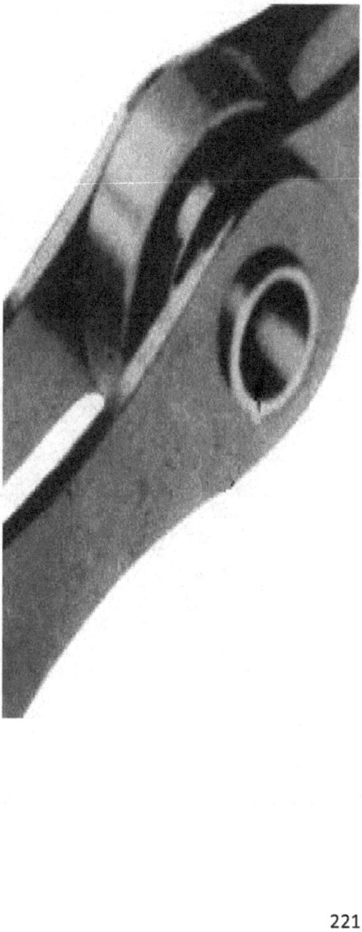

SY 125.00 / 13 - Calcul Ensemble TAPIS : 1 alimentateur + 1 tapis TRI + 3 tapis évacuateurs

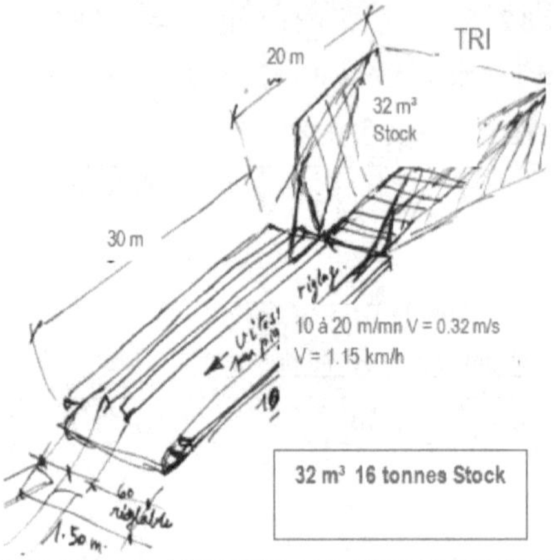

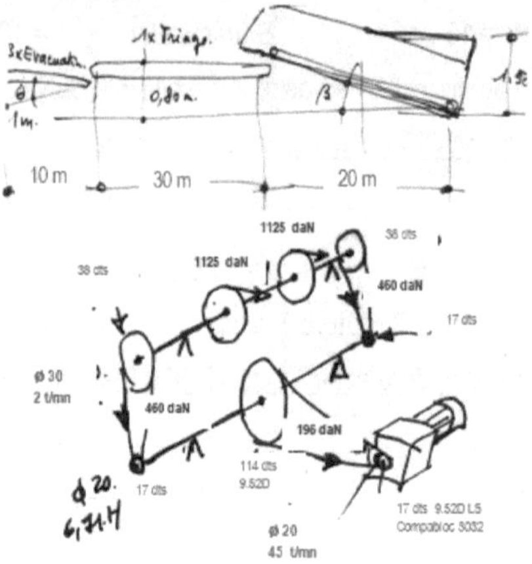

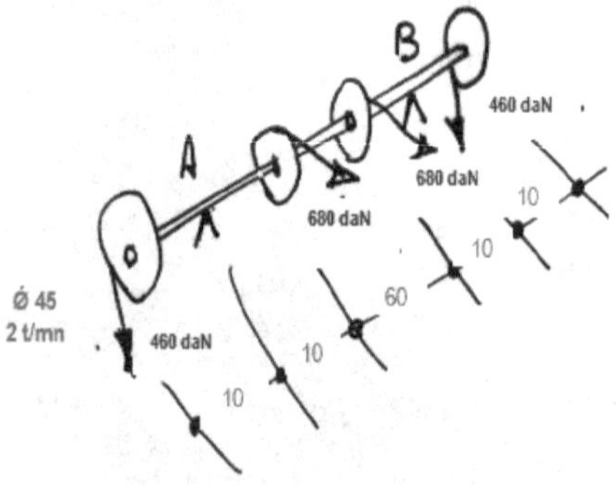

Palier Ø 30 C = 2536 daN Co = 1425 daN

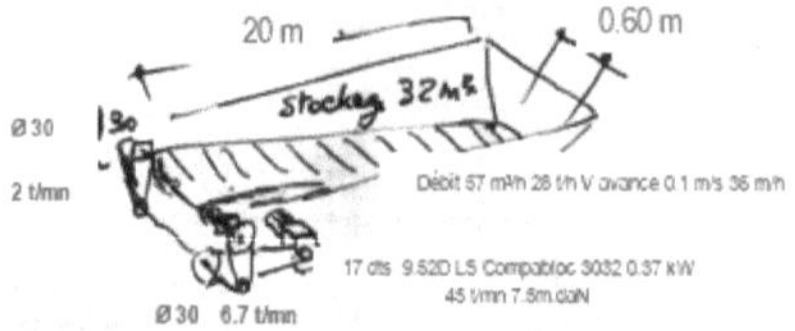

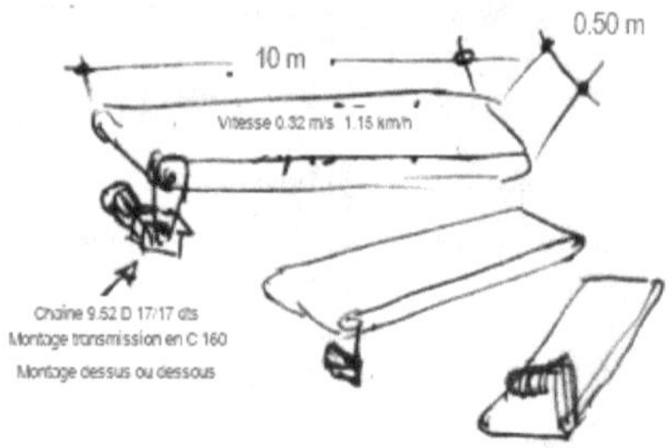

Caractéristiques complètes installation :

A TAPIS ALIMENTATEUR :

Débit 57 m³/h 28 t/h vitesse avance 0.01 m/s 36 m/h
Compabloc Leroy Somer 0.37 kW Cb 3032
45 t/mn Couple 7.5 m.daN 13 kg
Chaîne 9.52D 17 dents/114 dents Réducteur i = 6.70
Ft chaîne 136 daN (kg)
2 x Chaîne 9.52D 17 / 38 dts Réduction 2 6.71 t/mn
Ft chaîne 460 daN (kg)
2 x chaîne manut rouleaux pas 50 Ft chaîne 680 daN (kg)

B TAPIS TRI

Débit 35 m³/h 18 t/h épaisseur sur tapis : 5 cm
Compabloc Leroy Somer 0.37 kW Cb 3032
45 t/mn Couple 7.5 m.daN 13 kg
Chaîne 9.52D 17 / 17 dents

C 3 TAPIS EVACUATION

Débit 29 m³/h 15 t/h
Compabloc Leroy Somer 0.37 kW Cb 3032
45 t/mn Couple 7.5 m.daN 13 kg
Chaîne 9.52D 17 / 17 dents

SY 125.00 / 14 - CALCUL COMPLET ALIMENTATEUR (le plus chargé)

Puissance alimentateur = P transport + P glissement

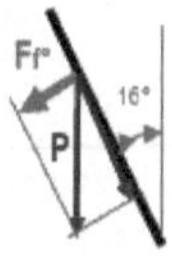

Poids sur les côtés = 6.75 t = 6750 daN   Force frottement : Sin 16° = Ff / P   Ff = 1860 daN   f = 0.66 estimé

Force Résist Avancement $F_{RA} = F_f.f$ = 1860 x 0.66 = 1227 daN = 12270 N   v = 0.01 m/s

P glissement = F.v = 12270 x 0.01 = **123 W**

Puissance TAPIS   M = 10 kg/m   C = 3.5 (long 20m)   f = 0.020 (roulement)   v = 0.01 m/s   Q = 28 t/h   h = 0.80 m

P = C.f.l (3.6.M.v + Q) + 2.72.Q.h = 2.72 x 3.5 x 0.020 x ((3.6 x 10 x 0.01) + 28) + (2.72 x 28 x 0.8) = **93 W**

P Totale = P glissement + Puissance TAPIS = 123 + 93 = 216 W

Vérification Couple entraînement tapis   C = P/ω = 216 / 0.1 = 2160 m.N = **216 m.daN**

Ft chaîne de manutention 12 dts, Ø primitif = 193 mm   2 chaînes   216 / 0.096 / 2 = **1125 daN**

Voir caractéristiques chaîne pas 50, on a : **Ft 1125 daN < Ft pression 1968 daN < Ft rupture 3648 daN**   OK

Chaînes transmission : à partir motoréducteur   Compabloc 0.37 kW 45 t/ mn (4.5 rd/s) ; 17 dts 9.52D dp 52mm ; 7.5 m.daN ;

1° étage transmis.   **Ft Chaîne 9.52D**   7.5 / 0.026 = **288 daN**   **vitesse chaîne** = 4.5 x 0.026 = **0.117 m/s**

Compabloc **Cb 3032** ; 0.37 kW ; 43.7 t/mn ; **Fr admissible à ½ arbre 490 daN > 288 daN**   OK

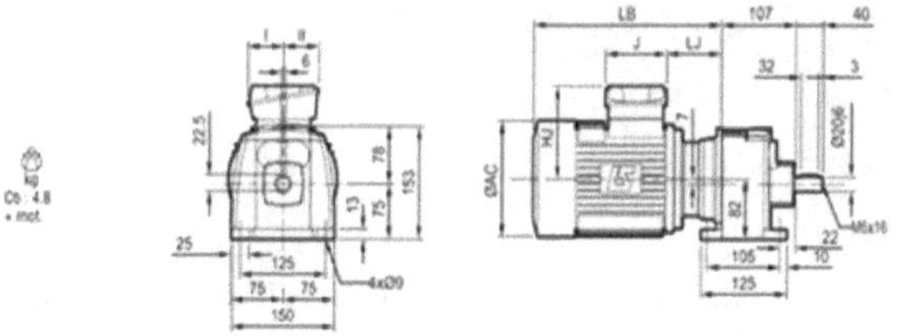

Cb 3032 Moteur LS 71 L

0.37 kW
4.8 + 8.3 = 13.1 kg

Fr 490 daN arbre Ø 20

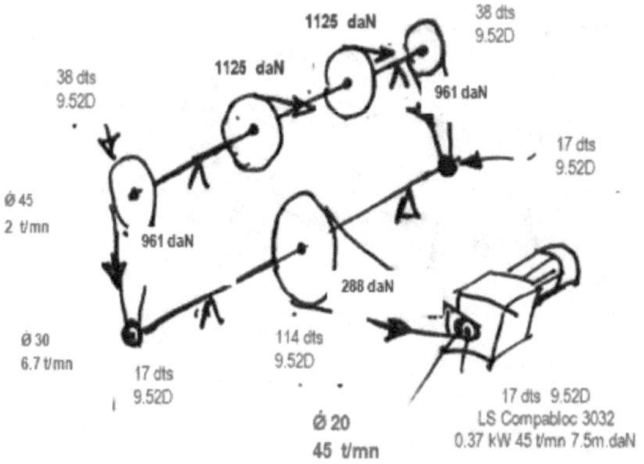

Chaîne cinématique complète

Motoréducteur 0.37 kW 45 t/mn
Pignon 17 dts 9.52D
Roue 114 dts 9.52D

Arbre intermédiaire
Pignon 17 dts 9.52D

Eventuellement autre choix suivant Ø
Moyeux sans clavette type MSAA
A voir à l'étude

Roue 38 dts 9.52D

Arbre final
Pignon 12 dts pour chaîne manut 50

1° Chaîne 9.52D ; v = 0.117 m/s   abaque pression admise ¼ des dents = 17 / 4 = 4 dents en prise   325 daN/cm²

S articul. en prise = 0.55 x 4 = 2.2 cm²   Ft pression admis = 325 x 2.2 = 715 daN   F rupture 9.52D = 1900 daN

Ft utilis. 288 daN < Ft pression admis 715 daN < F rupture 9.52D 1900 daN   OK

Arbre intermédiaire N = 45 x 17 / 114 = 6.70 t/mn   0.67 rd/s   Couple = 7.5 x 114 / 17 = 50 m.daN

Ft 2° ligne de chaîne : pignon 17 dts 9.52D ; dp 52 ;

Ft double Chaîne 9.52D   50 / 2 / 0.026 = **961 daN**   **vitesse chaîne** = 0.67 x 0.026 = **0.02 m/s**

2° Chaîne 9.52D ; v = 0.02 m/s   abaque pression admise 1/3 des dents = 17 / 3 = 5 dents en prise   500 daN/cm²

S articul. en prise = 0.55 x 5 = 2.75 cm²   Ft pression admis = 500 x 2.75 = 1375 daN   F rupture 9.52D = 1900 daN

Ft utilis. 961 daN < Ft pression admis 1375 daN < F rupture 9.52D 1900 daN   OK

Arbre intermédiaire Ø 30 : **C 64 m.daN > 50 m.daN**   OK   *voir § SY 030 / 04 - TORSION*

Arbre final N = 6.70 x 17 / 38 = 3 t/mn   0.3 rd/s   Couple = 50 x 38 / 17 = 110 m.daN

Arbre intermédiaire Ø 45 : **C 216 m.daN > 110 m.daN**   OK   *voir § SY 030 / 04 - TORSION*

Arbre intermédiaire : calcul rapide des paliers (simplification)

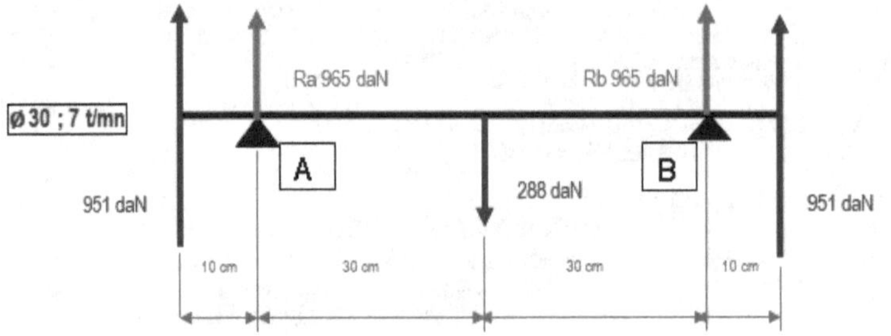

∑ Mts / B = (951 x 70) – (288 x 30) = Ra x 60 (66570 – 8640) / 60 = Ra Ra = Rb = 965 daN

Palier carré Ø 30 Co 1030 daN ; C 1950 daN N 7 t/mn

Ra 965 daN < Co 1030 daN **OK**

C / P = 1950 / 965 = 2.02 C/P billes donne 8 Millions de tours *voir §* ***SY 5.10 / 01***

Durée = 8 000 000 / 7 / 60 = **19 000 heures**

Arbre Final : : calcul rapide des paliers (simplification)

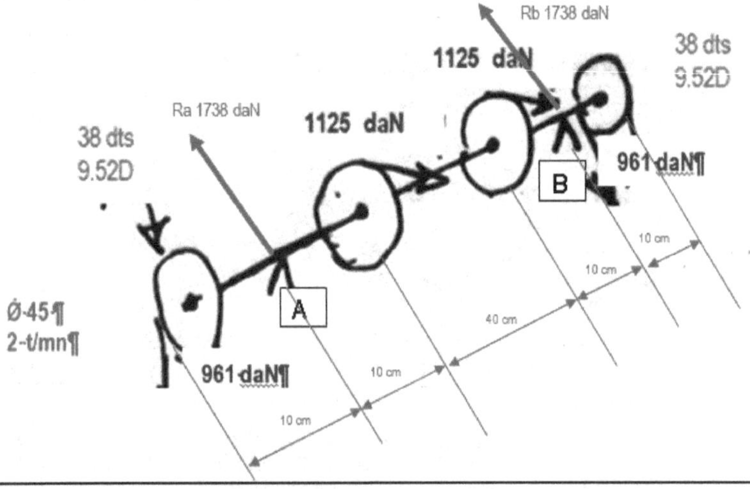

∑ Mts / B = (961 x 60) + (1125 x 50) + (1125 x 10) – (961 x 10) = Ra x 60 (57660 + 56250 - 9610) / 60 = Ra

Ra = Rb = 1738 daN

Palier carré Ø 45 Co 1860 daN ; C 2550 daN N 2 t/mn

Ra 1738 daN < Co 1860 daN **OK**

C / P = 2550 / 1738 = 1.46 C/P billes donne 3 Millions de tours *voir §* ***SY 5.10 / 01***

Durée = 3 000 000 / 2 / 60 = **25 000 heures**

CHAÎNES À COURBURE

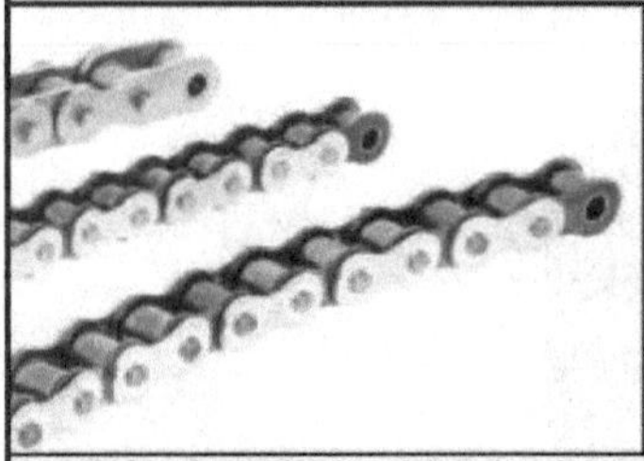

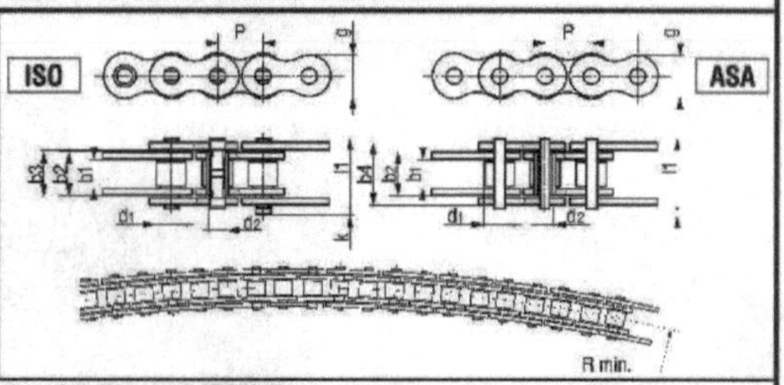

Les chaînes à courbure respectent dans leur conception la norme ISO 606.

Grâce à une conception différente des maillons, elles permettent, contrairement aux chaînes à rouleaux traditionnelles, de faire parcourir à la chaîne une courbe d'un diamètre minimum spécifique.

Cette possibilité de courbure peut être obtenue soit en y intégrant des rivets de forme spéciale, soit en accroissant le jeu entre le rivet et le rouleau tout en adaptant le jeu entre les maillons extérieurs et intérieurs.

Pour les chaînes au pas américain (DIN 8188), la courbure est autorisée par une réduction du diamètre des axes et une modification des trous dans les maillons extérieurs.

Ces chaînes à courbure sont principalement employées pour des applications de transport nécessitant de suivre une courbe. Il est donc nécessaire d'y adjoindre un guidage (rail de guidage courbe), faute de quoi la chaîne risque de rompre à cause d'efforts trop élevés au niveau des pignons d'entrainement.

Ces chaînes peuvent également être munies de pattes de différentes formes permettant d'y attacher des accessoires. Il est à noter que les modifications de la conception autorisant la courbure entrainent une résistance plus faible des chaines si on les compare aux chaînes rectilignes de mêmes dimensions.

	Ref	P	b1 min	b2 max	b3 min	ø d1 max	ø d2 max	g max	k max	l1 max	Surface travail axe f	Charge de rupture Fb min	Courbure min r min
		mm									cm²	kN	mm
CRC	08B1	12,7	7,75	11,3	11,7	8,51	4,45	11,8	3,9	17,2	0,06	18,0	300
	10B1	15,88	9,65	13,28	13,7	10,16	5,08	14,7	4,1	19,6	0,09	22,4	400
	12B1	19,05	11,68	15,62	16,1	12,07	5,72	16,1	4,6	22,7	0,12	29,0	450
	16B1	25,4	17,02	25,4	27,2	15,88	8,28	21,0	5,4	37,4	0,21	60,0	500

	Ref	P	b1 min	b2 max	b4 min	ø d1 max	ø d2 max	g max	l1 max	Surface travail axe f	Charge de rupture Fb min	Courbure min r min
		mm								cm²	kN	mm
CRCASA	40	12,70	7,85	11,15	14,4	7,95	3,45	12,0	18,2	0,38	10,5	250
	40 RT	12,70	7,85	11,15	14.4	7,95	3.45	12,0	18,2	0,38	6,3	250
	61	19,05	13,00	17,70	22,7	11,91	5,08	15,9	29,1	0,89	26,0	400
	61 RT	19,05	13,00	17,70	22,7	11,91	5.08	15,9	29,1	0,89	15,0	400

CHAÎNES À TAQUETS ESCAMOTABLES

Durant la phase de transport,
le taquet est à angle droit par rapport à la chaîne.
En fin de course, il s'escamote
et passe sous le produit transporté sans l'endommager.

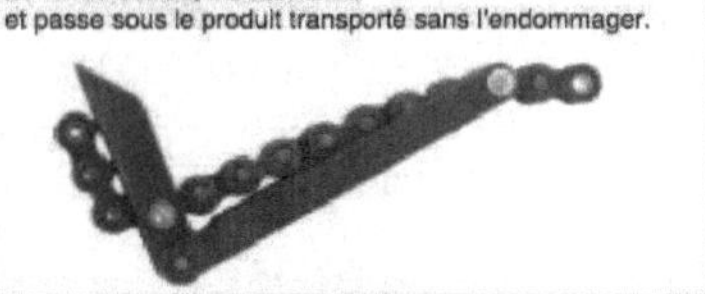

Désignation CTE Réf. Chaîne
Ex.: CTE501

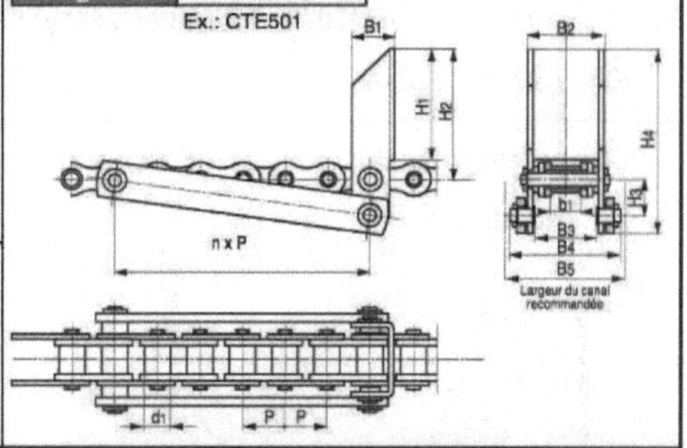

Ref. Chaîne	Pignon Nombre de dents	ø Moyeu max.	Pas P	Largeur intérieure B1 min.	ø Rouleau d1 max.	B1	B2	B3	B4	B5	H1	H2	H3	H4	n	Poussée Max.
		mm														kN
08BN5	20	32	12,7	7,75	8.51	18	25	19	35	40	22	29	11	46	5	0,5
10BN8	32	80	15,875	9,65	10,16	18	31	23	40	45	50	60	18	86	8	1
10BN6	24	60	15,875	9,65	10,16	18	31	23	40	45	50	60	14	82	6	1
16BN6	24	90	25,4	17,02	15,88	25	46	37	65	70	68	80	22	113	6	3

PRUD'HOMME TRANSMISSIONS - F 93203 SAINT-DENIS CEDEX - TEL. 01 48 11 46 00 - FAX. 01 48 34 49 49 - www.prudhomme-trans.com - info@prudhomme-trans.com

SY 125.10 Levage à ventouse et portiques

TaWI-Levalair manutention légère

CARACTÉRISTIQUES		**VAcuEasyLIft VM50**
Capacité de levage	de 10 à 50 Kg	50 Kg 2.2 KW 1800 mm
Produits pouvant être manipulés	Cartons, fûts, bidons, bobines, produits alimentaires	**TAWI VAcuEasyLIft VM60** 60 Kg 3 KW 1800 mm
Hauteur de levage	jusqu'à 1600 mm	
Puissance moteur aspiration	2.2 Kw	**LEVALAIR VM 2200 Bi-tube** 200 Kg 3 KW 1800 mm
TAWI VAcuEasyLIft VM80 80 Kg 3 KW 1800 mm	**TAWI VacuEasyLift VM100** 100 kg 3 KW 1700 mm	
TAWI VAcuEasyLIft VM120 120 Kg 3 KW 1700 mm	**TAWI VacuEasyLift VM180** 180 Kg 3 KW 1500 mm	**TAWI VAcuEasyLIft VM270** 275 Kg 3 KW 1500 mm

Potence levage flèche Aluminium

Potence en Inox

Potence articulée double bras

40 Kg 4000 - 5000 - 6000 mm 270°

<u>**Potence double bras**</u> 50 à 1000 Kg 180° sur le premier bras et 300° sur le second Potence avec double flèche, sur colonne

SY 125.20 Transporteur Vis sans fin

VIS STANDARD MONOBLOCS

PRÊTES AU MONTAGE

Nos vis standard sont livrées montées sur tube, en longueurs de 2,5 et 3 mètres avec spire enroulée à droite.

Afin de supprimer les opérations d'usinage et de réalésage des tubes qui nécessitent des outils d'emploi peu fréquent, nous livrons nos éléments standard avec les extrémités de leurs tubes réalésés intérieurement et prêtes à recevoir les arbes correspondants (soit arbres intermédiaires, soit arbres d'extémité) qui sont stockés.

VIS INOX SUR DEMANDE

VIS À DROITE

Désignation	VAS diam. extérieur D

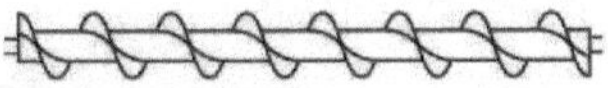

en Stock — Les dimensions tramées

VIS À GAUCHE

Désignation	VASG diam. extérieur G

SUR DEMANDE SEULEMENT

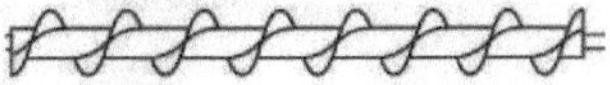

VIS INOX SUR DEMANDE

Longueur totale des vis	ø extérieur vis VAS (mm)	Pas	ø extérieur tube	Epaisseur spires	Poids (kg/m)
2,5 mètres	80	70	21	2,5	2,6
	100	90	34	2,5	4
	120	110	34	2,5	4,3
	150	140	42	2,5	5
	180	170	49	2,5	7
	200	190	49	2,5	8
	250	235	60	4	11
	300	250	70	4	14
	350	300	70	5	16
3 mètres	400	350	102	5	24
	450	380	102	6	29

SENS D'ENROULEMENT À PRÉCISER

Conseil : Seules les vis avec enroulement à droite "D" sont normalement stockées donc livrables sans délai.

A moins d'une impossibilité absolue, concevoir de préférence toute installation à base de vis "D" et agir sur le sens de rotation du moteur pour obtenir le sens de déplacement désiré.

ARBRES INTERMÉDIAIRES ET D'EXTRÉMITÉ

AI-VAS

Désignation	AIVAS diam ext

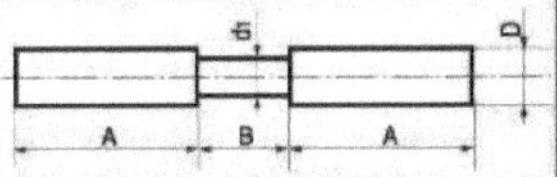

Les deux parties "A" s'emboîtent à l'intérieur des tubes des vis.
La partie "B" sert de portée au palier intermédiaire.

AE-VAS 100 & 120 : D < d2

ø extérieur vis VAS	Partie emboitée dans le tube		AI-VAS		AE-VAS	
(mm)	D	A	d1	B	d2	C
100	28	100	25	65	30	200
120	28	100	25	65	30	200
150	36,2	100	30	65	30	200
180	42,8	100	40	70	40	200
200	42,8	100	40	70	40	200
250	53	130	45	70	50	250
300	62,5	150	50	70	50	250
350	62,5	150	50	70	50	250
400	93,5	170	60	80	50	300
450	93,5	170	60	80	50	300

AE-VAS

Désignation	AEVAS diam ext

La partie "A" s'emboîte à l'intérieur du tube de la vis.
La partie "C" sert de portée au palier d'extrémité et supporte l'organe de commande (Poulie, engrenage,...).

SUPPORTS INTERMÉDIAIRES

En raison de la faible vitesse des vis, les supports sont simplement en fonte.
Un graisseur est prévu pour les lubrifier.

Ils sont conçus pour recevoir sans usinage les arbres standards décrits précédemment.

SIC-VAS

Désignation	SICVAS diam ext

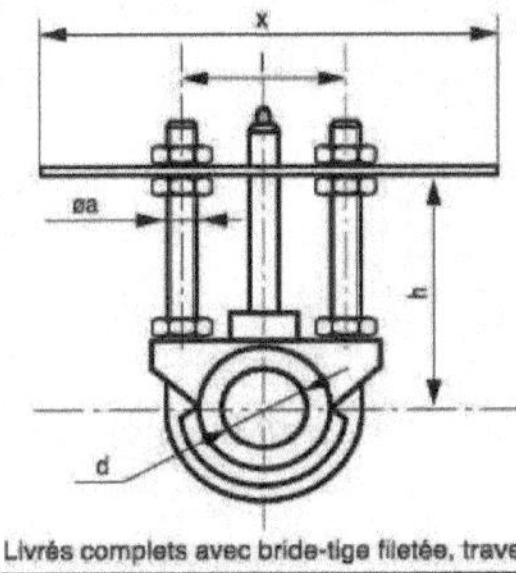

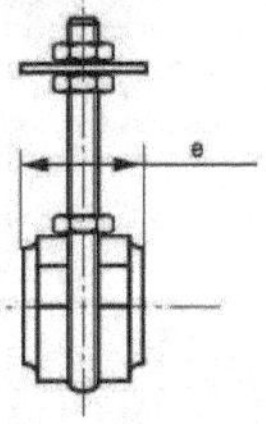

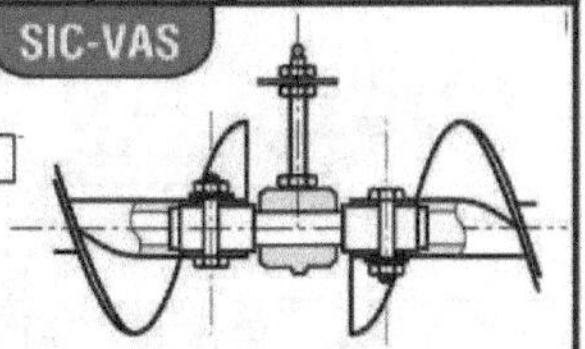

Pour vis ø	Ref. SICVAS	d	h	l	e	øa	x
100	25	25	73	210	54	12	66
120			83				
150	30	30	98	240	54	12	66
180	40	40	113	305	58	12	75
200			125				
250	45	45	150	355	58	12	80
300	50	50	182	480	58	16	100
350			207				
400	60	60	227	530	67	16	100
450			267				

Livrés complets avec bride-tige filetée, traverse et graisseur prêts au montage.

AUGETS STANDARD EN TÔLE

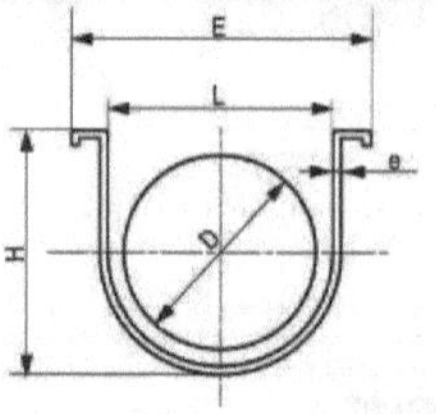

en Stock — Les dimensions tramées

Désignation AS/VAS D

Longueurs standard: 2 mètres pour les vis de 80 à 350 mm - 4 mètres sur demande.
3 mètres pour les vis de 400 à 450 mm.

D = diam. de la vis	150	180	200	250	300	350	400	450
L	170	200	225	275	330	380	430	480
H	195	215	240	290	350	400	450	525
E	240	280	315	355	410	460	530	590
e = épaisseur de la tôle	1,5	2	2	2,5	2,5	3	3	3

Influence de l'inclinaison

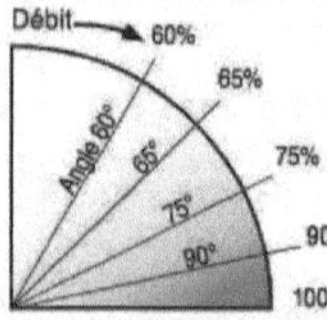

DÉBITS APPROXIMATIFS

Le débit est conditionné par le diamètre de la vis, sa vitesse de rotation, le remplissage de l'auget, son inclinaison et par la nature et la siccité du produit transporté. Il est impossible de donner tous les renseignements pour des matières aussi disparates que le grain, la farine, le ciment, la sciure, le sable, le noir de fumée... et de poids spécifiques extrêmement différents.
Toujours nous consulter en précisant votre cas particulier.

Exemple de débit en blé ou produit analogue
Le tableau ci-dessous donne les débits horaires en quintaux pour le blé, avec auget horizontal rempli entre 30 et 45%.
Ces chiffres ne sont pas absolus, des facteurs comme la siccité du grain influant énormément sur le débit. Il est toujours prudent de surdimensionner en pensant aux éventuels besoins futurs.

* Ces vitesses de rotation peuvent être augmentées, notamment lorsqu'il s'agit de petites longueurs ou de montages sur roulements à billes.

Diamètre des vis			100	120	150	180	200	250	300	350
Vitesse* en tr/mn			120 à 170	120 à 170	115 à 160	110 à 155	100 à 150	100 à 150	85 à 140	75 à 130
Débit Qx/h			25 à 35	40 à 55	60 à 85	80 à 110	100 à 150	150 à 220	200 à 330	300 à 500
Puissance moteur en CV à 1500 tr/mn	Pour une longueur de vis	5m	0,25	0,4	0,5	0,75	1	1,5	2	2,5
		10m	0,4	0,75	1,5	1,5	2	2,5	3	5
		15m	0,5	1,5	1,5	2	2,5	4	5	7,5

VIS ET AUGETS SPÉCIAUX

e-mail - fax :
Envoyez-nous vos plans !

Les vis d'Archimède standard ne conviennent pas toujours pour les utilisations industrielles et l'activité de nos ateliers est surtout consacrée à la fabrication de vis spéciales. Réalisation qui est devenue une véritable spécialité.

Nos techniciens sont bien entendu à votre disposition pour vous guider.

Sommettez-nous vos projets, en précisant notamment:

1- Le produit transporté, sa granulométrie, sa siccité, sa compressibilité...
2- La vis désirée : Diamètre extérieur, Pas, sens du Pas, épaisseur de la spire, longueur totale.
3- Le tube sur lequel elle doit être montée, diamètre, épaisseur...
4- L'auget (ou le tube) dans lequel elle doit être montée.
5- La nature du métal désiré : Acier classique, acier à haute résistance à l'abrasion, acier inox...
6- Les détails d'installation : Nature des paliers et des portées correspondantes, bout d'arbre ou de tube à prévoir, inclinaison...

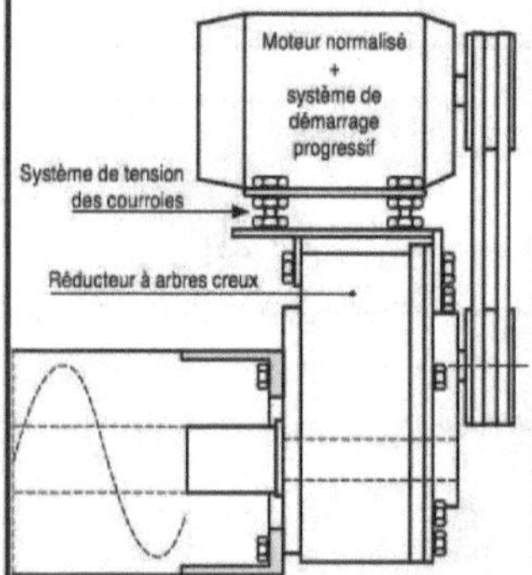

COMMANDE DE LA VIS

La vitesse de rotation étant en général inférieure à 200 tr/mn sur les installations fixes, une réduction est indispensable entre le moteur et la vis.

Sur les vis légères et à fonctionnement intermittent (cas des vis portatives), une simple réduction par courroies trapézoïdales peut souvent suffire.

Dans le cas de vis fixes, le réducteur à arbres creux est en général la solution idéale.

Le bout de l'arbre de la vis s'emmanche dans l'arbre creux du réducteur et la construction de celui-ci lui permet d'agir en butée et de s'opposer efficacement aux forces axiales souvent importantes engendrées par la vis sous charge, soit en poussée soit en traction.

Le choix d'un moteur 750 ou 1000 tr/mn permet dans certains cas d'utiliser un réducteur moins encombrant. L'emploi d'un moteur étanche aux poussières est vivement recommandé de même que celui d'une poulie à embrayage centrifuge ou tout autre dispositif assurant un démarrage progressif qui d'une part amortit la brutalité au démarrage et prolonge donc la vie de l'installation et d'autre part sert de dispositif de sécurité en cas de bourrage.

Tous éléments d'installation
Voir dans ce catalogue

- Moteurs page 508
- Réducteurs 536
- Poulies - Courroies 68
- Antidévireurs 160
- Variateurs 513
- Paliers 124
- Crémaillères 208
- Limiteurs de couple 430
- Embrayages centrifuges 446

QUESTIONNEZ-NOUS !

Palan électrique à chaîne de 63 kg à 6300 kg

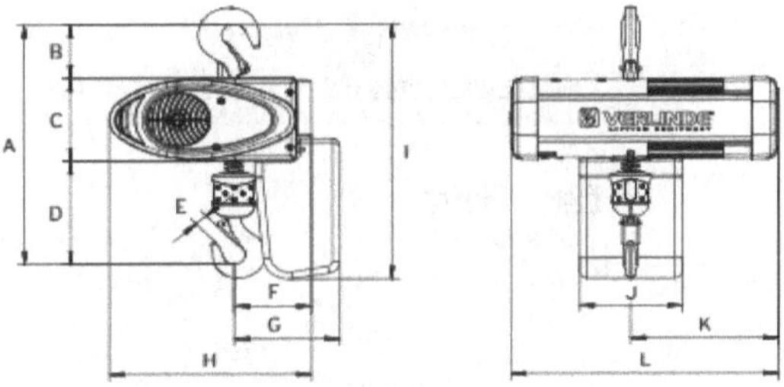

EUROCHAIN
VR2
VR5
VR12

Palan type	Taille de la chaîne	Capacité bac à chaîne (m)	Charge max. (kg)	Dimensions (mm)												
				A	B	C	D	E	F	G	H	I	J	K	L	
VR2	4 x 11	8	250	376	86	56	76	186	18	131	300	380	219	230	411	-
	4 x 11	8	500	376	86	56	76	186	18	131	300	380	219	230	411	-
VR5	5 x 14	6/16/25	630	445	107	156	182	21	138	161	362	489/554/674	150	230	438	570
	5 x 14	6/16/25	1000	506	107	156	243	27	123	184	362	489/554/674	150	230	438	570
VR12	7 x 20	6/16/30	1250	537	121	186	230	27	150	205	392	570/711/781	200	287	520	653
	7 x 20	6/16/30	2500	607	121	186	300	33	154	236	392	570/711/781	200	287	520	653

Version standard   Version VARIO

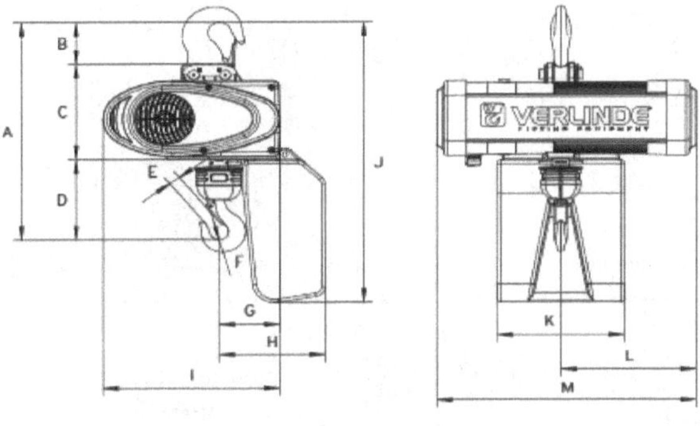

EUROCHAIN
VR16
VR25

Palan type	Taille de la chaîne	Nbre de brins	Capacité bac à chaîne (m)	Charge max. (kg)	Dimensions (mm)												
					A	B	C	D	E	F	G	H	I	J	K	L	M
VR16	7 x 20	1	12	1250	614	110	247	257	28	21	137	240	400	730	290	308	590
	7 x20	1	30	1250	614	110	247	257	28	21	137	315	400	905	300	308	590
	9 x 27	1	12	1600	567	110	247	210	26	22	138	240	400	730	290	308	590
	9 x 27	1	30	1600	567	110	247	210	26	22	138	315	400	905	300	308	590
	9 x 27	2	12	3200	693	110	247	336	35	25	179	282	400	730	290	308	590
	9 x 27	2	30	3200	693	110	247	336	35	25	179	357	400	905	300	308	590
VR25	9 x 27	1	12	1600	584	110	263	211	26	22	159	286	439	809	300	306	623
	9 x 27	1	30	1600	584	110	263	211	26	22	159	397	439	986	350	306	623
	11,3 x 31	1	12	2500	611	110	263	238	33	24	159	286	439	809	300	306	623
	11,3 x 31	1	30	2500	611	110	263	238	33	24	159	397	439	986	350	306	623
	11,3 x 31	2	12	5000	761	110	263	388	41	28	207	334	439	809	300	306	623
	11,3 x 31	2	30	5000	761	110	263	388	41	28	207	447	439	986	350	306	623
	11,3 x 31	3	nc	6300	nc	nc	nc	nc	nc	nc	nc	nc	nc	nc	nc	nc	nc
	11,3 x 31	3	nc	7500	nc	nc	nc	nc	nc	nc	nc	nc	nc	nc	nc	nc	nc
	11,3 x 31	2 x 2	nc	10000	nc	nc	nc	nc	nc	nc	nc	nc	nc	nc	nc	nc	nc

SY 150 Efforts de Coupe ; sciage du bois

Effort de sciage bois pin 420 daN / cm²

26 / 5 / 1997 L.DORY

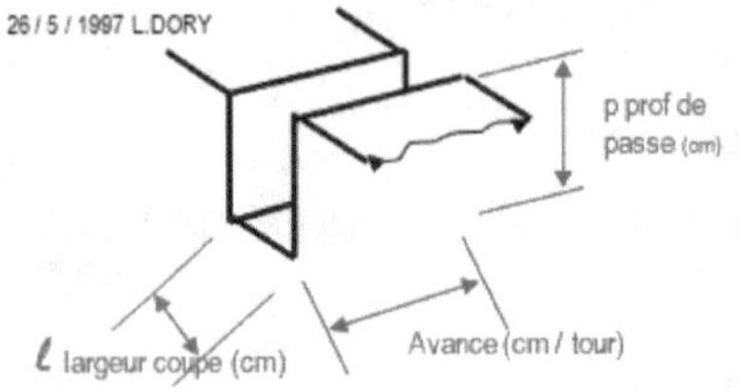

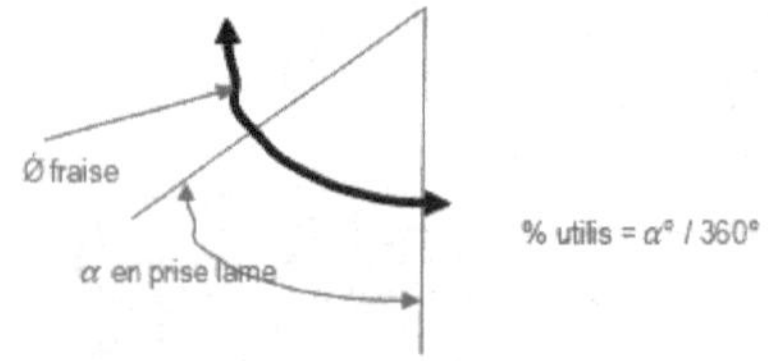

Effort de sciage bois : pin 420 daN / cm² = 4200 N / cm²

Section découpée par seconde unité utilisée : cm

S coupe = Larg coupe x vitesse lame x % utilisation x n lames

cm cm / s = cm² / s

F cisaillement :

S coupe . 4200 = Y (N/s)

équation aux dimensions ;

$\frac{cm^2}{s} \times \frac{N}{cm^2} = N/s$

Puissance P = F.v vitesse lame m/s

équation aux dimensions ;

P = N / s . m = J / s = W

Méthode donne 5% de sécurité par rapport au réel.

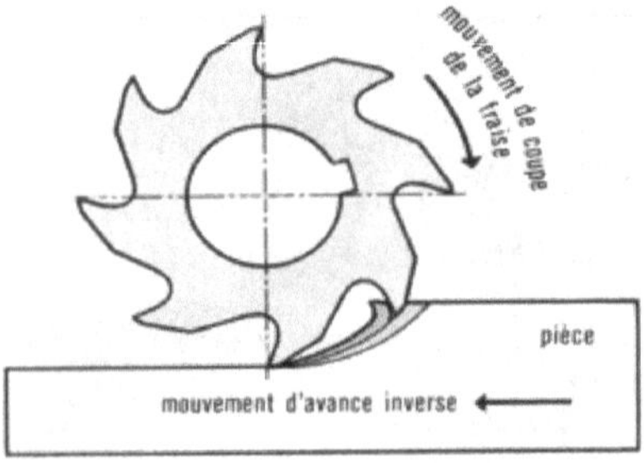

Fraisage en avalant.

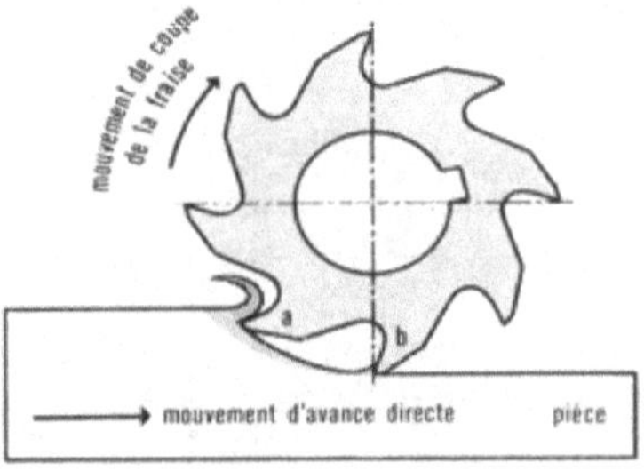

Fraisage direct.

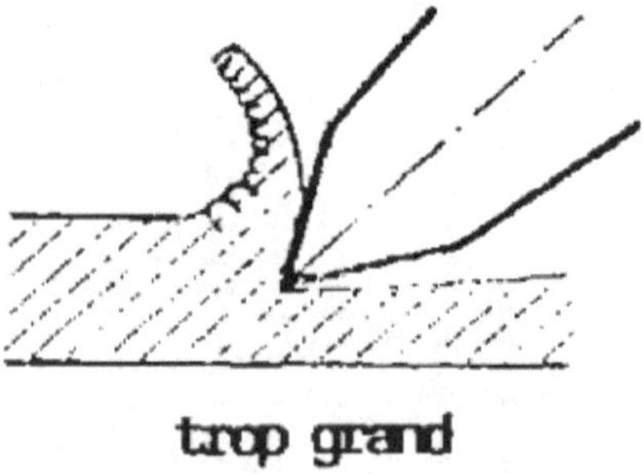

trop grand

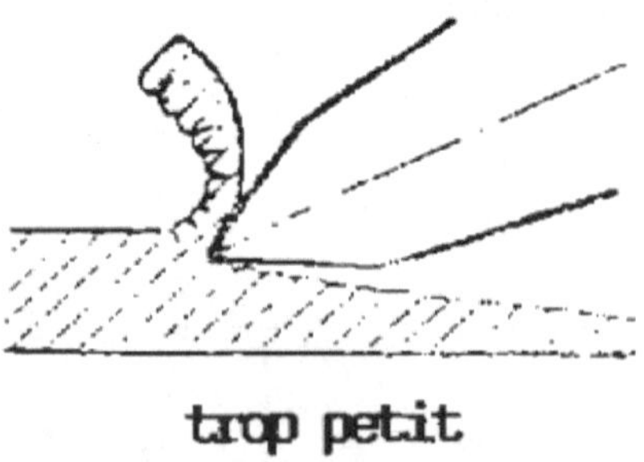

trop petit

SY 200 Compléments Calcul Abaques SERGOT

200 / 01 Conversion pressions système anglais-français

Liv / pouce² psi	bar	Liv / pouce² psi	bar	Liv / pouce² psi	bar	Liv / pouce² psi	bar	Liv / pouce² psi	bar
1	0.069	10	0.690	20	1.380	30	2.070	40	2.759
50	3.449	60	4.139	70	4.828	80	5.655	90	6.207
100	6.900	150	10.345	200	13.794	250	17.242	300	20.691
400	27.588	500	34.485	600	41.381	700	48.249	800	55.172

200 / 02Conversion des ° Fahrenheit en ° C

$t°C = 5/9 \,.\, (t°F - 32)$ $\quad$ $t°F = 1.8\, t°C + 32$

°F	°C	°F	°C	°F	°C	°F	°C	°F	°C	°F	°C
-459.4	-273	-400	-240	-300	-184.4	-200	-128.8	-100	-73.3	-50	-45.5
-30	-34.4	-20	-28.9	-10	-23.3	0	-17.8	10	-12.2	20	-6.7
30	-1.1	40	4.4	50	10	60	15.6	70	21.2	80	26.7
90	32.2	100	37.8	110	43.3	120	48.9	130	54.4	140	60
150	65.6	200	93.3	250	121.1	300	148.9	350	176.7	400	204.4
500	260	600	315.6	700	371.1	800	426.7	900	482.2	1000	537.8
1200	648.9	1400	760	1600	871.1	1800	982.2	2000	1093.3	2500	1371.1

200 / 03 Orifices Ajutages :

Formule de Torricelli $v = \sqrt{2.g.h}$ est théorique. On utilise $q = m.S\sqrt{2.g.h}$

q = débit m³/s S = surface en m² g = 9.81 m/s² h = hauteur charge en m m = coeff forme ajutage.

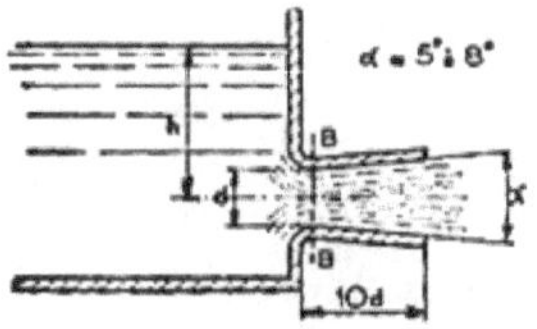

Ajutage de Venturi

$q = 1{,}5\, S\sqrt{2gh}$

$m = 1{,}5$

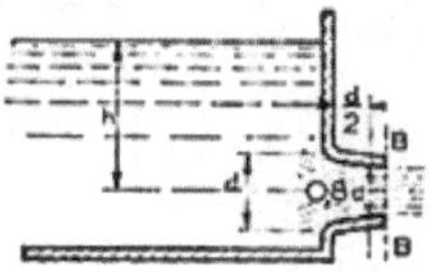

Ajutage d'Aubuisson

$q = S\sqrt{2gh}$

$m = 1$

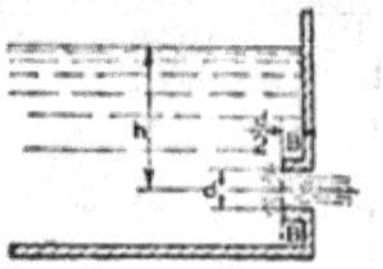

Ajutage de Borda

$q = 0{,}53\, S\sqrt{2gh}$

$m = 0{,}53$

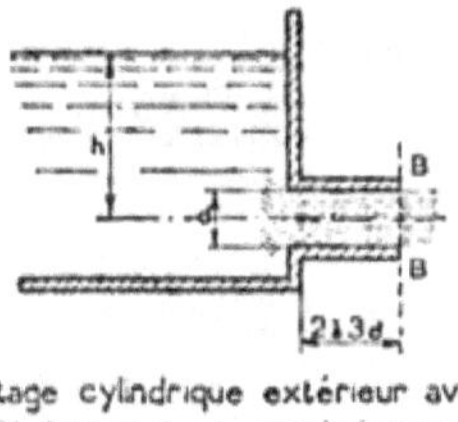

Ajutage cylindrique extérieur avec

faible hauteur de charge	grande hauteur de charge
$q = 0{,}82\, S\sqrt{2gh}$	$q = 0{,}61\, S\sqrt{2gh}$
$m = 0{,}82$	$m = 0{,}61$

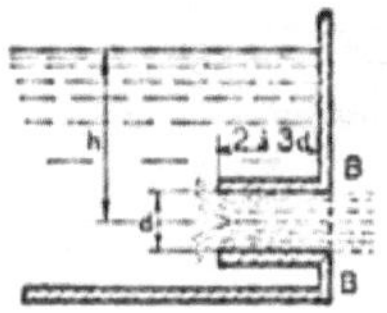

Ajutage cylindrique intérieur

$q = 0{,}72\, S\sqrt{2gh}$

$m = 0{,}72$

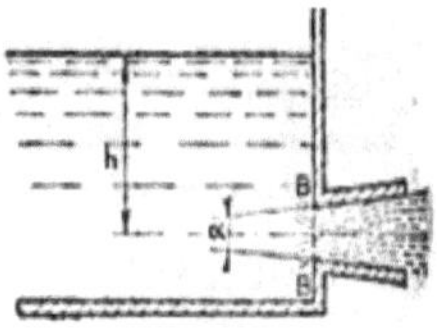

Ajutage divergent

$q = 0{,}95\, S\sqrt{2gh}$

$m = 0{,}95$

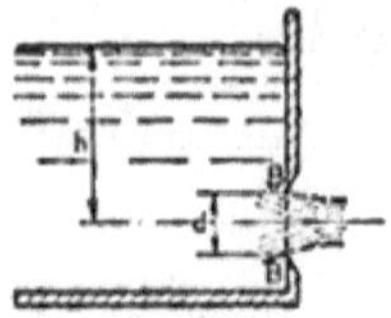

Orifice à mince paroi

$q = 0{,}61\ S \sqrt{2\,gh}$

$m = 0{,}61$

q = débit en m³/s.

h = hauteur d'eau en m.

d = orifice en m.

S = surface en m² mesurée en BB.

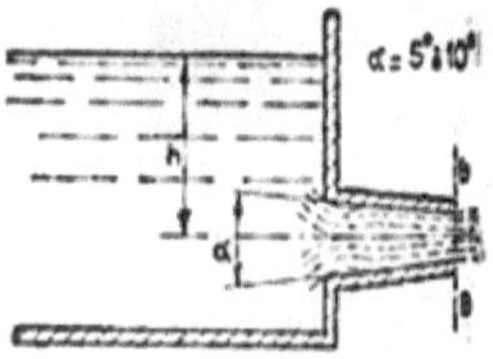

Ajutage convergent

$q = 0{,}93\ S \sqrt{2\,gh}$

$m = 0{,}93$

200 / 04 Coups de bélier ; Chocs hydrauliques dans les canalisations.

Le choc hydraulique ou « Coup de bélier » est dû à l'accélération ou décélération brutale rapide d'un liquide dans une canalisation. Le plus souvent ce « coup de bélier » est dû à un changement brusque de régime : fermeture rapide d'un robinet, vanne, clapet ou autre accessoire de circuit.

Les facteurs qui interviennent sont : longueur circuit en amont, vitesse de circulation, densité, élasticité, durée de fermeture. L'onde de choc parcourt le trajet aller et retour avec une décroissance due à l'amortissement visqueux du liquide et l'amortissement élastique de la tuyauterie jusqu'à son élimination.

L'onde de choc produit des coups de bélier qui peuvent être positifs ou négatifs ou alternativement, ils provoquent des martèlements bruyants. Leur puissances et fréquences finissent par fatiguer raccords, vannes, brides, tuyaux.

Détermination de la pression atteinte lors d'un coup de bélier :

1° par manomètre approprié avec une graduation suffisante.
2° par la formule :

$$\pm P = \frac{d}{10\,g} \cdot V_{ch}\,(V_f - V_1)$$

P : augmentation pression (bars)
d : densité liquide en kg/dm³
V_{ch} : vitesse onde de choc (environ 1300 m/s) Formule d'ALLIEVI.
V_f : vitesse du fluide avant le coup de bélier.
V_1 : vitesse du fluide après le 1er aller / retour coup de bélier.
g : accélération pesanteur 9.81 m/s.
Coup de bélier si p > 115% de p initiale (150% MAXI)

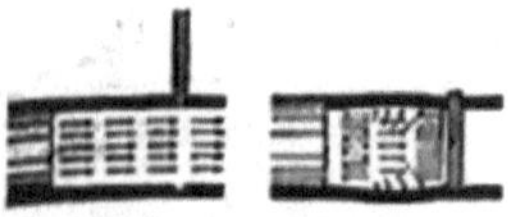

Formation de l'onde de choc.

Absorption par l'antibélier.

Exemple d'application :

Tuyau acier Ø int 50, ép 2.5, longueur 300 m, eau à 20 bars, vitesse 2 m / s, robinet obture en 0.3 s ; Coup de bélier ?

1300 m/s, temps de parcours onde de choc AR : 600 / 1300 = 0.46 s.
Le temps est plus long que fermeture 0.46 s > 0.30 s, donc $V_1 = 0$

P = (1 / 98.1) x 1300 x (2 – 0) = 26.5 bars   p initiale + surprression = 20 + 26.5 = 46.5 bars
p initiale - surpression = 20 - 26.5 = - 6.5 bars

46.5 bars > (20 x 1.15)   **Il y a coup de bélier important**   **Il faut arriver à 23 bars**

Suppression des coups de bélier ;

On posera dans le circuit un accumulateur hydropneumatique du type « sphère de suspension Citroën ».
Il faut demander au fournisseur de déterminer les caractéristiques de l'accumulateur hydropneumatique nécessaire et suffisant en lui précisant tous les éléments du calcul précédent

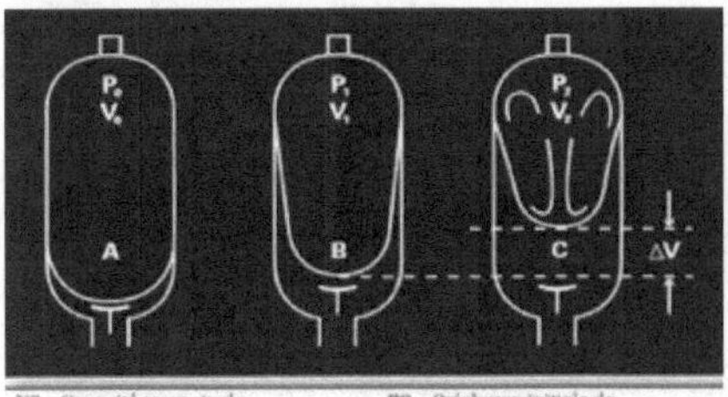

V0 = Capacité en azote de l'accumulateur
V1 = Volume de gaz à la pression hydraulique minimale
V2 = Volume de gaz à la pression hydraulique maximale
ΔV = Volume restitué et/ou emmagasiné entre P1 et P2
P0 = Précharge initiale de l'accumulateur
P1 = Pression de gaz à la pression hydraulique minimale
P2 = Pression de gaz à la pression hydraulique maximale

200 / 05 Débits d'eau moyens de quelques appareils : Norme P 41-201

Désignation	Débit l/mn	Désignation	Débit l/mn	Désignation	Débit l/mn
Evier	12	Baignoire à chauf.Bains	15	Urinoir chasse auto	0.3
Lavabo	6	Douche	15	Urinoir robinet individuel	6
Lavabo collectif	3	Poste d'eau	10	Urinoir en stalle,à chasse	30
Bidet	6	WC réservoir de chasse	6	Buanderie	25
Baignoire à chauffe-eau	20	WC robinet de chasse	90	Bouche arrosage 20 mm	40

200 / 05 Consommation moyennes d'eau en litres

Habitation (par jour	litres	Habitation (par jour	litres	Jardin	litres
1 personne (sans bain)	50	Lavage auto	100	Arrosage lance de 4 mm	700 l/h
Bain	250	Jardin par m²	6	Arrosage lance de 6 mm	1700 l/h

200 / 05 Débits tuyaux de vidange coulant à 1 / 2 pleins.

Ø mm	Débits en litres par seconde pour une pente de x cm par mètre.				
	1 cm	2 cm	3 cm	4 cm	5 cm
80	1.59 l/s	2.26 l/s	3.01 l/s	3.20 l/s	3.58 l/s
100	2.68 l/s	3.80 l/s	4.65 l/s	5.36 l/s	5.99 l/s
150	8.17 l/s	11.51 l/s	14.16 l/s	16.30 l/s	18.20 l/s
200	17.86 l/s	25.27 l/s	30.85 l/s	35.54 l/s	39.87 l/s
250	32.55 l/s	45.97 l/s	56.50 l/s	65.09 l/s	72.77 l/s
300	53.04 l/s	75.10 l/s	91.74 l/s	106.08 l/s	118.45 l/s

200 / 06 VAPEUR SATUREE. Tableau des constantes

Pression absolue bars	T °C vaporis	Densité Kg/m³	Visco ciné cSt	Chaleur kcal/kg	Chal vapo Kcal/kg	Pression bars	T °C vaporis	Densité Kg/m³	Visco ciné cSt	Chaleur kcal/kg	Chal vapo Kcal/kg
1	99.09	0.5797	22	99.12	538.5	**16**	200.43	7.925	2.51	203.9	667.1
4	142.92	2.125		143.6	653.4	**20**	211.38	9.846	1.93	215.8	668.5
6	158.08	3.112		159.3	657.8	**60**	274.29	30.21		288.4	665.0
8	169.61	4.085		171.3	660.8	**80**	293.62	41.60	1.06	312.6	658.9
12	187.08	6.010		189.7	664.7	**200**	364.08	161.2		431.4	582.1

200 / 07 Electricité - RESISTANCE RESISTIVITE

La résistance électrique d'un conducteur s'écrit : $R = \rho . L / S$ R en Ω (Ohms) = ρ (Ω / m) x L (m) / S (m²) = Ω

$\rho = \rho_0 (1 + \alpha . t)$ ρ (Ω / m) en pratique (Ω / m / mm²) ou (Ω / km / mm²)

Résistances spécifiques des métaux et corps divers ou résistivité à 0°C en Ω / m

Métaux	ρ_0 (Ω.mm²/ m)	α	Alliages corps divers	ρ_0 (Ω.mm²/ m)	α
Aluminium	0.0280	39×10^{-4}	Acier doux	0.12 à 0.17	5×10^{-3}
Argent	0.0150	40×10^{-4}	Fonte	0.175 à 1	5×10^{-3}
Béryllium	0.0650	67×10^{-4}	Bronze	0.18	5×10^{-4}
Cobalt	0.0560	55.1×10^{-4}	Bronze d'alu	0.12	7×10^{-4}
Cuivre	0.0175	40×10^{-4}	Laiton	0.06	1×10^{-3}
Etain	0.1048	43.6×10^{-4}	Maillechort	0.22 à 0.43	3.6×10^{-3}
Fer	0.0853	72.6×10^{-4}	Manganèse	0.42	0.2×10^{-4}
Mercure	0.9407	8.87×10^{-4}	Ferro-nickel	0.80	9×10^{-4}
Nickel	0.0693	54.4×10^{-4}	Invar	0.75	1×10^{-3}
Tungstène	0.0500	52.4×10^{-4}	Acier au silicium	0.45	8×10^{-4}
Zinc	0.0564	34.7×10^{-4}	Graphite	8 à 13	-5×10^{-4}

Pour ce qui est de l'avenir, il ne s'agit pas de le prévoir
mais de le rendre possible ... ensemble **Antoine de Saint-Exupéry**

La tolérance engendre l'intolérance dès lors qu'elle n'a plus aucune limite,
ni aucun tabou. Nous vivons un temps où l'inversion des valeurs est reine,
la norme devient l'exception et inversement.

Jean Robin sur Breizh Info

200 / 08 Calcul complet des tuyauteries d'air comprimé

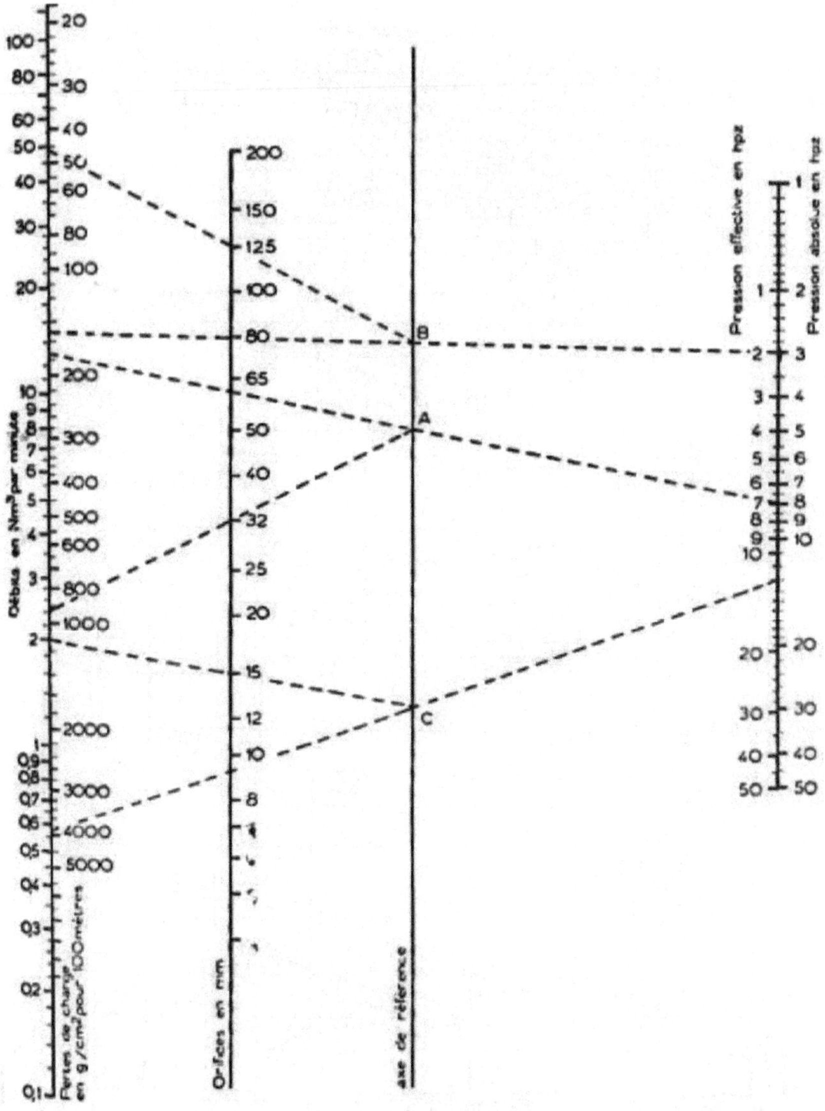

Débit en normo.m³ (m³ à l'aspiration du compresseur

Ø intérieur tuyauterie

Axe de référence (perte de charge)

Pression effective

200 / 09 Calcul complet des tuyauteries de vapeur

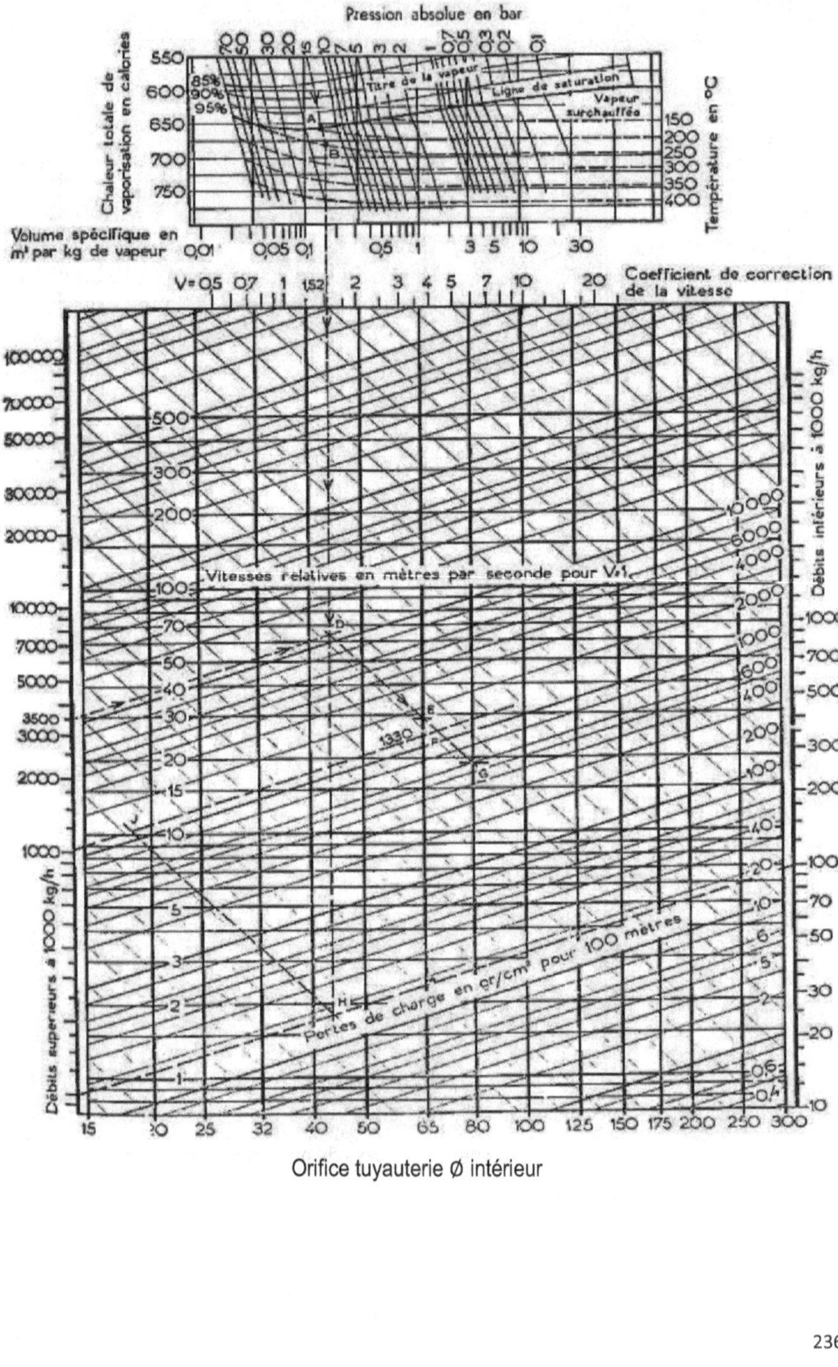

Orifice tuyauterie Ø intérieur

200 / 10 Condensation de la vapeur et chaleur transmise tubes immergés

Sert à déterminer la longueur de tuyauterie de réchauffage nécessaire pour réchauffer un volume d'eau par la vapeur.

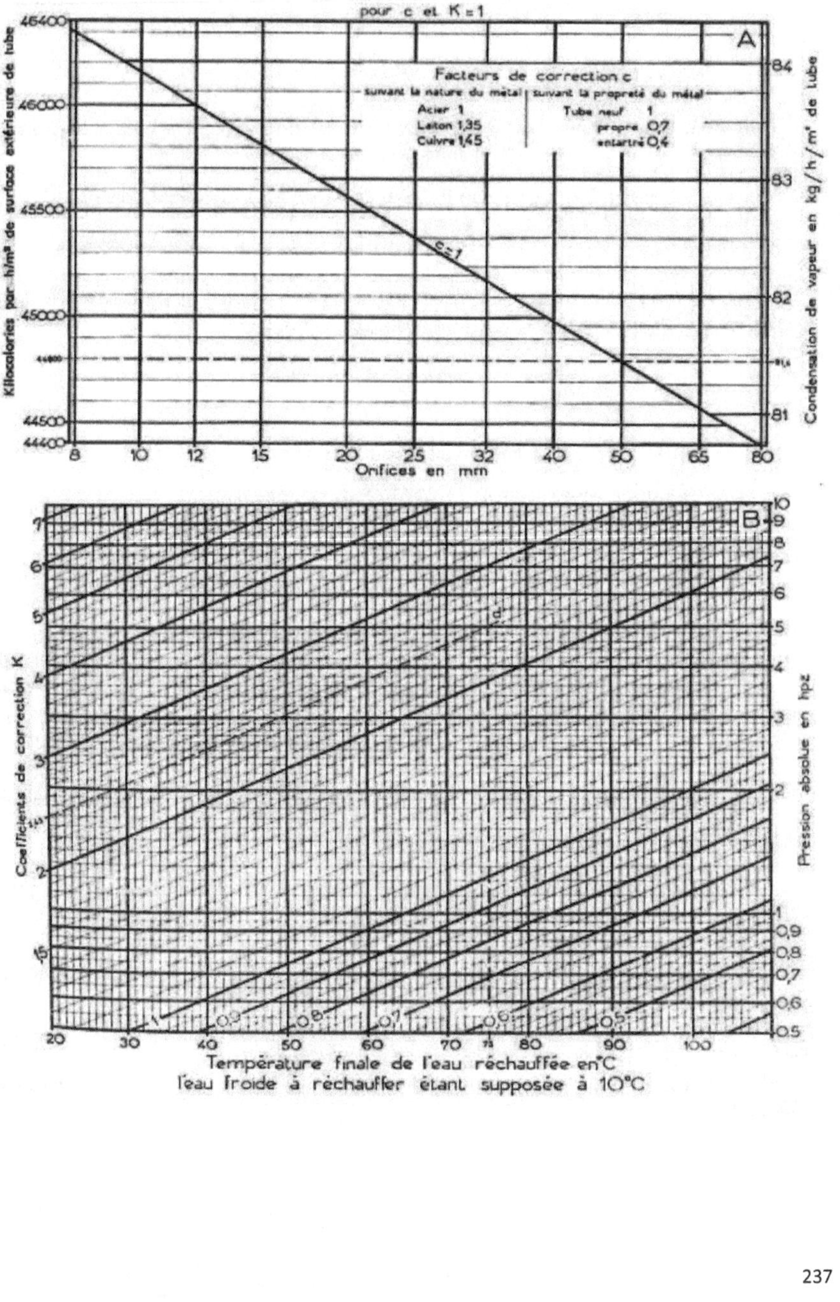

200 / 11 Transmission calorifique de parois isolées

1° Parois planes.

$$Q = \frac{t_1 - t_2}{\frac{e}{\lambda} + \frac{1}{\alpha_2}}$$

dans laquelle

- Q représente la perte calorifique en kilocalories (kcal) ou millithermies (mth) par mètre carré et par heure;
- t_1 représente la température du fluide à l'intérieur de la conduite, en °C;
- t_2 représente la température de l'air ambiant, en °C;
- λ représente le coefficient de conductibilité thermique de l'isolant à la température du fluide considéré;
- e représente l'épaisseur de l'isolation en mètres;
- α_2 représente le coefficient de transmission entre l'extérieur de l'isolation et la couche d'air adjacente.

Comme, d'une part, α_2 n'est pas une valeur fixe, et que, d'autre part, le rapport $\frac{1}{\alpha_2}$ est relativement faible, on peut le négliger dans un calcul pratique et l'on obtient alors la formule simplifiée suivante :

$$Q = \frac{\lambda (t_1 - t_2)}{e}$$

2° Parois cylindriques et tuyauteries.

$$Q = \frac{\pi (t_1 - t_2)}{\frac{1}{2\lambda} \operatorname{Log} \frac{de}{di} + \frac{1}{\alpha_2 . de}}$$

dans laquelle

- Log = logarithme népérien (1).
- *di* représente le diamètre de la conduite nue, en m;
- *de* représente le diamètre de la conduite isolée, c'est-à-dire le diamètre de la conduite majoré de l'épaisseur de l'isolation. Si l'on a un diamètre de conduite nue de 0,100 m et une épaisseur d'isolation de 0,030 m le diamètre de la conduite isolée devient :

$$0{,}100 \text{ m} + 2\,(0{,}030 \text{ m}) = 0{,}160 \text{ m}$$

Même observation en ce qui concerne la valeur $\frac{1}{\alpha_2 . de}$ pour la valeur $\frac{1}{\alpha_2}$ dans le cas des parois planes. Si l'on néglige $\frac{1}{\alpha_2 . de}$, on obtient la formule simplifiée suivante :

$$Q = \frac{\pi (t_1 - t_2)\, 2\lambda}{\operatorname{Log} \frac{de}{di}}$$

Les valeurs de λ étant connues, t_1 et t_2 étant connues également, les deux formules ci-dessus permettent de calculer pratiquement et d'une façon suffisamment approchée :

1° Soit la déperdition calorifique, au mètre carré dans le cas des surfaces planes, au mètre courant dans le cas des surfaces cylindriques, en fonction d'une épaisseur d'isolation donnée.

2° Soit l'épaisseur d'isolation à prévoir en fonction d'une perte calorifique au mètre carré, ou au mètre courant admise à priori.

Cabinet DRT SAS
Léopold DORY
22200 Guingamp
leo.dory@wanadoo.fr

SY Création
Léopold DORY

STANDARD Constructeur

1991 SY120

STANDARD SY revision 2018

COMPOSANTS
PRIX 2018

COMPOSANTS SELECTIONNES de MECANIQUE et TRANSMISSION DE PUISSANCE

ELEMENTS ELECTRIQUES PNEUMATIQUES HYDRAULIQUES

Détermination rapide Prix en construction mécano-soudée

TABLE DES MATIERES

FOURNISSEURS Cités

SY 1.01 Visserie	Créa Quincallerie	tridistribution.fr		essentracomponents	promeca	
SY 2.40 Tuyauteries	Mabille					
SY 3.01 Métal complém	commentfer	metalenstock	planetcaoutchouc	amazon		
SY 3.26 Aimants perma	Eclipse	BMFA	Boilermag			
SY 4.64 Quincaillerie	roues-et-roulettes	tridistribution	system-plast-products	MANUTAN	promeca	
SY 5.20 Roulem Palier	123roulement	tridistribution	promeca	rationalstock		
SY 6.10 Joints étanch	123roulement	tridistribution				
SY 7.10 Chaînes transmi		tridistribution				
SY 10.10 Moyeux coniq		tridistribution				
SY 11.20 Engrenage		tridistribution				
SY 10.21 Cardans	dalton-agricole					
SY 20.00 Motoréduc	coelmo.fr/Boutique	LEROY SOMER				
SY 21.10 Vérins et pneu	mabeo-direct	technic-achat	RS-online	LEGRIS	radwell.co.uk	
SY 24.20 Pulvérisation						
SY 25.10 Pompage						
SY 26.10 Ventilation						
SY 27.00 Moteur électriq						
SY 30.00 Hydraulique	socomhy	hydrodis	ouest-hydraulique			
SY 40.10 Electricité	electricitepro	france-electric	neodis-bat	seton	tme.eu	schneid-elec
	ebay	one-elec	french.alibaba	amazon	MANUTAN	
SY 50.10 Mécaniq compos		tridistribution				
SY 125.01 Transp bande		tridistribution				
SY 125.10 levage ventouse						
SY 125.21 Vis sans fin						
SY 125.30 Palans EUROCHAIN	mabeo-direct	VERLINDE				

SY Bordereau Prix standardisés Composants

Prix métaux – cours juin 2018 Coût d'un ensemble travaillé « maison FRANCE »

Prix métaux – cours juin 2018
Coût d'un ensemble travaillé « maison FRANCE »

Métal	Prix mai 2018 à la tonne	Prix au kg	Coeff travail	Prix kg travaillé	Observations
Acier	547,00 €	0,547	5	**2,74 €**	Pour Mécano-soudé
Acier	547,00 €	0,547	10	**5,47 €**	Mécanique élaborée
Acier	547,00 €	0,547	20	**10,94 €**	Mécanique très élaborée
Inox	2 182,00 €	2,182	5	**10,91 €**	Pour Mécano-soudé
Inox	2 182,00 €	2,182	10	**21,82 €**	Mécanique élaborée
Inox	2 182,00 €	2,182	20	**43,64 €**	Mécanique très élaborée
Aluminium	1 666,00 €	1,666	5	**8,33 €**	Pour Mécano-soudé
Aluminium	1 666,00 €	1,666	10	**16,66 €**	Mécanique élaborée
Aluminium	1 666,00 €	1,666	20	**33,32 €**	Mécanique très élaborée
Or	37,6 € / once			**0,00 €**	
Argent	0,46 € / once			**0,00 €**	
Cuivre	5 474,00 €	5,474	5	**27,37 €**	Pour Mécano-soudé
Cuivre	5 474,00 €	5,474	10	**54,74 €**	Mécanique élaborée
Cuivre	5 474,00 €	5,474	20	**109,48 €**	Mécanique très élaborée
Fer	57,00 €	0,057		**0,00 €**	
Plomb	1 924,00 €	1,924	5	**9,62 €**	
Zinc	2 632,00 €	2,632	5	**13,16 €**	
Ferraille	282,00 €	0,282		**0,00 €**	

SY 1.01 Visserie

Descriptif	Référence	unité	Prix 2018 TTC	Figure - Observ	Fournisseur
Vis H 8 x 60 zinguée classe 8.8		1	0.18 €		Créa Quincallerie
Ecrou H 8 zingué		1	0.15 €		Créa Quincallerie
Circlips exterieur ø 8		1	0.08 e		
Circlips interieur ø 14		1	0.14 €		
Collier épaulement arbre ø 5 sur ac brut		1	0.11 €		
Ressort extens ac zingué 1.5 x 10.0 x 35		1	1.18 €		
Ecrou poignée étoile plastk M8 x tête ø 50		1	4.32 €		
Goupille MECANINDUS Ep ø 6x50		1	0.29 €		Créa Quincallerie
Graisseur droit inox A1 M6	P128344	1	0.53 €		Créa Quincallerie
Graisseur droit zingué M5	GH1 M5	1	1.31 €		tridistribution.fr/fr/graisseur
Graisseur droit zingué M6	GH1 M6x100	1	1.31 €		tridistribution.fr/fr/graisseur
Rallonge graisseur M6 long 90	DBA0 18116	1	8.88 €		tridistribution.fr/fr/graisseur
Rallonge graisseur Hexagone M6 L 20	RALLGR610020	1	4.78 €		promeca
Clavette // inox bout arrondi 10 x 8 x 50	P185675	1	4.73 €		Créa Quincallerie
Noix de serrage Inox 16x16	P119216	1	15.35 €		Créa Quincallerie
Tige filetée zinguée M3 - 8.8 long 1 m	TF M3	1	2.16 €		tridistribution
Tige filetée zinguée M4 - 8.8 long 1 m	TF M4	1	2.70 €		tridistribution
Tige filetée zinguée M6 - 8.8 long 1 m	TF M6	1	1.94 €		tridistribution
Tige filetée zinguée M8 - 8.8 long 1 m	TF M8	1	3.12 €		tridistribution
Tige filetée zinguée M10 - 8.8 long 1 m	TF M10	1	4.74 €		tridistribution
Tige filetée zinguée M16 - 8.8 long 1 m	TF M16	1	12.84 €		tridistribution
Tige filetée zinguée M20 - 8.8 long 1 m	TF M20	1	22.56 €		tridistribution
SPIT FIX M 10x120 ac zingué	P129043	1	1.31 €		Créa Quincallerie
Entretoise hexagone M6x50 Ac Zingué	301640041152	1	2.33 €		essentracomponents

SY 2.40 Tuyauteries

Descriptif	Référence	unité	Prix 2018 TTC	Figure - Observ	Fournisseur
Tube acier noir T 10 ø 33.7 x 2.6	11730017	1 m	8.97 €		Mabille
Tube acier noir T 10 ø 42.4 x 2.6	11730058	1 m	10.54 €		Mabille
Tube acier noir T 10 ø 48.3 x 2.6	11730090	1 m	12,06 €		Mabille
Tube acier noir T 10 ø 60.3 x 2.9	11730157	1 m	16.01 €		Mabille
Tube acier noir T 10 ø 70.3 x 2.9	11730173	1 m	22.84 €		Mabille
Tube acier noir T 10 ø 76.1 x 2.9	11730199	1 m	21.21 €		Mabille
Tube acier noir T 10 ø 88.9 x 3.2	11730215	1 m	25.65 €		Mabille
Tube acier noir T 10 ø 101.6 x 3.6	11730231	1 m	27.31 €		Mabille
Tube acier noir T 10 ø 108 x 3.6	11730256	1 m	40.49 €		Mabille
Tube acier noir T 10 ø 114.3 x 3.6	11730272	1 m	37.70 €		Mabille
Tube acier noir T 10 ø 133 x 4	11730298	1 m	61.84 €		Mabille
Tube acier noir T 10 ø 139.7 x 4	11730314	1 m	55.41 €		Mabille
Tube acier noir T 10 ø 159 x 4.5	11730330	1 m	74.86 €		Mabille
Tube acier noir T 10 ø 168.3 x 4.5	11730355	1 m	66.92 €		Mabille
Tube acier noir T 10 ø 193.7 x 5.6	11730371	1 m	130.30 €		Mabille
Tube acier noir T 10 ø 219.7 x 6.3	11730397	1 m	134.93 €		Mabille

SY 3.01 Métallique et compléments de transmission

Descriptif	Référence	unité	Prix 2018 TTC	Figure - Observ	Fournisseur
PROFILE C 160x80x25 ép 5 – 13 kg/m				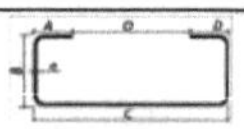	
Poutre HEA 100 acier	POU20379-1	1 m	58.80 €		commentfer
Fer u acier 30x15	LAM7755-1	1 m	8.16 €		commentfer
Fer u acier 60x30	LAM7811-1	1 m	14.28 €	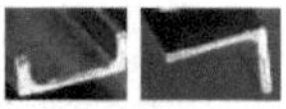	commentfer
Fer u acier 100x30		1 m			
Fer Plat acier 30x6		1 m	5.28 €		metalenstock
Fer Plat acier 50x10		1 m	13.20 €	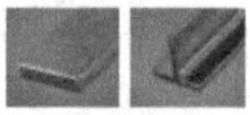	metalenstock
Fer Plat acier 50x6		1 m	8.45 €		metalenstock
Fer T acier 50x50x6		1 m	15.66 €		metalenstock
Fer Carré 100x100x3		1 m	33.80 €		metalenstock
Fer Cornière égale 20x20x3		1 m	4.58 €		metalenstock
Fer Cornière égale 50x50x5		1 m	12.96 €		metalenstock
Fer Cornière égale 60x60x5		1 m	17.64 €		metalenstock
Joint en U caoutchouc 12x9 ép 2		1 m	6.50 €		planetcaoutchouc
Plaque polycarbonate transparente 1000x600 ép 5		0.60 m²	32.00 €		amazon.fr/Plaque-polycarbonate

SY 3.26 Aimants permanents

Descriptif	Référence	unité	Prix 2018 TTC	Figure - Observ	Fournisseur
Aimant 1 / Eclipse BMFA		1	37.43 €		Eclipse+BMFA+Boilermag
Eclipse magnétique E 846 Barre aimant		1	29.35 €		Eclipse+BMFA+Boilermag
Aimant Neodyme ø 3 ép 1.5		1	0.20 €		cat-aimant-neodyme-303
Aimant Neodyme ø 4 ép 10		1	0.36 €		cat-aimant-neodyme-303
Aimant Neodyme ø 12 ép 5		1	0.64 €		cat-aimant-neodyme-303

SY 4.64 Quincaillerie Complément

Descriptif	Référence	unité	Prix 2018 TTC	Figure - Observ	Fournisseur
Roue-caoutchouc-gris-corps-plastique-Ø100-charge-70-kg	3700872806843	1	3.89 €	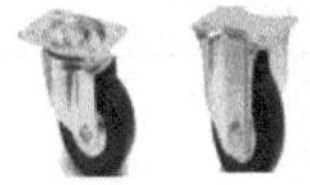	roues-et-roulettes.com
Roulette-caoutchouc-noir-pivotante-Ø-50-mm-fixation-a-platine	3700872800018		2.22 €		roues-et-roulettes.com
Roulette-caoutchouc-noir-fixe-Ø-65-mm-fixation-a-platine	3700872800025		3.00 €		roues-et-roulettes.com
Bague arrêt C-ABU Ø6x12x8 M4	CB-AU 6		1.07 €	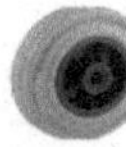	tridistribution
Bague arrêt C-ABU Ø8x16x8 M4	CB-AU 8		1.24 €		tridistribution
Bague arrêt C-ABU Ø10x20x10 M5	CB-AU 10		1.56 €		tridistribution
Bague arrêt C-ABU Ø12x22x12 M6	CB-AU 12		1.72 €		tridistribution
Bague arrêt C-ABU Ø16x28x12 M6	CB-AU 16		2.14 €		tridistribution
Bague arrêt C-ABU Ø20x32x14 M6	CB-AU 20		2.63 €		tridistribution
Bague arrêt C-ABU Ø30x45x16 M8	CB-AU 30		3.90		tridistribution
Bague arrêt C-ABU Ø45x70x18 M10	CB-AU 45		8.26 €		tridistribution
Bague arrêt C-ABU Ø60x90x20 M10	CB-AU 60		12.24 €		tridistribution

SY 4.64 Quincaillerie SYSTEM PLAST, volant manoeuvre

Descriptif	Référence	unité	Prix 2018 TTC	Figure -Observ	Fournisseur
Tête d'appui latérale 70x97 Ø30à70	VG3050-R150	1			system-plast-products
Bouchon à expansion dans tube		1			system-plast-products
éléments de soutien 3 bras		1			system-plast-products
base 2 bras		1			system-plast-products
bouchon réduc		1			system-plast-products
Pied vérin articulé Ø110 M20 L183 charge 15 tonnes	LA110H-02B-PM20L185	1			system-plast-products
Volant de manœuvre Ø140x39	A045525	1	14.65 €		MANUTAN
Volant de manœuvre Ø 80x29	A044522	1	10.95 €		MANUTAN
Poignée tournante bakélite M8x85	A044519	1	4.85 €		MANUTAN
Poignée tournante bakélite M10x116	A044520	1	5.45 €		MANUTAN
Anneau de levage Ø 12 CU 400 kg	ANELM12M	1	1.98 €		promeca

SY 5.20 Roulements Paliers

Descriptif	Référence	unité	Prix 2018 TTC	Figure - Observ	Fournisseur
Roulement-E2.608-2Z-C3-SKF Ø8x22x7	E2-608-2Z-C3-SKF	1	3.95 €		123roulement
Roulement-6301-2RS-ZEN Ø12x37x12	6301-2RS-ZEN	1	4.48 €		123roulement
Roulement-6004-2RS Ø20x42x12	6004-2RS	1	2.39 €		123roulement
Roulement-6005-2RS Ø25x47x12	6005-2RS	1	2.75 €	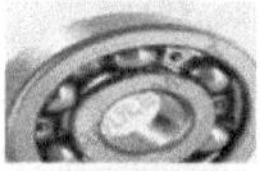	123roulement
Roulement-6305-2RS Ø25x62x17	6305-2RS	1	3.89 €		123roulement
Roulement-6405 Ø25x80x21	6405	1	28.00 €		123roulement
Roulement-6309-2RS Ø45x100x25	6309-2RS	1	11.95 €		123roulement
Roulement-62203-2RS Ø17x40x16	62203-2RS	1	3.70 €		123roulement
Roulement-626-2RS-ZEN Ø6x19x6	626-2RS-ZEN	1	2.06 €		123roulement
Roulement-conique 32305 Ø25x62x26	32305	1	7.00 €		123roulement

SY 5.40 Roulements Paliers coussinet autolub

Descriptif	Référence	unité	Prix 2018 TTC	Figure - Observ	Fournisseur
Palier Carré Applique Ø30 car110x43	UCF 305	1	25.08 €		tridistribution
Palier Carré Applique Ø45 car110x57	UCF 309	1	50.16 €		tridistribution
Palier Carré Applique Ø20 car86x38	SF 20		28.99 €		promeca
Palier Carré Applique Ø60 car entrax 143	UCF 212		29.95 €		123 roulement
Coussinet autolub lisse Ø30x38x46L30			7.00 €		rationalstock
Coussinet autolub lisse Ø30x40x48L40			9.20 €		rationalstock

SY 5.50 Roulements Paliers Rotules

Descriptif	Référence	unité	Prix 2018 TTC	Figure - Observ	Fournisseur
Rotule Std Mâle Ø8M8 H42 - 1290 daN	TSM8C	1	6.24 €		tridistribution
Rotule Std Mâle Ø10M10 H42 1800daN	TSM10C	1	7.38 €		tridistribution
Rotule Std Mâle Ø12M12 H54 1700daN	TSM12C	1	8.46 €		tridistribution
Rotule Std Mâle Ø16M16 H66 3900daN	TSM16C	1	14.09 €		tridistribution
Rotule Std Femel Ø8M8 H36 - 1160daN	TSF8	1	6.43 €		tridistribution
Rotule Std Femel Ø10M10 H43 - 1450daN	TSF10.1	1	7.86 €		tridistribution
Rotule Std Femel Ø12M12 H50 - 1700daN	TSF12	1	8.96 €		tridistribution
Rotule Std Femel Ø16M16 H64 - 2850daN	TSF16	1	13.75 €		tridistribution
Chape à trou taraudé type FK8x16 H32	FK8X16	1	2.16 €		tridistribution
Epingle à ressort pour Chape Ø8	CL8X16	1	0.78 €		tridistribution
Chape à trou taraudé type FK10x20 H40	FK10X20	1	2.16 €		tridistribution
Epingle à ressort pour Chape Ø10	CL10X20	1	0.82 €		tridistribution
Chape à trou taraudé type FK12x24 H48	FK12X24	1	4.20 €		tridistribution
Epingle à ressort pour Chape Ø 12	CL12x24	1	0.90 €		tridistribution

SY 6.10 Joints étanchéité – Plots

Descriptif	Référence	unité	Prix 2018 TTC	Figure - Observ	Fournisseur
Plot Antivibratoire PMP Ø25 h19.M8	PMP25X19-A	1	1.96 €		tridistribution
Plot Antivibratoire PMP Ø50 h50.M8	PMP50X50-A	1	4.62 €		tridistribution
Plot Antivibratoire PMP Ø72 h58.M12	PMP72X58-A	1	8.71 €		tridistribution
Plot Antivibratoire PMP Ø95 h80.M16	PMP95X80-C	1	23.11 €		tridistribution
Joint V Ring Ø18x27x4.50	VA18	1	0.59 €		123roulement
Joint V Ring Ø30x42x6	VA30	1	0.95 €		123roulement

SY 7.10 Chaînes de transmission

Descriptif	Référence	unité	Prix 2018 TTC	Figure - Observ	Fournisseur
Pignon chaîne 9.52 D Z17 dts pour moyeu1008 Ø de 56, dp 52	PMAB06B017	1	4.56 €		tridistribution
Pignon chaîne 9.52 D Z19 dts pour moyeu1008 Ø de 58, dp 61	PMAB06B019	1	5.16 €		tridistribution
Pignon chaîne 9.52 D Z21 dts pour moyeu1008 Ø de 68, dp 64	PMAB06B021	1	6.00 €	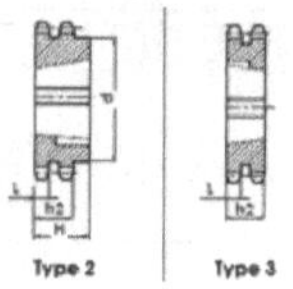	tridistribution
Pignon chaîne 9.52 D Z25 dts pour moyeu1210 Ø de 80, dp 76	PMAB06B025	1	7.92 €		tridistribution
Pignon chaîne 9.52 D Z30 dts pour moyeu1210 Ø de 95, dp 91	PMAB06B030	1	11.28 €		tridistribution
Pignon chaîne 9.52 D Z38 dts pour moyeu1610 Ø de 95, dp 91	PMAB06B038	1	16.44 €		tridistribution
Pignon chaîne 9.52 D Z45 dts pour moyeu1610 Ø de 141 dp 137	PMAB06B045	1	25.92 €		tridistribution
Pignon chaîne 9.52 D Z57 dts pour moyeu1610 Ø de 177 dp 173	PMAB06B057	1	38.40 €		tridistribution
Pignon chaîne 9.52 D Z76 dts pour moyeu1610 Ø de 235 dp 231	PMAB06B076	1	58.80 €		tridistribution
Pignon chaîne 9.52 D Z95 dts pour moyeu1610 Ø de 293 dp 288	PMAB06B095	1	93.24 €		tridistribution
Pignon chaîne 9.52 D Z114 dtd pour moyeu1615 Ø de 346 dp 350	PMAB06B114	1	121.32 €		tridistribution
Chaîne double 9.52 europe	06-B2	5 m	46.20 €		
Attache rapide 9.52 D	AR06B2	1	1.01 €		

SY 10.10 Moyeux coniques, Rainures et clavettes normalisées

Descriptif	Référence	unité	Prix 2018 TTC	Figure - Observ	Fournisseur
Moyeu 1008 Ø 16	1008.16	1	2.92 €		tridistribution
Moyeu 1008 Ø 20	1008.20	1	2.92 €		tridistribution
Moyeu 1610 Ø 20 (40.25)	1610.20	1	5.24 €		tridistribution
Moyeu 1610 Ø 25	1610.25	1	5.24 €		tridistribution
Moyeu 1610 Ø 30	1610.30	1	5.24 €		tridistribution
Moyeu 1610 Ø 40	1610.40	1	5.24	Utilisation Accoup sécurité	tridistribution
Moyeu 1615 Ø 16 (40.40)	1615.16	1	6.48 €		tridistribution
Moyeu 1615 Ø 20	1615.20	1	6.48 €		tridistribution
Moyeu 1615 Ø 25	1615.25	1	6.48 €		tridistribution
Moyeu 1615 Ø 30	1615.30	1	6.48 €		tridistribution
Moyeu 1108 Ø 16 (28.20)	1108.16	1	3.36 €		tridistribution
Moyeu 1108 Ø 20	1108.20	1	3.36 €		tridistribution
Moyeu 1215 Ø 16 (30.40)	1215.16	1	18.90 €		tridistribution
Moyeu 1215 Ø 20	1215.20	1	5.40 €		tridistribution
Moyeu 1215 Ø 25	1215.25	1	5.40 €		tridistribution
Moyeu 1215 Ø 30	1215.30	1	5.40 €		tridistribution
Moyeu 1210 Ø 16 (30.25)	1210.16	1	5.04 €		tridistribution
Moyeu 1210 Ø 20	1210.20	1	5.04 €		tridistribution
Moyeu 1210 Ø 30	1210.30	1	5.04 €		tridistribution

SY 10.21 Cardans

Descriptif	Référence	unité	Prix 2018 TTC	Figure - Observ	Fournisseur
Cardan-T0312T-CROISILLON-238X612-MM_p1660	T0312T	1	80.94 €		dalton-agricole

SY 11.20 Engrenage cylindrique denture droite, (largeur 10 x modules)

Descriptif	Référence	unité	Prix 2018 TTC	Figure - Observ	Fournisseur
Engren-m-1.5-moyeu z 12 dts dp 18, de 21	EMI-5012	1	1.56 €		tridistribution
Engren-m-1.5-moyeu z 13 dts dp 23, de 20	EMI-5013	1	1.56 €		tridistribution
Engren-m-1.5-moyeu z 15 dts Ø dp 26, de 23	EMI-5015	1	1.80 €		tridistribution
Engren-m-1.5-moyeu z 17 dts Ø dp 26, de 23	EMI-5017	1	2.28 €		tridistribution
Engren-m-1.5-moyeu z 19 dts Ø dp 29, de 32	EMI-5019	1	2.52 €		tridistribution
Engren m-1.5-moyeu z 21 dts Ø dp 32, de 35	EMI-5021	1	3.00 €		tridistribution
Engren-m-1.5-moyeu z 27 dtsØ dp 41, de 44	EMI-5027	1	4.08 €		tridistribution
Engren-m-1.5-moyeu z 33 dts Ø dp 50, de 53	EMI-5033	1	5.28 €		tridistribution
Engren-m-1.5-moyeu z 39 dts Ø dp 59, de 62	EMI-5039	1	6.12 €		tridistribution
Engren-m-1.5-moyeu z 53 dts Ø dp 80, de 83	EMI-5053	1	9.36 €		tridistribution
Engren-m-1.5-moyeu z 57 dts Ø dp 86, de 89	EMI-5057	1	10.08 €		tridistribution
Engren-m-1.5-moyeu z 67 dts Ø dp 101, de 104	EMI-5067	1	13.92 €		tridistribution
Engren-m-1.5-moyeu z 70 dts Ø dp 105, de 108	EMI-5070	1	14.64 €		tridistribution
Engren-m-1.5-moyeu z120dts Ø dp 177, de 180	EMI-5120	1	14.64 €		tridistribution
Engren-m4-moyeu z 12 dts Ø dp 56, de 48	EM4012	1	9.84 €		tridistribution
Engren -m4- moyeu z 13 dts Ø dp 60, de 52	EM4013	1	10.32 €		tridistribution
Engren- m4- moyeu z 15 dts Ø dp 68, de 60	EM4015	1	13.80 €		tridistribution
Engren- m 4- moyeu z 17 dts Ø dp 76, de 68	EM4017	1	13.80 €		tridistribution
Engren- m4- moyeu z 19 dts Ø dp 84, de 76	EM4019	1	17.80 €		tridistribution
Engren- m4- moyeu z 21 dts Ø dp 92, de 84	EM4021	1	19.80 €		tridistribution
Engren- m4- moyeu z 27 dts Ø dp 108, de 116	EM4027	1	31.60 €		tridistribution
Engren- m4- moyeu z 33 dts Ø dp 132, de 140	EM4033	1	40.80 €		tridistribution
Engren- m4- moyeu z 39 dts Ø dp 164, de 156	EM4039	1	62.46 €		tridistribution
Engren- m4- moyeu z 50 dts Ø dp 208, de 200	EM4050	1	100.84 €		tridistribution
Engren - m4- moyeu z 60 dts Ø dp 248, de 240	EM4060	1	134.56 €		tridistribution
Engren- m4- moyeu z 60 dts Ø dp 248, de 240	EM4060	1	134.56 €		tridistribution
Engren- m4- moyeu z 65 dts Ø dp 268, de 260	EM4065	1	153.66 €		tridistribution
Moyeu de serrage Ø 20 x 47 L 28 - M6	MSAA020	1	7.68 €		tridistribution
Moyeu de serrage Ø 25 x 50 L 28 – M6	MSAA025	1	7.68 €		tridistribution
Moyeu de serrage Ø 30 x 55 L 28 – M6	MSAA030	1	8.64 €		tridistribution
Moyeu de serrage Ø 45 x 75 L 33 – M8	MSAA045	1	14.64 €		tridistribution
Moyeu de serrage Ø 60 x 90 L 33 – M8	MSAA045	1	16.26 €		tridistribution

SY 11.30 Engrenage Conique

Descriptif	Référence	unité	Prix 2018 TTC	Figure - Observ	Fournisseur
Couple conique 1/1 m2 16 dts de 35	CB M16/16M2	1	20.88 €		tridistribution
Couple conique 1/1 m2 30 dts de 63	CB M30/30M2	1	40.46 €		tridistribution
Couple conique 1/1 m4 16 dts de 70	CB M16/16M4	1	48.84 €		tridistribution
Couple conique 1/1 m4 30 dts de 126	CB M30/30M4	1	165.74 €		tridistribution
Couple conique 1/1 m5 16 dts de 87	CB M16/16M5	1	76.21 €		tridistribution
Couple conique 1/1 m5 30 dts de 157	CB M30/30M5	1	284.90 €		tridistribution
Couple conique 15/30 m1.5 de 26/46	CB M15/30M1.5	1	27.60 €		tridistribution
Couple conique 15/30 m4 de 70/123	CB M15/30M4	1	101.05 €		tridistribution
Couple conique 15/30 m5 de 87/153	CB M15/30M5	1	175.32 €		tridistribution
Couple conique 15/45 m1.5 de 27/68	CB M15/45M1.5	1	36.54 €		tridistribution
Couple conique 15/45 m4 de 71/182	CB M15/45M4	1	164.56 €		tridistribution
Couple conique 15/45 m5 de 89/227	CB M15/45M5	1	284.90 €		tridistribution
Couple conique 16/64 m1.5 de 27/97	CB M16/64M1.5	1	50.16 €		tridistribution
Couple conique 16/64 m4 de 72/260	CB M16/64M4	1	344.81 €		tridistribution
Couple conique 16/64 m5 de 90/324	CB M16/64M5	1	600.91 €		tridistribution

SY 20.00 Motoréducteurs

Descriptif	Référence	unité	Prix 2018 TTC	Figure - Observ	Fournisseur
MOTOREDUCTEUR COMPABLOC LEROY SOMER - 0.37 kW - 45 t/mn	CB 3032 MI LS	1	1316.38 €		coelmo.fr/Boutique

SY 21.10 Vérins et pneumatique

Descriptif	Référence	unité	Prix 2018 TTC	Figure - Observ	Fournisseur
MINIVERINS ø 25 x 25 Double effet	Parker P1A S025DS0025	1	51.54 €		mabeo-direct
MINIVERINS ø 25 x 50 Double effet	Parker P1A S025DS0050	1	52.44 €		mabeo-direct
MINIVERINS ø 25 x 100 Double effet	Parker P1A S025DS0100	1	54.06 €		mabeo-direct
MINIVERINS ø 25 x 200 Double effet	Parker P1A S025DS0200	1	70.34 €		mabeo-direct
MINIVERINS ø 25 x 250 Double effet	Parker P1A S025DS0250	1	72.48 €		mabeo-direct
MINIVERINS ø 25 x 320 Double effet	Parker P1A S025DS0320	1	75.35 €		mabeo-direct
Vérins ISO ø 50 x 50 d effet 453 Asco	G453A5SK0050A00	1	129.37 €		mabeo-direct
Vérins ISO ø 50 x 100 d effet 453 Asco	G453A5SK0100A00	1	133.39 €		mabeo-direct
Vérins ISO ø 50 x 250 d effet 453 Asco	G453A5SK0250A00	1	145.61 €		mabeo-direct
Vérins ISO ø 50 x 500 d effet 453 Asco	G453A5SK0500A00	1	166.06 €		mabeo-direct
Vérins ISO ø 100 x 150 d effet 453 Asco	G453A1SK0150A00	1	304.48 €		mabeo-direct
Vérins ISO ø 100 x 500 d effet 453 Asco	G453A1SK0500A00	1	344.65 €		mabeo-direct

SY 22.30 Vérins et pneumatique automatisation accessoires

Descriptif	Référence	unité	Prix 2018 TTC	Figure - Observ	Fournisseur
Distributeur 5/2 bistable cde pneu G1/8	AC 7120	1	44.42 €		technic-achat
Distributeur 5/2 bistable cde pneu G1/4	AC 8120	1	54.59 €		technic-achat
Distributeur 5/2 bistable cde pneu G1/2	AC 9120	1	119.32 €		technic-achat
Raccord droit tube ø 4 x 1/8	PRA_DRCIL_04G18	1		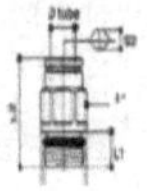	technic-achat
Raccord droit tube ø 4 x 1/4	PRA_DRCIL_04G14	1			technic-achat
Raccord droit tube ø 8 x 1/8	PRA_DRCIL_08G18	1	1.96 €		technic-achat
Raccord droit tube ø 8 x 1/4	PRA_DRCIL_08G14	1			technic-achat
Raccord droit tube ø 8 x 3/8	PRA_DRCIL_08G38	1			technic-achat
Raccord droit tube ø 12 x 1/2	PRA_DRCIL_12G12	1	4.50 €		technic-achat
Raccord droit tube ø 12 x 1/4	PRA_DRCIL_12G14	1	4.61 €		technic-achat
Raccord droit tube ø 12 x 3/8	PRA_DRCIL_12G38	1	4.05 €		technic-achat
Distributeur 5/2 Parker / rail 1/8	PVL-B122606	1	108.06 €		RS-online
Interface électropneu 4/2 bistab/rail DIN35	81516200 CROUZET	1	59.32 €		faure-technologies
Jeu extrémités interfa électropneu Ø6	81513011 Crouzet	1	38.87 €		faure-technologies
Réduction encliquetable ø6 ø4	3166 04 06 Legris	1	12.20 €		LEGRIS
Interface pneumo-élec 4/2	PS1-P1091 Parker	1	83,21 €		RS-online
LIMI DEBIT REGL VIT ø4 1/8	PRA_RDCYP_04G18	1	13.29 €		RS-online
LIMI DEBIT REGL VIT ø8 1/8	PRA_RDCYP_08G18	1	13.82 €		RS-online
LIMI DEBIT REGL VIT ø8 1/4	PRA_RDCYP_08G14	1	14.69 €		RS-online
Distri pneu EVZM 5/2 SMC poussoir 1/8	EVZM 5/2 550F01 00	1	70.50 €		mabeo-direct
Distri pneu EVZM 5/2 SMC levier galet 1/8	EVZM 5/2 550F01 01	1	82.88 €		mabeo-direct
Distri pneu EVZM 5/2 SMC poussoir affleur 1/8	EVZM 5/2 550F01 33	1	68.81 €		mabeo-direct
Distri pneu EVZM 5/2 SMC bouton tourn 1/8	EVZM 5/2 550F01 34B	1	70.10 €		mabeo-direct
Distri pneu EVZM 5/2 SMC levier levier 1/8	P2LAX511VV	1	66.59 €		mabeo-direct
Distri pneu EVZM 5/2 SMC levier levier 1/4	P2LAX512VV	1	93.36 €		mabeo-direct
Distri pneu EVZM 5/2 SMC levier levier 3/8	P2LAX513VV	1	193.73 €		mabeo-direct
Raccord droit ø 4 ø 4 encliqu	3106 04 00	1	2.47 €		mabeo-direct
Raccord droit ø 8 ø 8 encliqu	3106 08 00	1	2.75 €		mabeo-direct
Raccord droit ø 12 ø 12 encliqu	3106 12 00	1	5.88 €		mabeo-direct
Té égal ø 4 ø 4 encliqu	3104 04 00	1	4.33 €		mabeo-direct
Té égal ø 8 ø 8 encliqu	3104 08 00	1	4.97 €		mabeo-direct
Té égal ø 12 ø 12 encliqu	3104 12 00	1	9.26 €		mabeo-direct
Silencieux std série AN 1/8	AN 10-01	1	3.95 €		mabeo-direct
Silencieux std série AN 3/8	AN 30-03	1	10.99 €		mabeo-direct
Clapet anti-retour tube ø 4 ø 4	AKH04-00	1	9.18 €		mabeo-direct
Clapet anti-retour tube ø 8 ø 8	AKH08-00	1	14.65 €		mabeo-direct
Bloqueur vérin ø 8 ø4 - 1/4	7885 08 13	1	95.38 €		mabeo-direct
Bloqueur vérin ø 8 ø4 – 3/8	7885 08 17	1	118.22 €		mabeo-direct
Bouchon Mâle Laiton 1/8	1/8HP3B	1	4.01 €		mabeo-direct
Bouchon Mâle Laiton 1/4	1/4HP3B	1	5.45 €		mabeo-direct
Capteur pneumo électrique 1/8	7828 00 10	1	106.25 €		mabeo-direct
Capteur pneumo électrique 1/4	7828 00 13	1	111.41 €		mabeo-direct
Capteur pneumo électrique 3/8	7828 00 17	1	123.05 e		mabeo-direct
Interrupteur à pédale ø 4 encliquetable	PXP-EA110 Parker	1	102.59 £		radwell.co.uk
Commutateur rotatif pneu ø 4 encliqu	PXB-DD104 Parker	1	446.48 £		radwell.co.uk
Temporisateur pneu ø 4 encliqu	PRT-A12 SCHNEIDER	1	168.18 £		radwell.co.uk
Cellule logique ET pneu ø 4 encliqu	PLL-B12 TELEMECA	1	28.95 $		ebay.com/itm
Cellule logique OU pneu ø 4 encliqu	PLK-B12 TELEMECA	1	31.00 $		ebay.com/itm
Trait air SMC Filt, Régul, Lubri ¼-3/8	FRL AC 25 SMC	1	92.95 €		SMC pneumatique
Tube polyamide ø 2.7 x 4 TUBEPA	025PA2.7_4	1 m	0.64 €		technic-achat
Tube polyamide ø 6 x 8 TUBEPA	025PA6_8	1 m	1.52 €		technic-achat
Tube polyamide ø 10 x 12 TUBEPA	025PA10_12	1 m	2.61 €		technic-achat

SY 24.20 Pulvérisation SY 25.10 Pompage SY 26.10 Ventilation

SY 27.00 Moteur électrique

SY 30.00 Hydraulique

Descriptif	Référence	unité	Prix 2018 TTC	Figure - Observ	Fournisseur
Pompe hydrauliq 540 t/mn 30 l/mn 16 cm³	Pl 2 30l/mn	1	239.00 €	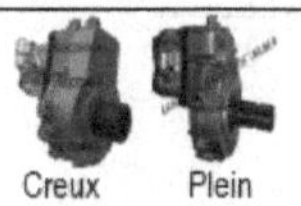	socomhy
Pompe hydrauliq 540 t/mn 30 l/mn 16 cm³	Cr 2 30l/mn	1	245.00 €		socomhy
Pompe hydrauliq 540 t/mn 36 l/mn 19 cm³	Pl 2 36l/mn	1	239.00 €		socomhy
Pompe hydrauliq 540 t/mn 36 l/mn 19 cm³	Cr 2 36l/mn	1	245.00 €		socomhy
Pompe hydrauliq 540 t/mn 42 l/mn 22.5 cm³	Pl 2 42l/mn	1	239.00 €	Creux Plein	socomhy
Pompe hydrauliq 540 t/mn 42 l/mn 22.5 cm³	Cr 2 42l/mn	1	245.00 €		socomhy
Accessoires à définir					

Réservoir 40 l équipé	470x380x290	1	185.00 €		socomhy
Moteur hydraulique OMP 50 cm³/tour arb Ø25	0703216-50	1	170.94 €		hydrodis
Moteur hydraulique OMP 80 cm³/tour arbØ25	0703216-80	1	170.94 €		hydrodis
Moteur hydraulique OMP 99 cm³/tour arbØ25	0703216-99	1	170.94 €		hydrodis
Moteur hydraulique OMP 124 cm³/tour arbØ25	0703216-124	1	170.94 €		hydrodis
Moteur hydraulique OMP 159 cm³/tour arbØ25	0703216-159	1	170.94 €		hydrodis
Moteur hydraulique OMP 198 cm³/tour arbØ25	0703216-198	1	170.94 €		hydrodis
Moteur hydraulique OMP 248 cm³/tour arbØ25	0703216-248	1	170.94 €		hydrodis
Moteur hydraulique OMP 317 cm³/tour arbØ25	0703216-317	1	170.94 €		hydrodis
VANNE 3 voies boisseau sphérique 3/8 L	3V 3/8L	1	40.00 €		socomhy
VANNE 3 voies boisseau sphérique 3/8 T	3V 3/8T	1	35.00 €		socomhy
VANNE 3 voies boisseau sphérique 1/2 L	3V 1/2L	1	61.00 €		socomhy
VANNE 3 voies boisseau sphérique 1/2 T	3V 1/2T	1	40.00 €		socomhy
VANNE 3 voies boisseau sphérique 3/4 L	3V 3/4L	1	50.00 €		socomhy
VANNE 3 voies boisseau sphérique 3/4 T	3V 3/4T	1	50.00 €		socomhy
VANNE 3 voies boisseau sphérique 1 L	3V 1T	1	64.00 €		socomhy
VANNE 3 voies boisseau sphérique 1 T	3V 1T	1	64.00 €		socomhy
VANNE 3 voies boisseau sphérique 1 1/2 L	3V 1.1/2L	1	189.00 €		socomhy
VANNE 3 voies boisseau sphérique 1 1/2 T	3V 1.1/2T	1	190.00 €		socomhy
Vérin hydraulique simple effet Ø45 x 200 ; 7 kg ; 3180 daN ; axe Ø22.5	08001054	1	121.18 €		hydrodis
VERIN D EFFET Ø 35 x 60 Hydrau C1000 3956 daN ; 3/8 ;axes 25.5 ; E 1200 ;	DES 3560	1	274.29 €		ouest-hydraulique
VERIN D EFFET Ø 30 x 50 Hydrau C1000 2747 daN ; 3/8 ; axes 25.5 ; E 1200	DES 3050	1	196.03 €		ouest-hydraulique
Vérin hydraulique télescopiq 61/76/91/107 4 élémentsCourse 1990	VHT 4 x 1990	1	542.00 €		hydrodis
Vérin hydraulique télescopiq 61/76/91/107 4 élémentsCourse 1710	VHT 4 x 1710	1	482.00 €		hydrodis

Vérin hydraulique télescopiq 61/76/91/107 4 élémentsCourse 1510	VHT 4 x 1510	1	483.56 €		hydrodis
Vérin hydrau télescop 61/76/91/107/126/145/165 7 élémentsCourse 3445	VHT 7 x 3445	1	1394.00 €		hydrodis
Palier pour vérin télescopique Ø 50 Fixation 2 trous Ø 14 E 120	0816006	1	13.95 €		hydrodis
Raccord tournant pour vérin télescopique Mâle 15 L (22x150)	0816002	1	22.94 €		hydrodis
Raccord tournant pour vérin télescopique Femelle 1/2 G	0816003	1	57.04 €		hydrodis

Descriptif	Référence	unité	Prix 2018 TTC	Figure - Observ	Fournisseur
Flexible hydraulique 2 tress 3/16 – 4 l/mn Tuyau Ø 4.8 x 13.1	2 tress D-1-4 3/16	1 m	18.00 €	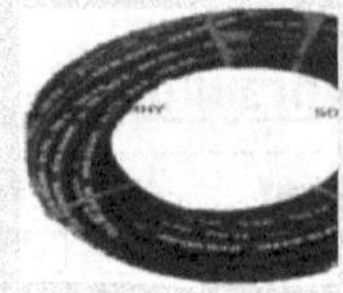	socomhy
Flexible hydraulique 2 tress 1/4 – 6 l/mn Tuyau Ø 6.4 x 14.6	2 tress D-1-4 1/4	1 m	6.84 €		socomhy
Flexible hydraulique 2 tress 5/16 – 9 l/mn Tuyau Ø 7.9 x 16.3	2 tress D-1-4 5/16	1 m	8.40 €		socomhy
Flexible hydraulique 2 tress 3/8 – 14 l/mn Tuyau Ø 9.5 x 18.7	2 tress D-1-4 3/8	1 m	9.60€		socomhy
Flexible hydraulique 2 tress 1/2 – 28 l/mn Tuyau Ø 13 x 21.8	2 tress D-1-4 1/2	1 m	10.80 €		socomhy
Flexible hydraulique 2 tress 5/8 – 45 l/mn Tuyau Ø 16 x 25	2 tress D-1-4 5/8	1 m	13.20 €		socomhy
Flexible hydraulique 2 tress 3/4 – 62 l/mn Tuyau Ø 19 x 29	2 tress D-1-4 3/4	1 m	15.60 €		socomhy
Flexible hydraulique 2 tress 1 – 100 l/mn Tuyau Ø 25 x 36.9	2 tress D-1-4 1	1 m	20.76 €		socomhy
Flexible hydraulique 2 tress 1.1/4 – 170 l/mn Tuyau Ø 32 x 46.7	2 tress D-1-4 1.1/4	1 m	48.00 €		socomhy
Flexible hydrau 25N R2AT 2 tress acier Hydrodis Ø 1/4 – Ø 6x15 - 6 l/mn	1124007	1 m	5,06 €		hydrodis
Flexible hydrau 25N R2AT 2 tress acier Hydrodis Ø 5/16 – Ø 8x16 - 9 l/mn	1124019	1 m	5,00 €		hydrodis
Flexible hydrau 25N R2AT 2 tress acier Hydrodis Ø 3/8 – Ø 10x19 - 14 l/mn	1124031	1 m	6.00 €		hydrodis
Flexible hydrau 25N R2AT 2 tress acier Hydrodis Ø 1/2 – Ø 13x22 - 28 l/mn	1124043	1 m	6.42 €		hydrodis
Flexible hydrau 25N R2AT 2 tress acier Hydrodis Ø 5/8 – Ø 16x25 - 45 l/mn	1124053	1 m	8.17 €		hydrodis
Flexible hydrau 25N R2AT 2 tress acier Hydrodis Ø 3/4 – Ø 19x29 - 62 l/mn	1124058	1 m	10.21 €		hydrodis
Flexible hydrau 25N R2AT 2 tress acier Hydrodis Ø 1 – Ø 25x37 - 100 l/mn	1124065	1 m	15,98 €		hydrodis
Flexible hydrau 25N R2AT 2 tress acier Hydrodis Ø 1 ¼ - Ø 32x47- 170 l/mn	1124071	1 m	29,32 €		hydrodis
Flexible hydrau 25N R2AT 2 tress acier Hydrodis Ø 3/4 – Ø 19x29 - 62 l/mn	1124058	1 m	10.21 €		hydrodis
Flexible hydrau 25N R2AT 2 tress acier Hydrodis Ø 1 – Ø 25x37 - 100 l/mn	1124065	1 m	15,98 €		hydrodis
Flexible hydrau 25N R2AT 2 tress acier Hydrodis Ø 1 ¼ - Ø 32x47- 170 l/mn	1124071	1 m	29,32 €		hydrodis
Flexible hydrau 25N R2AT 2 tress acier Hydrodis Ø 1 ½ - Ø 38x54	1124075	1 m	35,45 €		hydrodis
Flexible hydrau 25N R2AT 2 tress acier Hydrodis Ø 2 – Ø 51x67	1124077	1 m	44,09 €		hydrodis
Presse à sertir version pompe manuelle type 47 1 pouce ; 2 tresses	1124004	1	2629.39 €	Presse à sertir version pompe manuelle type 47	hydrodis
Mors pour presse à sertir type 47 Ø 16 ; 45 l/mn	1110002	1	138.40 €		hydrodis
Mors pour presse à sertir type 47 Ø 19 ; 62 l/mn	1110003	1	138.40 €		hydrodis
Mors pour presse à sertir type 47 Ø 25 ; 100 l/mn	1110005	1	138.40 €		hydrodis
Raccord hydraulique droit mâle 12 L ØD 18 / 1/4 BSP	1105104	1	1.80 €		hydrodis
Raccord hydraulique droit mâle 12 L ØD 18 / 3/8 BSP	1105105	1	1.67 €		hydrodis
Raccord hydraulique droit mâle 12 L ØD 18 / 1/2 BSP	1105106	1	2.66 €		hydrodis
Raccord hydraulique droit mâle 15 L ØD 22 / 3/4 BSP	1105109	1	7.34 €	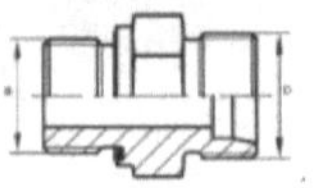	hydrodis
Raccord hydraulique droit mâle 22 L ØD 30 / 1 BSP	1105130	1	11.54 €		hydrodis
Raccord hydraulique droit mâle 35 L ØD 45 / 1 BSP	1105134	1	29.11 €		hydrodis
Raccord hydraulique droit mâle 35 L ØD 45 / 1.1/4 BSP	1105135	1	13.55 €		hydrodis

Descriptif	Référence	unité	Prix 2018 TTC	Figure - Observ	Fournisseur
Embout Coude 90° F 12L ø int 6	1125168	1	5.41 €	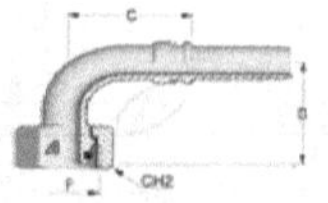	hydrodis
Embout Coude 90° F 12L ø int 10 - 13	1125172	1	3.62 €		hydrodis
Embout Coude 90° F 12L ø int 19 - 32	1125168	1	5.41 €		hydrodis
Embout Coude 90° F 15L ø int 19	1125174	1	4.68 €		hydrodis
Embout Coude 90° F 22L ø int 25	1125178	1	10.98 €		hydrodis
Embout Coude 90° F 35L ø int 25 - 32	1125181	1	48.49 €		hydrodis
Embout Femelle Droit F 12L ø int 6	1125135	1	7.12 €	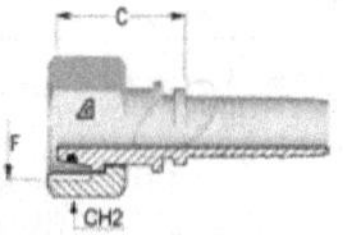	hydrodis
Embout Femelle Droit F 12L ø int 10	1125140	1	1.82 €		hydrodis
Embout Femelle Droit F 12L ø int 13	1125142	1	9.65 €		hydrodis
Embout Femelle Droit F 12L ø int 16.19.32	1125150	1	19.61 €		hydrodis
Embout Femelle Droit F 15L ø int 19	1125143	1	2.84 €		hydrodis
Embout Femelle Droit F 22L ø int 32	1125148	1	5.57 €		hydrodis
Embout Femelle Droit F 35L ø int 32	1125150	1	19.61 €		hydrodis
Jupe pour flexible type 2SN/ R2AT ø 6	1124081	1	0.94 €	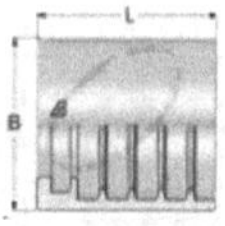	hydrodis
Jupe p flexible type 2SN/ R2AT ø 10	1124092	1	1.31 €		hydrodis
Jupe p flexible type 2SN/ R2AT ø 13	1124096	1	1.70 €		hydrodis
Jupe p flexible type 2SN/ R2AT ø 19	1124106	1	3.02 €		hydrodis
Jupe p flexible type 2SN/ R2AT ø 25	1124112	1	6.37 €		hydrodis
Jupe p flexible type 2SN/ R2AT ø 32	1124118	1	13.28 €		hydrodis
Protection matière plastique ø 16	1123005	1 m	4.99 €		hydrodis
Protection matière plastique ø 25	1123007	1 m	6.23 €		hydrodis
Protection matière plastique ø 40	1123009	1 m	11.95 €		hydrodis
Protection matière plastique ø 60	1123010	1 m	20.34 €		hydrodis
Protection matière plastique ø 66	1123021	1 m	23.38 €		hydrodis
Protection matière plastique ø 80	1123011	1 m	25.82 €		hydrodis
Protection matière plastique ø 100	1123012	1 m	84.68 €		hydrodis

Bouchon mâle en 1/4	1105900	1	1.51 €	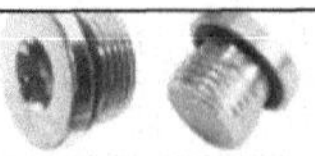	hydrodis
Bouchon mâle en 3/8	1105901	1	2.95 €		hydrodis
Bouchon mâle en 1/2	1105902	1	2.63 €		hydrodis
Bouchon mâle en 3/4	1105903	1	3.89 €		hydrodis
Bouchon mâle en 1	1105904	1	6.34 €		hydrodis
Té Mâle - Mâle 12 L ø 18	1105312	1	6.77 €	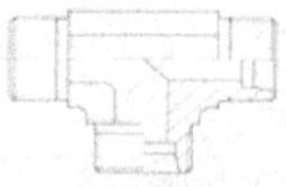	hydrodis
Té Mâle - Mâle 15 L ø 22	1105313	1	8.82 €		hydrodis
Té Mâle - Mâle 22 L ø 30	1105315	1	17.56 €		hydrodis
Té Mâle - Mâle 35 L ø 45	1105317	1	37.78 €		hydrodis
Collier simple métalliq/caoutch ø 15	1122004	1	1.97 €		hydrodis
Collier simple métalliq/caoutch ø 20	1122007	1	2.15 €		hydrodis
Collier simple métalliq/caoutch ø 22	1122010	1	2.44 €		hydrodis
Collier simple métalliq/caoutch ø 25	1122011	1	2.15 €		hydrodis
Collier simple métalliq/caoutch ø 30	1122013	1	2.42 €		hydrodis
Collier simple métalliq/caoutch ø 40	1122014	1	4.74 €		hydrodis
Collier simple métalliq/caoutch ø 75	1122094	1	21.55 €		hydrodis
DISTRIBUTEUR HYDRAULIQUE D40/2	D40/2DRDR	1	85.00 €		ouest-hydraulique
1 Distri manu 20l/mn DEffet ¼,3/8,	1Dist2effet20l	1	125.46 €		hydrodis
2 Distri manu 40l/mn DEffet 1/2,3/8,	2Dist2effet40l	1	116.86 €		hydrodis
4 Distri manu 40l/mn DEffet 1/2,3/8,	4Dist2effet40l	1	202.96 €		hydrodis
Distri CETOP 3 élec 12V – cde C ISO 4401 continu ou alternatif	0906101	1	202.91 €	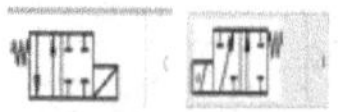	hydrodis
Distri CETOP 3 élec 12V – cde X ISO 4401 continu ou alternatif	0906107	1	218.51 €		hydrodis
Distri CETOP 3 élec 12V – cde L ISO 4401 continu ou alternatif	0906118	1	216.79 €		hydrodis
Distri CETOP 3 élec 12V - ISO 4401 continu ou alternatif Plan de pose ISO 4401, DIN 24340 NG 6 Corps zingage bichromatage Fonctionne en courant continu ou alternatif, puissance 36W					hydrodis

SY 40.10 Electricité

Descriptif	Référence	unité	Prix 2018 TTC	Figure - Observ	Fournisseur
Fil électrique H07VK6mm²NOIR	H07VK6	1 m	0.80 €		electricitepro
Fil 2.5 mm² ROUGE	2.5 mm² ROUGE	100m	35.60 €		electricitepro
Cable U1000R2V 4G1.5 Rigide Noir	U1000R2V 4G1.5	1 m	0.90 €		electricitepro
Embout pré-isolé 1.5 mm²	MECATRACTION	100	1.50 €		electricitepro
Gaine ICTA ø 16	ICTA ø16	100m	23.78 €		electricitepro
Goulotte Electrique PVC 40x150	PVC Domus 40x150	12 m	153.53 €	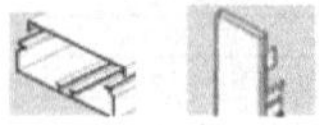	france-electric
Embout de fermeture pour Goulotte Electrique PVC 40x150 mm	PVC Domus Embout 40x150	1	4.18 €		france-electric
Attache RAYMOND tôle 2/7 ø 6 à 9	GAM8CAG01	100	23.83 €		neodis-bat
Attache RAYMOND tôle 2/7 ø 10 à 14	GAM8CAG02	100	25.67 €		neodis-bat
Attache RAYMOND tôle 2/7 ø 15 à 21	GAM8CAG03	100	29.33 €		neodis-bat
Attache RAYMOND tôle 2/7 ø 22 à 32	GAM8CAG04	100	36.67 €		neodis-bat
Attache RAYMOND tôle 8/12 ø 6 à 9	GAM8CAG05	100	23.83 €		neodis-bat
Attache RAYMOND tôle 8/12 ø 10 à 14	GAM8CAG06	100	25.67 €		neodis-bat
Attache RAYMOND tôle 8/12 ø 15 à 21	GAM8CAG07	100	29.33 €		neodis-bat
Attache RAYMOND tôle 8/12 ø 22 à 32	GAM8CAG08	100	36.67 €		neodis-bat
Marqueurs-cables-vinyle-pre-imprime 0/9		10 pages	29.87 €		seton
Marqueurs-cables-vinyle-pre-imprime A/Z		10 pages	29.87 €		seton
Marqueurs-cables-vinyle-pre-imprime +/-		10 pages	29.87 €		seton
Contacteur 3 pôles schneider-electric LC1 9A 4kW sur Ω 35 – (48V AC)	LC1DO9E7	1	20.03 €		tme.eu
Transformateur-de-sécurite-TR-230-V-MERLIN-GERIN 12 V, 24 V	15222	1	39.90 €	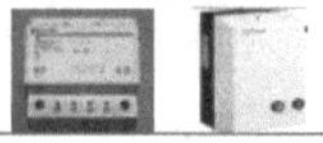	www.ebay
Démarreur-en-coffret---12a---bobine-230vca - DOL	LE4D12P7	1	282.25 €		schneider-electric

Contacteur-2f2o-instantané-10a-24vcc-schneider. 3NO+1NF sur Ω 35	CA3KN22BD	1	48.44 €		one-elec
Zelio-relay-rh---relais-embrochable 4OF 5 A Cde 220 V 50 Hz schneider-electric	RHN411M	1	80.12 €		schneider-electric
Zelio-relay-rh---relais-embrochable 4OF 5 A Cde 24 V = schneider-electric	RHN412B	1	70.70 €	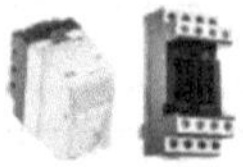	schneider-electric
Embase classique pour RHN 411 et 412	RHK21		50.63 €		schneider-electric
Embase module de phase (d'étape) RHZ42 pour automatisme	RHZ42	1	116.96 €		schneider-electric
Bouton Champignon bouton flèche 16mmALER		1	0.85 $		french.alibaba
Bouton à clef Push button 19 mm HBAN		1	4.30 €		french.alibaba
Bouton poussoir (TELEMECA) vert	XB2BA31	1	1.05 $		french.alibaba
Boitier gamme Harmony 85 x 310 x 75	XAPM5508	1	169.01 €	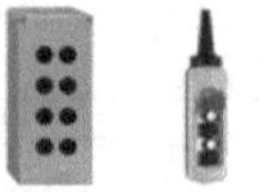	schneider-electric
Boitier pendant Harmony 4 poussoirs, 1 Arrêt Urgence	XACA48141	1	157.52 €		schneider-electric
Manipulateur 2 directions (TELECA) fixation ø 22	XD2PA22	1	91.24 €		schneider-electric
Fin course (TELEMECA) GOZAR Xck-P118 Interrupteur De Fin De Course	XCKP118	1	10.06 €		amazon
Prise saillie - série Plexo		1	10.91 €	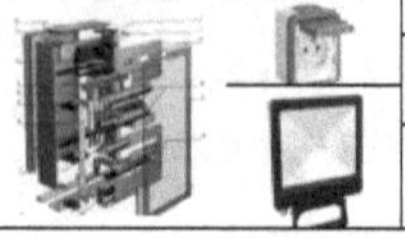	manutan
Phare LED 30W 2400lm blanc froid + détecteur et télécommande		1	110.10 €		manutan
Prisma---gaine-armoire-36-modules-Prisma-g-ip30 - 1980 x 300 x205		1	639.42 €		schneider-electric

SY 50.70 Mécanique composants SY

Accouplement sécurité Ø20, Ø40 Couple 20 m.daN

Descriptif	Référence	Masse unit kg	Masse totale kg	Prix unit kg	Prix unité	Nb	Prix 2018 TTC	Observations
Plateau Bronze	SY1201119A	1	1	109,48 €	109,48 €	1	109,48 €	
Plateau acier	SY1201119B	0.65	0.65	10,94 €	10,94 €	1	10,94 €	
Plateau fixe	SY50.701B	1.05	1.05	10,94 €	10,94 €	1	10,94 €	
Rondelle « Belleville » Ø12	20.212.000				0,50 €	48	24,00 €	
Rondelle plate L 10	23.010.002				0,15 €	8	1,20 €	
Vis H 10 x 80	30.010.080				0,25 €	4	1,00 €	
Ecrou H 10	13.010.001				0,20 €	4	0,80 €	
MECANINDUS Ø 6 x 70	60.306.070				0,20 €	2	0,40 €	
Cône 1610 (40.25) Ø 40	1610.40				5,24 €	1	5,24 €	
38 dts 9.52 Double Ø de 95	PMAB06B038				16,44 €	1	16,44 €	180,44 €
Sécurité % incertitude						10%	18,04 €	
						TOTAL	198,48 €	

SY 125.01 Transporteur à bande

Descriptif	Référence	unité	Prix 2018 TTC	Figure - Observ	Fournisseur
Chaîne axe creux pas 50 à rouleaux ø30 entreplaque 10	CH261	5 m	150.00 €		tridistribution
Attache-rapide pour CH261 pas 50	AR261	1	2.40 €		tridistribution
Disque 6 dts Dp 100, De 115 x 13.8	CE19006	1	19.33 €		tridistribution
Disque 7 dts Dp 115, De 132 x 13.8	CE19007	1	22.68 €		tridistribution
Disque 12 dts Dp 193, De 212 x 13.8	CE19012	1	48.46 €		tridistribution
Disque 13 dts Dp 209, De 228 x 13.8	CE19013	1	56.84 €		tridistribution
Disque 16 dts Dp 256, De 276 x 13.8	CE19016	1	82.73 €		tridistribution
Moyeu serrage accouplement ø 20x28	MSCC020	1	8.52 €	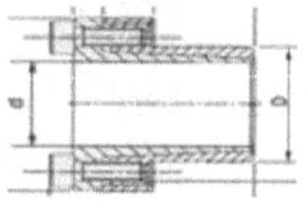	tridistribution
Moyeu serrage accouplement ø 25x34	MSCC025	1	10.96 €		tridistribution
Moyeu serrage accouplement ø 30x41	MSCC030	1	12.54 €		tridistribution
Moyeu serrage accouplement ø 40x53	MSCC040	1	19.24 €		tridistribution
Moyeu serrage accouplement ø 45x59	MSCC045	1	26.58 €		tridistribution
Rouleau plastique ø 50					

SY 125.10 Système levage à ventouse

SY 125.21 Vis sans fin PRUDHOMME

SY 125.30 1 Palans EUROCHAIN

Descriptif	Référence	unité	Prix 2018 TTC	Figure - Observ	Fournisseur
Eurochain VR Tri 380 ; H 3m ; 20/5 m/mn ; 0.063 t ; FEM 2m Avec chariot porte palan, direction élec	142VR0 060620VM	1	2827.20 €		mabeo-direct VERLINDE
mètre de levée supplémentaire, chaîne et cable de commande Avec chariot porte palan, direction élec	142VR0 060620Z	1 m	37.20 €		mabeo-direct VERLINDE
Eurochain VR Tri 380 ; H 3m ; 20/5 m/mn ; 0.125 t ; FEM 1Am Avec chariot porte palan, direction élec	142VR0 121220M	1	3487.20 €		mabeo-direct VERLINDE
Eurochain VR Tri 380 ; H 3m ; 16/2.7 m/mn ; 0.320 t/1b ; FEM 1Am Avec chariot porte palan, direction élec	142VR0 323216M	1	3972.00 €		mabeo-direct VERLINDE
Eurochain VR Tri 380 ; H 3m ; 20/3.2 m/mn ; 0.500 t/1b ; FEM 1Am Avec chariot porte palan, direction élec	142VR0 500520M	1	4723.20 €		mabeo-direct VERLINDE
Eurochain VR Tri 380 ; H 3m ; 20/3.3 m/mn ; 1 t/1b ; FEM 3 m Avec chariot porte palan, direction élec	142VR1 001020M	1	7576.80 €		mabeo-direct VERLINDE
Eurochain VR Tri 380 ; H 3m ; 8/1.3 m/mn ; 2.5 t/1b ; FEM 3 m Avec chariot porte palan, direction élec	142VR2 502508M	1	7755.60 €		mabeo-direct VERLINDE
Eurochain VR Tri 380 ; H 3m ; 4/0.7 m/mn ; 5 t/2b ; FEM 2 m Avec chariot porte palan, direction élec	142VR5 0005004M	1	7902.00 €		mabeo-direct VERLINDE

SY 300 - SUPPLEMENT

NOTION d'USURE MECANIQUE

L'usure correspond à la « **perte progressive de matière de la surface active d'un corps, par suite du mouvement relatif d'un autre corps sur cette surface** ».

Du point de vue du mécanicien, la notion d'usure est beaucoup moins restrictive car elle s'applique plus généralement à tout évènement conduisant à une **perte de fonction** des composants ou systèmes, ce point de vue corroborant d'ailleurs les définitions plus communes qui associent à l'usure la **détérioration due à l'usage**.

Thèse de doctorat Nicolas FILLOT (Ingénieur INSA Lyon)

On doit à Léonard de Vinci (XVe siècle) les premiers travaux sérieux de la tribologie « moderne », et en particulier les premiers efforts pour caractériser le frottement en fonction de la charge appliquée ou de la surface de contact, mais également l'usure suivant la direction de la charge appliquée.
Dans les siècles qui suivirent, la tribologie devient une science dans laquelle les français excellent : on citera les travaux marquants de Amontons, menant à la définition du coefficient de frottement (rapport de la force résistante au mouvement sur la charge appliquée au contact), ainsi que ceux de Bélidor et Coulomb (XVIIIe siècle).
L'histoire de la lubrification (à l'aide d'un film fluide) se sépare de celle du frottement, de l'usure et de la lubrification solide, lorsque Reynolds (1882) concentre tout ses efforts (avec succès !) dans l'établissement d'un modèle analytique pour la lubrification, fondé sur les équations de la mécanique des fluides. On trouve donc aujourd'hui des modèles pertinents et éprouvés pour la lubrification.

Pour le frottement, Bowden et Tabor ont développé cependant une approche originale du glissement entre surfaces rugueuses en prenant en compte les interactions entre rugosités, ainsi que leur comportement élasto-plastique.

Usure abrasive L'usure abrasive est un phénomène mécanique qui représente l'endommagement des surfaces par des aspérités (abrasion à deux corps) ou des particules « dures » (abrasion à trois corps).

Usure adhésive L'usure adhésive fait appel à des notions de physico-chimie. Il y a formation de liaisons (intermoléculaires, interatomiques) à l'interface. On parle **d'usure douce lorsqu'on a cisaillement de ces liaisons**. L'usure sévère (aussi appelée « grippage ») apparaît lorsqu'il y a arrachement de matière de l'une des surfaces.

Usure corrosive (ou tribochimique) L'endommagement est ici dominé par des réactions chimiques.

Usure par fatigue Il y a formation de fissures dans les matériaux en présence, sous l'effet de gradients de contraintes cycliques. Les fissures se propagent vers la surface et il y a détachement de « grosses » particules dont la taille peut atteindre le millimètre.
On parlera particulièrement d'égrènement lorsqu'il y a formation de trous correspondant à la microstructure initiale des matériaux. Il y a « déchaussement » au niveau des joints de grains d'un métal par exemple.
On parle de délamination lorsque les déformations plastiques répétées des premiers corps conduisent à des fissures en sous-surface, parallèles à la surface. Il y a propagation des fissures le long du plan de cisaillement maximum.

Au milieu du XXe siècle, date à laquelle **Archard** proposa une loi d'usure. Plusieurs formes de la loi d'Archard peuvent être évoquées. La première indique que le **volume usé (Vu)** (c'est à dire le volume perdu par un matériau qui glisse sur un autre) est proportionnel au produit de la distance parcourue L et de la force normale **Fn appliquée au contact** :

Une forme dérivée de la première loi fait intervenir l'énergie dissipée dans le contact par le biais du produit PV (pression x vitesse de glissement), proportionnel à la vitesse d'usure dh / dt (h étant la profondeur de la piste d'usure).

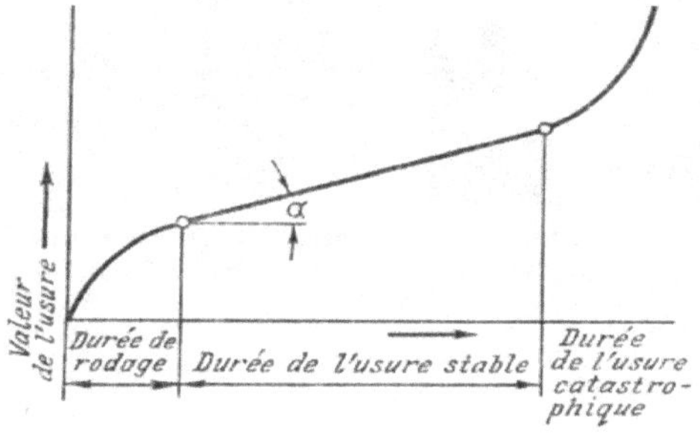

Les étapes d'usure
d'un élément de machine

1° étape : **le rodage**

2° étape : **l'usure stable** période d'utilisation optimale de l'élément de machine

3° étape : **l'usure catastrophique**

D'après Elements de machine – Technique soviétique V Dobrovolski.

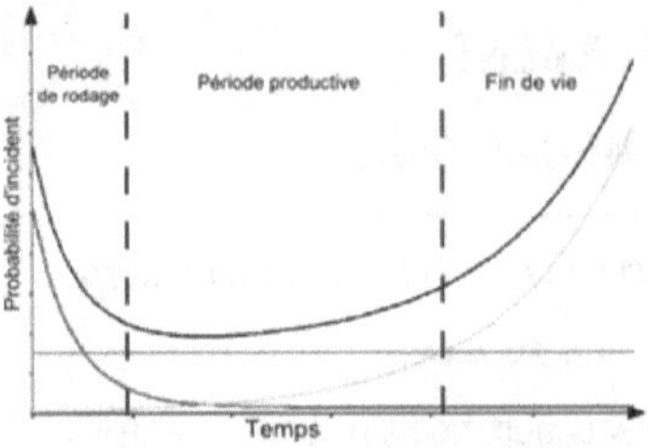

Courbe de coût d'entretien pendant durée d'une machine.

COURBE EN BAIGNOIRE

1° Rodage

phase dite de déverminage

2° Usure stable

coûts d'entretien modestes.

3° Usure catastrophique,

décision : 1° Refaire la machine,
2° Réformer la machine.

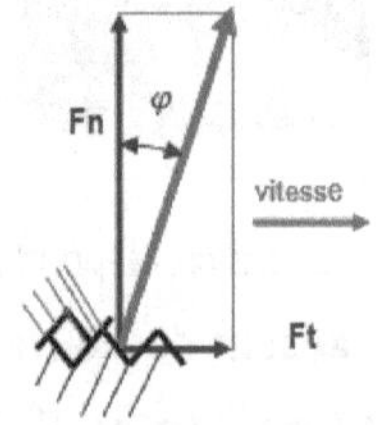

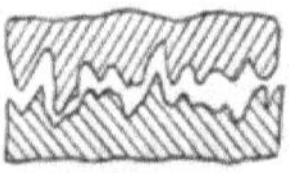

Les aspérités de rugosité s'imbriquent. Si les pièces son fixes, c'est parfait S'il y a vitesse de déplacement, la pièce est alors soumise à cisaillement et il y a rupture des crêtes. C'est la limaille qu'on retrouve dans l'huile de vidange.

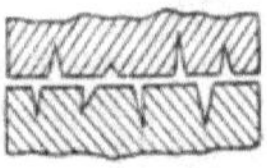

Il y a eu cisaillement et les pièces se sont régularisées et ont retrouvé une planéité lisse parfaite. Les pièces sont rôdées et les efforts anormaux ont cessé. L'usure va devenir presque nulle. On est parti pour une longue durée de service.

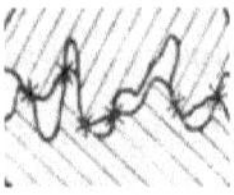

Détail agrandi des aspérités de rugosité qui s'imbriquent. La quantité d'imbrication va dépendre de la pression de contact entre pièces.

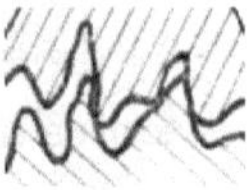

La quantité d'imbrication va dépendre de la pression de contact entre pièces. Il y a cisaillement et les ruptures sont proportionnelles à la pression et vitesse.

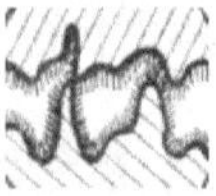

Le graissage onctueux va soulever les pièces et diminuer le contact. L'utilité et la nécessité du lubrifiant est ainsi mis en évidence. On diminue l'usure.

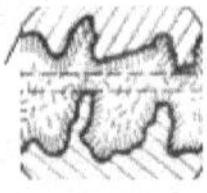

Le graissage hydrodynamique ou sous pression va soulever les pièces et supprimer tout contact. C'est le lubrifiant qui va prendre les cisaillements.

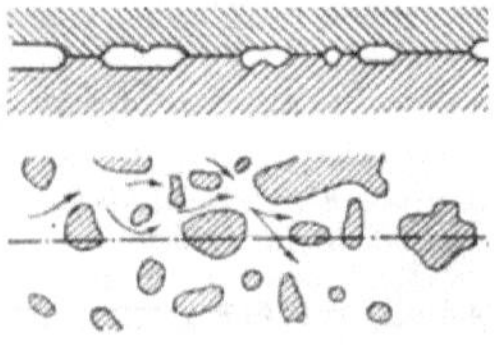

Vue en plan de la circulation d'huile lors d'un graissage onctueux. C'est aussi la visualisation des fuites en cas de pièces fixes. On visualise la nécessité d'un joint

La photoélasticimétrie met bien en évidence la pression de contact des dents et la contrainte de flexion à la racine.

La photoélasticimétrie est une méthode éprouvée d'analyse et d'enregistrement des contraintes mécaniques dans les composants.

Elle est utilisée aussi bien pour effectuer des mesures quantitatives que pour démontrer des états de contrainte complexes. On utilise comme composants des modèles en plastique transparent et à forte sensibilité photo élastique, plastique qui devient biréfringent lorsqu'il est soumis à une charge mécanique. La lumière ayant traversé le corps est observé au moyen d'un analyseur.

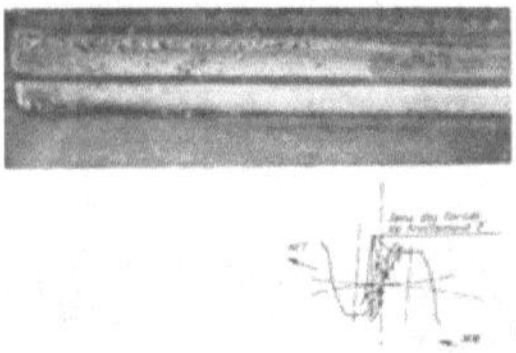

1

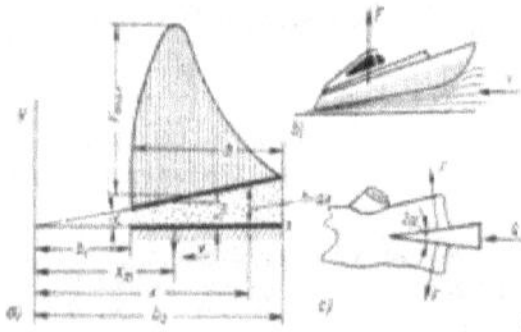

2

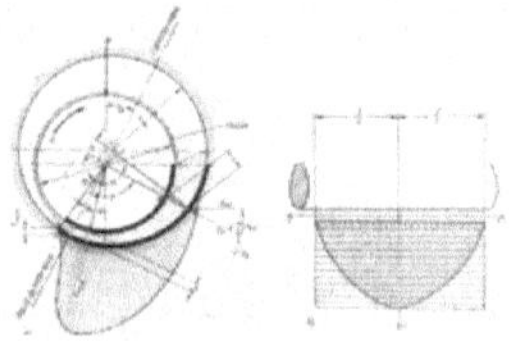

3

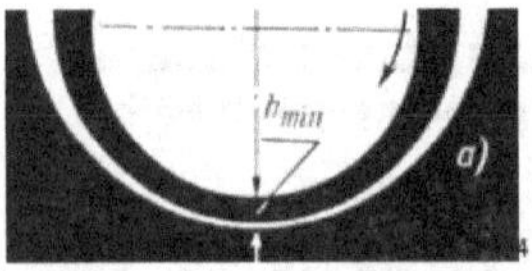

4

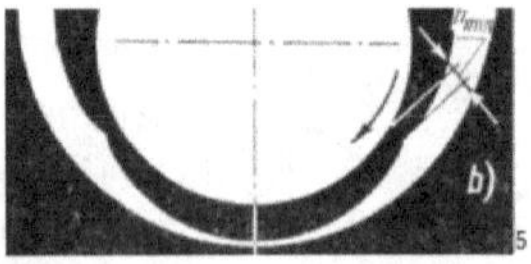

5

On voit sur les différentes figures :

1 Usure de contact dent sous pression extrême
2 Formation film hydrodynamique
3 Répartition pressions dans palier hydrodyna.
4 Palier tourillon graissage onctueux début.
4 Palier tourillon onctueux après usure.

Ce n'est là qu'une toute petite première approche très modeste de l'usure. On ne peut ignorer l'usure qui suit une réalisation. Cette observation sera toujours nécessaire pour **faire le retour d'expérience sur ce qui a été prévu, prédit par les calculs**. Le calcul, les plans ne sont pas une fin mais un début, un début pour une nouvelle histoire…

On progresse par ses erreurs si on sait en tirer les leçons.

6 degrés de liberté : 3 rotations, 3 translations

Léopold DORY, je suis et veux rester un artisan, de formation ingénieur mécanique : Arts et Métiers CNAM, j'ai travaillé en bureau d'études entretien travaux neufs avec réalisation dans tous les domaines. Un ingénieur généraliste doit savoir tout faire. Vous trouverez dans ce recueil tout ce qui fait le quotidien de cette profession où le miracle doit se réaliser tous les jours. De la machine spéciale, à la vapeur, l'hydraulique, l'air comprimé, les automatismes tant électriques que pneumatiques que vous allez câbler vous-même, vous saurez tout faire simplement, naturellement.

Le tapis transporteur qui doit tourner dans deux semaines et si possible avant, c'est presque le quotidien. **Evidemment, tout ça solide, pas cher, et jamais en panne.**
Vous trouverez dans ce petit livret pratique

80% des besoins d'un bureau d'études entretien travaux neufs en usine.

Il a été rédigé dans un sens pratique avant tout. Un exemple simple :
Les mécaniques que vous êtes amené à construire ne vont pas tourner à 20 000 t / mn, mais le plus souvent entre 25 et 150 t / mn. Il est alors inutile de faire des transmissions avec usinage, rainure clavette. Au contraire, ***des arbres en acier étiré brut sans usinage, des pignons avec moyeux coniques****, des paliers carrés du commerce ou même des bagues coussinets autolubrifiants permettent* ***de diviser par 10 le prix de revient*** *et ces solutions permettent de plus une* ***plus grande rapidité de réalisation****.* ***L'expérience prouve que ces moyeux coniques transmettent un couple suffisant sans clavetage****. Vous avez même une sécurité supplémentaire si vos monteurs savent régler. Il suffit au démarrage de les serrer au minimum et de les resserrer petit à petit jusqu'à obtenir l'entraînement suffisant. Vous aurez un limiteur de couple gratuitement pour un coût global très inférieur.*

Vous trouverez ici toutes les astuces pour vous permettre d'être radin efficace.

Lors de la mise à jour de mon document de travail « standard calcul 1991 », j'ai été amené à chercher les fournisseurs de l'époque, j'y ai découvert des choses qui m'ont surpris : **MERLxx GERxx France** est passé **SCHNxxxx ELECTRIC USx** ; **LERxx SOMxx France** est passé **NIDxx Japon** ; **Téléméxxxxxxx pneumatique France** est passé **PARKxx USx** et **Téléméxxxxxxx électrique France** est passé **SCHNxxxx electric USx** ; LEGxxxx est resté français, il est vrai que c'est une entreprise familiale (donc pas en bourse).

C'est à croire que la France ne veut plus rien fabriquer, les français manquent' ils de courage ? Les nouveaux arrivants de l'extérieur ne semblent pas intéressés par le travail, alors !... **Qui a décidé de vendre la France : et à qui et pourquoi ?**

Que dire des autres curieux et rapides départs, avec l'accord des « élites » en exercice. *Ex fan des sixties etc...* Qu'est devenue la **sidérurgie française ? Vendue à MITxxx** qui savait seulement faire de l'acier à « ferrer les ânes » ; par contre la sidérurgie lorraine fabriquait le « 35CD4 » acier d'engrenage acheté par Porsche, Mercedes, Audi. Maintenant, c'est MITxxx qui le vend, il a appris. Que sont devenues les promesses d'un avenir pour la sidérurgie lorraine ? Pfff__!... Que sont devenus Les **Chanxxxxx de l'Atlanxxxxx ?** Ils sont toujours situés en France. Les **turbines ALSxxx France** sont devenues **Genxxxx Elecxxxx Uxx**, il faudra demander l'autorisation pour changer **les turbines du porte-avion** ou pour **vendre une filière nucléaire**. Fabriquer des turbines à 40.000 tours/mn exige beaucoup de technicité, c'est quand même « **con »** de la « **donne**r » comme ça, bêtement. Peut-être qu'ils ne l'ont pas fait exprès. **Génxxxxx Elecxxxx** *(comme MITxxx)* **n'a même pas tenu ses promesses sur l'emploi.** Pourtant c'était « JURé CRACHé », gravé, signé.

Même avec l'Europe, on en est au même point : le **TGx ALSxxx France** est passé chez **SIExxxx Allexxxxx**, leur ICx beaucoup plus luxueux ne dépassait pas le 220 km/h, ce n'est pas une question de puissance. Un train au-delà de 250 km/h a trois difficultés techniques à surmonter : **1°** le mur du caténaire (conception des pantographes) ; **2°** le mur du boggie (à 250, un boggie normal déraille) ; **3°** la récupération d'énergie au freinage.

L'ICx va maintenant progresser très vite...

Les français sont des fainéants, une de nos « élites » le disait récemment, alors, **c'est que ça doit être vrai**. *(c' est censé être de l'humour).*

J'ai été très surpris lorsque à propos du BREXIT, une « autorité » a déclaré : « Mais que va devenir l'industrie financière ». Si la finance n'était pas prédatrice, ça se saurait ?

La conclusion par contre, celle-là bien réelle, est que la France est en vente, que dis-je en braderie, achetée par de l'argent fabriqué par le système « argent dette » et des billets tout neufs imprimés pour l'occasion. Cette façon de faire détruit la monnaie à terme qui ne vaut pas plus que des billets de Monopoly. Un financier disait récemment : « Peu importe que l'argent ne vaille plus rien quand vous avez déjà tout acheté ».C'est comme ça que la France industrielle et de manufactures disparaît, **QUI VEUT CA ? POUR QUI ? POURQUOI ?** **« SERVIR ; pas SE SERVIR », qu'ils disaient.**

Plus récemment, **on a vendu les aéroports français**, on s'apprête à **vendre les barrages** qui fonctionnent depuis 50 ans, toutes ces réalisations ont été financées avec de **l'argent français des contribuables**. On a pratiquement « donné » les **concessions d'autoroutes qui étaient tombées dans le domaine public**. Si on croît les arguments avancés, elles coûtent plus cher à entretenir qu'à construire puisque les péages augmentent beaucoup. Le service public de l'eau, de l'électricité et autres (probablement) sont aussi privés vendus aux **fonds de pension amé**xxxxxxx. (hedge funds)

On a réinventé le « tonneau des Danaïdes » avec la loi du 3 janvier 1973.

Enquête sur la loi du 3 janvier 1973 de Pierre-Yves Rougeyron avec P. Jovanovic
Sur YOUTUBE https://www.youtube.com/watch?v=bTq6XyP1n_g

De même, comment un pays comme la France peut-il décemment tolérer l'application à son encontre de **lois extra-territorialité** décidées unilatéralement par les USx. Mais de quoi se mêlent-ils ceux là ? Que des élites françaises puissent supporter d'être traitées comme ça, est proprement indigne et insupportable. Ils se prennent pour Dieu ou quoi ces financiers améxxxxxxx ? Ils ne sont pas éternels. Ça s'arrêtera bien un jour... **Mais comment ?**

Dans ce livre, ma démarche est simple, pragmatique, pratique efficace et rigoureuse

(sans logiciel compliqué et cher et de plus en comprenant ce qu'on fait).

Deux tomes suivront **2 COMPOSANTS.** et **3 METHODE d'INDUSTRIALISATION.**.

Techniquement vôtre *Léopold DORY*

Pour des raisons de discrétion et de prudence, des noms ne sont que partiels **x** et ont été masqués volontairement.

Kolibri 360 GmbH
Ferdinand-Jühlke-Straße 7
99095 Erfurt, Deutschland
produktsicherheit@kolibri360.de

Druck:
CPI Druckdienstleistungen GmbH
im Auftrag der
Kolibri 360 GmbH
Ferdinand-Jühlke-Str. 7
99095 Erfurt